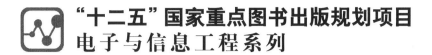

"十二五"国家重点图书出版规划项目

电子与信息工程系列

PRINCIPLES OF SATELLITE NAVIGATION AND POSITIONING

卫星定位导航原理

● 孟维晓　韩　帅　迟永钢　编著

哈尔滨工业大学出版社

HARBIN INSTITUTE OF TECHNOLOGY PRESS

内容简介

本书全面讲述了全球卫星定位导航系统的基本组成和原理、导航卫星星座及其轨道、导航卫星信号与传输、定位接收机天线与前端器件和性能、接收机基带信号处理方法、捕获跟踪过程、定位信息解算原理、定位误差分析、辅助增强与组合导航技术。并适当给出应用实例，使读者能全面掌握多种全球卫星导航系统的基本原理和关键技术。同时，本书还给出实验指导，结合教学和实验的各个环节，让读者在学到知识的同时，通过动手实验环节获得更多直观感性的认识，培养综合应用知识的能力，从而为我国的卫星定位导航领域培养优秀的理论研究和工程技术人才。

本书可以作为高等院校信息通信、航空航天、测绘遥感和自动控制等学科的本科和研究生教材，也可以作为相关行业工程师和研究人员的参考工具书籍。

图书在版编目（CIP）数据

卫星定位导航原理/孟维晓,韩帅,迟永钢编著. —哈尔滨：
哈尔滨工业大学出版社,2013.9(2021.1 重印)
ISBN 978－7－5603－4221－4

Ⅰ.①卫…　Ⅱ.①孟…②韩…③迟…　Ⅲ.①全球定位系统-卫星导航-研究　Ⅳ.①P228.4②TN967.1

中国版本图书馆 CIP 数据核字(2013)第 197416 号

电子与通信工程
图书工作室

责任编辑　刘　瑶　李长波
封面设计　刘洪涛
出版发行　哈尔滨工业大学出版社
社　　址　哈尔滨市南岗区复华四道街 10 号　邮编 150006
传　　真　0451－86414749
网　　址　http://hitpress.hit.edu.cn
印　　刷　哈尔滨圣铂印刷有限公司
开　　本　787 mm×1 092 mm　1/16　印张 18.75　字数 452 千字
版　　次　2013 年 9 月第 1 版　2021 年 1 月第 3 次印刷
书　　号　ISBN 978－7－5603－4221－4
定　　价　35.00 元

（如因印装质量问题影响阅读，我社负责调换）

序

FOREWORD

教材建设一直是高校教学建设和教学改革的主要内容之一。针对目前高校电子与信息工程教材存在的基础课教材偏重数学理论,而数学模型和物理模型脱节,专业课教材对最新知识增长点和研究成果跟踪较少等问题,及创新型人才的培养目标和各学科、专业课程建设全面需求,哈尔滨工业大学出版社与哈尔滨工业大学电子与信息工程学院的各位老师策划出版了电子与信息工程系列精品教材。

该系列教材是以"寓军于民,军民并举"为需求前提,以信息与通信工程学科发展为背景,以电子线路和信号处理知识为平台,以培养基础理论扎实、实践动手能力强的创新型人才为主线,将基础理论、电信技术实际发展趋势、相关科研开发的实际经验密切结合,注重理论联系实际,将学科前沿技术渗透其中,反映电子信息领域最新知识增长点和研究成果,因材施教,重点加强学生的理论基础水平及分析问题、解决问题的能力。

本系列教材具有以下特色:

强调平台化完整的知识体系 该系列教材涵盖电子与信息工程专业技术理论基础课程,对现有课程及教学体系不断优化,形成以电子线路、信号处理、电波传播为平台课程,与专业应用课程的四个知识脉络有机结合,构成了一个通识教育和专业教育的完整教学课程体系。

物理模型和数学模型有机结合 该系列教材侧重在经典理论与技术的基础上,将实际工程实践中的物理系统模型和算法理论模型紧密结合,加强物理概念和物理模型的建立、分析、应用,在此基础上总结牵引出相应的数学模型,以加强学生对算法理论的理解,提高实践应用能力。

宽口径培养需求与专业特色兼备 结合多年来有关科研项目的科研经验及丰硕成果,以及紧缺专业教学中的丰富经验,在专业课教材编写过程中,在兼顾电子与信息工程毕业生宽口径培养需求的基础上,突出军民兼用特色,在满足一般重点院校相关专业理论技术需求的基础上,也满足军民并举特色的要求。

电子与信息工程系列教材是哈尔滨工业大学多年来从事教学科研工作的各位教授、专家们集体智慧的结晶,也是他们长期教学经验、工作成果的总结与展示。同时该系列教材的出版也得到了兄弟院校的支持,提出了许多建设性的意见。

我相信:这套教材的出版,对于推动电子与信息工程领域的教学改革、提高人才培养质量必将起到重要推动作用。

哈尔滨工业大学教授　　张乃通
中国工程院院士

2013 年 8 月于哈工大

前　言

PREFACE

全球卫星导航系统(Global Navigation Satellites System,GNSS)是当前全球发展最快的三大信息产业之一。目前世界上有三个已经投入运行的卫星导航系统:美国的GPS、俄罗斯的GLONASS和我国的北斗卫星导航系统,另外,欧盟正在积极建设自己的Galileo系统。全球卫星导航系统能够在全球范围内提供全天候位置、速度和定时服务。从最初的设计到今天已深入到众多专业应用领域,除了军事活动和武器装备外,包括网络定时、车载导航、地质探测、大气监测、航海,等等,同时还在关键的公众安全领域和航空航天载体导航领域起到越来越无可替代的作用,尤其在人们的日常生活中的广泛应用,不但带来了巨大的经济效益,同时一定程度上改变了人们的生活方式。

卫星导航系统是重要的空间信息基础设施。我国高度重视卫星导航系统的建设,一直在努力探索和发展拥有自主知识产权的卫星导航系统。2000年,首先建成北斗导航试验系统,使我国成为继美、俄之后世界上第三个拥有自主卫星导航系统的国家。该系统已成功应用于测绘、电信、水利、渔业、交通运输、森林防火、减灾救灾和公共安全等诸多领域,产生显著的经济效益和社会效益。特别是在2008年北京奥运会、汶川抗震救灾中发挥了重要作用。为更好地服务于国家建设与发展,满足全球应用需求,我国启动实施了面向全球服务的北斗卫星导航系统建设〔BeiDou Navigation Satellite System〕。北斗卫星导航系统是中国正在实施的自主发展、独立运行的全球卫星导航系统。系统建设目标是:建成独立自主、开放兼容、技术先进、稳定可靠、覆盖全球的北斗卫星导航系统,促进卫星导航产业链形成,形成完善的国家卫星导航应用产业支撑、推广和保障体系,推动卫星导航在国民经济社会各行业的广泛应用。北斗卫星导航系统的出现,打破卫星导航产业由美俄垄断的格局,显著提升了我国在空间卫星应用领域的地位,有效保护了我国位置信息安全,大大推动了科技进步和相关产业的发展。

随着卫星导航产业的蓬勃发展,作为技术支持的高等教育体系也应运而生,很多高等院校已开展或即将开展相关教学和研究。相对很多传统学科,卫星导航系统是一个崭新的学科体系,具有显著的交叉学科特色。由于历史发展的缘故,现有的相关书籍大多是从测绘、控制和卫星应用角度出发,在星地间信息传输和定位终端信号处理方面的讲述相对薄弱。本书出版的目的正是想弥补这个不足,在全面阐述全球卫星导航系统的同时,从信息通信领域拓展应用的角度,让读者对导航卫星信号结构、空间传输、信号接收和信息处理解算过程有更深的理解。

全书共分 8 章,孟维晓教授负责全书的整体结构规划,第 1~3 章的撰写以及全书的校对,迟永钢负责第 4~6 章的撰写,韩帅负责第 7~8 章和附录的撰写。本书的编写过程,得到了哈尔滨工业大学电子与信息工程学院、通信技术研究所和通信工程系的大力支持,另外在本书的编写过程中研究生张光华、刘恩晓、马若飞、邹德岳、陈雷、李琳、吴萌、史雨薇、赵聪、张德坤、巩紫君、李亚添、高书莹和骆之皓等同学协助完成了大量前期工作,在此一并表示衷心的感谢!

由于作者的时间、水平和能力所限,书中难免存在疏漏和不足,敬请读者不吝斧正!

编 者

2013 年 8 月

目 录

CONTENTS

第 1 章

绪　　论

全球卫星导航系统(Global Navigation Satellite System,GNSS)接收导航卫星发送的导航定位信号,并以导航卫星为动态已知点,实时测定运动载体在航位置和速度,进而完成导航。当今的 GPS、Galileo、GLONASS 和北斗系统都属于 GNSS 系统。1957 年 10 月,第一颗人造地球卫星入轨运行。1958 年,美国科学家开始了卫星导航系统的研究。人造地球卫星的最重要应用之一就是全球无线电导航,1963 年 12 月,第一颗导航卫星入轨运行,开创了陆海空卫星无线电导航的新时代。1994 年 3 月,第二代卫星导航系统 —— 全球卫星定位系统(Global Positioning System,GPS)全面建成,不仅带来了一场无线电导航的深刻技术革命,而且为大地测量学、地球动力学、地球物理学、天体力学、载人航天学、全球海洋学和全球气象学提供了一种高精度和全天候的测量新技术。今天,卫星导航系统已成为名副其实的跨学科、跨行业、广用途、高效益的综合性高新技术。

本章是学习卫星导航定位的向导,它将向读者概述卫星导航定位的发展历程、现行卫星导航定位系统的作用与影响及最新的技术与应用。本章介绍导航的基本任务和性能指标,同时为方便后续章节的学习,还介绍其他典型的导航系统原理以及部分无线电导航系统的概况,用作背景知识的同时也作为开阔思路的有益补充。GNSS 系统作为本书的核心内容,在本章的 1.3 节将对 GNSS 系统的发展现状和应用进行介绍。

1.1　导航系统概述

导航,译自 navigation,原为“航行”之意,源于海洋船舶航行,初始形式是罗盘领航和天文导航,此后发展到陆地车辆和航空飞行器的行驶,以致“navigation”被译作“领航”或“导航”。为方便后续知识的讲解,这里需要将如下概念进行区分,并阐明它们之间的关系。

测距 —— 显而易见,测距指的是测量两点之间的直线距离。之所以将如此基本的概念加以强调,是因为目前大多数定位原理都是基于测距完成的。

定位 —— 测定物体在一个特定坐标系中的位置,此时物体被视作一个质点。

姿态 —— 指遥感器或遥感平台对某一参考系所处的角方位。

导航 —— 确定载体的位置与姿态,引导载体到达目的地的过程。

制导 —— 制导是控制引导的意思,是导航的重要应用。其与导航的主要区别是:制导系统不仅提供载体的姿态、位置及速度信息,还直接参与载体的控制,是一个闭环的过程。

同时,大地测量等概念也是与导航定位相关的,由于其自身特点鲜明,在这里不一一详述。上述概念间的关系如图 1.1 所示。

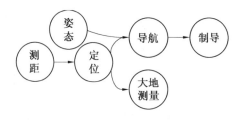

图 1.1 各种相关技术间的关系

如图 1.1 中所示,测距在大多数时候是定位的基础,而定位则与姿态测量一同构成了导航的基础。导航信息又为制导提供了基础,而大地观测等其他应用,则是由定位技术提供支持的。

1.1.1 导航系统的主要技术指标

在设计或评价一个导航系统时,其定位精度、工作可靠性、覆盖范围以及用户容量是应关心的重点。下面给出部分具有代表意义的导航系统参数的定义。

1.定位精度

定位精度是导航定位系统最为重要的参数,也是对一个导航系统定位能力最为直接的衡量。影响定位精度的因素主要来自两个方面,一是由系统设计原因造成的定位误差,如信号扩频码的相关峰的陡峭程度、卫星测控能力、大气参数修正模型的设计、卫星原子钟稳定性等因素;二是环境变化造成的误差,如建筑物或地形造成的多径效应、大气情况的变化等因素。

衡量定位精度的参数主要包括:均方误差(Root Mean Square Error,RMS)和圆概率误差(Circular Error Probable,CEP)。关于上述精度指标将在后续章节详述。

2.覆盖范围

导航用户能够得到符合规定的定位精度的定位服务的地理范围称为覆盖范围。

对于无线电导航来说,根据覆盖范围可将无线电导航系统分为:

(1)近程导航系统(对飞行器为 100 ~ 500 km,对舰船为 50 ~ 100 海里),如台卡系统(英国)、塔康系统(美国)及拉娜系统(法国)。

(2)中程导航系统(对飞行器为 500 ~ 1 000 km,对舰船为 300 ~ 600 海里),如罗兰 A 系统(美国)。

(3)远程导航系统(对飞行器为 2 000 ~ 3 000 km,对舰船约为 1 500 海里),如罗兰 C 系统(美国)及长河二号(中国)。

(4)超远程导航系统(大于 10 000 km),如奥米茄系统(美国)。

(5)全球导航系统(覆盖全球),如 GPS、北斗二代、Galileo 及 GLONASS。

值得注意的是,并非所有卫星定位系统都是全球导航系统,中国的北斗卫星导航试验系统(北斗一代)、日本的准天顶卫星系统(QZSS)都属于区域定位系统,不能覆盖全球。

3.系统容量

导航系统所能够提供服务的最大用户数称为系统容量。对于 GNSS 系统而言,根据其定位原理不同,有些有用户数量的限制,如北斗一代;有些则没有用户数量的限制,如 GPS、北斗二代等。

4. 系统可靠性

系统可靠性是指导航系统在规定时间间隔内能够持续完成规定功能的能力。可靠性可以用可靠度、平均无故障工作时间、平均故障间隔时间、可用性和维修度等参数衡量。

5. 系统完好性

系统完好性也称系统完备性或完善性等,表示系统在出现故障、不能正常发挥功能时向用户发出告警的能力,该指标是通过以下 3 个参数衡量的。

(1) 报警限制。报警限制指系统发出告警所需满足的最小定位误差值,当系统发现定位误差将会大于此门限时,即会发出报警。

(2) 报警反应时间。报警反应时间指系统判定需要实时告警到用户接到警报的时间。

(3) 完备性风险。完备性风险指系统误差达到了预定门限,但未准确发出告警的概率。

6. 定位速率

定位速率描述了从系统开机直至得到准确位置信息的时间间隔,常用首次定位时间 (Time to First Fix,TTFF) 来描述。同时,不同的系统在不同的工作模式下,会有不同的定位速度。比如 GNSS 系统在冷启动、温启动和热启动下的时间就有所不同,详见本书第 7 章。

以上给出的只是衡量导航系统性能的一部分指标,根据不同的情况,还需要考虑诸如导航信息多值性、导航信息的维数等指标。同时,不同的导航系统有不同的衡量方式,比如在惯性导航系统中,累积误差就是一条非常重要的指标,而在其他系统中并不存在;同时也以惯性导航系统为例,它根本不存在用户容量的问题。

1.1.2　典型导航技术简介

导航系统种类繁多,GNSS 系统是其中之一。由于在实际工程中 GNSS 系统经常需要与其他导航系统联合工作,以形成互补。这里简要介绍一些 GNSS 系统外的典型导航系统及工作原理。

1. 惯性导航系统

惯性导航系统(Inertial Navigation System,INS) 简称惯导系统,惯导是基于陀螺仪和加速计这两种器件搭建而成的。

加速计的理论基础是牛顿第一定律,将一个质量已知的物块置于载体内,若想要物块跟随载体加速,则必然需要由载体对其施加一个作用力,通过这个作用力的大小,就可以感知出当前载体的加速度。而在载体初始状态已知的情况下,通过对加速度进行积分,即可得到速度,对速度积分又可以得到位移。

陀螺仪利用了物体的转动惯量 —— 当一个陀螺绕一个轴旋转时,若想改变这条轴的方向,则需要对陀螺施加一个外力,通过感知这个外力,就可以感知载体的旋转情况,即姿态变化。

惯导系统又可以分为平台式和捷联式。平台式惯导系统将陀螺仪和加速计放置于一个可以保持水平的平台上工作,以消除地心引力和姿态变化带来的影响。而捷联式惯导系统将两种传感器直接固定到载体上,通过数学手段消除地心引力、地转偏向力以及姿态变化的影响。

惯导系统不依赖其他设备,具有自主导航的能力,抗干扰性高,无法被侦测,一直以来都是军用领域不可或缺的关键技术。但其工作时需要精确地给出初始的位置、速度及姿态,此时需要其他方式的辅助。而且 INS 具有累积误差特性,使用时间越长,定位精度越差。

2. 天文导航

天文导航也称星光导航。其通过观察天空中特定的天体的俯仰角,结合时间信息,解算得到用户的位置。天文导航的历史可以追溯到 2 000 多年前,我们熟知的六分仪就是用来实现星光导航的。星光导航具有隐蔽性高、自主性强的特点,至今在航海、航空航天及制导武器等领域发挥作用,但其缺点就是受气象环境的限制,阴雨环境下难以应用。

3. 多普勒雷达导航

多普勒雷达导航能够用来感知目标位置,提供预警和火控,因此也可以应用于导航。飞行器通过多普勒雷达向地面发射电磁波,通过反射波的多普勒频移情况测定自身对地速度,再通过对速度的积分得到位移及本身位置。

4. 地图匹配导航

地图匹配是数字地球技术、计算机技术和图形处理技术的综合产物,分为地形匹配和景象匹配技术。前者通过将载体路径区域划分为多个小格,将其主要特征进行存储,构成数字地图,用户通过无线高度表等传感器来感知地形特征,并与地图比对,得到当前位置。后者则直接高空拍摄之后将图像存储在终端中,通过与摄像机采集到的图像进行对比,得到当前位置。

地图匹配技术由于具有高度的军事价值,常用于巡航导弹等武器装备中,近年来得到迅猛发展,常被用于辅助 INS。但其数据存储量大,景象匹配技术也同样受气象条件影响,同时其应用需要在已知载体大致路径的情况下完成,而且主要对高空用户有效,这限制其应用于民用的能力。

5. 无线电与卫星导航

基于无线电信号的导航是当前应用最为广泛的导航技术,尤其是星基全球卫星导航,本书后续将重点讨论。

1.2　无线电导航技术

目前的 GNSS 系统全部是通过无线电信号进行导航的,它是由传统无线电导航发展而来,并逐渐演进为一个独立的、应用最广阔的体系,故这里将无线电导航技术区别于其他类导航技术。

与其他技术相比,无线电导航有如下特点:

① 受外界条件(如昼夜、季节、气象等)的限制较小。

② 测量精度较高,测量速度快。

③ 系统轻小灵活,可靠性高。

④ 成本低廉,易于推广。

下面简要介绍无线电导航的基本原理以及一些历史上的或在役的导航系统及基本原理。

1.2.1 无线电定位导航的基本原理

定位是导航的前提,使用无线电信号实现定位导航的基本原理有如下几种。

1. 到达时间(Time of Arrival,TOA)

TOA 方式常用于无线电定位,即测量出两个(或多个)基准站与用户之间的信号传播时间,从而得到两个(或多个)基准站到用户距离的估计值,以基准站为中心,以到用户的距离为半径做球面,多个球面的交点就是用户的估计位置。当出现多个球面不交于同一点时,可以采用一定的方法消除奇异解而得到一个准确的估计位置。本书介绍的 GNSS 技术即属于一种 TOA 定位技术。

TOA 定位有其局限性:第一,它要求发射机和接收机之间有精确的时间同步;第二,发射信号必须用时间标识加以区分,使接收方能辨别出该信号是何时发出的。这两点都不太容易实现,尤其是很难保证精确的时间同步。

2. 到达时间差(Time Difference of Arrival,TDOA)

不同于 TOA,TDOA 是通过检测信号到达两个基准站的时间差,而不是到达的绝对时间来确定移动台的位置,降低了时间同步要求。采用三个不同的基准站可以测到两个 TDOA,移动站位于两个 TDOA 决定的双曲线的交点上。

该定位技术可应用于各种移动通信系统,尤其适用于码分多址(Code Division Multiple Access,CDMA)系统,CDMA 系统用扩频方式将信号频谱扩展到很宽的范围,使系统具有较强的抗多径能力。CDMA 属非功率敏感系统,信号衰减对时间测量的精度影响较小。TDOA 法与 TOA 法相比优点之一是:当计算 TDOA 值时,计算误差对所有的基站是相同的且其和为零,这些误差包括公共的多径时延和同步误差。但由于功率控制造成离服务基站近的移动台发射功率小,使得与服务基站相邻的参与定位的另一基站接收到的功率非常小(即相邻基站的 SNR 太小),造成比较大的测量误差。

3. 到达角交会定位(Angle of Arrival,AOA)

AOA 技术在两个以上的位置点设置方向性天线或阵列天线,获取终端发射的无线电波信号角度信息,然后通过交会法估计终端的位置。它只需利用两个天线阵列就能完成目标的初始定位,与 TDOA 等技术的定位体制相比,系统结构简单,但要求天线阵具有高灵敏度和高空间分辨率。建筑物密集、高度和地形地貌对 AOA 的定位精度影响较大,在室内、城区及乡村地区,AOA 的典型值分别为 360°、20° 和 1°。随着基站与终端之间的距离增加,AOA 的定位精度逐渐降低。AOA 定位误差主要由城市的多径传播及系统误差造成,可通过预先校正来抵消系统误差的影响,而建筑物密集地区的多径效应一直是困扰无线通信的难题,智能天线可在一定程度上减小多径干扰的影响,但由于实现复杂和设备成本的问题,尚未广泛应用。因此,AOA 技术虽然结构简单,但是在城市蜂窝定位系统中并未得到应用。

4. 指纹定位技术

指纹定位技术(Finger Print)是一种新型的无线电定位技术,非常适用于复杂环境下的定位,如室内定位。该技术分为离线和在线两个部分。离线部分,工作人员在服务区域内均匀地划定出参考点,并采集参考点处的无线电信号特征。将所有参考点的无线电信号特征汇总后,形成了信号特征与物理空间的一一映射,称为指纹图。在线过程中,用户将实时采集的无线电信号特征与指纹图进行对比,得到自身的位置估计。

TOA、TDOA 和 AOA 技术都是通过三角学的方式测量得出用户的位置,在该解算模式下,信号的遮挡和反射成为影响定位精度甚至影响系统可用性的重大障碍。而指纹定位技术却恰恰巧用了信号的遮挡与反射,使之成为对定位有利的因素。所以,该思路被广泛应用于室内或城市峡谷等高复杂、高遮挡环境下的定位技术研究。

1.2.2　典型无线电导航系统

20 世纪 20 年代,第一个无线电导航系统 —— 无线电信标的问世,开创了海洋船舶和航空飞行器导航的新篇章。随后,涌现出了仪表着陆系统(Instrument Landing System,ILS)、微波着陆系统(Microwave Landing System,MLS)、伏尔 / 测距器(Very High Frequency Omnidirectional Range/ Distance Measuring Equipment,VOR/DME)、罗兰 C(Loran C)、奥米伽(Omega)、塔康(Tactical Air Navigation,TACAN)、恰卡(Chayka)和台卡(Decca)等陆基无线电导航系统。

1. 伏尔导航系统

伏尔导航系统(Very High Frequency Omnidirectional Range,VOR)是空中导航用的甚高频全向信标。这种系统能使机上接收机在伏尔地面台任何方向上和伏尔信号覆盖范围内测定相对于该台的磁方位角。伏尔导航系统出现于 20 世纪 30 年代,是为了克服中波和长波无线电信标传播特性不稳定、作用距离短的缺点而研制的导航系统,是甚高频(108 ~ 118 MHz)视线距离导航系统。飞机飞行高度在 4 400 m 以上时,稳定的作用距离可达 200 km 以上。

伏尔导航系统的基站拥有两组天线系统,一组将 30 Hz 的信号调制到载波上并进行全向广播。另一组天线为有向天线,以每秒 30 圈的频率转动,该天线发出的载波上也调制有一个 30 Hz 的信号,但此信号的相位随着天线转过的角度而改变,当指向天线指向正北时,两条天线发出的 30 Hz 信号的相位刚好相同。用户机通过对比接收到的两组信号的相位差,即可得出自身与基站的方向关系。

伏尔导航系统受多径效应影响明显,故对基站选址有特殊要求。同时伏尔系统可以改进为多普勒伏尔系统,能够明显改善抗多径性能。伏尔导航系统还常与塔康系统联合,称为伏尔塔康系统,属于军民两用系统。

2. 塔康系统

塔康系统为军用战术空中导航系统,采用极坐标体制定位,能在一种设备、一个频道上同时测向和测距。这种系统于 1952 年研制成功,它的作用距离为 400 ~ 500 km,能同时测定地面台相对飞机的方位角和距离,测向原理与伏尔导航系统相似,测距原理与测距器相同,工作频段为 962 ~ 1 213 MHz。

从飞机上每秒发射 30 对、间隔为 12 μm 的询问脉冲对(成对发射的脉冲),地面台收到询问脉冲对后发射同样间隔的回答脉冲对。在飞机上把收到回答脉冲对的时间与询问脉冲对的时间相比较,得出脉冲电波在空间传播的时间,从而得到飞机到地面台的距离,并加以显示。

塔康系统属于军用设备,但它的测距部分可作为民用测距器,因而有时将塔康和伏尔导航系统装在一起,组成伏尔塔康导航系统。军用飞机由塔康系统获得距离、方位信号,民用机则由伏尔导航系统获得方位信号,由塔康系统获得距离信号。

3. 奥米伽系统

奥米伽系统是超远程连续波双曲线相位差无线电导航系统。该系统是在信号传输过程中衰减较小,作用距离为 929 ~ 1 296.4 km,定位准确度为 1 852 ~ 3 704 m。奥米伽系统在全世界设置了 8 个发射台,能实现全天候、全球性无线电导航定位。其作用距离可达 1 万多千米。只要设置 8 个地面台,其工作区域就可覆盖全球。

奥米伽系统是全球范围的导航系统,它由机上接收装置、显示器和地面发射台组成。飞行器一般可接收到 5 个地面台发射的连续电磁波信号。电波的行程差和相位差有确定的关系,测定两个台发射的信号的相位差,就得到飞行器到两个地面台的距离差。对应恒定相位差(即恒定距离差)的点的轨迹是一条以这两个地面台为焦点的双曲线位置线。同理,由另一对地面台得到另一条双曲线。根据这两条双曲线的交点即可定出飞行器的位置。由于连续电磁波是周期性的,相位差也做周期性变化,因而无法由相位差单值地确定距离差。距离差与相位差存在单值关系的区域称为巷道宽度,其值为电波波长的1/2。

4. 罗兰导航系统

罗兰导航系统(Loran Navigation System) 从罗兰 A 导航系统开始,现已发展到罗兰 D 导航系统,目前最常用也是最具代表性的是罗兰 C 导航系统。它是一种远程双曲线无线电导航系统,作用距离可达 2 000 km,工作频率为 100 kHz。

罗兰 C 导航系统由设在地面的 1 个主台与 2 ~ 3 个副台合成的台链和飞机上的接收设备组成。测定主、副台发射的两个脉冲信号的时间差和两个脉冲信号中载频的相位差,即可获得飞机到主、副台的距离差。距离差保持不变的航迹是一条双曲线,再测定飞机对主台和另一副台的距离差,可得另一条双曲线。根据两条双曲线的交点可以定出飞机的位置。这一位置由显示装置以数据形式显示出来。由于从测量时间差而得到距离差的测量方法精度不高,故只能起粗测的作用。副台发射的载频信号的相位和主台的相同,因而飞机上接收到的主、副台载频信号的相位差和距离差成比例,测量相位差就可得到距离差。由于 100 kHz 载频的巷道宽度只有 1.5 km,测量距离差的精度很高,能起精测的作用。测量相位差的多值性问题,可以用粗测的时间差来解决。罗兰 C 导航系统既能测量脉冲的时间差,又能测量载频的相位差,所以又称它为低频脉相双曲线导航系统。1968 年研制成功的罗兰 D 导航系统提高了地面发射台的机动性,是一种军用战术导航系统。

5. 恰卡系统

独立国家联合体自行建立了一个类同于罗兰 C 的恰卡(Chayka) 陆基无线电导航系统,并在国内建立了 15 个恰卡导航台,用于海、空、陆三大领域内的导航定位测量。我国在南海海域也自行建立了长河二号南海无线电导航系统,1990 年正式向国内用户开放使用。

上述陆基无线导航系统普遍存在下列不足:信号覆盖区域有限、技术落后、设备陈旧、定位精度低(如奥米伽的定位精度仅为 3.7 ~ 7.4 km),难以适应现代航海、航空和陆地车辆的导航定位需要。

1.3　全球卫星导航系统

1.3.1　GNSS 系统的发展

1957 年 10 月 4 日,前苏联成功发射了世界上第一颗人造地球卫星,开创了空间技术造福人类的新时代。卫星入轨运行后不久,美国詹斯·霍普金斯(Johns Hopkins)大学应用物理实验室(APL)的韦芬巴赫(G. C. Weiffenbach)和基尔(W. H. Guier)等学者,在地面已知坐标点位上,用自行研制的测量设备捕获和跟踪到了这颗卫星发送的无线电信号,并测得它的多普勒频移,进而解算出卫星的轨道参数。依据这项实验成果,该实验室的麦克雷(F. T. Meclure)等学者,设想了一个"反向观测方案":若已知在轨卫星的轨道参数,地面上的观测者可测得该颗卫星发送信号的多普勒频移,则可计算出观测者的点位坐标。这个设想成为第一代卫星导航系统的基本工作原理,将导航卫星作为动态已知点,利用测得的卫星信号的多普勒频移,通过计算实现海洋船舶等运动载体的导航定位。

1958 年 12 月,美国詹斯·霍普金斯大学应用物理实验室在美国海军的资助下,开始用上述原理研制一种新的卫星导航系统,称为美国海军卫星导航系统(Navy Navigation Satellite System,NNSS)。因导航卫星是沿着地球子午圈的轨道运行 —— 轨道绕过地球的南北两极上空,如图 1.2 所示,故又称之为子午卫星(TRANSIT)导航系统。1959 年 9 月,第一颗试验性子午卫星入轨运行,至 1961 年 11 月,美国先后发射了 9 颗试验性子午卫星。经过几年的试验研究,TRANSIT 解决了卫星导航的许多技术难题。继而,美国于 1963 年 12 月发射了第一颗子午工作卫星,此后,又陆续发射了数颗工作卫星,形成了由 6 颗工作卫星构成的子午卫星星座(图 1.2)。在该星座信号的覆盖下,地球表面上任何一个观测者,至多间隔 2 h 便可观测到该星座中的一颗卫星。卫星轨道距离地面约为 1 070 km,轨道椭圆的偏心率很小,近于圆形,每一个轨道上运行一颗子午卫星。子午卫星沿轨道运行的周期约为 107 min,每一颗子午卫星均以 400 MHz 和 150 MHz 频率的微波信号作为载波,向用户发送导航电文。子午卫星星座运行初期,导航电文是保密的。1967 年 7 月 29 日,美国政府宣布,解密子午卫星所发送的导航电文部分内容供民间使用。此后,利用子午卫星发送的导航信号和导航电文进行导航定位测量的技术和应用,迅速普及到许多国家。子午卫星导航系统

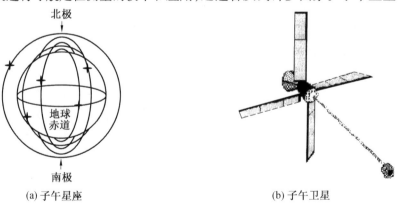

(a) 子午星座　　　　　　　　　　　　(b) 子午卫星

图 1.2　子午卫星星座与工作卫星

的用户设备,是卫星多普勒接收机,或称为卫星多普勒导航仪。它的基本工作原理,是接收一颗通过用户视界的子午卫星发送的导航定位信号,测量该信号的多普勒频移,并从导航电文中解调出在视卫星的在轨实时点位和时标信息,依此解算出用户的点位坐标。

卫星多普勒导航定位原理,也被现代的 DORIS(Doppler Obitography and Radio-positioning Integrated by Satellite) 星载多普勒无线电定轨定位系统所采用。20世纪80年代中期,法国国家空间研究中心(CNES)、法国国家大地测量研究所(GRGS) 和法国国家地理研究所(IGN) 共同研发了 DORIS 系统。该系统是一个与 TRANSIT 系统相反的"信标上行"系统,它不像 TRANSIT 系统那样,由子午卫星发送导航定位信号,而是由地面播发站,向卫星播发无线电信标(图1.3),星载 DORIS 接收机接收该无线电信标,进而测得203.25 MHz和401.25 MHz 的双频多普勒频移,依此解算出该颗卫星的在轨实时位置。

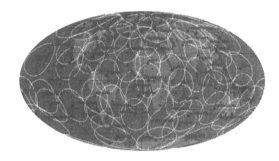

图1.3 DORIS 全球地面定轨播发网

在美国子午卫星导航系统的启迪下,前苏联海军于1965年建立了卫星导航系统,称之为 CICADA。它与 NNSS 系统相类似,也是基于测量多普勒频移原理的第一代卫星导航系统。该系统有12颗所谓宇宙卫星,从而构成了 CICADA 卫星星座。它的轨道高度约为1 000 km,卫星沿轨道运行的周期约为105 min。每颗宇宙卫星发送频率为150 MHz 和400 MHz 的导航定位信号,但只有频率为150 MHz 的信号作为载波用来传送导航电文,频率为400 MHz 的信号仅用于削弱电离层效应的影响。宇宙卫星每1 min 发送3 000 bit 的导航电文,每50 bit 构成一个导航字码。尽管前苏联没有公开这些导航电文的内容,但已经被破译了。

卫星多普勒导航系统(如 TRANSIT 和 CICADA)是用户接收卫星信号而实现导航定位的一种"被动式"导航系统。它开创了被动式星基无线电导航的新时代,在做卫星多普勒导航定位测量时,卫星导航电文实时告诉用户卫星的精确在轨点位(动态已知点),开辟了卫星在轨位置参与导航解算的新技术途径。地球表面任何一个点位上的用户,只要在其视界"见到"了子午卫星,就可以进行卫星多普勒导航定位测量,这开创了全球性无线电导航的新纪元。上述"被动式""全球性"和"动态已知点"的特点,为后续全球卫星导航系统的建立奠定了坚实的科技基础,并提供了成功的实践范例。这就是卫星多普勒导航系统所建立的历史功勋。

子午卫星和 CICADA 卫星导航系统,虽将导航和定位技术推向了一个新的发展时代,但它们仍然存在一些明显的不足:

(1)卫星少,定位时间长,不能实现连续导航定位。

子午卫星导航系统一般采用6颗工作卫星,并都沿着通过地球南北极的地球子午圈轨道运行,以致地面上任一点位所见到的两次子午卫星通过的间隔时间较长,并且随着纬度的不同而变化。由于采用多普勒定位原理,一台卫星多普勒接收机一般需要观测 15 次合格的卫星通过,才能达到 10 m 的单点定位精度;只有各个观测站观测到公共的 17 次合格的卫星通过,联测定位的精度才能达到 0.5 m 左右,可以推算,达到上述精度所需要的观测时间是比较长的。

(2) 轨道低,难以精密定轨。

当进行卫星多普勒定位测量时,子午卫星是作为一种已知点,只不过它按一定规律快速地运动着,称之为动态已知点。卫星多普勒定位精度,是随着子午卫星定轨误差的显著减小,而从十几米提高到零点几米(至少观测 50 次卫星通过) 的。子午卫星的平均飞行高度仅 1 070 km,属于低轨道卫星,在此种情况下,地球引力场模型的误差,大气密度、卫星质面比和大气阻力系数等摄动因素的误差,大气阻力模型自身的误差,都将限制子午卫星定轨精度的提高。换言之,难以提供一种高精度的动态已知点,导致卫星多普勒定位精度局限在米级水平。子午卫星导航系统不仅因其间隔时间和观测时间长,还因为精度较低而限制了它的应用领域,不能为用户提供授时定位的导航服务。

(3) 频率低,难以补偿电离层效应的影响。

子午卫星的射电频率分别为 400 MHz 和 150 MHz,用这两种频率信号进行双频多普勒定位时,只能削弱电离层效应的低阶项影响,难以削弱电离层效应的高阶项影响。计算表明,在地球赤道附近,电离层效应的高阶项将导致测站高程 ±1 m 以上的偏差。只有采用较高的卫星发射频率,才能较好地削弱电离层效应的影响,提高卫星定位精度。

为了突破子午卫星导航系统的应用局限性,实现全天候、全球性和高精度的连续导航与定位,第二代卫星导航系统——GPS 全球卫星定位系统应运而生。卫星导航定位技术也随之发展到了一个辉煌的历史阶段,并且展现出了极其广阔的应用前景。

目前,世界上已经在建设或运营的 GNSS 系统,包括美国的 GPS 系统、俄罗斯的 GLONASS 系统、欧洲的 Galileo 系统、中国的北斗卫星导航系统以及相关的增强系统。

1.3.2 主流 GNSS 系统

1. GPS 全球卫星定位系统

1973 年 12 月,美国国防部批准它的陆、海、空三军联合研制一种新的军用卫星全球定位导航系统——Navigation by Satellite Timing and Ranging(NAVSTAR) Global Positioning System(GPS),称之为 GPS 全球卫星定位系统(近年来,个别美国学者将它定义为 Global Positioning Satellite(GPS) Navigation System)。它是美国国防部的第二代卫星导航系统。为管理 GPS 全球卫星定位系统,美国国防部还专门设立了一个负责实施 GPS 计划的联合办公室。该办公室设在洛杉矶的空军航天处司令部内,其组成人员包括美国陆军、海军、海军陆战队、国防制图局、交通部、北大西洋公约组织和澳大利亚的代表。

GPS 全球卫星定位系统的全部投资为 300 亿美元,计划分配在方案论证、工程研制和生产作业 3 个研制阶段上。方案论证阶段,其工作主要集中在对用户设备的测试,即利用安装在地面上的信号发射器代替卫星,通过大量实验,证实 GPS 接收机在该系统中能获得很高的精度。工程研制阶段,主要是发射 GPS 试验性卫星,检验 GPS 全球卫星定位系统的基本性能,为生产作业阶段发射 GPS 工作卫星做好全面的技术准备。1978 年 2 月 22 日,第一颗

GPS试验卫星的发射成功,标志着工程研制阶段的开始。1989 年 2 月 14 日,第一颗GPS工作卫星的发射成功,宣告 GPS 系统进入了生产作业阶段。表 1.1 列出了 GPS 试验卫星(第一代)和 GPS 工作卫星(第二、三代)的发展概况。图 1.4 给出了 Block Ⅱ/ⅡA 和 Block ⅡR卫星的外形结构。GPS 全球卫星定位系统经过 16 年的发射试验卫星,历经开发 GPS 信号应用、发射工作卫星等阶段,终于在 1994 年 3 月建成了信号覆盖率达到 98% 的 GPS 工作星座。它由 9 颗 Block Ⅱ 卫星和 15 颗 Block ⅡA 卫星组成。1985 年 11 月以前发射的 11 颗 Block Ⅰ GPS 试验卫星已完成了它们的历史使命,于 1993 年 12 月 31 日全部停止工作。

表 1.1 GPS 卫星的发射概况

代 别	名 称			
	卫星类别	卫星数量 / 颗	发射时间 / 年	用途
第一代	Block Ⅰ	11	1978 ~ 1985	试验
第二代	Block Ⅱ , ⅡA	28	1989 ~ 1996	正式工作
第三代	Block ⅡR , ⅡF	33	1997 ~ 2010	改进 GPS 全球卫星定位系统
第四代	Block Ⅲ	33	2013 ~ 2026	争夺制航权

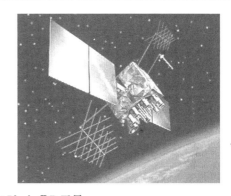

图 1.4 Block Ⅱ 和 Block ⅡR 卫星

2. 北斗卫星导航系统

中国正在实施的自主发展、独立运行的全球卫星导航系统,致力于向全球用户提供高质量的定位、导航、授时服务,并能向有更高要求的授权用户提供进一步服务,军用与民用目的兼具。北斗卫星导航系统和美国全球定位系统、俄罗斯格洛纳斯系统及欧盟伽利略定位系统一起,是联合国卫星导航委员会已认定的供应商。

2000 年 10 月 31 日,我国自行研制的第一颗导航定位卫星——"北斗导航试验卫星",于 0 时 2 分在西昌卫星发射中心发射升空,准确入轨运行。2000 年 12 月 21 日,我国自行研制的第二颗北斗导航试验卫星,于 0 时 20 分在西昌卫星发射中心用"长征三号甲"火箭发射升空,准确进入地球同步轨道(Geostationary Earth Orbit,GEO),与 10 月入轨的第一颗北斗导航试验卫星构成了"北斗卫星导航试验系统"(北斗一代)。该系统能够为公路交通、铁路运输和海上作业等领域提供导航定位服务。北斗一代采用主动式定位原理,用户设备既接收来自两颗北斗一代卫星的导航定位信号,又要向卫星转发该信号,进而由地面中心站解算出各个用户的所在点位,并用通信方式告知用户所测得的坐标值。这种主动式定位原理,不仅需要采用高程约束解算出用户位置,而且用户不能自主解算出自己所在点位的坐标值。中国在2003年完成了具有区域导航功能的北斗卫星导航试验系统,之后开始构建服务全球的北斗卫星导航系统,于2012年起向亚太大部分地区正式提供服务,并计划至2020年完成全球系统的构建。

北斗二代,是中国的第二代卫星导航系统,英文简称BDS,曾用名COMPASS,"北斗卫星导航系统"一词一般用来特指第二代系统。此卫星导航系统的发展目标是为全球提供无源定位,与全球定位系统相似。无源指的是用户接收机只需要接收导航卫星发送的信号,测得至各导航卫星的距离,就可以完成定位任务;而在北斗一代中,用户接收机需要通过卫星向中心控制站转发信息才能完成定位任务,因此是有源的。在计划中,整个系统将由35颗卫星组成,其中5颗是静止轨道卫星,与使用静止轨道卫星的北斗卫星导航试验系统(北斗一代)兼容。

2004年,中国启动了具有全球导航能力的北斗卫星导航系统的建设(北斗二代),并在2007年发射了一颗中地球轨道卫星(Medium Earth Orbit,MEO),并进行了大量试验。2009年起,后续卫星持续发射;2011年12月27日起,开始向中国及周边地区提供连续的导航定位和授时服务;2012年12月27日起,北斗系统在继续保留北斗卫星导航试验系统有源定位、双向授时和短报文通信服务的基础上,向亚太大部分地区正式提供连续无源定位、导航和授时等服务,与GPS一样,民用服务免费。

中国为北斗卫星导航系统制定了"三步走"发展规划,1994年开始发展的试验系统(第一代系统)为第一步,2004年开始发展的正式系统(第二代系统)又分为两个阶段,即第二步与第三步。至2012年,此战略的前两步已经完成。根据计划,北斗卫星导航系统将在2020年全部完成,届时将实现全球的卫星导航功能。北斗卫星导航"三步走"发展规划见表1.2。

表 1.2　北斗卫星导航"三步走"发展规划

时间节点	2004 年	2012 年	2020 年
实现目标	区域有源定位	区域无源定位	全球无源定位

3. GLONASS 全球导航卫星系统

前苏联在全面总结CICADA第一代卫星导航优劣的基础上,认真地吸取了美国GPS系统的成功经验,自1982年10月开始,不断发射第二代导航卫星,以便建成自己的第二代卫星导航系统——GLONASS全球导航卫星系统(它的俄文全称为 Глобальная Навигационная Спутниковая Система,缩写为 ГЛОНАСС,它的英文全称为 Global Orbiting Navigation Satellite System,缩写为GLONASS,中文简称为GLONASS系统)。1995年12月14日,俄罗斯发射了第23、24、25号GLONASS卫星,从而建成了由24颗卫星组成的GLONASS卫星工作星座。所有的GLONASS卫星均采用铯原子钟作为卫星信号的频率基准。

但是,GLONASS卫星的在轨作业寿命过短。例如,1987年4月至1988年5月发射的12颗GLONASS卫星,除去6颗发射失败的GLONASS卫星,其余6颗在轨工作的GLONASS卫星的平均作业寿命仅为22个月,而GPS卫星作业寿命的最高者达到了13.5年。1995年12月建成的24颗GLONASS卫星工作星座,到1998年6月,仅有12颗GLONASS卫星能够提供导航定位服务。20世纪末期的GLONASS星座,只有7颗GLONASS卫星能够提供导航定位服务,其他卫星均因种种原因再不能够用于导航定位。例如,2000年9月3日,在武汉地区只能见到 3 颗 GLONASS 卫星，这就限制了它的应用。

为了改变 GLONASS 星座工作卫星不足的状况，俄罗斯在 2000 年、2001 年和 2002 年各发射了 3 颗 GLONASS 卫星（GLONASS No. 783、787、788、789、790、711、791、792、793），加上1998 年 12 月 30 日发射的仍能进行导航定位服务的两颗 GLONASS 卫星（GLONASS No. 784、786），截至 2002 年 12 月 31 日为止，GLONASS 星座的在轨工作卫星仅为 11 颗。2008 年 3 月20 日，已有 16 颗 GLONASS 卫星在轨正常工作，其中包括 2007 年 12 月 25 日发射并于 2008年 1 月和 2 月分别开始工作的 3 颗 GLONASS 卫星。之后，俄罗斯不断发射新的 GLONASS 卫星，直到建成（24 + 3）颗的新的 GLONASS 工作星座。

4. Galileo 卫星导航定位系统

2002 年 3 月 24 日，欧盟首脑会议冲破美国政府的再三干扰，终于批准了建设 Galileo（伽利略）卫星导航定位系统的实施计划。在该次欧盟首脑会议召开前夕，即 2002 年 3 月 7 日，美国国务院还发表声明说："美国政府认为没有必要建造 Galileo 卫星导航定位系统，因为GPS 系统能够满足全球用户现在和将来的应用需要。"但是，在科索沃战争以及阿富汗战争期间，欧洲军队使用 GPS 技术事实上都受到了限制。因此，时任法国总统希拉克反驳说："实施 Galileo 计划，将使欧洲拥有自己独立的卫星导航定位系统，而赢得创立欧洲共同安全防务体系的条件。对欧洲的科技发展来说，它是一项战略性的计划，也能再次证实欧洲是太空舞台上的一个主角。"欧盟首脑们还意识到，"如果放弃 Galileo 计划，将在今后 20 ~ 30年间失去防务上的主动权。"此外，Galileo 计划带来的经济收益也是不容忽视的。欧盟的一项研究预测表明，发展 Galileo 卫星导航定位技术，仅在欧洲就可以创造出大量就业岗位，每年创造的经济收益将会高达 90 亿欧元，到 2020 年，Galileo 卫星导航定位系统的经济收益将达到 740 亿欧元。在该次欧盟首脑会议之后，欧盟 15 国交通部长会议随即作出决定，采取"一切必要措施"加速 Galileo 卫星导航定位系统的开发和建设，并首次拨款 5.5 亿欧元，加上欧洲航天局（ESA）5.5 亿欧元的拨款，Galileo 卫星导航定位系统在 2002 ~ 2005 年的首期11 亿欧元建设费已经到位。预计耗资 34 亿欧元的 Galileo 卫星导航定位系统，原希望于2006 年实现试运行。

但是，据新科学家网站 2007 年 3 月 14 日报道，政治纷争可能会破坏欧盟迄今为止最大的联合技术计划——Galileo 卫星导航定位系统的建设。欧盟原计划在 2011 年以前建成Galileo 卫星导航定位系统，从而结束欧洲对美国 GPS 系统的依赖。然而，欧盟挑选出 8 家欧洲公司组成的产业联盟，因公司之间的职权斗争可能妨碍 Galileo 卫星导航定位系统的发展。2007 年 5 月 16 日，欧盟运输专员 Jacquues Barrot 提出了一个实现 Galileo 卫星导航定位系统快速建成的新方案，力图在 2013 年建成（27 + 3）星座的 Galileo 卫星导航定位系统。2007 年 11 月 23 日，欧盟经济与财政部长会议决定，同意欧盟委员会提出的动用农业补贴投资建议，在欧盟 2007 ~ 2013 年第 7 个"研究开发框架计划"中，为研发 Galileo 卫星导航定位系统而增加 24 亿欧元的拨款（原仅拨 10 亿欧元），这样就解决了 Galileo 卫星导航定位系统建设经费难题。

Galileo 卫星导航定位系统的主要特点是多载频、多服务、多用户。它除具有与 GPS 系统相同的全球导航定位功能以外，还具有全球搜寻援救功能。为此，每颗 Galileo 卫星还装备一种援救收发器，接收来自遇险用户的求援信号，并将它转发给地面援救协调中心，后者组织对遇险用户的援救。与此同时，Galileo 卫星导航定位系统还向遇险用户发送援救安排通报,以便遇险用户等待援救。

1.3.3 GNSS 系统的构成

GNSS 系统由 3 大部分构成:GNSS 卫星星座(空间部分)、地面监控系统(控制部分) 和 GNSS 信号接收机(用户部分)。三者的关系如图 1.5 所示。整个系统的工作原理可简单描述如下:首先,空间星座部分的各颗卫星向地面发射信号;其次,地面监控部分通过接收、测量各个卫星信号,进而确定卫星的确定轨道,并将卫星的运行轨道信息发射给卫星,让卫星在其发射的信号上传播这些卫星运行轨道信息;最后,用户设备部分通过接收、测量各颗可见卫星的

图 1.5 由 3 大部分构成的 GNSS 系统

信号,并从信号中获取卫星的运行轨道信息,进而确定用户接收机自身的空间位置。

虽然以上只是对 GNSS 工作原理的简单概括,但它清楚地表明了 GNSS 3 个组成部分之间的信号传递关系。特别要注意的是,空间卫星星座部分与用户设备部分有联系,但这个联系是单向的,信号、信息只从空间星座部分向用户设备部分传递。

下面以最为成熟的 GPS 系统为例介绍这 3 个组成部分的功能,从中我们可以进一步认识 GNSS 整个系统的工作机制,学习 GNSS 实现定位的基本原理;同时也会根据我国自身情况,介绍北斗系统的组成情况。

1. GPS 系统的组成

(1)卫星星座部分。

GPS 星座,是用 GPS 卫星信号进行导航定位的核心。它的建设,不仅要选用适宜的卫星轨道,而且要给 GPS 卫星装配性能优良的星载设备。美国科学家经过近 20 年的研究试验和开发,于 1994 年 3 月才全面建成了 GPS 卫星工作星座。

该 GPS 空间星座部分由 21 颗工作卫星和 3 颗备用卫星构成。这 24 颗卫星分布在 6 个轨道上,每个轨道上不均匀地分布着 4 颗卫星,如图 1.6 和图 1.7 所示。为了进一步清晰地描绘出星座中各卫星的分布情况,图 1.7 将 6 个椭圆轨道平面分别展开成了直线。这 6 个轨道平面沿着经度方向依次用字母 A、B、C、D、E、F 表示,在每个轨道上的工作卫星又用 1 ~ 4 的数字加以区分。这样,卫星的轨道编号就由一个字母和一个数字组成,例如 A1、A2、A3、B1 和 F4 等。上列 A、B、C、D、E、F 6 个轨道,相对于赤道平面的倾角

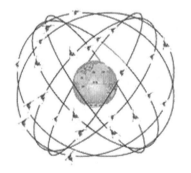

图 1.6 GPS 卫星星座

均为 55°,各个轨道平面间相距 60°,因此,它们的升交点赤经相差 60°。在每一个轨道平面内各颗卫星之间的升交点角距相差 90°,任意轨道平面上的卫星比西边相邻轨道平面上的相应卫星超前 30°。GPS 卫星属于地球中轨卫星,卫星轨道的平均高度约为 20 200 km,运行

轨道是一个接近正圆的椭圆,运行周期为 11 小时 58 分钟。

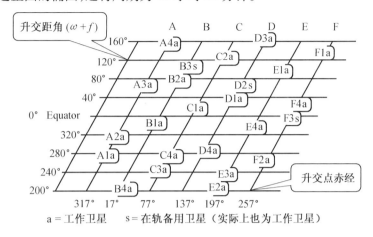

图 1.7　GPS 卫星星座平面图

　　GPS 卫星星座之所以设计成如上所述的构架,其目的之一是使地面上的任一点在任一时刻都能同时观测到足够数量的卫星以供定位之用,目的之二是考虑了它的容错性。也就是说,如果某一轨道面上的一颗卫星发生故障而失效,那么因为相邻轨道面上邻近卫星的存在,GPS 的卫星信号覆盖性能和定位性能不致遭到剧烈破坏而大幅度下降;同时 3 颗备用卫星可在必要时替代故障卫星,这对于确保空间星座部分的正常运转起到相当重要的作用。

　　GPS 卫星 4 倍于子午卫星的数量(表 1.3)。在 20 000 km 高空的 GPS 卫星,从地平线升起至没落,可以在用户视野持续运行 5 h 左右。它们向广大用户发送的导航定位信号,近乎无干扰地通过大气层到达地面。每个用户在任何地方都能够同时接收到来自 4 ~ 12 颗 GPS 卫星的导航定位信号,用以测定其实时点位和其他状态参数,实现全球性全天时的连续不断地导航定位。图 1.8 表示在中国(北纬 49°30′,东经 117°30′)一天 24 h 内能够见到的 GPS 卫星数。从该图可见,全天有 50% 的时间,能够见到 7 颗 GPS 卫星;29% 的时间,能够见到 6 颗 GPS 卫星;17% 的时间,能够见到 8 颗 GPS 卫星;4% 的时间,能够见到 5 颗 GPS 卫星。这表明,在中国境内全天能够见到 5 ~ 8 颗 GPS 卫星,有利于我国用户进行全天时连续不断的导航定位测量。

表 1.3　GPS 卫星星座和子午卫星星座的基本参数

内容	TRANSIT	GPS
卫星数 / 颗	6	24
轨道数 / 个	6	6
卫星高度 /km	1 100	20 200
运行周期 /min	107	720
载波频率 /MHz	400 150	15 751 227

　　作为导航卫星,GPS 卫星的硬件主要包括无线电收发装置、原子钟、计算机、太阳能电池板和推进系统。卫星信号中包含着信号发射时间的精确信息,这是用户设备用来准确测量其本身到卫星距离的一个必要条件。鉴于此,每颗二代 GPS 卫星配置有 4 台原子钟,包括两

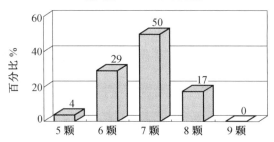

图 1.8　一天 24 h 能够见到的 GPS 卫星数

台铷(Rb)原子钟和两台铯(Cs)原子钟,而每颗三代卫星则配置有 3 台铷原子钟。高精度的原子钟是卫星的核心设备,它不但为卫星发射信号提供了基准频率,而且为确定整个 GPS 系统的时间标准提供了依据。

GPS 卫星的基本功能可总结如下:接收从地面监控部分发射的卫星位置等信息,执行从地面监控部分发射的控制指令,进行部分必要的数据处理,向地面发送导航信息,以及通过推进器调整自身的运行姿态。

(2)地面监控部分。

正如前述,当用户进行导航定位时,GPS 卫星被当做一种动态已知点(用户依据卫星发送的星历算得)。所谓"GPS 星历",是一系列描述 GPS 卫星运动及其轨道的参数。每颗 GPS 卫星所播发的星历,都是由地面监控系统提供的。GPS 工作卫星的设计寿命是 7.5 年,当它们入轨运行后,卫星的"健康"状况如何,即卫星上的各种设备是否正常工作,以及卫星是否一直沿着预定轨道运行,都需要由地面设备进行监测和控制。此外,地面监控系统还有一个重要作用,就是保持各颗卫星处于同一时间标准,即处于 GPS 时间系统。这就需要在地面设站监测各颗卫星的时间,并计算出它们的有关改正数,并由卫星导航电文发送给用户,以维护 GPS 时系基准。

GPS 试验卫星的地面监控系统包括设在加利福尼亚州范登堡空军基地的一个主控站、一个注入站和一个监控站以及其他地方的 4 个监控站。但是,GPS 工作卫星则采用新的地面监控系统,它包括 1 个主控站、3 个注入站和 5 个监控站(图 1.9)。主控站位于美国本土科罗拉多州斯平士(Colorado Spings)的联合空间执行中心(Consolidated Space Operation Center,CSOC)。3 个注入站分别设在大西洋、印度洋和太平洋的 3 个美国军事基地上,即大西洋的阿森松岛(Ascension)、印度洋的狄哥-伽西亚(Diego Garcia)和太平洋的卡瓦加兰(Kwajalein)。5 个监测站除了位于主控站和 3 个注入站的 4 个站以外,还有设立在夏威夷的一个监测站,这 5 个监测站也称为空军跟踪站(Air Force Tracking Station)。此外,还有美国国家图像制图局 NIMA 的 7 个跟踪站(NIMA Tracking Station)。

监测站是在主控站控制之下的一个数据自动采集中心,其主要装置包括双频 GPS 接收机、高精度原子钟、计算机等各 1 台和环境数据传感器若干。监测站的主要任务是通过接收机对 GPS 卫星进行连续观测和数据采集,同时通过环境传感器采集有关当地的气象数据。监测站将所有的测量数据略作处理后再传送给主控站。

注入站的主要设备包括 1 台直径为 3.6 m 的天线、1 台 S 波段发射机和 1 台计算机。它

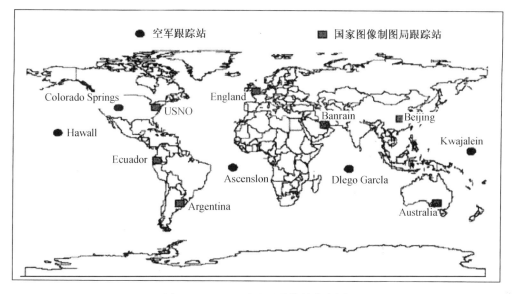

图 1.9 GPS 卫星地面监控站分布图

的主要任务是在主控站的控制下,将主控站发送来的卫星导航电文和控制命令等转发给各相应卫星,以确保传输信息的准确性。

主控站是地面监控部分,相当于整个 GPS 的核心。它负责协调和控制地面监控部分的工作,接收、处理所有监测站传来的数据。拥有以大型电子计算机为主体的数据收集、计算、传输、诊断等设备。

地面监控系统的主要功能如下。

① 监测 GPS 信号。各个监测站对飞越其上空的所有 GPS 卫星,进行伪距等项测量,并将其测量值发向主控站。

② 收集数据。主控站收集各个监测站所测得的伪距和积分多普勒观测值、气象要素、卫星时钟和工作状态的数据、监测站自身的状态数据以及海军水面兵器中心发来的参考星历。

③ 编算导航电文。主控站除了控制和协调各个监测站和注入站的工作以外,主要是根据所收集的数据及时计算每颗 GPS 卫星的星历、时钟改正、状态数据以及信号的大气传播改正,并按一定格式编制成导航电文,传送到注入站。

④ 注入电文。对飞越注入站上空的 GPS 卫星,注入站用 S 波段的注入信号(10 cm),依序将它们的导航电文分别注入到各自的 GPS 卫星。

⑤ 诊断状态。主控站还肩负监测整个地面监控系统是否工作正常,检验注入给卫星的导航电文是否正确,监测卫星是否将导航电文发送给了用户。

⑥ 调度卫星。当某一颗 GPS 卫星离分配给它的轨道位置太远时,主控站能够对它进行轨道改正,将它"拉回来",而且还能进行卫星调度,让备用卫星取代失效的工作卫星。

(3)用户设备。

空间星座部分和地面监控部分为 GPS 提供了定位基础,并且可以支持无数个 GPS 用户;然而,它们不会替用户定位,用户只有通过 GPS 用户设备才能实现定位。用户设备可以简单地理解成我们常说的 GPS 接收机,它主要由接收机硬件、数据处理软件、微处理机和终端设备组成,其中接收机硬件一般又包括主机、天线和电源。用户设备的主要任务是跟踪可见 GPS 卫星,对接收到的卫星无线电信号经过数据处理后获得定位所需的测量值和导航信息,最后完成对用户的定位运算和可能的导航任务。

通过天线接收所有的可见 GPS 卫星的信号后,接收机对这些信号进行数据处理,精确地测量出各个卫星信号的发射时间,将其自备时钟所显示的信号接收时间与测量所得的信号发射时间相减再乘以光速,由此得到接收机与卫星之间的距离。同时接收机还从卫星信号中解译出卫星的运行轨道参数,并以此准确计算出卫星的空间位置。如图 1.10 所示,如果卫星 $n(n=1,2,3)$ 的空间位置在一直角坐标系中的坐标为 (x_n, y_n, z_n),而接收机测得其本身到该卫星的距离为 ρ_n,那么根据基本的几何知识就可以列出

$$\sqrt{(x_n - x)^2 + (y_n - y)^2 + (z_n - z)^2} = \rho_n \tag{1.1}$$

其中,未知数 (x, y, z) 正是我们想要得到的用户接收机位置在同一直角坐标系中的三维坐标。如果接收机对 3 颗可见卫星有测量值,那么接收机可分别列出 3 个与上式一样的方程式,然后从这 3 个方程中解算出 3 个未知数 (x, y, z)。需要注意的是,因为接收机时钟时常与卫星时钟不同步,所以接收机需要有 4 颗卫星的测量值,通过 4 个方程就可以解出 (x, y, z) 和接收机钟差 4 个未知数,这就是 GPS 定位、校时的基本原理。

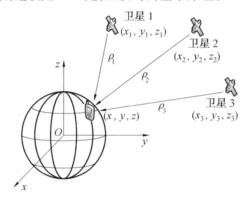

图 1.10　GPS 接收机定位原理

2. 北斗一代系统的组成

北斗一代系统的空间卫星星座部分、地面监控系统部分和用户设备部分 3 大部分的信息交互如图 1.11 所示。

(1) 空间卫星星座部分。

空间卫星部分由 3 颗对地静止轨道卫星组成(位于东经 80° 和 140° 的两颗工作卫星,位于东经 110.5° 的 1 颗备用卫星),主要任务是执行地面中心站与用户设备之间的双向无线电信号中继业务。每颗卫星上的主要载荷是变频转发器,以及覆盖定位通信区域的全球波束或区域波束天线。保证系统正常工作需要两颗卫星,第 3 颗卫星为备份星,增加系统可靠性。两颗工作卫星升交点赤经相隔 60° 作用最好,这使系统有良好的几何精度因子,也使得系统有较大的覆盖范围。

(2) 地面监控系统部分。

地面监控系统部分由主控站和计算中心(二者合在一起称为地面中心站,它配有数字化地形图)、测轨站、气压测高站、校准站等组成(全国分布有 20 多个测轨及标校站)。地面

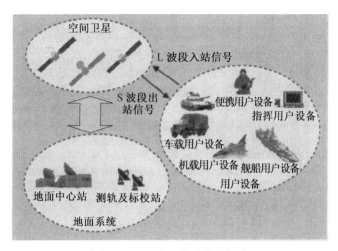

图1.11 北斗一代系统的组成

中心站连续产生和发射无线电测距信号,接收并快速捕获用户设备转发来的响应信号,完成全部用户定位数据的处理工作和通信数据的交换工作,把地面中心站计算得到的用户位置和经过交换的通信内容分别送给用户设备。

（3）用户设备部分。

北斗一代用户设备是具有全向收发天线的接收发送设备。其基本功能:一是接收地面中心站通过卫星转发的信号,从中提取信息并对其进行必要测量;二是将测量信息或通信信息按一定的时间要求通过卫星发往地面中心站。

3. 北斗二代卫星导航系统的组成

与 GPS 系统相类似,北斗二代卫星导航系统也是由卫星星座部分、地面监控部分和用户设备部分组成。

（1）卫星星座部分。

北斗卫星导航系统的空间部分计划由 35 颗卫星组成,包括 5 颗静止轨道卫星(GEO)、27 颗中地球轨道卫星(MEO)及 3 颗倾斜同步轨道卫星(IGSO)。5 颗静止轨道卫星定点位置分别为东经58.75°,80°,110.5°,140°和160°,中地球轨道卫星运行在 3 个轨道面上,轨道面之间为相隔120°均匀分布。

至 2012 年底北斗亚太区域导航正式开通时,已为正式系统发射了 16 颗卫星,其中 14 颗组网并提供服务。这 14 颗卫星分别为 5 颗静止轨道卫星、5 颗倾斜地球同步轨道卫星(均在倾角 55°的轨道面上)、4 颗中地球轨道卫星(均在倾角 55°的轨道面上)。北斗导航卫星星座和卫星组成如图 1.12 所示。

（2）地面监控部分。

系统的地面段由主控站、注入站和监测站组成。

①主控站用于系统运行管理与控制等。主控站从监测站接收数据并进行处理,生成卫星导航电文和差分完好性信息,而后交由注入站执行信息发送。

②注入站用于向卫星发送信号,对卫星进行控制管理,在接受主控站的调度后,将卫星导航电文和差分完好性信息发送给卫星。

③监测站用于接收卫星的信号,并发送给主控站,可实现对卫星的监测,以确定卫星轨

道,并为时间同步提供观测资料。

(3) 用户设备部分。

用户段即用户的终端,既可以是专用于北斗卫星导航系统的信号接收机,也可以是同时兼容其他卫星导航系统的接收机。接收机需要捕获并跟踪卫星信号,根据数据按一定的方式进行定位计算,最终得到用户的经纬度、高度、速度、时间等信息。

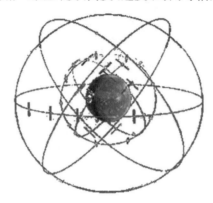

图 1.12　北斗导航卫星星座

1.3.4　GNSS 系统的应用

GNSS 卫星所发送的导航定位信号,是一种可供无数用户共享的空间信息资源。陆地、海洋和空间的广大用户,只要持有一种能够接收、跟踪、变换和测量的 GNSS 信号接收机,就可以全天候和全球性地测量运动载体的七维状态参数和三维姿态参数。其用途之广,影响之大,是任何其他无线电接收设备望尘莫及的。不仅如此,GNSS 系统还为大地测量学、地球动力学、地球物理学、天体力学、载人航天学、全球海洋学和全球气象学提供了一种高精度和全天候的测量新技术。纵观现况,GNSS 技术有下述用途。

1. GNSS 技术的陆地应用

各种车辆的行驶状态监测;旅游者或旅游车的景点导游;应急车辆(如公安、急救车等)的快速引行和探寻;高精度时间比对和频率控制;大气物理观测;地球物理资源勘探;工程建设的施工放样测量;大型建筑和煤气田的沉降监测;板内运动状态和地壳形变测量;陆地／海洋大地测量基准的测定;工程、区域、国家等各种类型大地测量控制网的测设;请求救援在途实时报告;引导盲人行走;平整路面的实时监控;精细农业等。这里将上述应用分为两类:一类是利用了 GNSS 系统的定位结果对用户进行导航;另一类并非使用定位结果,而是利用 GNSS 信号展开研究。

前者如精细农业的应用,发达国家已经把 GNSS 技术引入到农业,即所谓的"精准农业耕作"。该方法利用 GNSS 进行农田信息定位获取,包括产量监测、图样采集等,计算机系统通过对数据的分析处理,决策出农田的管理措施。把产量和土壤状态信息装入带有 GNSS 设备的喷施器中,从而精确地给农田施肥、喷药。通过实施精准耕作,可在尽量不减产的情况下,降低农业生产成本,有效避免资源浪费,降低因施肥除虫对环境造成的影响。

后者如大气物理观测,利用 GNSS 卫星广播的信号,根据对信号的观测结果,反推大气中对流层、电离层的参数,为雷达、防空火力控制等系统提供当地实时而精确的气象保障。

2.GNSS 技术的海洋应用

远洋船舶的最佳航线测定;远洋船队在途航行的实时调度和监测;内河船只的实时调度和自主导航测量;海洋援救的探寻和定点测量;远洋渔船的结队航行和作业调度;海洋油气平台的就位和复位测定;海底沉船位置的精确探测;海底管道敷设测量;海岸地球物理勘探;水文测量;验潮网的测设;海底大地测量控制网的布测;海底地形的精细测量;船运货物失窃报警;净化海洋(如海洋溢油的跟踪报告);海事纠纷或海损事故的点位测定;浮鼓抛设和暗礁爆破等海洋工程的精确定位;港口交通管制;海洋灾害监测等。

3.GNSS 技术的空间应用

民航飞机的在途自主导航;飞机精密着陆;飞机空中加油控制;机群编队飞行的安全保护;航空援救的探寻和定点测量;机载地球物理勘探;飞机探测灾区大小和标定测量;摄影和遥感飞机的七维状态参数和三维姿态参数测量等。

当航天器载着 GNSS 信号接收机时,GNSS 测量能够实现下述功能:

(1) 能够精确测定航天器在轨飞行的实时位置与速度。

(2) 能够实现在轨航天器的自主精确导航。

(3) 能够为航天器上的其他设备提供高精度的时间基准。

所以 GNSS 系统可以为航天领域提供如下保障:低轨通信卫星群的实时轨道测量;卫星入轨和卫星回收的实时点位测量;载人航天器的在轨防护探测;星载 GNSS 的遮掩天体大小和大气参数测量;对地观测卫星的七维状态参数和三维姿态参数测量等。

4.GNSS 技术在军事领域的应用

GNSS 技术是一种大幅提升军力的重要手段,具有三维位置、三维速度、三维姿态和时间的测量能力,可以在军事作战的各个方面起到重要作用。GNSS 技术独一无二的特性是:在地球上任何时间、任何地点、任何光照、气候或在其他资源无法看清目标的条件下,能在目标和瞄准该目标的动态武器系统之间建立起四维空间的唯一相关性。GNSS 技术的这一特点增强了精确武器的杀伤力,提高了军事任务策划者指挥军队作战的效率,使执行任务的战士或部队减少风险。其优越性甚至达到如此程度:利用 GNSS 信号精确测定的目标点和制导的武器,无论在何种条件下其击中目标的概率远高于任何其他目标瞄准和定位相结合的技术。此外,由于 GNSS 技术的应用不需要发射电磁波信号,因此,GNSS 技术可在不允许产生无线电波的情况下,实现安全、高效和精确作战。由于 GNSS 技术的这种性能特点,美国国防部和国会都始终强令军事作战使用 GNSS 技术。GNSS 技术的功能已经或正在被装备、集成到美国国防部运行的几乎所有重要军事作战系统及其通信、数据等支持系统中。

此外,GNSS 系统还为近年来出现的很多新技术提供了保障,如在环境保护领域对动物种群进行检测;在智能交通技术上提供最必要的车辆位置信息;在智能电网方面提供同步信息;在老年关爱和儿童监护方面提供位置信息。

1.4 GNSS 现代化

近年来,随着人们对导航服务的需求不断增加,以及无线电定位技术的不断发展,学界越发感受到了当前 GNSS 系统存在的不足之处以及升级空间。于是,GNSS 现代化进程越发受到各国重视。首当其冲的是美国的 GPS 系统,美国为保持其在导航领域的霸主地位,不惜重资对 GPS 系统进行升级。同时,俄罗斯也在力所能及的范围内大力加强 GLONASS 系统的建设与改进,一方面补齐因苏联解体而导致的 GLONASS 系统缺失,另一方面将系统从频分多址形式改进为与 GPS 系统一样的码分多址形式。欧洲的 Galileo 卫星导航定位系统由于出现较晚,且欧洲的技术实力较强,其设计之初就对现有的 GNSS 系统提出了很多改进之处,故其本身就是 GNSS 现代化过程中的一部分。

1.4.1　GPS 的现代化需求

近几十年以来,人们对 GPS 卫星的应用开发表明,GPS 系统不仅能够在陆、海、空 3 大领域内提供实时、全天候和全球性的导航定位服务(如情报收集、核爆监测和应急通信等一些军事目的),而且能够进行厘米级甚至毫米级精度的静态定位,亚米级甚至厘米级精度的动态定位和速度测量,以及毫微秒级精度的时间测量。基于这些应用,GPS 卫星导航定位技术已经成为一种跨学科、跨行业、广用途、高效益的综合性高新技术。

鉴于此,发展具备更强大功能的 GPS 卫星定位系统势在必行,而且正在运行的 GPS 工作卫星(Block Ⅱ 和 Block Ⅲ)的导航定位信号无法满足不同用户的需求,存在如下不足。

1. GPS 信号的易干扰性

在 20 200 km 高空飞行的 GPS 卫星,向地面用户发送的导航定位信号(GPS 信号),是一种可供全球用户共享的空间信息资源。但其信号强度是极其微弱的,到达 GPS 信号接收天线时,也不过 −128 dBm。如此微弱的 GPS 信号,极易受到电子干扰。实验表明,一台 1 W 的调频噪声干扰机,可使距它 22 km 范围内的民用 GPS 信号接收机不能正常工作。一台 100 W 大功率干扰机,可使距它 1 000 km 范围内的 GPS 信号接收机难以捕获和跟踪到 GPS 信号。干扰 GPS 信号接收的信号见表 1.4,分成人为射频干扰类和客体射频干扰类。后者是一些客观存在的无线电发送设备引起的电子干扰。

表 1.4　GPS 信号接收的射频干扰源及其类型

射频干扰源	干扰类型
人为的噪声干扰	宽带高斯型
电视发射信号谐波,或者超越接收机前端滤波带宽的邻近 L1/L2 的发射信号	宽带相位／频率调制型
人为的扩频信号干扰,或者邻近接收机的伪信号干扰	宽带扩频型
雷达发射信号	宽带脉冲型
调幅电台发射信号谐波,或者民用电台发射信号	窄带相位／频率调制型
人为的连续波干扰信号,或者调频电台发射信号谐波	窄带扫频连续波型
人为的连续波干扰信号,或者邻近 L1/L2 的非调制的发射机载波	窄带连续波型

此外,对于现行的 GPS 信号进行频谱分析如图 1.13 所示,L1 − C/A 码和 L1 − P(Y) 码都处于第一导航定位信号 L1 的中心频带。当对 L1 实施人为干扰,导致民用 GPS 信号接收机不能正常工作时,采用 P(Y) 码而处于同一作业地区的军用 GPS 信号接收机也难以正常工作,这是美国军方所忌讳的。

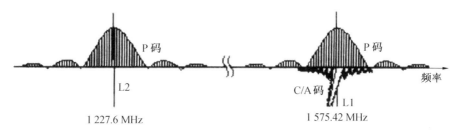

图 1.13　现行 GPS Ⅱ/ⅡA 卫星信号的频谱

2. 星历更新的强依他性

GPS 卫星导航定位,是基于被动式测距原理,它以用户天线至 GPS 卫星的距离为基本观测量,而按下式解算出用户位置:

$$P^j(t) = \{[X^j(t) - X_u(t)]^2 + [Y^j(t) - Y_u(t)]^2 +$$
$$[Z^j(t) - Z_u(t)]^2\}^{1/2} + d_u(t) \tag{1.2}$$

式中　$P^j(t)$——GPS 信号接收机测得的用户在时元 t 至第 j 颗 GPS 卫星的距离;

　　　　$X^j(t), Y^j(t), Z^j(t)$——第 j 颗 GPS 卫星在时元的在轨位置;

　　　　$X_u(t), Y_u(t), Z_u(t)$——用户天线在时元 t 的空间位置;

　　　　$d_u(t)$——GPS 信号接收机时钟偏差等因素引起的站星距离偏差。

从式(1.2)可知,为了解算出用户位置,除了测量站星距离外,还必须知道 GPS 卫星的实时在轨位置,称之为动态已知点。它是借助 GPS 星历解算的。GPS 信号的非特许用户只能使用 C/A 码传送的星历,只有特许用户方可采用较高精度的 P 码星历。不管是 C/A 码星历,还是 P 码星历,GPS 现行工作卫星都是由地面监控系统计算而外推求得,再注入到 GPS 卫星的。它包括 6 个开普勒参数、9 个轨道摄动参数和 2 个时间参数。这些参数是基于星历参考时元 t_{oe} 的外推值,它的精度随着外推时间间隔的增长而显著降低。例如 Block Ⅱ/ⅡR 卫星的星历和星钟 A 系数存用天数分别为 14 d 和 180 d,当用刚注入的参数作导航定位时,用户测距误差(URE)可达 ±5.5 m。而在存用周期的末尾,仍然用这些参数作导航定位时,用户测距误差(URE)仅分别为 ±161.6 m 和 ±10 000.0 m,为了保持较小的用户测距误差,地面监控系统不得不每天更新星历和星钟 A 系数,而且要耗费大量的人力和金钱进行 GPS 卫星导航电文的编算和注入,一旦地面监控系统受到破坏,GPS 星座便难以维持正常工作,无论是民用还是军用,都不能实施高精度的导航定位测量。

3. P 码捕获的非独立性

GPS 卫星的 P 码,不仅能给用户传送较高精度的星历和星钟 A 系数,而且能够适用于较高精度的实时点位测量。从 P 码特性可知,且不说它是一种保密的军用伪噪声码,即使是 GPS 卫星实用的截短 P 码,也具有 6.187E + 12 个码元。在 GPS 信号接收机冷启动的情况下,若采用逐元搜索法来捕获 P 码,即便使用 50 bit/s 作捕获搜索,也需要 3 923 年才能完成一个周期的 P 码搜索。这是无法实施的。因此,通常均须采用首先捕获 C/A 码,巧用 Z 计数,实现对 P 码的捕获和跟踪。如果 GPS 第一导航定位信号(L1)受到干扰,而无法捕获和跟踪到 C/A 码,使用 P 码,就是一句空话。换而言之,若人为地干扰 C/A 码的接收,等效于 P 码受到干扰。他人不能使用,本方也无所作为。因此,从导航战的需要出发,美国不少学者建议,改变 GPS 信号的现行格式,实行军民分用 GPS 信号制式。此外,多年来,也有厂商努力开发"直接捕获和跟踪 P(Y) 码"的 GPS 信号接收机。

4. L1 - P 码 /L2 - P 码伪距的民用难获性

依据电离层效应的色散特性,GPS 双频接收机所测得的伪距,其电离层效应的距离偏差改正分别为

$$\rho = P_1 + d_{ion}^1 = P_1 + 1.545\ 73\Delta P \tag{1.3}$$

$$\rho = P_2 + d_{iom}^2 = P_2 + 2.457\ 3\Delta P \tag{1.4}$$

式中　ΔP——用 L1 - P 码和 L2 - P 码测得的伪距之差,$\Delta P = P_1 - P_2$。

对于民用用户而言,难以同时获得 L1 - P 码伪距和 L2 - P 码伪距,而无法实现 GPS 双频观测的电离层效应距离偏差改正,限制了 GPS 伪距单点定位精度的提高,这样就缩小了 GPS 伪距单点定位的实用范围。尽管有的信号接收机(如 WM - 102 双频接收机)采用 C/A 码伪距代替 L1 - P 码伪距,以此求得的 ΔP,去做电离层效应距离偏差改正,必将因 L1 - P 码伪距和 C/A 码伪距的不一致性而导致新的距离偏差改正之残差。

1.4.2　GPS 的现代化措施

GPS 现代化的主要目的是:军民分离,强化军用,即实施所谓"3P"政策。

① 保护战区内的美方军用。

② 防止敌方开拓 GPS 军用。

③ 保护战区外的 GPS 民用。

为实现上述目的,拟采用以下措施。

1. 分离军民用扩频码的所占频带,增强军用信号发射功率

GPS 现行信号的频谱分析表明,如图 1.14 所示,在第一导航定位信号中,C/A 码占有以载频 f_{L1} 为中心频率的 2.046 MHz 带宽,P(Y) 码则占据以载频 f_{L1} 为中心频率的 20.46 MHz。在战争状态下,若对 C/A 码加以电子干扰,必然影响对 P(Y) 码的捕获和跟踪。但是,GPS 系统的建设初衷,是为美国的陆、海、空三军服务的,民用只是一种后续开发的意外结果。因此如何强化军用和紧握军用主动权,就成为研制 GPS 新型卫星的焦点。其中根据有限的资料可知,军民隔离,复用频谱,将成为首选技术。第三民用信号的设立,也为军方提供了第三个导航定位信号。

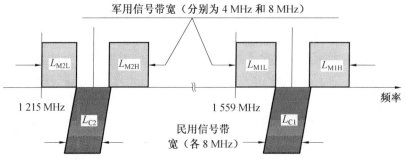

图 1.14　GPS ⅡF 卫星信号的频谱复用图

图 1.14 中给出了 GPS 信号的频谱复用概念,其基本思想是,民用 C/A 码处在以载频为中心的"中心频带",军用 Y 码和 M_E 码位居远离载频的"高低边带"。例如,对于第一导航定位信号而言,民用 C/A 码占有 8 MHz 带宽,而处于 1 571.42 ~ 1 579.42 MHz 的中心频带 P(Y) 码占有两个边频带(各 12 MHz),其低边带为 1 571.42 ~ 1 559.42 MHz,而其高边带则为 1 579.42 ~ 1 591.42 MHz。这种军民隔离和频谱复用的优点是:

(1) 在导航战中,强化了军用的抗毁能力。

(2) 可为军用注入更高精度的星历和星钟 A 系数,始终保持军用实时定位精度高的优势。

(3) 允许提高军用伪噪声码的发射功率,增强军用 GPS 信号接收机的抗电子干扰能力。

(4) GPS 信号接收天线等部件,可以军民共用,加速了军品的市场开拓前景。

2. GPS 工作卫星在轨自主更新星历提高 GPS 系统抗毁能力

自 1997 年 7 月 23 日,第二次发射 Block ⅡR 卫星获成功以来,至本书写作时,已发射了 6 颗 Block ⅡR 卫星。在地面监控系统的控制下,2003 年始发的 Block ⅡR - M 卫星具有下列特点:

(1) 能够作 GPS 卫星之间的距离测量。

(2) 能够在轨自主更新和精化 GPS 卫星的广播星历和星钟 A 系数。

(3) 能够进行 GPS 卫星之间的在轨数据通信。

(4) 需地面监控系统的干预,Block ⅡR - M 卫星能够自主运行 180 d 作导航定位服务,且在第 180 d 时,用户测距误差(URE)仍可达到 ±7.4 m,这比 Block ⅡA 卫星的 URE 小 1.3 倍。

(5) 在 180 d 的自主运行周期内,为了使 URE 达到 ±5.3 m,每隔 30 d 由地面监控系统作 210 d 数据集的星历和星钟 A 系数的更新。

值得特别注意的是,每天由地面监控系统更新的 Block ⅡA 星历和星钟 A 系数,即使用其最新数据作导航定位测量,也只能达到 ±5.5 m 的用户测距误差。而 Block ⅡR - M 卫星在更新后的第 180 d,仍可使 URE 仅为 ±7.4 m。因此,即使地面监控系统暂受毁坏,仍能维持高精度的 GPS 卫星导航定位,而增强了 GPS 系统的抗毁能力,这对战时是极为有益的。

3. 增设 C 码和军用 M_E 码

2005 年 9 月 26 日发射的第一颗 Block ⅡR - M(ⅡR - Modified)卫星,包括后续将要发射的共 13 颗 Block ⅡR - M 卫星的第二导航定位信号(L2),增设一个新的民用伪噪声码(L2 - C);并在第一、二导航定位信号(L2)上各增设一个新的军用伪噪声码(M 码),这标志着 GPS 现代化迈出了重大的一步。据披露,该新的军用伪噪声码为 M_{earth} 伪噪声码,而在第三导航定位信号上,增设另一个新的军用 $M_{High\ Power}$ 伪噪声码。因此,Block ⅡR - M 卫星的导航定位信号包括图 1.15 中的分量。

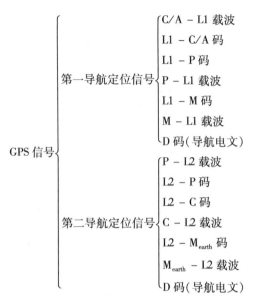

图 1.15 现代化 GPS 信号构成

在暂不考虑新军用伪噪声码(M 码)的情况下,可知第二民用导航定位信号为

$$S_2^j(t) = B_P P^j(t) D^j(t) \sin(\omega_2 t + \varphi_2^j) + B_C C^j(t) F\{D_{12}^j(t)\} \cos(\omega_2 t + \varphi_2^j) \qquad (1.5)$$

式中　　B_P, B_C——GPS 卫星第二载波的振幅;

　　　　$P^j(t)$——第 j 颗 GPS 卫星的 P 码;

　　　　$D^j(t)$——第 j 颗 GPS 卫星的导航电文;

　　　　$F\{D_{12}^j(t)\}$——第 j 颗 GPS 卫星新增加的数据码,即卫星导航电文,它与 $D^j(t)$ 的不同之处是,采用了前向误差改正(FEC)技术。该技术用于改正解调导航电文过程中所出现的比特判定误差,而恢复所丢失的比特,确保导航电文解码的正确性和可靠性;FEC 技术,还可使信噪比增大 5 dB,而有利于弱信号的跟踪和捕获。

　　　　$C^j(t)$——第 j 颗 GPS 卫星新增加的 L2 - C 码,也称为替换码,且以 RC 码示之;L2 - C 码包括中长码(CM)和长民码(CL);CM 码用于传输导航数据,CL 码用于快速捕获。CM 码的长度周期为 10 230 码元, 时钟频率是 511.5 kHz,故其时间周期为 20 ms。CL 码的长度周期为 767 250 码元(为 CM 码的 75 倍),时钟频率是511.5 kHz,故其时间周期为 1.5 ms。由表列数据可见,新增加的 L2 - C 码,提供了解算站星距离单值性的两把"电尺"(6 000 km 和 450 000 km)。这样,可以直接利用 L2 - C/A 码和 L2 - C 码的测量,精确测定站星距离值,而不需要借助其他辅助信号去解决所测站星距离的单值性,简化了站星距离的测量设备。

4. Block ⅡF 卫星增设第三导航定位信号(L5)

美国副总统戈尔于 1999 年 1 月 25 日宣告:Block ⅡF 卫星,将增设第三个民用信号(L5),其载波频率为 1 176.45 MHz,形成用 3 个 GPS 信号(L1,L2,L5)同时进行导航定位的新格局。

L5 的生成电路框图如图 1.16 所示。该图中 NH 为 Neuman-Hoffman 码,XI 和 XQ 分别为 G 码的同相序列和正交序列,而分别构成传送卫星导航电文的数据频道和不传送卫星导航电文的载波频道。换言之,L5 的 G 码,是 XI 码和 XQ 码的总称,也有学者将它们记作 g_1 码和 g_2 码。XI 码,是由 XA 码和 XBI 码构成的;而 XQ 码,是由 XA 码和 XBQ 码构成的。XA 码、XBI 码和 XBQ 码均是用 13 级线性移位寄存器产生的。

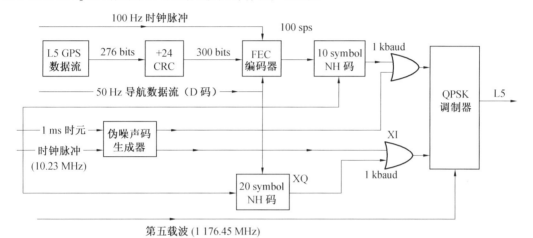

图 1.16　L5 的生成电路框图

XA 码的特征多项式为

$$f_{XA} = 1 + x^9 + x^{10} + x^{12} + x^{13} \tag{1.6}$$

XBI 码和 XBQ 码的特征多项式均为

$$f_{XB} = 1 + x + x^3 + x^4 + x^6 + x^7 + x^8 + x^{12} + x^{13} \tag{1.7}$$

13 级线性移位寄存器所产生的 m 序列,具有$(2^{13} - 1) = 8\,191$ 个码元。为了依此获取 10 230 个码元的 G 码,而将各个移存器的输出脉冲送到一个解码器,当其码元总数达到 10 230(即达 1 ms) 时,则对 3 个 13 级线性移位寄存器重新全置"1",以此截断 8 191 个码元的继续产生而止步于 10 230 个码元。因此,G 码的长度周期为 10 230 bits,它的时间周期为 1 ms。

5. 地面监控系统的现代化

地面监控系统的现代化主要体现在以下方面:

(1) 给监测站装备数字式 GPS 信号接收机和计算机。

(2) 用分布式结构计算设备取代主控站现有的主计算机。

(3) 采用精度改善技术建立卫星控制集成网络,完善 GPS ⅡR 卫星的全运行能力。

(4) 在范登堡空军基地建立一个具有全运行能力的备用主控站。

(5) 增强 GPS ⅡF 卫星的指令和控制能力。

2000 年 5 月 1 日,克林顿总统宣布:即日起停止对 GPS 卫星实施 SA 技术,使广大民用 GPS 用户能够获得 ±23 m(置信度 95%)的二维位置精度、±33 m(置信度 95%)的高程精

度和 ±200 ns(置信度 95%)的定时精度,这标志着 GPS 现代化的开始。表 1.5 列出了 GPS 现代化的实施计划。GPS 卫星全球定位系统将来会为全球信息社会的建设作出重大贡献。

表 1.5 GPS 现代化的进程

时 间	内 容
2000 年 5 月	中止 GPS Ⅱ/ⅡA 卫星的 SA 技术
2005 年开始发射 GPS ⅡR - M 卫星	给 GPS ⅡR - M 卫星增设 L2 - C 码、L1 - M_E 码和 L2 - M_E 码
2009 年 1 月开始发射 GPS ⅡF 卫星	给 GPS ⅡF 卫星增设 L2 - C 码、L1 - M_E 码和 L2 - M_E 码,L5 导航定位信号
2013 年开始发射 GPS Ⅲ 卫星	给 GPS Ⅲ 卫星增设 L2 - C 码、具有强功率的 L1 - M_E 码和 L2 - M_E 码、L1 - C 码,特殊功能
2000 年开始	改善地面监控系统

第四代 GPS 工作卫星 ——Block Ⅲ(GPS Ⅲ),已于 2001 年开始了实质性的研制,并于 2010 年发射了第一颗 GPS Ⅲ 卫星。GPS Ⅲ 卫星全部投入运行后,改变了原来的 6 轨道 24 颗 GPS Ⅱ/ⅡA/ⅡR 卫星星座的布局和结构,用 33 颗卫星构建成高椭圆轨道(HEO)和地球静止轨道(GEO)相结合的新型 GPS 混合星座。其主要特点是:

(1)采用 3 个导航定位频点,近实时地预警 GPS 卫星及其导航定位信号的故障,拓宽 GPS 信号更宽广的实用天地。GPS Ⅲ 卫星,不仅将和 GPS ⅡF 卫星一样采用 $S_{L1}S_{L2}S_{L5}$ 3 个导航定位频点,为用户提供厘米级的实时点位测量精度,而且将 GPS 卫星及其导航定位频点故障的预警时间,从现行的 30 min 缩短到 60 s 以内,拓宽 GPS 导航定位信号在高动态环境下的广泛实用。

(2)强化军用功能,提高军用信号发射功率,实施点波束定区发射技术。在实现军民信号分离后,将军用伪噪声码 ——M_E 码的发射功率提高 20 dB 左右。这不仅强化了抗干扰能力,而且便于军用载具的 GPS 信号接收机的高速有效作业。再加上 GPS 信号对所选地区的点波束发射,进一步强化了美国军队的实用功能。

(3)在 GPS 第一导航定位信号上增设一个新的伪噪声码 ——L1 - C 码,提高民用 GPS 导航定位精度和耐用性。2003 年 8 月,GPS 执行委员会 Interagency GPS Exeecutive Board(IGEB)正式立项研究在第一载波(L1)上增加第四个民用测距码 L1 - C 的必要性和可行性。目前,在 L1 载波上调制唯一的民用 C/A 码,即使在 L2 和 L5 载波上调制新的民用测距码,L1 还是一个最重要的民用信号,因为 L1 受电离层时延影响小于 L2 和 L5。L1 受电离层时延影响是 L2 的 60.6%,是 L5 的 55.9%,这正是促使 GPS 执行委员会(IGEB)立项研究第四民用信号 L1 - C 可行性的一个动因。经过论证认为,在 L1 载波上增设 L1 - C 码,是可行而必要的,它能够为民间用户提高 GPS 导航定位的精度和耐用性,但是,必须确保 L1 码的潜在相容性,以使现行的 C/A 码接收机性能不会因此而受到不利影响。依现时设计,L1 - C/A 码功率将小于 L1 - C 码,如图 1.17 所示,而 GPS Ⅲ 卫星第一导航定位信号(L1)的功率频谱密度如图 1.18 所示。因此,民间用户能够用 GPS 卫星的 3 个 GPS 信号(L1,L2,L5)和 4 个民用测距码同时进行导航定位测量。表 1.6 比较了 GPS Ⅱ 与 GPS Ⅲ 卫星的基本性能。

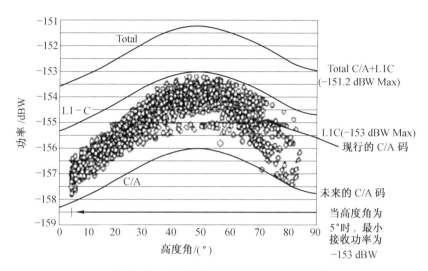

图 1.17 GPS L1 的民用测距码能量分配

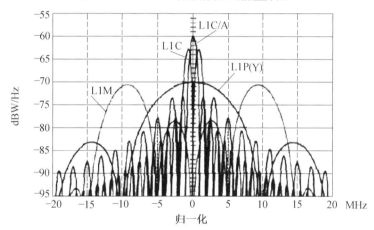

图 1.18 GPS 卫星第一导航定位信号(L1)的功率频谱密度(dBW/Hz)

表 1.6 GPS Ⅱ/Ⅲ 卫星的性能比较

性能参数	GPS Ⅱ	GPS Ⅲ
民用测距码个数	3	4
二维位置测量精度(置信度 95%)	6.3 m	1.8 m
高程测量精度(置信度 95%)	13.6 m	3.19 m
时间测量精度(置信度 95%)	小于 40 ns	15 ns
完好性预警时间	6 s(用 RAIM)	5.2 s

1.4.3 GLONASS 系统的现代化

2003 年 10 月 12 日,第一颗 GLONASS – M 卫星入轨运行,并于 2004 年 12 月 9 日开始向广大用户发送导航定位信号,这标志着 GLONASS 现代化迈出了坚实的第一步。目前已建成由 24 颗卫星构成的 GLONASS 星座。GLONASS 现代化的主要内容是:

（1）2003 年开始发射 GLONASS – M I 卫星和 GLONASS – M II 卫星。它们的设计工作寿命分别为 5 年和 7 年；它们的在轨质量分别为 1 480 kg 和 2 000 kg；且拟在 GLONASS – M II 卫星上增设第二个民用导航定位信号。

（2）2009 年开始研发第三代 GLONASS 导航卫星，称之为 GLONASS – K 卫星，如图 1.19 所示。该新型卫星上拟增设第三个导航定位信号；并将 GLONASS – K 卫星的设计工作寿命延长为 10 年。该种卫星是一颗基于非加压平台建造的全新小型卫星，较之以前所有的 GLONASS 卫星更加轻便，所以发射成本也较低廉。GLONASS – K 卫星增设的第三个导航定位信号的载频为 1 201.74 ~ 1 208.51 MHz。2010 年重新建成由 GLONASS – M 卫星和 GLONASS – K 卫星构成的 24 颗卫星工作星座。

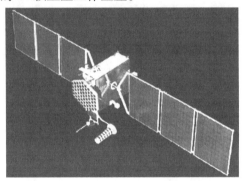

图 1.19　新型 GLONASS 卫星

（3）2015 年开始发射新型的 GLONASS – KM 卫星，增强系统的整体功能，扩大 GLONASS 的应用领域，提高 GLONASS 与 GPS 的竞争能力。俄罗斯在 2002 年就开始了 GLONASS – KM 卫星的预研工作，见表 1.7。

表 1.7　GLONASS 卫星的发展计划

卫星类型	GLONASS	GLONASS – M	GLONASS – K	GLONASS – KM
首次发射时间	1982 年	2003 年	2009 年	2015 年
设计废止时间	2007 年	2013 年	2022 年	2035 年
卫星设计寿命 / 年	4.5	7	10	—
民用测距码个数	1	2	3	2002 年开始预研工作
时间精度 /s	$3 \sim 5 \times 10^{-13}$	1×10^{-13}	—	—
质量 /kg	1 370	—	700	—

1.4.4　现代化的 Galileo 系统

Galileo 系统的卫星星座，是由 30 颗（27 颗工作卫星和 3 颗在轨备用卫星）Galileo 卫星组成的。这 30 颗卫星均匀分布在 3 个轨道上，Galileo 卫星的轨道高度是 23 616 km，轨道倾角为 56°。它与 GPS 卫星星座的比较见表 1.8。

表 1.8 Galileo 和 GPS 卫星星座的主要参数

参 数	星座名称	
	Galileo	GPS
卫星数 / 颗	27	24
轨道数 / 个	3	6
卫星轨道高度 /km	23 616	20 200
卫星轨道倾角 /(°)	56	55
卫星升交点进动率 /((°)·d^{-1})	− 0.04	− 0.04

Galileo 系统采用被动式导航定位原理和伪距测距技术发送导航定位信号。每颗 Galileo 卫星发送下列 6 种导航定位信号:LIF、LIP、E6C、E6P、E5A 和 E5B。但是,它将其功能分成公开、安全、商务和管制 4 种服务模式,每种服务采用不同的信号,见表 1.9,其目的如下所述:

(1) 公开服务(OS),为全球广大用户免费提供定位、导航和定时服务,而且能够达到优于 GPS 的标准服务水平(SPS)。

(2) 人身安全服务(SOL),依据航空、航海和铁路运输的安全要求,为该 3 大领域的广大用户提供完全可靠的人身安全服务保障。例如,具有全球搜寻援救功能。

(3) 商务服务(CS),以发送加密的相关导航数据(0.5 kbit/s) 的方式,为导航和定时的特需用户提供优于 OS 的定位、导航和定时服务。

(4) 公用管制服务(PRS),为欧洲及其同盟国家提供国家安全保障服务。它使用一种特定而被管制的导航定位信号,实施 PRS 服务。

表 1.9 Galileo 系统服务种类和信号

服务名称	载波频率					
	E5A	E5B	E6C	E6P	L1F	L1P
公开服务(OS)	△▽	△▽			△▽	
人身安全服务(SOL)	△▽	△▽			△▽	
商务服务(CS)	△▽	△▽	▲▼		△▽	
公用管制服务(PRS)	△▽	△▽		△▽	△▽	▲▼

注:△ 表示没有加密的伪噪声码;▽ 表示没有加密的卫星导航电文;▲ 表示已加密的伪噪声码;▼ 表示已加密的卫星导航电文

值得一提的是,欧盟与美国经过历时 3 年的艰苦谈判,终于在 2004 年 6 月签订了关于 Galileo 与 GPS 的合作协议,在该协议中,欧盟作出的重大让步是将 Galileo 系统的军用 PRS 信号纳入美国的导航战计划。中国和印度等国家虽然是 Galileo 系统建设的合作伙伴,但是无权使用军用 PRS 信号。

综上可见,只有公开服务和人身安全服务采用自由而免费使用的 L1F、E5A、E5B 等 3 种 Galileo 信号,其余都是需要经过特许,才可使用它的加密信号。

根据国际电信联盟(ITU)的指配,Galileo卫星采用无线电卫星导航服务(RNSS)频段中的L波段频率作为它的载波频率,即L1、E5和E6。表1.10所示之值为Galileo信号载频的初选值。不过,Galileo卫星导航定位信号的载频选择,既考虑了与GPS的兼容性,如图1.20所示,也考虑了Galileo信号的多用性。对于第一代Galileo卫星,暂不选用C波段的频率作载频,而谋求与GPS信号现代化后所用第三载波频率(f_{L5} = 1 176.45 MHz)和其第一载波频率(f_{L1} = 1 575.42 MHz)的一致性。

表1.10 Galileo信号的载波频率

载频代号	初步选定值/MHz
E5A	1176.450[①]
E5B	1207.140
E6C	1268.520[②]
E6P	1288.980[②]
L1F	1560.075[③]
L1P	1590.765[③]

注:① 该值是GPS信号现代化后所用的第三载波频率(f_{L5} = 1 176.45 MHz);

②E6C和E6P的均值为1 278.75 MHz,它恰好等于Galileo系统的设计值;

③(L1F + L1P)/2 = 1 575.420 MHz(它是GPS信号的第一载波频率f_{L1})

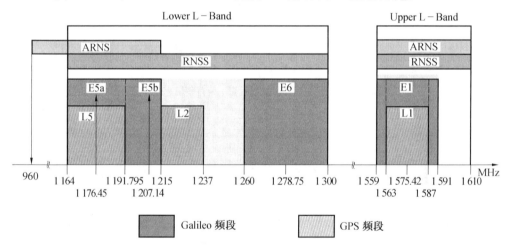

图1.20 Galileo信号载频的兼容性和独立性

Galileo卫星向用户发送的导航定位信号,不仅采用多个载波频率,而且使用较GPS信号更复杂的信号结构。每颗Galileo卫星发送如图1.20中所示的6个导航定位信号:

(1)L1F民众使用信号。

L1F民众使用信号包括L1 - B数据分量和L1 - C导引分量;L1F信号传送公开的导航电文与测距码,以及加密的商务服务导航电文。L1F电文数据流是I/Nav型电文。

(2)L1P约束使用信号。

L1P约束使用信号的测距码和导航电文都经过了加密处理,而需采用政府编码算法才能够获得。

（3）E6C 控制使用信号。

E6C 控制使用信号包括 E6 - B 数据分量和 E6 - C 导引分量;E6C 的测距码和导航电文都经过了加密处理,而需采用商务算法才能够获得它们。E6C 电文数据流是 C/Nav 型电文。

（4）E6P 约束使用信号。

E6P 约束使用信号的测距码和导航电文都经过了加密处理,而需采用政府编码算法才能够获得。E6P 电文数据流是 G/Nav 型电文。

（5）E5A 民众使用信号。

E5A 民众使用信号包括 E5A - I 数据分量和 E5A - Q 导引分量。E5A 信号传送公开的导航电文与测距码。E5A 电文数据流是 F/Nav 型电文。

（6）E5B 民众使用信号。

E5B 民众使用信号包括 E5B - I 数据分量和 E5B - Q 导引分量;E5B 信号也传送公开的导航电文与测距码,以及加密的商务服务导航电文。E5B 电文数据流是 I/Nav 型电文。

可见,Galileo 信号分为公用信号和专用信号,见表 1.11,采用数据压缩技术进行某些分量的编码,提高导航卫星的多用性,缩短首次导航定位的时间。

表 1.11　每颗 Galileo 卫星发送的 6 种导航定位信号

Galileo 信号名称	射频分量	导航电文类型	特　　点	测距码加密否	导航数据加密否
L1F	L1 - B L1 - C	I/Nav	民众使用信号,传送完整的导航数据	否	部分加密
L1P	L1 - A	G/Nav	约束使用信号,传送约束使用的导航数据	政府型加密	政府型加密
E6C	E6 - B E6 - C	C/Nav	控制使用信号,传送控制使用的导航数据	商务型加密	商务型加密
E6P	E6 - A	G/Nav	约束使用信号,传送约束使用的导航数据	政府型加密	政府型加密
E5A	E5A - IE5A - Q	F/Nav	民众使用信号,传送完整的导航数据	否	否
E5B	E5B - I E5B - Q	I/Nav	民众使用信号,传送完整的导航数据	否	部分加密

1.5　本 章 小 结

本章介绍了 GNSS 系统发展的历史、系统构成及技术特点,并介绍了目前正在运行或建设中的主要 GNSS 系统。为了更加贴近未来的技术发展需求,还介绍了近年来 GNSS 系统实现进一步现代化的技术路线。

参 考 文 献

[1] 刘基余.GPS 卫星导航定位原理与方法[M].2 版.北京:科学出版社,2008.

[2] 谢刚.GPS 原理与接收机设计[M].北京:电子工业出版社,2009.

[3] ELLIOTT D K. GPS原理与应用[M].邱致和,王万义,译.北京:电子工业出版社,2002.

[4] PRATAP M,PER E.全球定位系统——信号、测量与性能[M].罗鸣,曹冲,肖雄兵,译.北京:电子工业出版社,2008.

[5] 潘巍,常江,张北江."北斗一号"定位系统介绍及其应用分析[J].数字通信世界,2009,9:25-28.

[6] 吕伟,朱建军.北斗卫星导航系统发展综述[J].地矿测绘,2007,23(3):29-32.

[7] 谢军.北斗导航卫星的发展与技术展望[J].中国航天,2012(3):2-3.

[8] 张昀申.北斗导航系统多轨道卫星星座分析与设计[J].舰船电子工程,2013(4):17-18.

[9] 李俊峰."北斗"卫星导航定位系统与全球定位系统之比较[J].北京测绘,2007(1):51-53.

[10] Yang QiangWen. Bei dou navigation satellite system construction and application[J]. Aerospace China,2013(1):10-14.

[11] GIBBONS G. GLONASS-A new look for 21st century[J]. Inside GNSS, 2008,3(4):16-17.

[12] LAST D. GPS and Galileo:where are we headed[C]. University of Wales,UK,May 24,2004.

[13] KLEUSBERG A. Comparing GPS and GLONASS[J]. GPS World,1990,1(6):52-54.

[14] MACCHI F,PETOVELLO M G. Development of a One Channel Galileo L1 Software Receiver and Testing Using Real Data[C]. ION GNSS,Fort Worth TX,2007.

[15] MACCHI F,BORIO D. New galileo L1 acquisition algorithms:real data analysis and statistical characterization[C]. European Navigation Conference,Toulouse,France,2008.

[16] EASTWOOD R A. An integrated GPS/GLONASS receiver navigation[J]. The Institute of Navigation,1990,37(2):141-151.

第 2 章

卫星定位导航基础知识

自 1967 年 7 月 29 日,美国政府宣布解密部分子午卫星的导航电文用于民用,卫星定位导航技术迅速发展,并迅速由美国向全球扩展开来,尤其是第二代导航卫星 ——GPS 卫星和 GLONASS 卫星的成功入轨,使导航定位精度显著提高,开创了多种高新技术综合应用的新篇章。本章主要讲述卫星定位导航的基础知识,首先介绍卫星定位基本原理,导航卫星的运行轨道以及不同的坐标系统和时间系统,并且重点讲述导航电文及导航电文的重要组成部分 —— 卫星星历,最后简要介绍卫星在轨位置的计算原理等。

2.1 卫星定位的基本原理

导航测量学中的交会法测量里有一种测距交会确定位置的方法。与其相似,卫星的定位原理就是利用空间分布的卫星以及卫星与地面点的距离交会得出地面点位置。简言之,定位原理是一种空间的距离交会原理。以 GPS 卫星为例,利用 3 颗以上卫星的空间位置,用空间距离交会法,求得地面待定点(接收机)的位置,但考虑到各种误差的影响,为了达到定位精度要求,至少需要同步观测 4 颗以上的卫星才能完成定位,这就是 GPS 卫星定位的基本原理。

GPS 利用 TOA 测距来确定用户的位置,借助于多颗卫星的 TOA 测量,便可以确定出三维位置,在三维空间中,待定位者位置的确定是通过至少 3 颗卫星的球体相交而得到,简称三星交会。假定有一颗卫星正在发射测距信号,卫星上的一个时钟控制着测距信号广播的定时。这个时钟和星座内每颗卫星上的其他时钟与一个记为 GPS 系统时的内在系统时标有效同步。用户接收机也包含有一个时钟,假定它与系统时同步,定时信息内嵌在卫星的测距信号中,使接收机能够获得信号离开卫星的时刻(基于星钟时)。记下接收到的信号的时刻,便可以算出卫星用户的传播时间。将其乘以光速求得卫星至用户的距离 R,这一测量过程的结果如图 2.1(a)所示,将把用户定位于以卫星为球心的球面上的某一个地方。如果同时用第二颗卫星的测距信号进行测量,又将用户定位在以第二颗卫星为球心的第二个球面上,因此用户将同时在两个球面上的某一个地方,有可能在图 2.1(b)所示的两个球的相交平面即阴影圆的圆周上,或者在两个球面相切的单一点上(即此时两个球面刚好相切)。后一种情况只能发生在用户与两颗星处于一条线上时,这并不是典型的情形。相交平面与卫星之间的连线相垂直,如图 2.1(c)所示。利用第三颗卫星重复进行上述测量过程,便将用户同时定位在第三个球面上和上述圆周上,第三个球面和圆周相交于两点。然而,其中只有一个点是用户的正确位置,如图 2.1(d)所示。图 2.1(e)是球面相交的概况,可以看到,这两个待选的位置相对于卫星平面来说互为镜像。对于地球表面上的用户来说,很明显较低的一点是真实位置。然而对于地球表面以上的用户来说可能会使用来自负仰角上的卫星测量值,这就使多值性问题的解决复杂化了。

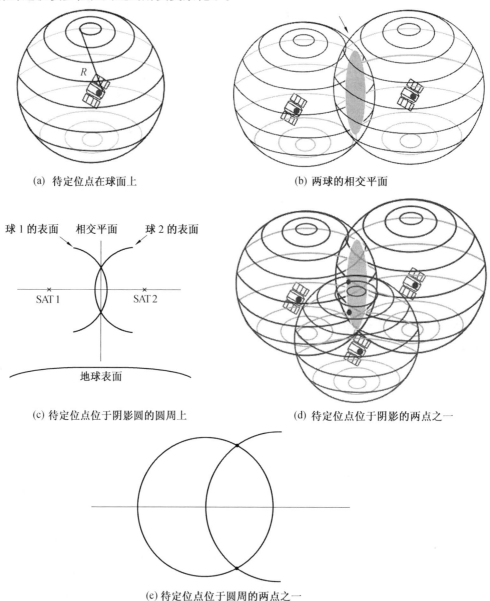

(a) 待定位点在球面上　　　　　　　　　　　　(b) 两球的相交平面

(c) 待定位点位于阴影圆的圆周上　　　　　　(d) 待定位点位于阴影的两点之一

(e) 待定位点位于圆周的两点之一

图 2.1　待定位者位置图示

如前所述,考虑到各种误差的影响,为了达到定位精度要求至少需要同步观测 4 颗以上的卫星才能完成定位。具体计算方法如下:设想在地面待定位置上安置 GPS 接收机,同一时刻接收 4 颗以上 GPS 卫星发射的信号。通过一定的方法测定这 4 颗以上卫星在此瞬间的位置以及它们分别至该接收机的距离,据此利用距离交会法解算出接收机的位置及接收机钟差 δ_t。

如图 2.2 所示,设时刻 t_i 在观测位置 P 用 GPS 接收机同时测得 P 点至 4 颗 GPS 卫星 S_1,

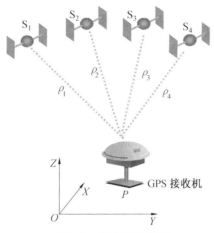

图 2.2　GPS 定位原理

S_2, S_3, S_4 的距离 $\rho_1, \rho_2, \rho_3, \rho_4$，通过 GPS 电文解译出 4 颗 GPS 卫星的三维坐标 (X^j, Y^j, Z^j)，$j = 1, 2, 3, 4$，用距离交会的方法求解 P 点的三维坐标 (X, Y, Z) 的观测方程为

$$\begin{cases} \rho_1 = \sqrt{(X - X^1)^2 + (Y - Y^1)^2 + (Z - Z^1)^2} + c\delta_t \\ \rho_2 = \sqrt{(X - X^2)^2 + (Y - Y^2)^2 + (Z - Z^2)^2} + c\delta_t \\ \rho_3 = \sqrt{(X - X^3)^2 + (Y - Y^3)^2 + (Z - Z^3)^2} + c\delta_t \\ \rho_4 = \sqrt{(X - X^4)^2 + (Y - Y^4)^2 + (Z - Z^4)^2} + c\delta_t \end{cases} \tag{2.1}$$

式中　　c——光速；

　　　　δ_t——接收机时钟差。

　　卫星是高速运行的动态已知点，卫星的实时位置是由导航电文解算的，只要实时测量出接收机天线相位中心至卫星间的距离，就可以进行接收机的定位。由此可见，GPS 定位中，要解决的问题有两个：

　　① 观测瞬间 GPS 卫星的位置。通过卫星发射的导航电文中含有的卫星星历，可以实时地确定卫星的位置信息。

　　② 观测瞬间接收机至 GPS 卫星之间的距离。此距离是通过测定 GPS 卫星信号在卫星和接收机之间的传播时间来确定的。

导航卫星的轨道

　　卫星在空间运行的轨迹称为轨道，而描述卫星轨道位置和状态的参数，称为轨道参数。由于在利用 GPS 进行导航和定位时，GPS 卫星是作为位置已知的高空观测目标，所以在进行定位时，卫星轨道的任何误差，都会直接影响所求用户接收机位置的精度。

2.2.1　卫星轨道的影响因素

　　人造地球卫星在空中绕地球运行，除了受地球重力场的引力作用外，还将受到太阳、月亮和其他天体引力，以及太阳光压、大气阻力和地球潮汐等因素的影响。卫星实际运行的轨道极其复杂。

在各种作用力对卫星运行轨道的影响中,以地球引力场的影响最为明显,其他作用力的影响要小得多。若假设地球引力场的影响为1,则其他作用力的影响比之均小于10^{-5}。

就地球引力场的影响来说,可以把地球视为一个匀质球体,并在相应的理想引力场中来研究卫星运动的轨道,然后再考虑引力场异常的影响。虽然实际上地球的质量分布并不均匀,其形体也不是对称的球体,这些都将对卫星的运动产生影响,但是比之上述理想的匀质球体的影响,这种影响要小得多。

根据分析,实际地球引力场与上述匀质球体引力场对卫星的影响相比,相差仅约为10^{-8}级。所以,为了研究工作和实际应用的方便,通常把作用于卫星上的各种力,按其影响的大小分为两类。一类是假设地球为匀质球体的引力(质量集中于球体的中心),称为中心力。它决定着卫星运动的基本规律和特征,此时卫星的运动称为无摄运动,由此所决定的卫星轨道可视为理想的轨道,又称卫星的无摄运动轨道,这是进行卫星实际轨道分析的基础。另一类是摄动力,也称为非中心力,它包括地球非球形对称的作用力、日月引力、大气阻力、光辐射压力以及地球潮汐力等。摄动力的作用,是使卫星的运动产生一些小的附加变化而偏离上述的理想轨道,同时,这种偏离量的大小也随时间而改变。在摄动力作用下的卫星的运动称为受摄运动,由此所决定的卫星轨道称为卫星的受摄运动轨道。

考虑到摄动力的影响相对较小,因此对于卫星运行轨道的分析一般分为两步。首先,在上述理想的地球引力场中,在只考虑地球质心引力的作用的情况下,研究卫星的无摄运动规律,并描述卫星轨道的基本特征;然后,研究各种摄动力对卫星运动的影响,并对卫星的无摄轨道加以修正,进而确定卫星受摄运动轨道的瞬时特征。

2.2.2　卫星的无摄运动

卫星被发射并升至预定的高度后,便开始围绕地球运行。引力加速度决定着卫星绕地球运动的基本规律。卫星在上述地球引力场中的无摄运动也称为开普勒运动,其规律可通过开普勒定律来表达。

1.卫星运动的开普勒定律

(1)开普勒第一定律。

根据开普勒第一定律:人造地球卫星的运行轨道是一个椭圆,匀质地球位于该椭圆的一个焦点上。当卫星S接近地球O时,它在长半轴上的点称为近地点(Perigee,如图2.3所示);当卫星S远离地球O时,它在长半轴上的点称为远地点(Apogee,如图2.3所示)。椭圆的大小和形状取决于它的长半轴a_s和偏心率e_s。且知轨道椭圆的偏心率为

$$e_s = \sqrt{\frac{a_s^2 - b_s^2}{a_s^2}} \tag{2.2}$$

式中　　a_s——轨道椭圆的长半轴;

　　　　b_s——轨道椭圆的短半轴,$b_s = a_s\sqrt{1 - e_s^2}$。

由万有引力定律可得卫星绕地球质心运动的轨道方程为

$$r = -\frac{a_s(1 - e_s^2)}{1 + e_s\cos f_s} \tag{2.3}$$

式中　　r——卫星的地心距离;

a_s——开普勒椭圆的长半轴；

e_s——开普勒椭圆的偏心率；

f_s——真近点角，它描述了任意时刻卫星在轨道上相对近地点的位置，是时间的函数，在后面的章节将对其进行具体介绍。

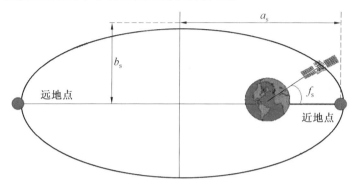

图 2.3　开普勒第一定律图示

（2）开普勒第二定律。

卫星向径在相同时间内所扫过的面积相等，如图 2.4 所示，即该图中 S_1 区和 S_2 区的面积相等。这表明，卫星在椭圆轨道上的运行速度是变化不定的。近地点处的运行速度最快，远地点处的运行速度最慢。

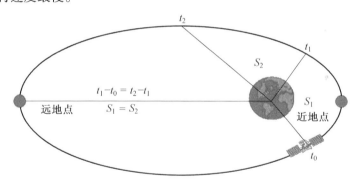

图 2.4　开普勒第二定律图示

（3）开普勒第三定律。

卫星环绕地球运行的周期 T_s 的平方正比于椭圆轨道长半轴的立方，圆形轨道的比例系数为 $\dfrac{4\pi^2}{GM_E}a_s^3$，故有

$$T_s^2 = \frac{4\pi^2}{GM_E}a_s^3 \tag{2.4}$$

式中　GM_E——地球引力常数。

依据国际大地测量与地球物理学联合会（IUGG）1975 年大会的确认

$$GM_E = \mu = 3.986\,005\mathrm{E} + 14\ \mathrm{m^3/s^2}$$

故知卫星运行周期为

$$T_s(s) = 3.147\,1 \times 10^{-7}\sqrt{a_s^3} \tag{2.5}$$

式中 a_s——以米为单位的椭圆轨道长半轴。

GPS 卫星的 $a_s = 26\ 562\ \text{km}$,依式(2.5)算得 GPS 卫星的运行周期为 11 h 58 min。

若卫星运行的平均角速度为 n_0,则有

$$n_0/(\text{rad} \cdot \text{s}^{-1}) = \frac{2}{\pi} = \frac{\sqrt{\mu}}{\sqrt{a_s^3}} = \frac{1.996\ 489\ 8 \times 10^7}{\sqrt{a_s^3}} \tag{2.6}$$

2. 无摄卫星轨道的描述

卫星的无摄运动,一般可通过一组适宜的参数来描述,但是,这组参数的选择并不是唯一的,其中一组应用较为广泛的参数称为开普勒轨道参数,或称轨道根数,如图 2.5 所示。

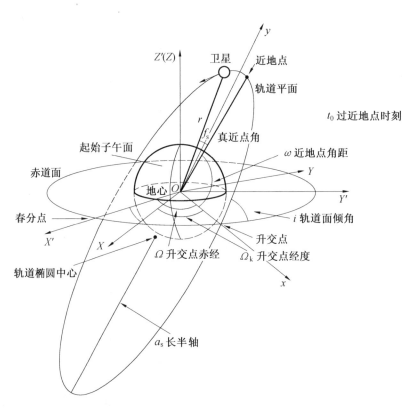

图 2.5 卫星在空间的运行轨道及其描述

图中 a_s——轨道椭圆的长半轴。

e_s——轨道椭圆的偏心率。

ω——近地点角距,即在轨道平面上升交点与近地点之间的地心夹角。这一参数表达了开普勒椭圆在轨道平面上的定向。

f_s——卫星的真近点角,即在轨道平面上,卫星与近地点之间的地心角角距。该参数为时间的函数,它确定了卫星在轨道上的瞬时位置。

Ω——升交点赤经,即在地球赤道平面上,升交点与春分点之间的地心夹角;升交点即当卫星由南向北运行时,其轨道与地球赤道面的一个交点。

i——轨道面倾角,即卫星轨道平面与地球赤道面之间的夹角。

Ω 和 i 这两个参数,唯一地确定了卫星轨道平面与地球体之间的相对定向。

图 2.5 中 6 个参数 a_s、e_s、Ω、i、ω 和 f_s 所构成的坐标系统,通常称为轨道坐标系统,它广泛地用于描述卫星的运动。在该系统中,当 6 个轨道参数一经确定,卫星在任一瞬间相对于地球体的空间位置及其速度便可唯一确定。

3. 真近点角的计算

计算卫星瞬时位置的关键,在于计算真近点角 f_s,并由此确定卫星的空间位置与时间的关系。为此,需要引进有关计算真近点角的两个辅助参数值 E_s 和 M_s。

(1)E_s——偏近点角。

假设过卫星质心作平行于椭圆短半轴的直线,则 m' 为该直线与椭圆轨道的交点,m'' 为该直线与以椭圆中心为原点并以 a_s 为半径的大圆的交点,于是 E_s 就是在椭圆平面上,近地点至 m'' 点的圆弧所对应的圆心角(图 2.6)。

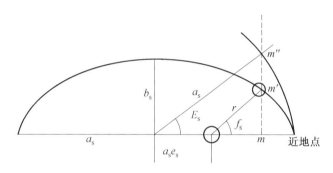

图 2.6　真近点角与偏近点角的关系

(2)M_s——平近点角。

它是一个假设量,如果卫星在轨道平面上运动的平均速度为 n_0,则平近点角定义为

$$M_s = E_s - e_s \sin E_s = n_0(t - t_p) \tag{2.7}$$

$$n_0 = \sqrt{\frac{GM_e}{a_s^3}} = \frac{\sqrt{\mu}}{(\sqrt{a_s})^3} \tag{2.8}$$

式中　　μ——地球引力常数;

　　　　t_p——卫星过近地点的时刻;

　　　　t——观测卫星的时刻。

由式(2.7)可见,平近点角仅为卫星平均速度与时间的线性函数。并且,对于任一确定的卫星而言,其平均速度 n_0 是一个常数,见式(2.8),所以,卫星于任意观测时刻 t 的平近点角,便可由式(2.7)唯一地确定。

平近点角 M_s 与偏近点角 E_s 之间有重要的关系,即

$$M_s = E_s - e_s \sin E_s \tag{2.9}$$

该式称为开普勒方程,它在卫星轨道计算中具有重要意义。为了根据平近点角 M_s 计算偏近点角 E_s,通常普遍采用迭代法计算,迭代法的初始值可近似取 $E_{s(0)} = M_s$,然后依次按下式迭代计算:

$$E_{s(k+1)} = M_s + e_s \sin E_{s(k)} \tag{2.10}$$

当前后两次迭代之差小于预定精度时,即获得了偏近点角 E_s。

而偏近点角与真近点角之间的关系按图 2.6 容易写出

$$a_s \cos E_s = r \cos f_s + a_s e_s \tag{2.11}$$

于是有

$$\cos f_s = \frac{a_s}{r}(\cos E_s - e_s) \tag{2.12}$$

将该式代入开普勒椭圆方程(2.4)中可得

$$r = a_s(1 - e_s \cos E_s) \tag{2.13}$$

进一步整理可得真近点角与偏近点角的关系为

$$\begin{cases} \cos f_s = \dfrac{\cos E_s - e_s}{1 - e_s \cos E_s} \\[3mm] \sin f_s = \dfrac{\sqrt{1 - e_s^2}\, \sin E_s}{1 - e_s \cos E_s} \end{cases} \tag{2.14}$$

因此,就可以根据卫星的平近点角 M_s,确定相应的偏近点角 E_s,计算相应的真近点角 f_s。

2.2.3 卫星的受摄运动

卫星的实际运行轨道,由于受多种非地球中心引力的影响,而使其偏离开普勒轨道。对于 GPS 卫星来说,仅地球的非球性影响,在 3 小时轨道弧段上就可能使卫星的位置偏差达 2 km,而在 2 日轨道弧段上达 14 km。显然,这种偏差对于任何用途的导航定位工作,都是不容忽视的。为此,必须建立各种摄动力模型,对卫星轨道加以修正,以满足精密定轨的要求。

1. 卫星运动的摄动力

卫星在运行中,除了要受到地球中心引力 F_c 的作用外,还将受到以下各种摄动力的影响,从而引起轨道的摄动,见表 2.1。

表 2.1　摄动力对 GPS 卫星的影响

摄动源		加速度 /(m·s^{-2})	轨道摄动	
			3 小时弧段	2 日弧段
地球的非对称性	$\bar{C}_{20}$	5×10^{-5}	≈ 2 km	≈ 14 km
	其他调和项	3×10^{-7}	5 ~ 80	100 ~ 1 500
日月影响		5×10^{-6}	5 ~ 150	1 000 ~ 3 000
地球潮汐位	固体潮	1×10^{-9}	—	0.5 ~ 1.0
	海洋潮汐	1×10^{-9}	—	0.0 ~ 2.0
太阳辐射压		1×10^{-7}	5 ~ 10	100 ~ 800
反照压		1×10^{-8}	—	1.0 ~ 1.5

(1)地球体的非球形及其质量分布不均匀而引起的作用力,即地球的非中心引力 F_{nc}。

(2)太阳的引力 F_s 和月球的引力 F_n。

（3）太阳的直接与间接辐射压力 F_r。

（4）大气的阻力 F_a。

（5）地球潮汐的作用力。

（6）磁力。

2. 地球引力场摄动力的影响

在卫星无摄运动中，假设地球是一个匀质的球体，其质量集中于球心。这时地球所形成的引力场称为中心引力场。可是实际上，地球不但其内部的质量分布并不均匀，而且其形状也很不规则。现代大地测量学已经确定，地球的实际形状大体上虽然比较接近于一个长短轴相差约 21 km 的椭球，但在北极仍高出椭球面约 19 m，而在南极却凹下约 26 m。一般来说，大地水准面与椭球面的高差均不超过 100 m。由于 GPS 卫星的轨道较高，而随高度的增加，地球非球形引力的影响将迅速减小。地球引力场对卫星轨道摄动的影响主要表现在以下几个方面：第一，会引起轨道平面在空间旋转，使升交点沿地球赤道产生缓慢的进动，进而使升交点的赤经 Ω 产生周期性的变化；第二，会引起近地点在轨道平面内的变化，说明开普勒椭圆在轨道平面内定向的改变引起了卫星轨道近地点角距的缓慢变化。

由于轨道升交点和近地点的缓慢变化，卫星的实际运行轨道如图 2.7 所示。

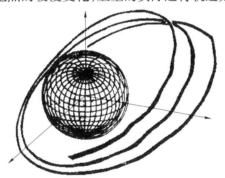

图 2.7　卫星摄动力对轨道的影响

总之，随着 GPS 精密定位技术的发展，对卫星轨道的精度要求将会随之提高。因此，充分考虑到各种摄动力的影响并不断地完善摄动力的模型，始终是卫星精密轨道理论的一个重要课题。

2.3　导航卫星的坐标系统

坐标系统与时间系统是描述卫星运动、处理观测数据和表达观测站位置的数学与物理基础。所以了解 GPS 测量中的一些常用坐标系统和时间系统，熟悉它们各自间的转换关系是极为重要的。

在 GPS 定位测量中，采用天球坐标系和地球坐标系两类坐标系：地球坐标系随同地球自转，可看作固定在地球上的坐标系，便于描述地面观测站的空间位置；天球坐标系是一种惯性坐标系，与地球自转无关，便于描述人造地球卫星的位置。

2.3.1 协议天球坐标系

天球是指以地球质心 M 为中心,半径 r 为任意长度的一个假想的球体。在天文学中,通常均把天体投影到天球的球面,并利用球面坐标系统来表达或研究天体的位置及天体之间的关系,如图 2.8 所示。为了建立球面坐标系统,必须确定球面上的一些参考点、线、面和圈。在全球定位系统中,为描述卫星的位置也将涉及这些概念。

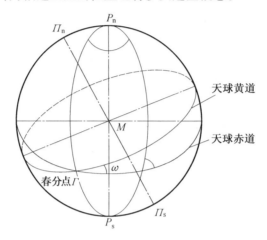

图 2.8　天球坐标系的基本概念示意图

1. 天球坐标系的基本概念

① 天轴和天极。地球自转轴的延伸称为天轴;天轴与天球的交点 P_n、P_s 称为天极,其中 P_n 称为北天极,P_s 称为南天极。

② 天球赤道面与天球赤道。通过地球质心并与天轴垂直的平面,称为天球赤道面。这时天球赤道面与地球赤道面相重。该赤道面与天球相交的大圆称为天球赤道。

③ 天球子午面与天球子午圈。包含天轴并通过地球上任一点的平面,称为天球子午面。而天球子午面与天球相交的大圆称为天球子午圈。

④ 时圈。通过天轴的平面与天球相交的半个大圆。

⑤ 黄道。地球公转的轨道与天球相交的大圆,即当地球绕太阳公转时,地球上的观测者所见到的太阳在天球上运动的轨迹。黄道面与赤道面的夹角 ε 称为黄赤交角,约为 $23.5°$。

⑥ 黄极。通过天球中心,且垂直于黄道面的直线与天球的交点,其中靠近北天极的交点 Π_n,称为北黄极,靠近南天极的交点 Π_s,称为南黄极。

⑦ 春分点。当太阳在黄道上从天球南半球向北半球运行时,黄道与地球赤道的交点 Γ。在天文学和卫星大地测量学中,春分点和天球赤道面是建立参考系的重要基准点和基准面。

2. 天球坐标系的表示形式

任一天体的位置,在天球坐标系中可用两种形式来描述。

(1) 天球空间直角坐标系。

如图 2.9 所示,原点位于地球质心 M;z 轴指向天球北极 P_n,x 轴指向春分点 Γ,y 轴垂直

于 xMz 平面,与 x 轴和 z 轴构成右手坐标系统。在天球空间直角坐标系中,天体的坐标为 (x, y, z)。

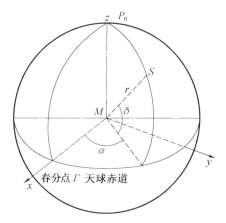

图 2.9   天球直角坐标系与天球球面坐标系

(2)天球球面坐标系。

原点位于地球质心 M,赤经 α 为含天轴和春分点的天球子午面与过天体 S 的天球子午面之间的夹角;赤纬 δ 为原点 M 至天体 S 的连线与天球赤道面之间的夹角,向径长度 r 为原点 M 至天体 S 的距离。在天球球面坐标系中,天体的坐标为 (α, δ, r)。

在实践中,以上关于天球坐标系的两种表达形式,应用都很普遍。由于它们和地球的自转无关,所以对于描述天体或人造地球卫星的位置和状态是方便的。

3. 协议天球坐标系

在外力的作用下,地球的自转轴在空间的指向并不保持固定的方向,而是不断发生变化。其中地轴的长期运动称为岁差,而周期运动称为章动。在岁差和章动的影响下,瞬时天球坐标系的坐标轴指向是不断变化的。在这样的坐标系中不能直接使用牛顿第二定律,这对研究卫星的运动很不方便。因此需要建立一个三轴指向不变的天球坐标系,以便在这个坐标系内研究人造卫星的运动(计算卫星的位置)。而在这个坐标系中所得到的卫星位置又可以方便地变换为瞬时天球坐标系中的值,以便与地球坐标系进行坐标变换。为此,选择某一个历元时刻,以此瞬间的地球自转轴和春分点方向分别扣除此瞬间的章动值作为 z 轴和 x 轴指向,y 轴按构成右手坐标系取向,坐标系原点与真天球坐标系相同。这样的坐标系称为该历元时刻的平天球坐标系,也称协议天球坐标系。

国际大地测量学协会(IAG)和国际天文学联合会(IAU)决定,从 1984 年 1 月 1 日后启用的协议天球坐标系,其坐标轴的指向是以 2000 年 1 月 15 日太阳质心力学时(TDB)为标准历元(记为 J2000.0)的赤道和春分点所定义的。

4. 天球坐标系之间的坐标转换

将协议天球坐标系的卫星坐标转换到观测历元的瞬时天球坐标,可分两步进行:首先将协议天球坐标系中的坐标换算到瞬时平天球坐标系;然后将瞬时平天球坐标系的坐标转换到瞬时天球坐标系。表 2.2 为 3 种天球坐标系的定义与缩写。

(1)将协议天球坐标系转换为瞬时平天球坐标系(岁差旋转)。

$$\begin{bmatrix} x \\ y \\ z \end{bmatrix}_M = \begin{bmatrix} \cos z & -\sin z & 0 \\ \sin z & \cos z & 0 \\ 0 & 0 & 1 \end{bmatrix} \begin{bmatrix} \cos \theta & 0 & -\sin \theta \\ 0 & 1 & 0 \\ \sin \theta & 0 & \cos \theta \end{bmatrix} \begin{bmatrix} \cos \zeta & -\sin \zeta & 0 \\ \sin \zeta & \cos \zeta & 0 \\ 0 & 0 & 1 \end{bmatrix} \begin{bmatrix} x \\ y \\ z \end{bmatrix}_{CIS}$$

(2.15)

式中,z、θ、ζ 分别表示与岁差有关的 3 个旋转角,公式中的 3×3 矩阵为岁差旋转矩阵。

表 2.2　3 种天球坐标系的定义与缩写

天球坐标系	原点	z 轴	x 轴	坐标系缩写
协议天球坐标系	地心	标准历元平天极	标准历元平春分点	CIS
平天球坐标系	地心	瞬时平天极	瞬时平春分点	M
瞬时天球坐标系	地心	瞬时真天极	瞬时真春分点	t

（2）将瞬时平天球坐标系转换为瞬时天球坐标系（章动旋转）。

$$\begin{bmatrix} x \\ y \\ z \end{bmatrix}_t = \begin{bmatrix} 1 & 0 & 0 \\ 0 & \cos(\varepsilon + \Delta\varepsilon) & -\sin(\varepsilon + \Delta\varepsilon) \\ 0 & \sin(\varepsilon + \Delta\varepsilon) & \cos(\varepsilon + \Delta\varepsilon) \end{bmatrix} \begin{bmatrix} \cos \Delta\psi & -\sin \Delta\psi & 0 \\ \sin \Delta\psi & \cos \Delta\psi & 0 \\ 0 & 0 & 1 \end{bmatrix} \times$$

$$\begin{bmatrix} 1 & 0 & 0 \\ 0 & \cos \varepsilon & \sin \varepsilon \\ -\sin \varepsilon & \cos \varepsilon \end{bmatrix} \begin{bmatrix} x \\ y \\ z \end{bmatrix}_M$$

(2.16)

式中,ε、$\Delta\varepsilon$、$\Delta\varphi$ 分别表示黄赤交角、交角章动和黄经章动。

根据以上两个公式,可将协议天球坐标系转换为瞬时天球坐标系的公式,简化为

$$\begin{bmatrix} x \\ y \\ z \end{bmatrix}_t = R_{xzx} R_{zyz} \begin{bmatrix} x \\ y \\ z \end{bmatrix}_{CIS}$$

(2.17)

2.3.2　协议地球坐标系

1. 地球坐标系

为了表达地面观测站的位置,需采用固联在地球上、随同地球自转的地球坐标系,如图 2.10 所示。地球空间直角坐标系以地球质心为坐标原点,以地球自转轴作为 z 轴的正向,与天球坐标系不同的是,地球坐标系以地球赤道面与格林尼治子午面交线的方向作为 x 轴的正向。大地坐标系定义为:地球椭圆中心与地球质心重合,椭球短轴与地球自转轴重合,大地纬度 B 为过地面点的椭球法线与椭球赤道面的夹角,大地经度 L 为过地面点的椭球子午面与格林尼治子午面之间的夹角,大地高 H 为地面点沿椭球法线至椭球面的距离。

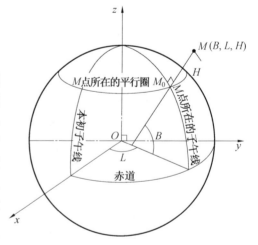

图 2.10　地球坐标系示意图

2. 协议地球坐标系

（1）极移。

由于受到地球内部质量不均匀的影响,地球自转轴相对于地球体产生运动,导致地极点在地球表面的位置随时间而变化,这种现象称为地极移动,简称极移。为了定量描述极移,可构造一平面直角坐标系,取平地极为原点,x_p 轴指向格林尼治平子午圈,即指向经度为 0° 的方向,y_p 轴指向经度为 270° 的方向。

（2）协议地球坐标系。

1900 年国际大地测量与地球物理联合会以 1900.00 至 1905.05 年地球自转轴瞬时位置的平均位置作为地球的固定极,称为国际协议原点 CIO,以此作为协议地极 CTP。以协议地极为基准点的坐标系称为协议地球坐标系;与瞬时极对应的地球坐标系,则称为瞬时地球坐标系。

（3）地球瞬时坐标系与协议坐标系的转换。

如图 2.11 所示,由瞬时地球坐标系到协议地球坐标系的转换可通过绕 x_t 轴顺时针转动极移分量 y_p 和绕 y_t 轴顺时针转动极移分量 x_p 实现,转换模型为

$$
\begin{bmatrix} x \\ y \\ z \end{bmatrix}_{CTS} = \begin{bmatrix} \cos x_p & 0 & \sin x_p \\ 0 & 1 & 0 \\ -\sin x_p & 0 & \cos x_p \end{bmatrix} \begin{bmatrix} 1 & 0 & 0 \\ 0 & \cos y_p & -\sin y_p \\ 0 & \sin y_p & \cos y_p \end{bmatrix} \begin{bmatrix} x \\ y \\ z \end{bmatrix}_t \approx \begin{bmatrix} 1 & 0 & x_p \\ 0 & 1 & -y_p \\ -x_p & y_p & 1 \end{bmatrix} \begin{bmatrix} x \\ y \\ z \end{bmatrix}_t
$$

$$(2.18)$$

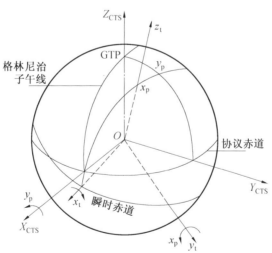

图 2.11　地球坐标系与协议坐标系的关系

2.3.3　天球坐标系与地球坐标系的转换

根据协议天球坐标系 $(x,y,z)_{CIS}$ 和协议地球坐标系 $(X,Y,Z)_{CTS}$ 的定义,二者坐标原点和纵轴指向均相同,x 和 X 轴间夹角为春分点的格林尼治恒星时(记为 GAST),则瞬时天球坐标系 $(x,y,z)_t$ 转换为瞬时地球坐标系 $(X,Y,Z)_t$ 的公式可表示为

$$\begin{bmatrix} X \\ Y \\ Z \end{bmatrix}_t = \boldsymbol{R}_z(\text{GAST}) \begin{bmatrix} x \\ y \\ z \end{bmatrix}_t = \begin{bmatrix} \cos(\text{GAST}) & \sin(\text{GAST}) & 0 \\ -\sin(\text{GAST}) & \cos(\text{GAST}) & 0 \\ 0 & 0 & 1 \end{bmatrix} \begin{bmatrix} x \\ y \\ z \end{bmatrix}_t \tag{2.19}$$

若记公式(2.18)中地球瞬时坐标系与协议坐标系的转换矩阵为 $\boldsymbol{M}$,即 $\boldsymbol{M} = \boldsymbol{R}_Y(-X_p)\boldsymbol{R}_X(-Y_p)$,则瞬时天球坐标系$(x,y,z)_t$转换为协议地球坐标系$(X,Y,Z)_{\text{CIS}}$的公式为

$$\begin{bmatrix} X \\ Y \\ Z \end{bmatrix}_{\text{CTS}} = \boldsymbol{M}\boldsymbol{R}_z(\text{GAST}) \begin{bmatrix} x \\ y \\ z \end{bmatrix}_t \tag{2.20}$$

则可根据协议天球坐标系转换为瞬时天球坐标系的公式(2.17)得到协议天球坐标系与协议地球坐标系之间的转换公式为

$$\begin{bmatrix} X \\ Y \\ Z \end{bmatrix}_{\text{CTS}} = \boldsymbol{M}\boldsymbol{R}_z(\text{GAST})\boldsymbol{R}_{xzx}\boldsymbol{R}_{zyz} \begin{bmatrix} x \\ y \\ z \end{bmatrix}_{\text{CIS}} \tag{2.21}$$

可以对协议天球坐标系$(x,y,z)_{\text{CIS}}$和协议地球坐标系$(X,Y,Z)_{\text{CTS}}$之间的转换步骤进行归纳总结,如图2.12所示。

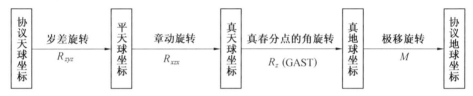

图 2.12　坐标系统转换框图

2.3.4　卫星的参考系 ——WGS - 84

在全球定位系统中,GPS卫星的位置是作为已知参数即卫星广播星历和精密星历向用户(GPS接收机)发送的。GPS卫星的位置(星历)的计算,目前采用的是世界大地坐标系WGS - 84(World Geodetic System)。

WGS - 84是美国国防部研制确定的大地坐标系(图2.13),其坐标系的几何定义是:原点在地球质心,Z轴指向BIH 1984.0定义的协议地球极(CTP)方向,X轴指向BIH 1984.0的零子午面和CTP赤道的交点,Y轴与Z、X轴构成右手系。

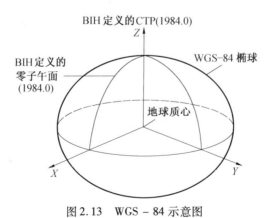

图 2.13　WGS - 84 示意图

2.4 导航卫星的时间系统

在现代大地测量学中,为了研究诸如地壳升降和板块运功等地球动力学现象,时间也和描述观测点的空间坐标一样,成为研究点位运动过程和规律的一个重要分量,从而形成空间与时间参考系中的四维大地测量学。在天文学和空间科学技术中,时间系统是精确描述天体和人造卫星运行位置及其相互关系的重要基准,也是人们利用卫星进行导航和定位的重要基准。

GPS 卫星作为一个高空观测目标,其位置是不断变化的。因此在给出卫星运行位置的同时,必须给出相应的瞬间时刻。例如,当要求 GPS 卫星的位置误差少于 1 cm 时,则相应的时刻误差应小于 2.6×10^{-6} s,卫星运行速度为 3 ~ 4 km/s。GPS 测量是通过接收和处理 GPS 卫星发射的无线电信号,来确定用户接收机(即观测站)至卫星的距离(或距离差),进而确定观测站的位置。因此,准确地测定观测站至卫星的距离,必须精密地测定信号的传播时间。如果要求上述距离误差小于 1 cm,则信号传播时间(时间间隔)的测定误差应不超过 3×10^{-11} s(光速约为 3×10^{8} km/s,精确值为 $2.997\ 924\ 58 \times 10^{8}$ km/s)。由于地球的自转现象,在天球坐标系中,地球上点的位置是不断变化的。若要求赤道上一点的位置误差不超过 1 cm,则时间的测定误差要小于 2×10^{-5} s(地球自转速度约为 3 km/s)。

对测量时间同样必须建立一个测量的基准,即时间的单位(尺度)和原点(起始历元)。其中时间的尺度是关键,而原点可以根据实际应用加以选定。一般来说,任何一个可观察的周期运动现象,只要符合以下要求,都可以用作确定时间的基准:

① 运动应是连续的、周期性的。

② 运动的周期应具有充分的稳定性。

③ 运动的周期必须具有复现性,即要求在任何地方和时间,都可以通过观测和实验复现这种周期性运动。

在实践中,由于我们所选的上述周期运动现象不同,便产生了不同的时间系统。

1. 世界时系统

世界时系统是以地球自转为基准的一种时间系统。然而,由于观察地球自转运动所选的空间参考点不同,世界时系统又包括恒星时、平太阳时和世界时。

(1)恒星时。

由春分点的周日视运动确定的时间称为恒星时(Sidereal Time,ST)。春分点连续两次经过本地子午线的时间间隔为一恒星日,含 24 个恒星小时。恒星时在数值上等于春分点相对于本地子午圈的时角。在岁差和章动的影响下,春分点分为真春分点和平春分点,相应的恒星时也分为真恒星时和平恒星时。此外,为了确定世界统一时间,也用到格林尼治恒星时。所以,恒星时分为以下 4 种。

LAST—— 真春分点的地方时角;

GAST—— 真春分点的格林尼治时角;

LMST—— 平春分点的地方时角;

GMST—— 平春分点的格林尼治时角。

四种恒星时有如下关系:

$$\begin{cases} LAST - LMST = GAST - GMST = \Delta\Psi\cos\varepsilon \\ GMST - LMST = GAST - LAST = \lambda \end{cases} \qquad (2.22)$$

式中　　λ——天文经度；

　　　　$\Delta\Psi$——黄经章动；

　　　　ε——黄赤交角。

（2）平太阳时。

因地球绕太阳公转的轨道为一椭圆，所以太阳视运动的速度是不均匀的。以真太阳周年视运动的平均速度确定一个假想的太阳，且其在天球赤道上做周年视运动称为平太阳（Mean Solar Time,MST）。以平太阳连续两次经过本地子午圈的时间间隔为一个平太阳日，含 24 个平太阳小时。与恒星时一样，平太阳时也具有地方性，故常称为地方平太阳时或地方平时。

（3）世界时。

以子夜零时起算的格林尼治平太阳时称为世界时（Universal Time,UT），如以 $GAMT$ 表示平太阳相对于格林尼治子午圈的时角，则世界时 UT 与平太阳时之间的关系为

$$UT = GAMT + 12(\text{h}) \qquad (2.23)$$

在地极移动的影响下，平太阳连续两次经过格林尼治子午圈的时间间隔并不均等。此外，地球自转速度也不均匀，它不仅包含有长期的减缓趋势，而且还含有一些短周期的变化和季节性变化。因此，世界时也不均匀。从 1956 年开始，在世界时中加入了极移改正和地球自转速度的季节性改正，改正后的世界时分别用 UT_1 和 UT_2 表示，未经改正的世界时用 UT_0 表示，其关系为

$$\begin{cases} UT_1 = UT_0 + \Delta\lambda \\ UT_2 = UT_1 + \Delta TS \end{cases} \qquad (2.24)$$

式中　　$\Delta\lambda$——极移改正；

　　　　ΔTS——地球自转速度的季节性变化改正。

世界时 UT_2 虽经过以上两项改正，但仍含有地球自转速度逐年减缓和不规则变化的影响，所以世界时 UT_2 仍是一个不均匀的时间系统。

2. 原子时系统

随着科技的发展，人们对时间稳定度的要求不断提高。以地球自转为基础的世界时系统已不能满足要求。为此，从 20 世纪 50 年代起，便建立了以原子能级间的跃迁特征为基础的原子时系统。

原子时（Atomic Time,AT）秒长定义为：位于海平面上的铯 C_s^{133} 原子基态两个超精细能级间，在零磁场中跃迁辐射振荡 9 192 631 770 周所持续的时间，为一原子秒。原子时的起点定义为 1958 年 1 月 1 日零时的 UT_2（事后发现 AT 比 UT_2 慢 0.003 9 s），国际上用约 100 台原子钟推算统一的原子时系统，称为国际原子时系统（IAT）。

3. 世界协调时系统

原子时的优点是稳定度极高，缺点是与昼夜交替不一致。为了保持原子时的优点而避免其缺点，从 1972 年起，采用了以原子时秒长为尺度，时刻上接近于世界时的一种折中时间

系统,称为协调世界时(Universal Time Coordinated,UTC)。

协调世界时秒长等于原子时秒长,采用闰秒的方法使协调世界时的时刻与世界时接近。两者之差应不超过 0.9 s,否则在协调世界时的时刻上减去 1 s,称为闰秒。闰秒的时间定在 6 月 30 日末或 12 月 31 日末,由国际地球自转服务组织(IERS)确定并事先公布。目前几乎所有国家发播的时号,都以 UTC 为基准。

协调时与国际原子时之间的关系为

$$IAT = UTC + 1' \times n \tag{2.25}$$

式中　n——调整参数,其值由 IERS 发布。

为使用世界时的用户得到精度较高的 UT_1 时刻,时间服务部门在播发协调时(UTC)时号的同时,给出 UT_1 与 UTC 的差值。这样用户便可容易地由 UTC 得到相应的 UT_1。

目前,几乎所有国家时号的播发,均以 UTC 为基准。时号播发的同步精度约为 ±0.2 ms。考虑到电离层折射的影响,在一个台站上接收世界各国的时号,其误差将不会超过 ±1 ms。

4. GPS 时间系统(GPST)

为了精确导航和测量的需要,GPS 建立了专用的时间系统,由 GPS 主控站的原子钟控制。GPS 时属原子时系统,其秒长与原子时相同。原点定义为 1980 年 1 月 6 日零时与协调世界时的时刻一致。GPS 时与国际原子时的关系为

$$IAT - GPST = 19(s) \tag{2.26}$$

GPS 时与协调世界时的关系为

$$GPST = UTC + 1' \times n - 19 \text{ s} \tag{2.27}$$

n 值由国际地球自转服务组织公布。1987 年,$n = 23$,GPS 时比协调世界时快 4 s,即

$$GPST = UTC + 4 \text{ s}$$

2005 年 12 月,$n = 32$,2006 年 1 月,$n = 33$,所以,2006 年 1 月 GPS 时与协调世界时的关系是

$$GPST = UTC + 14 \text{ s}$$

5. 北斗时间系统

北斗系统的时间基准为北斗时(BDT)。BDT 采用国际单位制(SI)秒为基本单位连续累计,不闰秒,北斗时(BDT)溯源到协调世界时 UTC(NTSC),与 UTC 的时间偏差小于 100 ns,BDT 的起算历元 2006 年 1 月 1 日零时零分零秒,采用周和周内秒计数。BDT 通过 UTC(NTSC),与国际 UTC 建立联系,BDT 与 UTC 的偏差保持在 100 ns 以内(模 1 s)。BDT 与 UTC 之间的闰秒信息在导航电文中播报。BDT 与 GPS 时和 Galileo 时的互操作在北斗设计时间系统时已考虑,BDT 与 GPS 时和 Galileo 时的时差将会被监测和播发。

6. Galileo 系统时间(GST)

Galileo 时由 32 位二进制数组成,分为两个部分:第一部分,周数采用整数计数的形式,给出了从起源伽利略时间算起的顺序周数,参数被编码在 12 bit 上并且覆盖了 4 096 周,然后计数器置零来覆盖另外的 4 096 个时期。第二部分,周内时(the Time of Week,TOW)被定义为自上一周转换之后累计发生的秒数,周内时覆盖了整个一周的时间,从 0 到 604 800 s

并且在每周的最后一天置 0,同时使得把参数编码在这 20 bit 上,注意到 TOW 是卫星产生的,这样两个部分的比特数加起来等于 32 bit。

2.5 导 航 电 文

2.5.1 导航电文的组成

目前由于 GPS 发展最为成熟且定位精度高、成本低,使得 GPS 得到了广泛的应用。以 GPS 卫星为例,卫星的导航电文(简称卫星电文)主要包括卫星星历、时钟修正、电离层时延修正、工作状态信息以及 C/A 码转到捕获 P 码(详见下文转换码)的信息。这些数据是以二进制码的形式发送给用户的,故卫星电文又称为数据码,或称之为 D 码。它的基本单位是长达 1 500 bit 的一个主帧(图 2.14)。它的传输速率是 50 bit/s,30 s 才能够传送完 1 个主帧。后者包括 5 个子帧,第 1,2,3 子帧各有 10 个字,每个字为 30 bit;第 4,5 子帧各有 25 个页面,共有 37 500 bit,长达 12.5 min。它们不像第 1,2,3 子帧那样,每 30 s 重复一次,而需要长达 750 s 才能够传送完毕第 4,5 子帧的全部信息量,即第 4,5 子帧是 12.5 min 才重复一次。这表明,一台 GPS 信号接收机获取一帧完整的卫星导航电文,需要 750 s。需要注意的是,20 世纪 70 年代末期,某些文献所介绍的 GPS 卫星电文内容,已经做了一些修改。GPS 工作卫星的导航电文也许还会有些变化,而不完全同于 80 年代初期所介绍的内容。

图 2.14　卫星电文的基本构成图

GPS 卫星电文各子帧内容如图 2.15 所示,卫星电文的结构如图 2.16 所示。

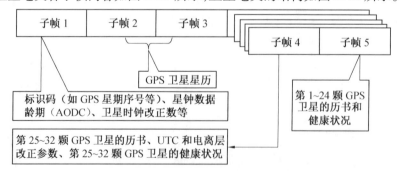

图 2.15　GPS 卫星电文的基本内容

时间上以此顺序发送数据，先发高位数比特

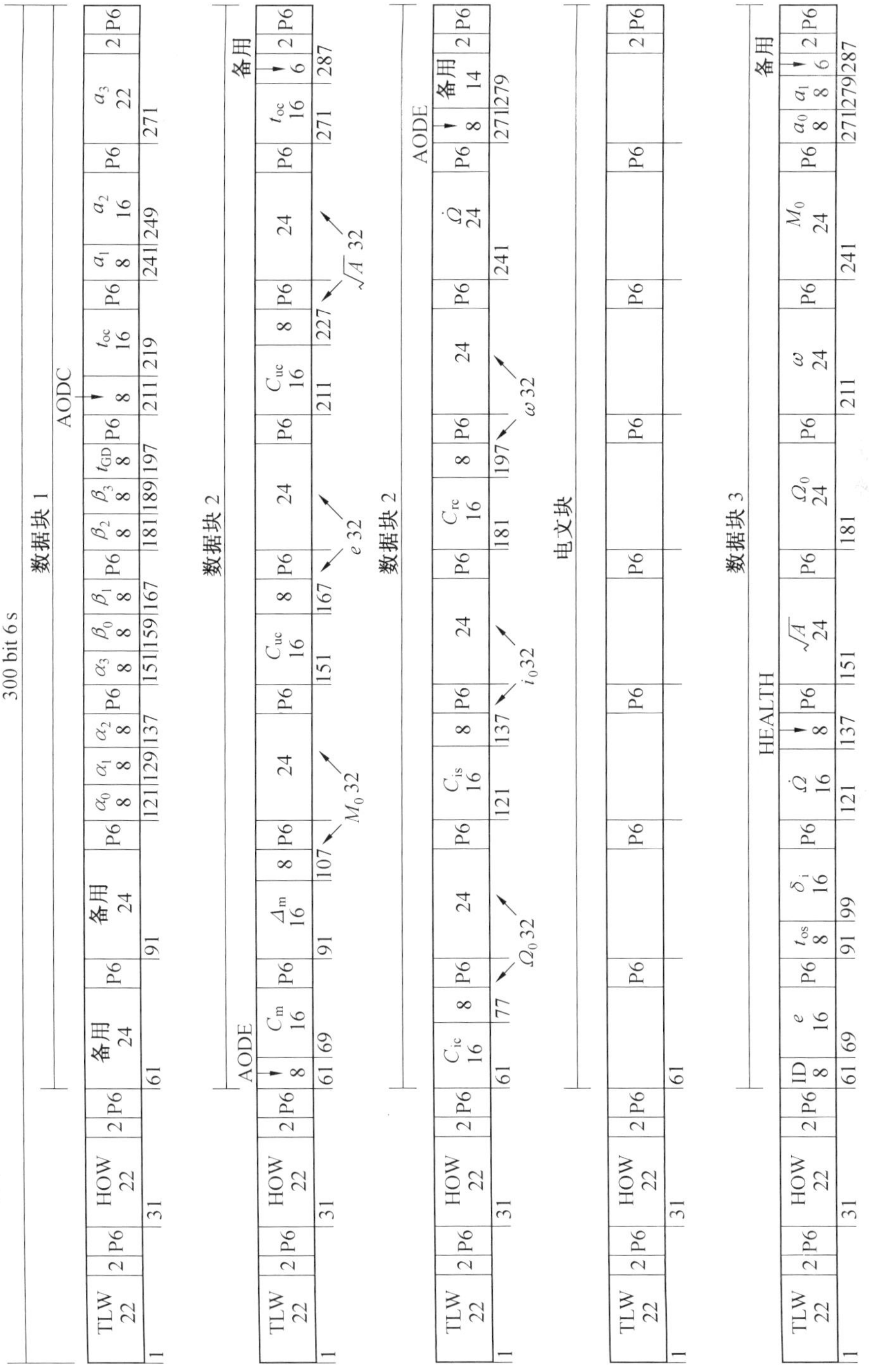

300 bit 6 s

数据块 1

TLW 22	2	P6	HOW 22	2	P6	备用 24	P6	备用 24	8	P6	α_0 8	α_1 8	P6	α_2 8	α_3 8	β_0 8	β_1 8	P6	β_2 8	β_3 8	t_{GD} 8	P6	AODC 8	t_{oc} 16	P6	a_1 8	a_2 16	P6	a_3 22	2	P6

1 · 31 · 61 · 91 · 107 · 121 129 137 · 151 159 167 · 181 189 197 · 211 219 · 241 249 · 271

数据块 2

TLW 22	2	P6	HOW 22	2	P6	AODE C_{rc} 16	8	P6	Δ_n 16	P6	M_0 32	8	P6	α_1 24	P6	C_{uc} 16	8	P6	e 32	24	P6	C_{uc} 16	8	P6	$\sqrt{A}$ 32	P6	备用	2	P6

1 · 31 · 61 69 77 · 91 · 107 · 121 · 137 · 151 159 167 · 181 · 197 · 211 · 227 · 241 · 271

数据块 2（电文块）

TLW 22	2	P6	HOW 22	2	P6	C_{rc} 16	24	P6	Ω_0 32	24	P6	C_{is} 8	P6	i_0 32	24	P6	C_{rc} 16	24	P6	ω 32	8	P6	$\dot{\Omega}$ 24	P6	AODE 备用 14	2	P6

1 · 31 · 61 · 91 · 121 137 · 151 · 181 · 197 · 211 · 241 · 271 279

数据块 3

TLW 22	2	P6	HOW 22	2	P6	ID P6	e 16	t_{oa} 8	P6	δ_i 16	P6	$\dot{\Omega}$ 16	$\sqrt{A}$ 24	8	P6	HEALTH 8	Ω_0 24	P6	ω 24	P6	M_0 24	P6	a_0 8	a_1 8	6	2	P6

1 · 31 · 61 69 · 91 99 · 121 · 137 151 · 181 · 211 · 241 · 271 279 287

图 2.16　卫星电文的结构

P6 为比特奇偶检验，所有 2 进制数据都为 2 的补数

2.5.2 遥测字与转换字

1. 遥测字

每个子帧的第一个字都是遥测字(Telemertry Word,TLW),它的主要作用是指明卫星注入数据的状态。遥测字的第1~8 bit是同步码(10001011),作为识别电文内容的先兆,致使用户易于解调导航电文。第9~22 bit为遥测电文,它包括地面监控系统注入数据时的状态信息、诊断信息和其他信息,以此指示用户是否选用此颗卫星。第23 bit和第24 bit是无意义的连接比特。第25~30 bit为奇偶检验码,它用于发现并纠正个别错误,确保正确地传送导航电文。

2. 转换字

每个子帧的第二个字是转换码(Hand Over Word,HOW)。它的主要作用是帮助用户从所获的C/A码转换到P码的捕获。转换码的第1~17 bit表示Z计数,后者表示自星期天零时至星期六24时,P码子码Xl的周期(1.5 s)重复数,即Z计数的量程是0~403 200。因此,知道Z计数,便可较快地捕获到P码。转换字的第18 bit表明卫星注入电文后是否发生滚动动量矩卸载现象。第18 bit用于指示数据帧的时间是否与P码子码Xl的钟信号同步。第20~22 bit是子帧识别标志。第23 bit和第24 bit是无意义的连接比特。第25~30 bit是奇偶检验码。

2.5.3 数据块

1. 第一数据块

第1子帧的第3~10字称为第一数据块,它的主要内容包括:

① 标识码,它指明载波的调制波类型、星期序号、卫星的健康状况等。

② 数据龄期。

③ 卫星时钟修正系数。

值得注意的是,第一批的1 024个GPS星期已于1999年8月22日子夜结束,新的GPS星期数已于该结束时元起算。第一批GPS星期数,是从1980年1月5日子夜至6日凌晨开始算起,直到1999年8月22日子夜至23日凌晨为止,累计为1 024个GPS星期。当其结束时,即为新的GPS周数开始起算。例如,1999年8月29日,是第二批GPS星期数的第一个GPS星期。因此,所用的GPS信号接收机及其相应的数据处理软件,均应作GPS周数变换调整,否则,GPS信号接收机将发生计算误差,甚至拒绝定位计算。第二批GPS星期数,将于2019年4月6日子夜结束。第三批GPS星期数将于该结束时元起算,而于2038年11月20日子夜结束。

2. 第二数据块

第2和第3子帧共同构成第二数据块,它表示GPS卫星的星历,这是GPS卫星为导航定位应用发送的主要电文。卫星的星历是描述有关卫星运行轨道的信息。以GPS卫星为例,利用GPS进行导航和定位,就是根据已知的卫星轨道信息和用户观测资料,通过数据处理来确定接收机的位置及其载体的航行速度。所以,精确的轨道信息是精密导航定位的基础。卫星星历的提供方式一般有两种:预报星历(广播星历)和后处理星历(精密星历)。

（1）预报星历。

预报星历是通过卫星发射的含有轨道信息的导航电文传递给用户的,用户接收机接收到这些信号,经过解码便可获得所需要的卫星星历,所以这种星历也称为广播星历。卫星的预报星历,通常包括相对某一参考历元的开普勒轨道参数和必要的轨道摄动改正项参数。相应参考历元的卫星开普勒轨道参数,也称参考星历,它是根据 GPS 监测站约一周的观测资料推算的。

参考星历只代表卫星在参考历元的瞬时轨道参数(也称为密切轨道参数),但是在摄动力的影响下,卫星的实际轨道随后将偏离其参考轨道。偏离的程度主要取决于观测历元与所选参考历元间的时间差。如果我们用轨道参数的摄动项来对已知的卫星参考星历加以改正,就可以外推出任意观测历元的卫星星历。由此不难理解,如果观测历元与所选参考历元相差很大,为了保障外推轨道参数具有必要的精度,就必须采用更严密的摄动力模型和考虑更多的摄动因素。但是这样一来,在建立更严格的摄动力模型时将会遇到困难,可能降低预报轨道参数的精度。

实际上,为了保持卫星预报星历的必要精度,一般采用限制预报星历外推时间间隔的方法:GPS 跟踪站每天都利用其观测资料,更新用以确定卫星参考星历的数据,计算每天卫星轨道状态的更新值,并且每天按时将其注入相应卫星加以储存,来更新卫星的参考轨道。GPS 卫星发射的广播星历,每 2 h 更新一次,以供用户使用。如果将上述计算参考星历的参考历元选在两次更新星历的中央时刻,则外推的时间间隔最大将不会超过 1 h。从而可以在采用同样摄动力模型的情况下,有效地保持外推轨道参数的精度。预报星历的精度,目前一般估计为 20 ~ 50 m。在数据更新前后,各表达式之间将会产生小的跳跃,其值可达数分米。一般可通过适当的拟合技术(例如切比雪夫多项式) 予以平滑。

GPS 用户通过卫星广播星历,可以获得的有关卫星星历参数共有 17 个,其中包括 2 个时间参数、6 个相应参考时刻的开普勒轨道参数和 9 个反映摄动力影响的参数,这些参数的定义见表 2.3。有关卫星实际轨道的描述如图 2.17 所示。根据上述数据,便可外推出观测时刻 t 的轨道参数,以计算卫星在不同参考系中的相应坐标。17 个卫星星历参数由 3 类参数组成,见表 2.4。

（2）后处理星历。

卫星的预报星历是以跟踪站以往时间的观测资料,推求的参考轨道参数为基础,并加入轨道摄动改正而外推的星历。用户在观测时可以通过导航电文实时得到预报星历,这对导航或实时定位显然是非常重要的。可是,对于某些进行精密定位工作的用户来说,其精度尚难以满足要求,尤其当 GPS 卫星的预报星历受到人为干预而降低精度时,就更难于保障精密定位工作的要求。

后处理星历又称精密星历,是一些国家的某些部门根据各自建立的跟踪站所获得的精密观测资料并且应用于与确定预报星历相似的方法而计算的卫星星历。它可以向用户提供在用户观测时间的卫星星历,避免了预报星历外推的误差。美国和其他许多国家的一些民用单位已建立了全球性或区域性的 GPS 卫星跟踪系统,以便为大地测量学和地球动力学研究的精密定位工作提供所需要的星历。

由于这种星历是在事后向用户提供在其观测时间的卫星精密轨道信息,该星历的精度目前可达米级,进一步的发展可望达到分米级。后处理星历不是通过卫星的无线电信号向用户传递的,而是利用磁带或通过电传通信方式有偿地为所需要的用户服务。但是建立和维持一个独立的跟踪系统来精密测定 GPS 卫星的轨道,其技术比较复杂,投资也较大,所以利用 GPS 的预报星历进行精密定位工作仍是目前一个重要的研究和开发领域。

表 2.3 GPS 卫星 17 个星历参数的定义

6 个开普勒数道参数	$\sqrt{a}$	卫星轨道长半轴的平方根
	e	卫星轨道偏心率
	i_0	参考时刻 t_{oe} 的轨道倾角
	Ω_0	参考时刻 t_{oe} 的升交点赤经
	ω	近地点角距
	M_0	参考时刻 t_{oe} 的平近点角
9 个轨道摄动参数	Δn	卫星平均运动角速度与计算值之差或称 Δn 为平近地点角速度的改正数
	$\dot{\Omega}$	升交点赤经的变化率,它是升交点赤经 Ω 摄动量 $\mathrm{d}\Omega/\mathrm{d}t$ 中的长期漂移项,起因于二阶带谐系数 C_{20} 和极移影响
	i	轨道倾角的变化率
	C_{us}, C_{uc}	升交角距的正余弦调和改正项的振幅
	C_{is}, C_{ic}	轨道倾角的正余弦调和改正项的振幅
	C_{rs}, C_{rc}	轨道半轴的正余弦调和改正项的振幅
2 个时间参数	t_{oe}	从星期日子夜零点开始度量的星历参考时刻
	$AODE$	星历表的数据龄期,$AODE = t_{oe} - t_L$

注:Δn 是近地点角距 ω 摄动量 $\mathrm{d}\omega/\mathrm{d}t$ 中的长期漂移项,起因于二阶带谐系数(C_{20})及其平滑间期内的日月引力摄动和太阳光压摄动。t_L 作预报星历测量的最后观测时间,故 AODE 即是预报星历的外推时间间隔

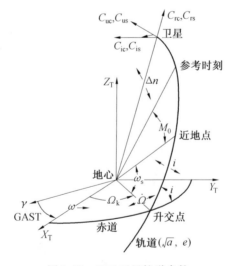

图 2.17 GPS 卫星轨道参数

表 2.4　GPS 工作卫星星历参数值

参　数	GPS 卫星		
	PRN02	PRN14	PRN19
t_{oc}/s	5.184 000E + 005	5.184 000E + 005	5.184 000E + 005
$AODE/s$	2.120 000E + 002	7.500 000E + 001	1.980 000E + 002
$\sqrt{a}/m$	5.153 691E + 003	5.153 689E + 003	5.153 629E + 003
e	8.247 306E − 003	6.024 992E − 003	3.710 157E − 003
i_0/rad	3.041 002E − 001	3.060 368E − 001	3.038 775E − 001
ω/rad	9.525 346E − 001	8.729 396E − 001	− 2.284 949E − 001
Ω_0/rad	− 8.267 319E − 001	1.815 057E − 001	8.471 960E − 001
M_0/rad	− 6.054 760E − 001	2.098 430E − 001	7.666 470E − 001
$\Delta_0/(rad \cdot s^{-1})$	1.439 048E − 009	1.375 952E − 009	1.514 195E − 009
$\Omega - dot(rad \cdot s^{-1})$	− 2.569 777E − 009	− 2.513 957E − 009	− 2.654 474E − 009
$i - dot/(rad \cdot s^{-1})$	2.273 737E − 012	− 2.023 626E − 011	− 3.853 984E − 011
C_{us}/rad	2.530 490E − 006	3.095 522E − 005	1.117 021E − 006
C_{uc}/rad	− 9.166 209E − 007	5.021 849E − 007	− 6.231 362E − 007
C_{is}/rad	− 6.225 433E − 008	− 6.521 882E − 009	1.363 666E − 008
C_{ic}/rad	− 1.897 275E − 008	4.446 738E − 008	3.498 100E − 008
C_{rs}/rad	− 5.659 375E + 00l	2.828 125E + 001	− 3.640 625E + 001
C_{ri}/rad	2.213 125E + 002	1.932 500E + 002	3.065 000E + 002

注：表中的 E + 002 为 10^{+2}，E − 008 为 10^{-8}，以此类推

3. 第三数据块

第三数据块是由第 4 和第 5 两个子帧构成的。它提供 GPS 卫星的历书数据，后者是第一和第二数据块的简略形式，当接收机捕获到某颗 GPS 卫星后，利用第三数据块提供的其他卫星的概略星历、时钟改正、码分地址和卫星工作状态等数据，用户不仅能选择工作正常和位置适当的卫星，以致它们能够构成较理想的空间几何图形，而且依据已知的码分地址能够较快地捕获到所选择的待测卫星。现简要介绍第 4 和第 5 子帧所提供的数据。

（1）第 4 子帧。

① 第 2，3，4，5，7，8，9，10 页面提供第 25 ~ 32 颗卫星的历书。

② 第 18 页给出电离层修正模型和 UTC 数据。

③ 第 25 页面给出 32 颗卫星的防电子对抗特征符（接通或不用）和卫星型号，以及第 25 ~ 32 颗卫星的健康状况。

④ 第 17 页面提供专用电文。

⑤ 第 1，6，11，12，16，19，20，21，22，23，24 页面作为备用。

⑥ 第 13，14，15 页面为空闲页。

（2）第 5 子帧。

① 第 1 ~ 24 页面提供 1 ~ 24 颗卫星的历书。

② 第 25 页面给出第 1 ~ 24 颗卫星的健康状况和星期编号。当指示卫星状况的 6 bit 全部是 1 时，则表示该颗卫星工作不正常，不能用于导航定位测量。

在第三数据块中，也有一些相同意义的字码。例如，第 4 和第 5 子帧的每个页面的第 3 字码，其开始的 8 bit 是识别字符，且分成两种形式：

第一种形式：第 1、2 bit 为电文识别（DATA ID）。当 DATA ID 为"00"时，它是 GPS 试验卫星的数据格式。当 DATA ID 为"01"时，它是 GPS 工作卫星的数据格式。

第二种形式：第 3 ~ 8 bit 为卫星识别（SV ID），对于含有历书数据的各个页面，SV ID 的编号对应于该颗 GPS 卫星的伪噪声码的相位偏差系数。对于其余各个页面，SV ID 相当于页面识别符。

值得特别指出的是，GPS 卫星导航电文提供的星历数据，是一种外推的轨道参数。其精度不仅受到外推计算时卫星初始位置误差和速度误差的制约，而且随着外推时间延长而显著降低。例如，对于 20 000 km 高空的 GPS 卫星，若外推时卫星初始 X_s、Y_s、Z_s 分量误差均为 5 m，而卫星初始速度误差为零，外推后的卫星位置误差和速度误差如表 2.5 中 $m_{p0} = 5$ 栏所示。由此可见，48 h 的外推轨道参数，将导致 383.917 m 的卫星位置误差和 0.057 m/s 的卫星速度误差，这是 1 h 外推轨道参数导致的卫星位置／速度误差的 43 倍 /57 倍。表 2.5 中 m_{p0}/m_{v0} 栏所示的卫星位置／速度误差，其计算条件是，外推计算时的卫星初始 X_s、Y_s、Z_s 分量误差为 5 m，而卫星初始速度 $X_s - dot$，$Y_s - dot$，$Z_s - dot$ 分量误差均为 0.001 m/s。由表 2.5 中数据可见，卫星初始位置／速度误差的存在，将导致更大的外推卫星位置／速度误差。因此，为了获得较高的导航定位精度，宜采用新近注入的广播星历，甚至采用精密星历。

本书仅以 GPS 为例在附录中给出了导航电文、北斗、GALILEO 以及 GLONASS 导航电文，请查阅相应 ICD 等资料。

表 2.5　卫星初始位置／速度误差对外推位置／速度的影响

外推时间 /h	卫星位置误差 /m		卫星速度误差 /(m·s⁻¹)	
	$m_{p0} = 5$	m_{p0}/m_{v0}	m_{p0}/m_{v0}	m_{p0}/m_{v0}
1	8.883	11.056	0.001	0.002
3	18.492	29.503	0.003	0.005
5	40.249	71.058	0.006	0.010
7	63.806	123.130	0.009	0.016
9	82.750	161.443	0.011	0.021
12	96.530	171.652	0.014	0.028
24	192.269	342.867	0.029	0.051
48	383.917	685.339	0.057	0.103

2.6 卫星在轨位置的计算

在用 GPS 信号进行导航定位时,为了解算用户在地心固定坐标系(简称地固系)中的位置,需要联合使用接收机所测得的站星距离和卫星在同一坐标系中的坐标。后者是根据卫星电文所提供的轨道参数按一定的公式计算的。为此,本节论述 GPS 卫星在观测瞬间于地固系中的位置计算步骤。

1. 计算卫星运行的平均角速度 n

卫星运行的平均角速度计算值为

$$n_0 = \sqrt{\frac{GM}{a^3}} = \frac{\sqrt{\mu}}{(\sqrt{a})^3} \tag{2.28}$$

式中 μ——WGS – 84 坐标系中的地球引力常数,且知 $\mu = 3.986\ 005 \times 10^{14} \mathrm{m^3/s^2}$。

用 n_0 与卫星电文给出的摄动改正数 Δn 之和,则可求得卫星运行的平均角速度 n,即

$$n = n_0 + \Delta n \tag{2.29}$$

2. 计算归化时间 t_k

GPS 卫星的轨道参数是相对于参考时间 t_{oe} 而言的,因此,某观测时刻 t 归化到 GPS 时系则为

$$t_k = t - t_{oe} \tag{2.30}$$

式中 t_k—— 相对于参考时刻 t_{oe} 的归化时间,但应计及一个星期(604 800 s)的开始或结束。即当 $t_k > 302\ 400$ s 时,t_k 应减去 604 800 s;当 $t_k < -302\ 400$ s 时,t_k 应加上 604 800 s。

3. 计算观测瞬间的卫星平近点角 M_k

卫星电文已给出参考时刻 t_0 的平近点角 M_0,故知

$$M_k = M_0 + nt_k \tag{2.31}$$

4. 计算偏近点角 E_k

根据卫星电文已给出的偏心率 e 和算得的 M_k 可知

$$\begin{cases} E_k = M_k + e\sin E_k & (E_k \text{、} M_k \text{ 以 rad 计}) \\ E_k = M_k + (180°/\pi)e\sin E_k & (E_k \text{、} M_k \text{ 以角度计}) \end{cases} \tag{2.32}$$

上述开普勒方程可用迭代法进行解算,即先令 $E_k = M_k$,代入上式。因为 GPS 卫星轨道的偏心率 e 为 0.01 左右,通常进行两次迭代计算,便可求得偏近点角 E_k。

5. 计算真近点角 f_k

$$\cos f_k = \frac{\cos E_k - e}{1 - e\cos E_k} \tag{2.33a}$$

$$\sin f_k = \frac{\sqrt{1 - e^2}\sin E_k}{1 - e\cos E_k} \tag{2.33b}$$

$$f_k = \arctan \frac{\sqrt{1 - e^2}\sin E_k}{\cos E_k - e} \tag{2.33c}$$

6. 计算升交距角 Φ_k

$$\Phi_k = f_k + \omega \tag{2.34}$$

式中 ω—— 卫星电文给出的近地点角距。

7. 计算摄动改正项 δ_u、δ_r、δ_i

$$\begin{cases} \delta_u = C_{us}\cos 2\Phi_k + C_{us}\sin 2\Phi_k \\ \delta_r = C_{rs}\cos 2\Phi_k + C_{rs}\sin 2\Phi_k \\ \delta_i = C_{is}\cos 2\Phi_k + C_{is}\sin 2\Phi_k \end{cases} \tag{2.35}$$

式中 C_{us}、C_{uc}、C_{is}、C_{ic}、C_{rs}、C_{rc}—— 由卫星导航电文给出;

δ_u、δ_r、δ_i—— 因地球非球形和日月引力等因素而引起的升交距角 Φ_k 的摄动量、卫星矢径 r 的摄动量和轨道倾角 i 的摄动量。

8. 计算经过摄动改正的升交距角 u_k、卫星矢径 r_k 和轨道倾角 i_k

$$\begin{cases} u_k = \Phi_k + \delta u \\ r_k = a(1 - e\cos E_k) \\ i_k = i_0 + \delta_i + it_k \end{cases} \tag{2.36}$$

9. 计算卫星在轨道平面上的位置

在轨道平面直角坐标系中,卫星的位置是

$$\begin{cases} x_k = r_k\cos u_k \\ y_k = r_k\sin u_k \end{cases} \tag{2.37}$$

10. 计算观测时刻的升交点经度 Ω_k

观测时刻的升交点经度也为该时刻升交点赤径 n(春分点之间的角距)与格林尼治视恒星时 GAST(春分点和格林尼治起始子午线之间的角距)之差,即

$$\Omega_k = \Omega - GAST \tag{2.38}$$

式中 Ω—— 观测时刻的升交点赤径。

且知

$$\Omega = \Omega_{oe} + \dot{\Omega} t_k \tag{2.39}$$

式中 Ω—— 参考时刻 t_{oe} 的升交点赤经 Ω_{oe};

$\dot{\Omega}$—— 升交点赤经的变化率,其值一般为每小时千分之几度,卫星电文每小时更新一次 $\dot{\Omega}$ 和 t_{oe}。

卫星电文仅提供了一个星期的开始时刻 t_w(它为星期六午夜至星期日子夜的交换时刻)的格林尼治视恒星时 $GAST_w$。因地球自转,GAST 随之而不断增值,其增值速率即为地球自转的速率 ω_e。故知观测时刻的格林尼治视恒星时为

$$GAST = GAST_w + \omega_e t \tag{2.40}$$

式中 $\omega_e = 7.292\ 115\ 67 \times 10^{-5}\ \text{rad/s}$;

t—— 观测时刻。

$$\Omega_k = \Omega_{oe} + \dot{\Omega} t_k - GAST_w - \omega_e t \tag{2.41}$$

若令 $\Omega_0 = \Omega_{oe} - GAST_w$,则式(2.41)变为

$$\Omega_k = \Omega_0 + \dot{\Omega} t_k - \omega_e t$$

考虑 $t_k = t - t_{oe}$，则得到

$$\Omega_k = \Omega_0 + (\dot{\Omega} - \omega_e) t_k - \omega_e t_{oe} \tag{2.42}$$

式中的 $\Omega_0, \dot{\Omega}, t_{oe}$ 均可从卫星电文中获取，但请注意，Ω_k 不是参考时刻 t_{oe} 的升交点赤经 Ω_{oe}，而是始于格林尼治子午圈到卫星轨道升交点的准经度。

11. 计算卫星在地心固定坐标系中的位置

对式（2.37）所表述的卫星在轨道平面直角坐标系中的坐标，予以旋转变换，方可算得卫星在地心固定坐标系中的三维位置。其变换方法是，沿地心 —— 升交点轴旋转角度 i_k，使轨道平面与赤道平面相重合。进而沿 Z 轴旋转角度 Ω_k 上，使升交点处于格林尼治子午线上。如此，即可得到卫星在地心直角坐标系中的坐标：

$$\begin{bmatrix} X_k \\ Y_k \\ Z_k \end{bmatrix} = R(-\Omega_k) R(-i_k) \begin{bmatrix} x_k \\ y_k \\ z_k \end{bmatrix} = R(-\Omega_k) R(-i_k) \begin{bmatrix} r_k \cos U_k \\ r_k \sin U_k \\ 0 \end{bmatrix} \tag{2.43}$$

由式（2.43）可知卫星的在轨位置为

$$\begin{bmatrix} X_k \\ Y_k \\ Z_k \end{bmatrix} = \begin{bmatrix} x_k \cos \Omega_k - y_k \cos i_k \sin \Omega_k \\ x_k \sin \Omega_k - y_k \cos i_k \cos \Omega_k \\ y_k \sin i_k \end{bmatrix} \tag{2.44}$$

依据上述计算公式，我们用 PRN21、PRN23 和 PRN12 三颗 GPS 卫星导航电文给出的近地点角距 ω 和摄动改正数 Δn 等相关参数，计算出了 PRN21，PRN23 和 PRN12 3 颗 GPS 卫星在 WGS - 84 地心坐标系中 272 955 时元的在轨位置（X_k、Y_k、Z_k，见表 2.6）。此外，还用 GPS 卫星在轨位置和用户概略位置计算出了 2000 年 6 月 8 日在武汉某地所见 GPS 卫星在地固系中的位置信息（表 2.7）。

表 2.6　卫星位置计算示例（1991. 2. 20. 272 955）

参数	卫星		
	PRN21	PRN23	PRN12
n_0	0.000 145 853 808	0.000 145 857 755	0.000 145 852 733
N	0.000 145 858 298	0.000 145 862 104	0.000 145 854 546
t_k	− 644.992 000 000 027	− 644.992 000 000 027	− 644.992 000 000 027
M_k	− 0.827 458 385 745	− 1.708 941 919 290	1.177 210 202 967
E_k	− 0.834 835 214 891	− 1.713 226 054 237	1.187 530 962 431
f_k	− 0.842 238 933 615	− 1.717 577 850 848	1.197 873 469 602
Φ_k	1.286 490 301 165	− 4.331 144 356 978	0.721 004 217 101
δ_u	0.000 006 006 254	− 0.000 008 189 709	0.000 005 256 429
δ_r	− 134.378 573 679 515	− 123.709 807 541 304	13.847 403 497 402
δ_i	0.000 000 223 880	0.000 000 130 004	0.000 000 115 950

续表 2.6

参数	卫 星		
	PRN21	PRN23	PRN12
u_k	1. 286 496 307 419	− 4. 331 152 546 688	0. 721 009 473 529
r_k	26 382 729. 091 700 77	26 576 218. 221 088 80	26 449 984. 924 430 55
i_k	0. 954 713 021 202	0. 958 598 902 199	1. 101 300 988 972
x_k	7 399 978. 599 039 07	− 9 888 171. 465 783 44	19 867 634. 1332 147 7
y_k	25 323 679. 445 525 85	24 668 186. 799 969 68	17 460 779. 376 972 91
Ω_k	− 19. 207 863 180 664	− 19. 179 680 675 921	− 16. 912 846 5115 01
X_k	12 061 695. 656 065 90	− 4 758 922. 847 803 08	− 14 485 578. 078 518 01
Y_k	11 108 694. 133 443 25	16 615 880. 841 752 73	15 725 740. 911 487 94
Z_k	20 667 868. 948 590 68	20 188 128. 494 644 20	15 571 465. 938 200 55

表 2.7 用 GPS 卫星在轨位置和用户概略位置计算的 GPS 可见卫星在地固系中的位置信息

用户位置:114°21′00″,30°31′40″ 用户高程:40 m				时间:2000 年 6 月 8 日 3 点 01 分		
卫星	高度角	方位角	距离	行率	经度	纬度
PRN/SVN	/deg.	/deg.	/m	/(m·s⁻¹)	/deg.	/deg.
GPS − 16/16	59. 2	68. 3	20 980 384	190	142. 1	36. 3
GPS − 15/15	18. 6	250. 0	23 949 296	− 481	61. 3	0. 9
GPS − 25/25	38. 4	131. 1	22 141 260	− 433	143. 8	0. 8
GPS − 27/27	6. 7	178. 7	25 006 910	− 649	115. 9	− 38. 9
GPS − 01/32	17. 7	47. 7	23 967 570	410	− 168. 9	49. 3
GPS − 31/31	62. 1	249. 2	20 577 540	89	92. 9	21. 1
GPS − 04/34	59. 6	1. 1	21 254 360	164	115. 1	54. 0
GPS − 06/36	45. 1	184. 9	21 893 048	519	111. 5	− 4. 6
GPS − 13/43	4. 8	37. 2	25 259 830	481	− 145. 0	54. 3
GPS − ⅡR − 04	20. 0	239. 7	23 967 222	− 506	67. 7	− 5. 1

在某些情况下,人们期望将 GPS 卫星在 WGS − 84 地心坐标系的在轨位置,换算成以地面观测站 P 为坐标原点的站心坐标系的三维坐标。站心直角坐标系的 Z_P 轴,位于测站 P 在椭球体法线的延长线上(图2.18)。X_P 轴垂直于 Z_P 轴,而指向椭球体的短半轴。Y_P 轴垂直于 $Z_P P X_P$ 平面而指向东方,构成左手坐标系。卫星在站心直角坐标系的坐标为

$$\begin{bmatrix} X_P^S \\ Y_P^S \\ Z_P^S \end{bmatrix} = R \begin{bmatrix} \Delta X_{KP} \\ \Delta Y_{KP} \\ \Delta Z_{KP} \end{bmatrix} \tag{2.45}$$

式中
$$\begin{bmatrix} \Delta X_{KP} \\ \Delta Y_{KP} \\ \Delta Z_{KP} \end{bmatrix} = \begin{bmatrix} X_k \\ Y_k \\ Z_k \end{bmatrix} - \begin{bmatrix} X_P \\ Y_P \\ Z_P \end{bmatrix}$$

$[X_P, Y_P, Z_P]^{\mathrm{T}}$——地面测站 P 的地心坐标向量。

$$R = \begin{bmatrix} -\sin B_P \cos L_P & -\sin B_P \sin L_P & \cos B_P \\ -\sin L_P & \cos L_P & 0 \\ \cos B_P \cos L_P & \cos B_P \sin L_P & \sin B_P \end{bmatrix}$$

上式中的 B_P 和 L_P 分别是测站 P 的大地纬度和大地经度。

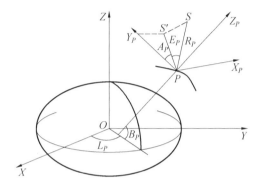

图 2.18　以测站 P 为原点的站心直角坐标系

在工程实用中,往往采用站心极坐标表述卫星的方位。站心极坐标系是以 $X_P P Y_P$ 平面作为基准面,以测站 P 为极点,用 X_P 轴作为极轴。卫星的站心直角坐标和站心极坐标具有下述关系:

$$\begin{bmatrix} X_P^S \\ Y_P^S \\ Z_P^S \end{bmatrix} = R_P \begin{bmatrix} \cos E_P \cos A_P \\ \cos E_P \sin A_P \\ \sin E_P \end{bmatrix} \tag{2.46}$$

式中　R_P——测站 P 到卫星的距离;

　　　A_P——待测卫星的方位角;

　　　E_P——待测卫星的高度角。

依式(2.46),卫星的站心极坐标为

$$\begin{cases} R_P = \sqrt{(X_P^S)^2 + (Y_P^S)^2 + (Z_P^S)^2} \\ A_P = \arctan \dfrac{Y_P}{X_P} \\ E_P = \arctan \dfrac{Z_P}{\sqrt{(X_P^S)^2 + (Y_P^S)^2}} \end{cases} \tag{2.47}$$

式(2.47)是卫星在某一时元到测站 P 的瞬时距离、方位角和高度角。依此,既可优化所选用的定位星座,获得较小的 PDOP 值,又可拟定最佳的观测计划,获取高质量的 GPS 数据。

2.7　卫星速度解算

通过对卫星位置求导,可以得到卫星的三维速度 $\dot{X}_k$、$\dot{Y}_k$、$\dot{Z}_k$。其具体过程如下:

(1)计算偏近点角的导数 $\dot{E}_k$

$$E_k = M_k + e\sin E_k \tag{2.48}$$

整理后有

$$\dot{E}_k = (\Delta n + n_0)/(1 - e\cos E_k) \tag{2.49}$$

(2)计算卫星纬度辐角导数 $\dot{\varphi}_k$,有

$$\dot{\phi}_k = \dot{u}_k = \sqrt{1 - e^2} \cdot E_k/(1 - e\cos E_k) \tag{2.50}$$

(3)计算 $(\delta\phi_k)'$,$(\delta r_k)'$,$(\delta i_k)'$,有

$$\begin{cases} (\delta\phi_k)' = 2\dot{\phi}_k \cdot [C_{us}\cos(2\phi_k) - C_{uc}\sin(2\phi_k)] \\ (\delta r_k)' = 2\dot{\phi}_k \cdot [C_{rs}\cos(2\phi_k) - C_{rc}\sin(2\phi_k)] \\ (\delta i_k)' = 2\dot{\phi}_k \cdot [C_{is}\cos(2\phi_k) - C_{ic}\sin(2\phi_k)] \end{cases} \tag{2.51}$$

(4)计算经过摄动改动后的纬度辐角、半径、和倾角的导数 $\dot{u}_k$、$\dot{r}_k$、$\dot{i}_k$,有

$$\begin{cases} \dot{u}_k = \dot{\phi}_k + (\delta\phi_k)' \\ \dot{r}_k = a(e\sin E_k \cdot \dot{E}_k) + (\delta r_k)' \\ \dot{i}_k = \dfrac{\mathrm{d}i}{\mathrm{d}t} + (\delta i_k)' \end{cases} \tag{2.52}$$

(5)校正卫星的升交点赤经后的导数,有

$$\dot{\Omega}_k = \dot{\Omega} - \omega_e \tag{2.53}$$

(6)计算卫星发射信号时刻在轨道平面中的速度分量 $\dot{x}_k$、$\dot{y}_k$、$\dot{z}_k$,有

$$\begin{bmatrix} \dot{x}_k \\ \dot{y}_k \\ \dot{z}_k \end{bmatrix} = \begin{bmatrix} \dot{r}_k\cos u_k - r_k\sin u_k \cdot \dot{u}_k \\ \dot{r}_k\sin u_k - r_k\cos u_k \cdot \dot{u}_k \\ 0 \end{bmatrix} \tag{2.54}$$

(7)计算卫星在 WGS－84 坐标系中的速度 $\dot{X}_k$、$\dot{Y}_k$、$\dot{Z}_k$,有

$$\begin{bmatrix} \dot{X}_k \\ \dot{Y}_k \\ \dot{Z}_k \end{bmatrix} = \begin{bmatrix} \dot{x}_k\cos\Omega_k - \dot{y}_k\cos i_k \cdot \sin\Omega_k + Z_k \cdot \dot{i}_k \cdot \sin\Omega_k - Y_k \cdot \dot{\Omega}_k \\ \dot{x}_k\sin\Omega_k + \dot{y}_k\cos i_k \cdot \sin\Omega_k + Z_k \cdot \dot{i}_k \cdot \cos\Omega_k - X_k \cdot \dot{\Omega}_k \\ \dot{y}_k\cos i_k + \dot{i}_k \cdot y_k \cdot \cos i_k \end{bmatrix} \tag{2.55}$$

2.8　本　章　小　结

本章主要讲了解卫星定位导航的基础知识,研究了导航卫星的运行轨道,介绍了轨道参数、不同的坐标系统和时间系统,以及卫星在轨位置的计算原理,卫星星历、导航电文和卫星星座及卫星定位方法。

2.1 节介绍了卫星定位的基本原理,以 GPS 卫星定位为例,从数学几何模型描述角度介绍了三星交汇的原理,最后给出具体的计算方法,即利用 3 个以上卫星的已知空间位置,用空间距离交会法,求得地面待定点(接收机)的位置从而完成定位。

2.2 节介绍了卫星轨道的基本知识。在无摄状态下,卫星的运动满足开普勒定理,并可用轨道倾角等开普勒轨道运动参数对其位置进行描述。卫星的实际运行轨道,受多种非地球中心引力的影响,而使其偏离开普勒轨道,具体介绍了地球引力场摄动力对 GPS 卫星的影响。

2.3 节介绍了导航卫星的坐标系统。主要叙述了 GPS 定位测量中主要采用的 3 种坐标系,即天球坐标系、地球坐标系以及 WGS－84 坐标系,以及不同坐标系之间可以相互转换。

2.4 节介绍了导航卫星的时间系统。在天文学和空间科学技术中,时间系统是精确描述天体和人造卫星运行位置及其相互关系的重要基准,也是人们利用卫星进行导航和定位的重要基准。本节给出了 6 种主要时间系统以及其互相之间的转换关系。

2.5 节介绍了卫星的导航电文。导航电文最主要的部分就是卫星星历,而星历主要包括开普勒 6 参数、轨道摄动 9 参数以及时间 2 参数。除星历外,导航电文还包括时钟改正、电离层时延改正、工作状态信息以及 C/A 码转到捕获 P 码等信息。导航电文的基本单位为主帧,一个主帧包括 5 个子帧,每个子帧由不同数据块和码字组成。

2.6 节介绍了如何计算在轨卫星的位置。根据导航电文中提供的卫星轨道参数以及 2.2 节介绍的轨道基本知识以算出在轨卫星在不同坐标系下的坐标。

参 考 文 献

［1］ NAVSTAR GPS Joint Program Office (JPO). GPS NAVSTAR User's Overview, YES-82-009D, March, 1991.

［2］ NAVSTAR GPS Joint Program Office (JPO). GPS NAVSTAR User's Equipment Introduction, Public Release Version, Feb, 1991.

［3］ BASER J, DANABER J. The 3S navigation R-100 family of integrated GPS/GLONASS receivers: description and performance results ［C］. Proceedings of the 1993 National Technical Meeting of The Institute of Navigation, 1993.

［4］ MCDONALD K. Navigation satellite systems-a perspective ［C］. Proc. 1st Int. Symposium Real Time Differential Applications of the Global Positioning System, 1991.

［5］ ELLIOTT D K. GPS 原理与应用［M］. 邱致和, 王万义, 译. 北京:电子工业出版社, 2002.

［6］ LANGLEY R. The mathematics of GPS ［J］. GPS World Magazine, 1991, 2(7): 45-50.

［7］ LONG A C. Goddard trajectory determination system (GTDS) mathematical Theory, Revision 1, FDD/552-89/001, Greenbelt, MD: Goddard Space Flight Center), July 1989.

［8］ Defense Mapping Agency, World Geodetic System 1984 (WGS-84)-Its Definition and Relationships with Local Geodetic Systems, DMA TR 8350. 2 Second Edition, Fairfax, VA, Defense Mapping Agency.

［9］ BATTIN R H. An intrduction to the mathematics and methods of astrodymamics ［M］. New York: AIAA, 1987.

［10］ VAN DIERENDONCK A J, Russel S S. The GPS navigation message (space segment)［J］. Journal of The Institute of Navigation,1978,25(2):147-165.

［11］ LEVA J. An alternative closed form solution to the GPS pseudorange equations［C］. in Proc. 1995 ION National Technical Meeting, Anaheim, CA, 1995.

［12］ BANCROFT S. An algebraic solution of the GPS equations［J］. IEEE Transactions on. Aerospace and Electronic Systems, 1985, 21(7): 56-59.

［13］ CHAFFEE J W, ABEL J S. Bifurcation of pseudorange equations［C］. in Proc. 1993 ION National Technical Meeting, San Francisco, CA, 1993.

［14］ FANG B T. Trilateration and extension to global positioning system navigation［J］. Journal of Guidance, control, and Dynamics, 1986, 9(6): 715-717.

［15］ HOFMANN W B. GPS theory and practice［M］. Second Edition. New York: Springer-Verlag Wien, 1993.

［16］ SEEBER G. Satellite geodessy: foundations, methods and applications［M］. New York: Walter De Gruyter, 1993.

［17］ LANGLEY R. Time, clocks, and GPS［J］. GPS World Magazine, 1991, 2(11): 38-42.

［18］ LEWANDOWSKI W C. Thomas. GPS time transfer［J］. Proceedings of the IEEE, 1991, 79(7): 991-1000.

［19］ LEWANDOWSKI W, AZOUBIB J, KLEPCZYNSKI W J. GPS: primary tool for time transfer［J］. Proceedings of the IEEE, 1999, 87(1): 163-172.

第3章

卫星导航信号及其传输

导航卫星向广大用户发送的导航定位信号,也是一种已调波,有别于常用的无线电广播电台发送的调频调幅信号,它是利用伪随机噪声码传送导航电文的调相信号。本章基于伪噪声编码原理,简要讲解导航卫星所使用的无线电信号的频率和特点,伪噪声码及其产生,典型和特殊的伪噪声码,导航卫星采用的伪噪声码,GPS 信号的选择可用性的影响,GLONASS 和北斗导航系统的卫星信号及星地信号传输链路计算方法。

3.1　导航卫星信号工作频率

3.1.1　频点选择依据

GPS 卫星、GLONASS 卫星和北斗卫星向广大用户发送的导航定位信号,均采用 L(标称波长为 22 cm) 波段作载波。用 L 波段信号主要有 4 大优点:

(1) 避免频谱拥挤。

目前,L 波段的频率占用率低于其他波段,与其他工作频率不易发生"撞车"现象,有利于全球性的导航定位测量。

(2) 适应扩频,传送宽带信号。

GPS 卫星、北斗卫星和新的 GLONASS 卫星(之前采用 FDMA 体制) 均采用扩频技术发送卫星导航信号,其频带宽度高达 20 MHz 左右,采用占用率较低的 L 波段,易于传送扩频后的宽带信号。

(3) 卫星高轨运行能获得较大的多普勒频移。

以 GPS 系统卫星参数为例,在 20 000 km 高空运行的导航卫星,其导航定位信号在用户接收天线口面产生的最大多普勒频移 f_{dm} 约为

$$f_{dm} = f_s \cdot \frac{V_s}{c}\cos \gamma \tag{3.1}$$

式中　f_s——GPS 卫星的载波频率;

　　　V_s——GPS 卫星的运行速度;

　　　c——电磁波的传播速度;

　　　γ—— 用户和 GPS 卫星星下点之间的弧长。

由式(3.1) 可知,载波频率越高,多普勒频移就越大,就越有利于测量用户的行驶速度。例如,当 $f_s = 1\ 575.42$ MHz,$V_s = 3.870\ 6$ km/s,$\gamma = 30°$ 时,该信号所产生的最大多普勒

频移可达 17. 602 kHz;若用 f_s = 600 MHz,该信号所产生的最大多普勒频移仅为6. 704 kHz。

（4）大气衰减小有益于研制用户设备。

图 3.1 表示大气吸收系数随着电磁波的工作波长不同而变化。由图可见,当工作波长为 0. 250 m 和 0. 5 m 时,氧气对该电磁波产生谐振吸收,电磁波产生最大衰减。当工作波长为 0. 18 m 和 1. 25 m 时,水蒸气对该电磁波产生谐振吸收,电磁波产生最大的能量损耗。GPS 卫星采用 19 m 和 24 m 的工作波长(北斗系统和 GLONASS 系统的卫星也用相近工作波长),避开了谐振吸收,减小了信号的衰减。

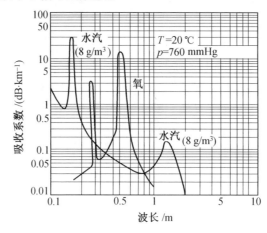

图 3.1   大气吸收系数随电磁波的工作波长的变化关系

3.1.2   导航卫星信号带宽

GPS 信号、北斗信号和 GLONASS 信号,均是已调波;它不仅采用 L 波段的载波,而且采用扩频技术传送卫星导航电文。所谓"扩频",是将原拟发送的几十比特速率的电文变换成发送几兆甚至上十兆比特速率的由电文和伪随机噪声码组成的组合码。它的优越性如下所述。

根据信息论中的香农(C. E. Shannon)定理,在高斯白噪声干扰条件下,通信系统最大容量为

$$C = B \log_2\left(1 + \frac{S}{N}\right) \tag{3.2}$$

式中 B—— 通信系统的频带宽度,Hz;

S—— 信号的平均功率;

N—— 噪声功率。

式(3.2)表明,当系统容量 C 一定时,增大频带宽度 B,可以减小信噪比 S/N。例如,在上述情况下,C = 10. 23 Mbit/s。当信号功率 S 为噪声功率 N 的1.5 倍(常用 $S > N$,甚至 $S \gg N$) 时,系统的带宽为

$$B/\text{MHz} = \frac{C}{\log_2(1 + S/N)} = 7.74$$

如果信号功率仅为噪声功率的1/10,即信号深深地淹没在噪声之中,此时按式(3.2)算得带宽 B 为 74. 40 MHz。由此可见,可以用增大系统带宽的方法,降低所要求的信噪比,或

者说,用很小的发射功率,便可实现远距离的卫星导航定位信号的传输。这对于发射功率受限的 GNSS 导航信号是极为有益的。信号深埋在噪声之中,不易被他人捕获,具有极强的保密性。由此可见,GPS 卫星、北斗卫星和 GLONASS 卫星均采用扩频技术的目的在于:节省卫星的电能,增强卫星导航定位信号的抗干扰性,提高信息的抗截获能力。

3.2　伪噪声码的基本知识

3.2.1　伪噪声码概述

20 世纪 40 年代末期,信息论的奠基人香农首先指出,白噪声形式的信号是一种实现有效通信的最佳信号,但因产生、加工、控制和复制白噪声的困难,香农的设想未能实现。直到 20 世纪 60 年代中期,伪随机噪声编码技术的问世,噪声通信才获得了实际的应用,并随即扩展到了雷达和导航等技术领域。

噪声通信,是采用伪随机噪声码(Pseudo Random Noise Code,PRNC)调制的通信技术。卫星导航所用的伪噪声码,是噪声通信的成功实践。所谓伪噪声码,简而言之,是一个具有一定周期的取值为 0 和 1 的离散符号串,它具有类似于白噪声的相关特性。图 3.2 给出了一种极为简单的伪噪声码,它具有两种表述形式:信号波形和信号序列。在二进制系统中,信号序列称为二进符号序列,记作 $\{x\}$,信号波形称为二进信号波形,以 $x(t)$ 表示。两者的对应关系见表 3.1。根据所研究问题的不同,选用不同的形式来表述伪噪声码。

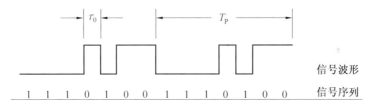

图 3.2　伪噪声码的表述形式

图 3.2 中,τ_0 为以秒为单位的码元宽度;T_P 是以秒为单位的时间周期,且知 $T_P = L_P \times \tau_0$,此处 L_P 为长度周期,即在一个时间周期内的码元数目;本例 $L_P = 7$,也有用比特作为长度周期的单位(图示为 7 bit 的长度周期)。

表 3.1　伪噪声码的二进表述法

名　称	表达式	举例
二进符号序列	$\{x\}$	1 1 1 0 1 0 0
二进信号波形	$x(t)$	$-1\ -1\ -1\ 1\ 1\ -1\ 1$

当对二进符号序列作模 2 和,也就是异或运算(以 $\oplus$ 表示)时,遵循下列规则:
$$1 \oplus 1 = 0; 1 \oplus 0 = 1; 0 \oplus 1 = 1; 0 \oplus 0 = 0$$
当对二进信号波形进行相乘运算时,依据下列规则:
$$(-1) \times (-1) = 1; (-1) \times 1 = -1; 1 \times (-1) = -1; 1 \times 1 = 1$$
上述两种运算方法是等效的,记作

$$\{x\} \oplus \{y\} \sim x(t) \cdot y(t) \tag{3.3}$$

此处，$\{x\}$ 和 $\{y\}$ 分别表示两个序列；$x(t)$ 和 $y(t)$ 则为两个相应的波形。

3.2.2 伪噪声码产生

移位寄存器是产生伪噪声码的基础电路。移位寄存器不仅具有暂时存放数据和指令的功能，而且具有移位功能。所谓"移位功能"，是寄存器中所存放的数据可以在移位脉冲的作用下逐次向左移动或向右移动。

如果将若干个 D 型触发器按一定方式连接起来，便构成一个移位寄存器。图 3.3 给出了一个由 4 个 D 型触发器构成的四级移位寄存器。若在其输入端输入某一个数码（电位状态），当时钟脉冲（移位脉冲）串的第一个脉冲（常称为第一拍）来到时，该数码便从触发器 TR_1 的输入端转移到 TR_1 的输出端（即触发器 TR_2 的输入端）。同理，在第二、三、四个时钟脉冲的作用下，这个数码将从触发器 TR_2 的输入端依次转移到触发器 TR_3 的输入端、触发器 TR_4 的输入端和输出端，而将一个四位数码全部移入寄存器。

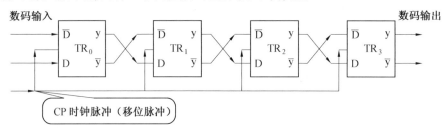

图 3.3　四级移位寄存器框图

伪噪声码的产生，不能用一般的移位寄存器，而必须采用一种具有特殊反馈电路的移位寄存器，称为最长线性移位寄存器（其反馈电路是线性的），或称为抽头式反馈移位寄存器；它所产生的伪噪声码也称为 m 序列。图 3.4 表示一个四级最长线性移位寄存器，或称为四级 m 序列发生器，它包括 4 个 D 型触发器（D_1、D_2、D_3、D_4）、模 2 和反馈电路和时钟脉冲产生器。图中的置"1"脉冲将使 m 序列发生器的各个触发器的初始状态均为"1"，称之为全"1"状态。$\{x_f\}$ 表示反馈到触发器 D_1 的序列，该反馈序列是触发器 D_3、D_4 输出脉冲串的模 2 和。所需要的 m 序列 $\{x_0\}$ 是从触发器 D_4 输出的。

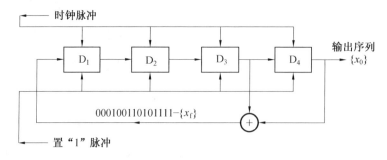

图 3.4　m 序列发生器的方框图

m 序列 $\{x_0\}$ 的产生过程如下述。当时钟脉冲的第一拍（脉冲）来到时，D_i 的"1"状态，将转移到 D_{i+1}（此处 $i=1、2、3、4$）。因为 D_3、D_4 两个触发器均处于"1"状态，它们输出脉冲的模 2 和为"0"。它被反馈到触发器 D_1 的输入端，如图 3.4 所示，故表 3.2 状态栏内的第二列

D_1 处于"0"状态。当第二拍时钟脉冲来到时，D_1 的"0"状态被转移到 D_2 触发器，致使后者从"1"状态变成"0"状态。D_3、D_4 输出脉冲的模 2 和仍为"0"。它依旧被反馈到 D_1 的输入端，致使 D_1、D_2、D_3、D_4 的状态分别为 0、0、1、1。以此类推，直到第十五拍时钟脉冲来到时，移存器的各级又处在"全 1"状态，见表 3.2。在时钟脉冲的作用下，周而复始地重复着上述状态过程，因此，触发器 D_4 的输出端便输出一个长度周期为 15 比特的 m 序列，即

$$\{x_0\} = 111100010011010$$

表 3.2　m 序列发生器的状态表

名　称	状　态
触发器 D_4	1 1 1 1 0 0 0 1 0 0 1 1 0 1 0 1
触发器 D_3	1 1 1 0 0 0 1 0 0 1 1 0 1 0 1 1
触发器 D_2	1 1 0 0 0 1 0 0 1 1 0 1 0 1 1 1
触发器 D_1	1 0 0 0 1 0 0 1 1 0 1 0 1 1 1 1
$\{x_f\}$	0 0 0 1 0 0 1 1 0 1 0 1 1 1 1 0
$\{x_0\}$	1 1 1 1 0 0 0 1 0 0 1 1 0 1 0 1

上述序列是用触发器输出脉冲的 D_3、D_4 模 2 和构成的反馈序列，故图 3.4 所示的线性反馈移位寄存器的特征多项式记作

$$f_1(x) = 1 + x^3 + x^4 \tag{3.4}$$

式中，x 的上标 3、4 表示 D_3、D_4 抽头。

如果对图 3.4 的反馈电路和 m 序列输出予以变化，会对应不同的生成序列多项式以及不同的 m 序列。

图 3.4 所示的四级 m 序列发生器，若仅改变它的反馈连接方式，如图 3.5 所示，则可得到不同结构的 m 序列。比较图 3.4 和图 3.5 所输出的 m 序列可知，两个输出序列具有相同的周期，但两者的结构不同。由此可见，m 序列的结构仅取决于 m 序列发生器的反馈连接方式。不同的反馈连接方式，产生不同的 m 序列。若用移位算符 x 的 j 次方表示从 m 序列发生器第 j 级的输出，且以 $C_j = 0$ 或 $C_j = 1$ 表示第 j 级的输出没有连接到或连接到模二加法器，以 $C_0 = 0$ 或 $C_0 = 1$ 表示模二加法器的输出没有连接到或连接到第一级输入端，这样，线性反馈连接方式由下列多项式 $f(x)$ 表述：

$$f(x) = \sum_{j=0}^{n} C_j x^j \tag{3.5}$$

式 (3.5) 被称为 m 序列发生器的特征多项式。图 3.5 所示 m 序列发生器的特征多项式为

$$f(x) = 1 + x^1 + x^4 \tag{3.6}$$

依据图 3.4 和图 3.5 所产生的 m 序列，可见其具有下列特性：

（1）n 级移位寄存器所产生的 m 序列的码元宽度等于时钟脉冲的周期 τ_0。m 序列的长度周期 $L_p = 2^n - 1$（此处 n 为移位寄存器的级数），时间周期 $T_p = (2^n - 1)\tau_0$；图 3.4 和图 3.5 所产生的 m 序列中 $L_p = 15\ \text{bit}$。

（2）在 m 序列一个周期中，"1"的个数比"0"的个数多 1，即"0"元素出现 $2^{n-1} - 1$ 次，"1"元素出现 2^{n-1} 次，且具有平衡性。

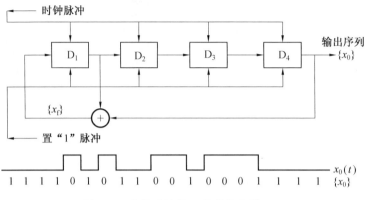

111101011001000011111 $\dfrac{x_0(t)}{\{x_0\}}$

图 3.5　变换反馈的 m 序列发生器

（3）对一个周期的 m 序列，经过平移，能够得到一个结构不变的另一个等价平移 m 序列。例如，m 序列 $\{x\} = 111101011001000$ 和该序列的平移序列 $\{x_{r0}\} = 011110101100100$ 的模 2 和，得到下列等价平移 m 序列 $\{x_{4r0}\} = 100011110101100$。

可以验证，无论是向前移的平移序列，还是向后移的平移序列，与原序列的模 2 和，其结果都是一个结构不变的等价平移 m 序列。

（4）m 序列具有良好的相关性。在一般情况下，若有两个时间周期同为 T 的序列 $x_1(t)$ 和 $x_2(t)$，则两者之间的互相关系数定义为

$$\rho(\tau) = \frac{1}{T}\int_0^T x_1(t) x_x(t - \tau)\,\mathrm{d}t \tag{3.7}$$

式中　　τ——$x_2(t)$ 相对于 $x_1(t)$ 的时间延迟。

当 $x_1(t) = x_2(t)$ 时，$\rho(\tau)$ 就是自相关系数，通俗地说，相关系数 $\rho(\tau)$ 表示序列 $x_1(t)$ 和 $x_2(t)$ 之间的"相似"程度。对于时元 t_k 的离散采样的自相关系数为

$$\rho(\tau) = \frac{1}{L_P}\sum_{k=1}^{L_P} x(t_k) x(t_k - \tau) \tag{3.8}$$

对于 m 序列而言，它的自相关系数是

$$\rho(\tau) = \begin{cases} 1 & (\tau = i \times T_P, i = 0,\ \pm 1,\ \pm 2,\cdots) \\ -\dfrac{1}{T} & (其他) \end{cases} \tag{3.9}$$

式(3.9)的图解如图 3.6 所示。从该图可知，当 τ 从 0 趋近于码元宽度 τ_0 时，自相关系数 $\rho(\tau)$ 从 1 趋近于 $-1/L_P$。当 τ 从 $(L_P-1)\tau_0$ 趋近于时间周期 T_P 时，$\rho(\tau)$ 则从 $-1/L_P$ 趋近于 1。这种变化是具有周期性的。这和随机序列（无周期序列）的自相关系数 $\delta(t)$ 的形状是相似的。不同之处在于后者仅在 $t = 0$ 时的取值为无穷大，其余各处均为 0，且不具备周期性。因此，m 序列又被称为"伪随机序列"，它具有双值自相关特性。

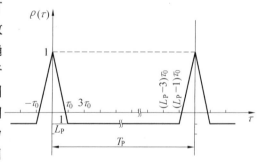

图 3.6　m 序列的自相关系数

m 序列的互相关系数是不同结构 m 序列之间的相关系数,它这样计算:先用模 2 和(或波形积)求出两个原序列 $\{x_n\}\{y_{n-\tau}\}$ 的新序列,将后者中"0"的个数(表示 $\{x_n\}\{y_{n-\tau}\}$ 相一致的码元数)减去"1"的个数(表示 $\{x_n\}\{y_{n-\tau}\}$ 相异的码元数),除以新序列的码元总数,便可以得到两个序列的互相关系数,即

$$\rho(\tau) = \frac{0 \text{ 的个数} - 1 \text{ 的个数}}{0 \text{ 的个数} + 1 \text{ 的个数}} \tag{3.10}$$

例如,现有两个 m 序列 $\{x_{15}\}$ = 111100010011010 和 $\{y_{15-\tau}\}$ = 111101011001000,求它们的互相关系数:

a. 当 $\tau = 0$ 时,有

$$\{x_{15}\} \oplus \{y_{15-\tau}\} = 000001001010010$$

在新序列中,有 11 个"0",有 4 个"1",故知

$$\rho(\tau) = \frac{11 - 4}{15} = \frac{7}{15}$$

b. 当 $\tau = \tau_0$,即 $\{y_{15-\tau}\}$ 的首位移到最后一位时,求两者的互相关系数:

$$\{x_{15}\} \oplus \{y_{15-\tau}\} = 000110100001011$$

$$\rho(\tau) = \frac{9 - 6}{15} = \frac{3}{5}$$

c. 当 $\tau = -2\tau_0$,即 $\{y_{15-\tau}\}$ 的末两位数依次移到首两位时,求两者的互相关系数:

$$\{x_{15}\} \oplus \{y_{15-\tau}\} = 110011000101000$$

$$\rho(\tau) = \frac{9 - 6}{15} = \frac{3}{5}$$

用上述计算方法不难证明,即使两个结构相同的 m 序列,如果两者之间存在时延 τ,它们的互相关系数总是小于 1 的。只有调整其中一个 m 序列,使它们之间的时延 τ 等于零,即两个 m 序列的码元"对齐",此时它们的互相关系数才等于 1。这是一个极为重要的实用特性。GNSS 信号接收机恰好是利用伪随机序列的互相关特性,来捕获、跟踪和识别来自不同 GNSS 卫星的伪噪声码,解译出它们所传送的导航电文。

(5) 根据 m 序列的自相关系数,可以求得它的功率谱为

$$s(\omega) = \frac{L_{\mathrm{P}} + 1}{L_{\mathrm{P}}^2} \left(\frac{\sin \dfrac{\omega \tau_0}{2}}{\dfrac{\omega \tau_0}{2}} \right)^2 \sum_{\substack{n = -\infty \\ n \neq 0}}^{+\infty} \delta\left(\omega - \frac{2\pi n}{L_{\mathrm{P}} \tau_0} \right) + \frac{1}{L_{\mathrm{P}}^2} \delta(\omega) \tag{3.11}$$

式中　τ_0——每个码元的持续时间;

　　　L_{P}——m 序列的长度周期。

由式(3.11)可见,m 序列和随机序列一样具有 $(\sin x / x)^2$ 型的频谱包络,但因 m 序列是周期性的,因而其频谱不再是连续的,而是以 $2\pi / L_{\mathrm{P}} \tau_0$ 为间隔的离散状频谱。

3.2.3　几种特殊的伪噪声码

如前所述,n 级线性移位寄存器能够产生长度周期为 $L_{\mathrm{P}} = 2^n - 1$ 的 m 序列。在实际应用中,有时要求所用 m 序列的长度周期短于 L_{P},有时要求所用 m 序列的长度周期长于甚至远长于 L_{P}。这就是本小节要讲的截短伪噪声码和复合伪噪声码。

1. 截短伪噪声码

在一个长度周期为 L_p 的 m 序列中,若截取它的一部分码元组成长度周期为 L_p' 的新序列($L_p' < L_p$),该序列称为 m 序列的截短序列,或称为截短伪噪声码(简称为截短码)。例如,为了获得一个长度周期 $L_p' = 11$ 的新序列,可以从长度周期 $L_p = 15$ 的 m 序列中截除一个子序列而获得该新序列。其具体方法是,在产生 15 bit m 序列的四位线性移位寄存器中,增加一个状态检测器(0011),使其输出脉冲馈送到模二加法器,如图 3.7 所示。

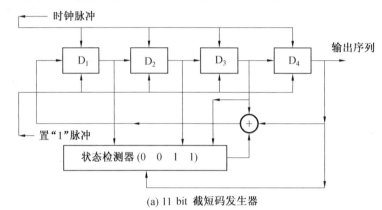

(a) 11 bit 截短码发生器

名称	状态														
触发器 D_1	1	0	0	0	1	0	0	1	1	0	1	0	1	1	1	1
触发器 D_2	1	1	0	0	0	1	0	0	1	1	0	1	0	1	1	1
触发器 D_3	1	1	1	0	0	0	1	0	0	1	1	0	1	0	1	1
触发器 D_4	1	1	1	1	0	0	0	1	0	0	1	1	0	1	0	1

被截除的子序列

(b) 11 bit 状态序列

图 3.7 截短码发生器和状态序列

只有当移位寄存器处于0011状态时,状态检测器的输出才为"1",移位寄存器处于0011以外的任何状态,检测器的输出均为"0"。这个"0"输出加到模二加法器后,不会导致它的输出变化,只有状态检测器输出为"1"时,才导致模二加法器的输出由"0"变为"1",即一个4级 m 序列发生器,附加上一个0011状态检测器以后,导致该 m 序列发生器从0011状态跃变到1001状态,这相当于在原输出序列中"截除了"1000子序列,故从触发器 D_4 输出的截短码为

$$\{x_0\} = 11110011010$$

综上所述,截短伪噪声码,是在一个 m 序列中截除一个子序列而形成的,其关键在于选取适宜的检测状态(如上例中的0011状态)。

2. 复合伪噪声码

在实际应用中,往往需要长度周期很大的 m 序列,而采用两个或两个以上的 m 序列构成复合伪噪声码。复合伪噪声码(简称为复合码),是由两个或两个以上的周期较短的伪噪声码(称为子码)构成的。若干个子码的周期分别为 P_1、P_2、$\cdots$、P_n,且 $P_i \neq P_j$ 并且互素时,由

它们构成的复合码的周期为

$$P = \prod_{i=1}^{n} P_i \tag{3.12}$$

上式表明,复合码的周期比子码的周期要长得多。例如,由长度周期分别为 11 bit 和 15 bit 的两个子码构成一个复合码,其长度周期为 165 bit。当其码元宽度 τ_0 仍为 10^{-7} s 时,该复合码的时间周期对应的距离长达 4 950 m,它较 15 bit 子码增大了 11 倍。因此,复合码获得了较广泛的应用。

现以两个子码为例,说明如何获得复合码。为了节省篇幅,在此仅用两个极简单的子码,即子码 $\{x\} = 1110100$ 和子码 $\{y\} = 110$,试求由它们构成的复合码 $\{z\}$。其方法如下述:

(1) 按式(3.12)求出复合码的周期 P,即

$$P_z = P_x \times P_y = 21 \text{ bit}$$

(2) 求出复合码的序列 $\{z\}$,其方法是,将子码 $\{x\}$ 重复书写 3 次,而子码 $\{y\}$ 重复书写 7 次,两者依次排列而进行模 2 和运算,其结果便是所需求的复合码 $\{z\}$:

$$\{z\} = 0\,0\,1\,1\,0\,0\,1\,0\,1\,0\,1\,1\,1\,1\,1\,0\,0\,0\,0\,1\,0$$

图 3.8(a) 和(b) 分别表示 21 bit 复合码的波形和生成器框图。

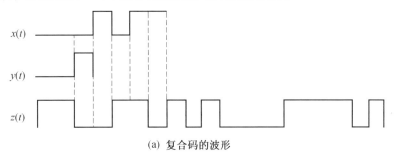

(a) 复合码的波形

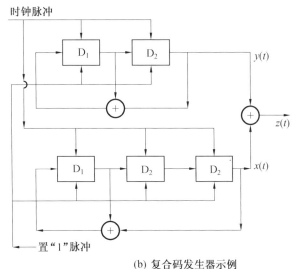

(b) 复合码发生器示例

图 3.8　复合码波形和发生器

从图示可见,若用两个子码构成一个复合码时,可将子码 $\{x\}$ 重复 P_z/P_x 次,再将子码 $\{y\}$ 重复 P_z/P_y 次,然后逐一地求对应码元的模 2 和,便得到复合码:

$${z} = {x} \oplus {y} \tag{3.13}$$

涉及复合码的另一个实用问题是,从已知的复合码及其中的一个子码,解译出另一子码,称之为"解码",其方法是按下式求得另一个子码:

$${z} \oplus {x} = ({x} \oplus {y}) \oplus {x} = {y} \tag{3.14}$$

式中　　${z}$——已知的复合码;

　　　　${y}$——已知的子码;

　　　　${x}$——待求出的子码。

3. Gold 组合码

1967 年 10 月美国学者 R. Gold 提出了一种组合码,并命名为 Gold 码。它是由两个周期和速率相同而码元结构不同的 m 序列组合而成。例如,现在具有相同周期 $L_P = 2^n - 1$ 的两个优选序列:${X}$ 和 ${Y}$,则由它们构成的 Gold 序列为

$${G} = {X} \oplus {Y_j} \tag{3.15}$$

式中　　${Y_j}$——向左移动了 j 个码元的 ${Y}$ 序列。

从式(3.15)可见,由两个 m 序列 ${X}$ 和 ${Y}$ 以及左移 j 个码元的 ${Y_j}$,可以构成 ${X} \oplus {Y}$,${X} \oplus {Y_1}$,$\cdots$,${X} \oplus {Y_{2^n-1}}$ 共 $2^n - 1$ 个 Gold 序列,连同原序列 ${X}$ 和 ${Y}$,总共 $2^n + 1$ 个序列,称为 Gold 序列族。

由此可见,Gold 码具有下列特点:

(1) Gold 码的速率和周期与构成它的 m 序列相同,如式(3.15)所示。

(2) Gold 码不是 m 序列,它的互相关值可用 Anderson 导出的下述公式进行估算:

$$\rho(\tau) = \left(\frac{\sqrt{2 + \dfrac{2}{L_P}} + \dfrac{1}{\sqrt{2}}}{\sqrt{L_P}} \right)^{\frac{1}{2}} \tag{3.16}$$

式中　　L_P——Gold 码的长度周期。

(3) Gold 码的结构简单,调整方便,具有大量的可用码型,适宜于码分多址的大量用户需求。n 级移位寄存器能够产生的所有独立序列的数目为

$$J_n = \varphi(2^n - 1)/n \tag{3.17}$$

式中,$\varphi(2^n - 1)$ 为欧拉函数,其数值等于 $1,2,3,\cdots,2^n - 2$ 数值中与 $2^n - 1$ 为互质的正整数的个数。

例如 $\varphi(6)$,在 $1,2,3,4,5$ 各个数中,只有 $1,5$ 两个数与 6 为互素。10 级线性移位寄存器只能产生 60 个独立的 m 序列。然而,两个 10 级线性移位寄存器却能产生 1 025 个 Gold 码,可供 1 025 个用户作码分多址应用。因此,GPS 卫星采用了 Gold 码作为伪噪声码。

3.3　GPS 卫星的信号及其伪噪声码

3.3.1　GPS 卫星的信号

GPS 信号的调制波,是卫星导航电文和伪随机噪声码的组合码。GPS 卫星向广大用户发送的导航电文,是一种不归零二进制码组成的编码脉冲串,称之为数据码,记作 $D(t)$,其

速率为 50 bit/s。对于距离地面 20 000 km 左右的 GPS 卫星,扩频技术能够有效地将很低码率的导航电文发送给用户。其方法是,用很低码率的数据码作二级调制(扩频):第一级,用 50 Hz 的 D 码调制一个伪噪声码。以调制 P 码为例,它的码率高达 10.23 MHz。D 码调制 P 码的结果,便形成一个组合码 —— $P(t)D(t)$,使得 D 码信号的频带宽度从 50 Hz 扩展到 10.23 MHz,即 GPS 卫星从原拟发送 50 bit/s 的 D 码,转变为发送 10.23 Mbit/s 组合码 $P(t)D(t)$。

在 D 码调制伪噪声码以后,再用它们的组合码去调制 L 波段的载波,实现 D 码的第二级调制,从而形成向广大用户发送的已调波,如图 3.9(a) 所示。为了简便起见,将每颗 GPS 卫星发送的两种已调波,分别称为第一导航定位信号和第二导航定位信号,总称为 GPS 信号,其分量如图 3.9(b) 所示。

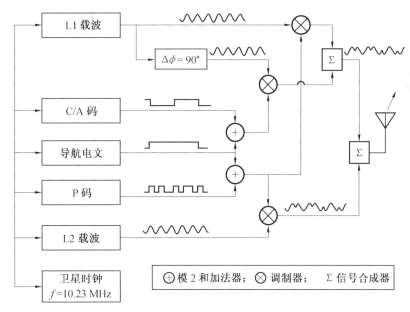

(a) GPS 信号的产生框图

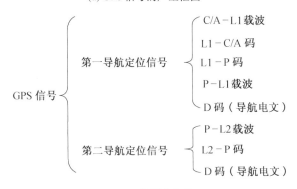

(b) GPS 信号的分量

图 3.9　GPS 信号的产生框图和信号分量

GPS 卫星第一导航定位信号和第二导航定位信号的数学表达式分别为

$$S_{L1}^{j} = A_{p}P^{j}(t)D^{j}(t)\cos(\omega_{1}t + \varphi_{1}^{j}) + A_{G}G^{j}(t)D^{j}(t)\sin(\omega_{1}t + \varphi_{1}^{j})$$

$$S_{L2}^{j}(t) = B_{p}P^{j}(t)D^{j}(t)\cos(\omega_{2}t + \varphi_{2}^{j})$$

(3.18)

式中　　A_{p} 和 A_{G}——19 cm 载波(L1)的振幅;

B_{G}——24 cm 载波(L2)的振幅;

$P^{j}(t)$、$G^{j}(t)$、$D^{j}(t)$——第 j 颗 GPS 卫星的 P 码、C/A 码和 D 码;

ω_{1},ω_{2}——19 cm 载波和 24 cm 载波的角频率,且知两者的频率分别为 1 575.42 MHz,1 227.60 MHz;

φ_{1}^{j}、φ_{2}^{j}——第 j 颗 GPS 卫星的 19 cm 载波和 24 cm 载波的初相。

GPS 信号的上述各个分量,在一般情况下都是正常工作的。但是,在个别情况下,其中的个别分量发生异常。至于哪一个分量发生了异常,这可从表3.3看出的 GPS 信号"健康"状态信息获悉。它们是由 GPS 卫星导航电文的第四、五子帧给出的表示卫星的状态信息,也可用于 GPS 观测数据异常的原因分析。

表 3.3　GPS 信号各个分量的"健康"状态信息

编码信息	所示"健康"状态	编码信息	所示"健康"状态
0 0 0 0 0	GPS 信号各个分量均处于正常工作状态	1 0 0 0 0	L1 - P 码和 L2 - P 码均较弱
0 0 0 0 1	GPS 信号各个分量均较弱	1 0 0 0 1	L1 - P 码和 L2 - P 码均不工作
0 0 0 1 0	GPS 信号各个分量均不工作	1 0 0 1 0	L1 - P 码和 L2 - P 码均无数据调制
0 0 0 1 1	GPS 信号均无数据调制	1 0 0 1 1	L1 - C/A 码和 L2 - C/A 码均较弱
0 0 1 0 0	L1 - P 码较弱	1 0 1 0 0	L1 - C/A 码和 L2 - C/A 码均不工作
0 0 1 0 1	L1 - P 码不工作	1 0 1 0 1	L1 - C/A 码和 L2 - C/A 码均无数据调制
0 0 1 1 0	L1 - P 码无数据调制	1 0 1 1 0	L1 信号较弱
0 0 1 1 1	L2 - P 码较弱	1 0 1 1 1	L1 信号不工作
0 1 0 0 0	L2 - P 码不工作	1 1 0 0 0	L1 信号无数据调制
0 1 0 0 1	L2 - P 码无数据调制	1 1 0 0 1	L2 信号较弱
0 1 0 1 0	L1 - C/A 码较弱	1 1 0 1 0	L2 信号不工作
0 1 0 1 1	L1 - C/A 码不工作	1 1 0 1 1	L2 信号无数据调制
0 1 1 0 0	L1 - C/A 码无数据调制	1 1 1 0 0	该颗在视卫星暂时关闭
0 1 1 0 1	L2 - C/A 码较弱	1 1 1 0 1	所有在视卫星暂时关闭
0 1 1 1 0	L2 - C/A 码不工作	1 1 1 1 0	备用
0 1 1 1 1	L2 - C/A 码无数据调制	1 1 1 1 1	需另行表述异常状态

值得特别注意的是,GPS 信号虽有几种分量(C/A 易捕码、P 精密码和 D 导航数据码),但是,它们均源于一个公共的 10.23 MHz 的基准信号,如图 3.9 所示。所以它们的频率不仅与基准频率 10.23 MHz 有一定的比例关系,而且相互之间也存在一定的比例关系,见表 3.4。 这既有利于 GPS 卫星发送信号,又便于广大用户接收和测量 GPS 信号。

表 3.4 GPS 信号的频率关系

相关频率	基频 F	载频 f_{L1}	载频 f_{L2}
基准频率 F	10.23 MHz	$154F$	$120F$
C/A 码的码频 f_C	$F/10$	$f_{L1}/1\ 540$	$f_{L2}/1\ 200$
P 码的码频 f_P	F	$f_{L1}/154$	$f_{L2}/120$
D 码的码频 f_D	$F/204\ 600$	$f_{L1}/31\ 508\ 400$	$f_{L2}/24\ 552\ 000$

从表 3.4 可见,在 D 码的一个码元(20 ms)内,将有 20 460 个 C/A 码码元,204 600 个 P 码码元,31 508 400 个第一载波(L1)周期,24 552 000 个第二载波(L2)周期。其中 C/A 码和 P 码均为伪噪声码。

3.3.2 GPS 卫星的伪噪声码

GPS 卫星采用了两种类型的伪噪声码,即 C/A 码和 P 码,其目的是:
① 给 GPS 用户传送导航电文(D 码)。
② 用作测量 GPS 信号接收天线和 GPS 卫星之间距离的测距信号。
③ 用于识别来自不同 GPS 卫星而同时到达 GPS 信号接收天线的 GPS 信号。
下面主要介绍 GPS 卫星所用的伪噪声码的相关内容。

1. C/A 码

GPS 卫星所用的 C/A 码,是一种 Gold 组合码。正如上节所述,Gold 码的周期和速率与构成它的 m 序列是一致的,但是,改变两个 m 序列之间的相位关系,可以组合成一种新的 Gold 码,已知第 j 颗 GPS 卫星的 C/A 码为

$$G_j(t) = G_1(t)G_2[t + N_j(10\tau_p)] \tag{3.19}$$

式中　　G_1、G_2 —— 构成 C/A 码的 m 序列;

　　　　τ_p —— 下述 P 码的码元宽度,且知 $\tau_p = 1/10.23$ MHz。

　　　　N_j —— 第 j 颗 GPS 卫星 C/A 码的两个 m 序列 G_1、G_2 之间的相位偏差系数,其值为正整数$(0,1,2,\cdots,37)$,已知不同的 GPS 卫星具有不同的 C/A 码,便于广大用户作导航定位测量时,识别 GPS 卫星,捕获和跟踪到所需的 GPS 卫星的导航定位信号。

从式(3.19)可见,不同的 GPS 卫星,具有不同的 C/A 码;但是,它们的码率均为 1.023 MHz,它们的周期均为 1 ms。在一个 C/A 码周期内具有 1 023 个码元,换言之,C/A 码是由两个 1 023 bit 的 m 序列构成的,其发生器如图 3.10 所示。图中两个 10 级线性反馈移位寄存器的特征多项式分别为

$$G_1(x) = 1 + x^3 + x^{10}$$
$$G_2(x) = 1 + x^2 + x^3 + x^6 + x^8 + x^9 + x^{10} \tag{3.20}$$

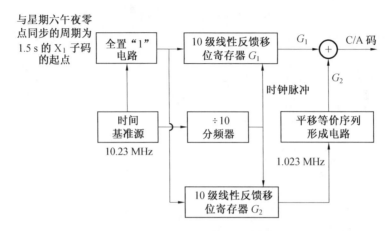

图 3.10   C/A 码的生成框图

依据上面两个特征多项式,便可生成两个确定的 m 序列,其中一个序列经过平移等价序列选择电路,使得不同的 GPS 卫星 C/A 发生器,能够产生不同的 C/A 码。即变更子序列 G_1 和 G_2 的输出模 2 和。例如,对 PRN01 卫星而言,采用第 2、6 级输出模 2 和,如图 3.11 所示,其输出若表示 $G_2^{2,6}$,则 PRN01 卫星的 C/A 码为

$$(C/A)_{PRN01} = G_1 \oplus G_2^{2,6} \tag{3.21}$$

对 PRN02 卫星而言,采用第 3、7 级输出的模 2 和,故知 PRN02 卫星的 C/A 码为

$$(C/A)_{PRN02} = G_1 \oplus G_2^{3,7} \tag{3.22}$$

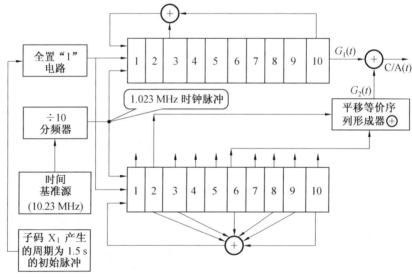

图 3.11   10 级线性反馈移位寄存器变更输出模 2 和

按照"变更模 2 和"所示的级名和式(3.21)的方法,可以获得不同 GPS 卫星的 C/A 码。由于 G_1、G_2 两个 m 序列均有 1 023 个码元,G_2 的平移等价序列便多达 1 023 个,加上不平移的 G_2 与 G_1 的组合,便可产生 1 024 个周期为 1 ms 和长度为 1 023 bit 的 C/A 码,实际上只选用其中的 37 个 C/A 码。按照图 3.11 的结构,研制相应的软件和硬件 Gold 码生成器,获得若干余种 Gold 码输出序列。为比较,从中选取了 GPS 卫星所用的 32 种 Gold 码,且将其起

始 25 个码元列入表 3.5；同时，给出一个完整的 Gold 码序列（GPS 卫星 PRN01 的 C/A）：

11001000001110010100100111100101000100111110101011010000100010101010110010001111
01001111110110111001101111100101010100001000000001110101001000100110111100000011
11010111001100111101100000001011110011111101010011000101101110001101111010100010
10100000100000000100000011000111011000000111000110111111111010011010010110110
00010101011000100110010110111011000111011101111000011011000011001001001000000011
01101001011011100010111000000101001001111110000001010101110011111010111110010110
11000111000110110101010101011000110111011100000000001011001101100111011010000010
10101110101110100100011001110001001010001010010110100000101101101011010110001
11001111011001000011111001011010001000011111010101110011001001001001011111111
10000111101011100100101100011100101010000010010010101111100011101101010011
10110011111101111101000110001111000000010010100010101000010010001101100000111
01101000101000100100011000101001100100111100110101111100100101001101001101101
11100110110101001101011100011010100010000100010010010011000011100101000100000。

表 3.5　不同 GPS 卫星的 C/A 码

PRN ID	变更模 2 和	给定的起始 10 码元	生成的起始 25 码元
1	2⊕6	1 1 0 0 1 0 0 0 0 0	1 1 0 0 1 0 0 0 0 0 1 1 1 0 0 1 0 1 0 0 1 0 0 1 1
2	3⊕7	1 1 1 1 0 0 1 0 0 0	1 1 1 0 0 1 0 0 0 0 1 1 1 0 0 0 0 0 1 1 1 1 1 0 1
3	4⊕8	1 1 1 1 0 0 1 0 0 0	1 1 1 1 0 0 1 0 0 0 1 1 1 0 0 0 1 0 0 0 0 1 0 1 0
4	6⊕9	1 1 1 1 1 0 0 1 0 0	1 1 1 1 1 0 0 1 0 0 1 1 1 0 0 0 1 1 0 1 1 0 0 0 1
5	1⊕9	1 0 0 1 0 1 1 0 1 1	1 0 0 1 0 1 1 0 1 1 0 0 0 1 0 0 0 1 1 0 1 1 0 0 0
6	2⊕10	1 1 0 0 1 0 1 1 0 1	1 1 0 0 1 0 1 1 0 1 0 0 0 1 1 0 1 0 1 0 1 1 0 0 0
7	1⊕8	1 0 0 1 0 1 1 0 0 1	1 0 0 1 0 1 1 0 0 1 1 1 1 1 1 1 1 1 0 1 0 0 1 0 0
8	2⊕9	1 1 0 0 1 0 1 1 0 0	1 1 0 0 1 0 1 1 0 0 0 1 1 0 1 1 0 1 1 1 0 0 1 1 0
9	3⊕10	1 1 1 0 0 1 0 1 1 0	1 1 1 0 0 1 0 1 1 0 1 0 1 0 0 1 0 0 1 0 0 0 1 1 1
10	2⊕3	1 1 0 1 0 0 0 1 0 0	1 1 0 1 0 0 0 1 0 0 1 0 1 0 0 0 1 0 0 1 1 1 0 0 0
11	3⊕4	1 1 1 0 1 0 0 1 0 0	1 1 1 0 1 0 0 0 1 0 1 0 0 0 0 1 1 0 1 0 1 0 0 0
12	5⊕6	1 1 1 1 1 0 1 0 0 0	1 1 1 1 1 0 1 0 0 0 0 1 1 0 1 0 1 1 1 0 0 0 1 0 0
13	6⊕7	1 1 1 1 1 1 0 1 0 0	1 1 1 1 1 0 1 0 0 1 0 1 0 0 1 1 1 1 0 1 0 1 1 0
14	7⊕8	1 1 1 1 1 1 1 0 1 0	1 1 1 1 1 1 1 0 1 0 1 1 0 0 0 0 1 1 0 1 1 1 1 1
15	8⊕9	1 1 1 1 1 1 1 1 0 1	1 1 1 1 1 1 1 1 0 1 1 1 1 1 0 0 1 0 1 0 1 1 0 1 1
16	9⊕10	1 1 1 1 1 1 1 1 1 0	1 1 1 1 1 1 1 1 1 0 0 1 0 1 0 1 1 0 0 1 1 0 0 1
17	1⊕4	1 0 0 1 1 0 1 1 1 0	1 0 0 1 1 0 1 1 1 0 0 0 0 0 0 0 1 0 0 0 1 0 0 1
18	2⊕5	1 1 0 0 1 1 0 1 1 1	1 1 0 0 1 1 0 1 1 1 1 0 0 1 0 0 1 0 1 1 1 0 0 0 0
19	3⊕6	1 1 1 0 0 1 1 0 1 1	1 1 1 0 0 1 1 0 1 1 0 1 0 1 1 0 1 1 0 0 0 1 1 0 0
20	4⊕7	1 1 1 1 0 0 1 1 0 1	1 1 1 1 0 0 1 1 0 1 0 0 1 1 1 1 1 1 1 1 1 0 0 1 0
21	5⊕8	1 1 1 1 1 0 0 1 1 0	1 1 1 1 1 0 0 1 1 0 0 0 0 0 1 1 0 1 1 0 0 1 1 0 1
22	6⊕9	1 1 1 1 1 1 0 0 1 1	1 1 1 1 1 1 0 0 1 1 1 0 0 1 0 1 0 0 1 0 1 0 0 1 0

续表3.5

PRN ID	变更模2和	给定的起始10码元	生成的起始25码元
23	$1 \oplus 3$	1 0 0 0 1 1 0 0 1 1	1000110011110111100000110
24	$4 \oplus 6$	1 1 1 1 0 0 0 1 1 0	1111000110100001000000011
25	$5 \oplus 7$	1 1 1 1 1 0 0 0 1 1	1111100011110100000110101
26	$6 \oplus 8$	1 1 1 1 1 1 0 0 0 1	1111110001011110100101110
27	$7 \oplus 9$	1 1 1 1 1 1 1 0 0 0	1111111000001011110100011
28	$8 \oplus 10$	1 1 1 1 1 1 1 1 0 0	1111111100100001011100101
29	$1 \oplus 6$	1 0 0 1 0 1 0 1 1 1	1001010111100110010101101
30	$2 \oplus 7$	1 1 0 0 1 0 1 0 1 1	1100101011010111101100010
31	$3 \oplus 8$	1 1 1 0 0 1 0 1 0 1	1110010101001111010000101
32	$4 \oplus 9$	1 1 1 1 0 0 1 0 1 0	1111001010000011001110110

C/A 码的自相关系数等于它及其时延 τ 序列乘积的积分平均值,即

$$\rho\ (\tau)_g = \overline{G_j(t) \cdot G_j(t+\tau)} = \overline{G_1(t) \cdot G_2(t+k) \cdot G_1(t+\tau) \cdot G_2(t+k+\tau)} \quad (3.23)$$

式中,横线表示对时间的平均值;k 表示相位偏差系数,并且 $k = N_j(10\tau_p)$。

当时延 $\tau = 0$ 时,C/A 码的自相关系数为

$$\rho\ (\tau)_g = \overline{G_1(t) \cdot G_2(t+k)} \cdot \overline{G_1(t) \cdot G_2(t+k)} = 1 \quad (3.24)$$

当时延 $\tau \neq 0$ 时,C/A 码的自相关系数等于构成它的两个 m 序列的互相关系数,即

$$\rho\ (\tau)_g = G_1(t) G_2(t+n) \quad (3.25)$$

图 3.12 给出了 C/A 码的自相关系数和线状频谱。

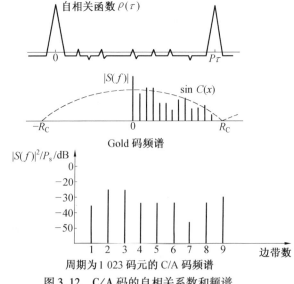

图 3.12　C/A 码的自相关系数和频谱

下面讨论 C/A 码的互相关系数：

当时延 $\tau = 0$ 时，C/A 码的互相关系数为

$$\rho(0)_g = -\frac{1}{L_P} \tag{3.26}$$

当时延 $\tau \neq 0$ 时，C/A 码的互相关系数等于它的自相关系数，即等于两个 m 序列的互相关系数。

综上所述，C/A 码具有 1 000 多个可用码型，能够给相应数量的卫星分配确定的各自独立的 C/A 码。而且，所有 C/A 码均具有相同的 1 ms 周期和 1 023 个码元，可使 GPS 信号接收机以较短的时间（如 20 s）搜索和捕获到 GPS 卫星发送的 C/A 码，快速实现首次导航定位测量。

2. P 码

P 码是由两个载波发送给 GPS 用户的另一个伪噪声码，是一个具有 2.35×10^{14} 个码元的特长序列，并且是美国军方严格控制使用的保密军用码。P 码是由两个子码 X_1、X_2 构成的复合伪噪声码；每一颗 GPS 卫星采用各自不同的 P 码，其区别在于第二个子码 X_2 存在一个相位偏差系数 n_j，其值为 0 ～ 37 的正整数（假设了一个不存在的零号卫星）。因此，第 j 颗 GPS 卫星的 P 码，其生成如图 3.13 所示，数学关系表达为

$$P_j(t) = X_1(t)X_2(t + n_j \cdot \tau_0) \tag{3.27}$$

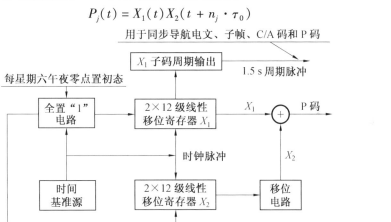

图 3.13　P 码发生器的原理框图

规定，当子码 X_1 的长度周期为 15 345 000 bit 时，子码 X_2 的最大长度周期则为 15 345 037 bit，因此，P 码的最大长度周期为

$$L_{PP} = 15\ 345\ 000\ \text{bit} \times 15\ 345\ 037\ \text{bit} = 235\ 469\ 592\ 765\ 000\ \text{bit}$$

P 码的码率为 10.23 MHz，故其码元宽度 $\tau_P = 1/10.23 \times 10^{-6}$ s，那么 P 码的最大时间周期为

$$T_{PP} = L_{PP} \times \tau_P = 266\ \text{d}\ 9\ \text{h}\ 45\ \text{min}\ 55.5\ \text{s}$$

由上可见，P 码是一个长达 2.35×10^{14} 个码元的伪噪声码，其时间周期达到 266 d（d 表示以"天"为单位）之多。为了捕获和跟踪到如此之长的 P 码，对它采用了下述两项措施：

（1）将 P 码的时间周期"截短"。

每个星期日的子夜零点作为截短周期的起点，每个星期六的午夜 24 时作为截短周期的

终点,即 P 码的实用周期为 7 天,而每颗 GPS 卫星又具有不同的 P 码。

（2）采用分步捕获法。

P 码的时间周期虽被截短成为 7 天,但 GPS 信号接收机仍不易捕获到 7 天周期的"截短 P 码",而采用了二步捕获法:首先捕获和跟踪到一个仅有 1 023 个码元的 C/A 码,而解译出它所传送的卫星导航电文,依据该电文的转换字（HOW）所提供的 P 码捕获信息,用户可以较快地捕获到截短周期为 7 天的 P 码,以便用 P 码进行导航定位测量。

实际上,P 码的两个子码 X_1、X_2 也是一种复合伪噪声码,它们均由两个 12 级线性移位寄存器产生的原序列模 2 和相加而成。对于子码 X_1 而言,它的两个 12 级线性移位寄存器的特征多项式分别为

$$\begin{cases} f(X_{1a}) = 1 + x^6 + x^8 + x^{11} + x^{12} \\ f(X_{1b}) = 1 + x^1 + x^2 + x^5 + x^8 + x^9 + x^{10} + x^{11} + x^{12} \end{cases} \tag{3.28}$$

对于子码 X_2 而言,它的两个 12 级线性移位寄存器的特征多项式分别为

$$\begin{cases} f(X_{2a}) = 1 + x^1 + x^3 + x^4 + x^5 + x^8 + x^9 + x^{10} + x^{11} + x^{12} \\ f(X_{2b}) = 1 + x^2 + x^3 + x^4 + x^8 + x^9 + x^{12} \end{cases} \tag{3.29}$$

从上一节可知,12 级线性移位寄存器所产生的 m 序列,具有 4 095 个码元;两个 12 级线性移位寄存器所产生的 m 序列将构成 16 769 025 个码元的复合码,这不是所要求的 15 345 000 个码元的 X_1 子码。因此,需要对 12 级线性移位寄存器所产生的 m 序列予以截短,截除 1 424 025 个码元,而由两个截短的 m 序列构成需要的子码。

图 3.14 表示子码 X_1 的生成原理框图,正如上一节所述,状态检测器是为了从 4 095 个码元截取所需的码元数而设立的。被截成的 m 序列,均加横线表示之。例如,$\overline{X_{1a}}$、$\overline{X_{2a}}$ 分别表示由两个 12 级线性移位寄存器所产生的 m 序列的截短序列,它们的模 2 和构成子码 X_1。子码 X_2 的生成原理类似 X_1 生成的方式。且均于每一个星期的开始时刻将 X_1、X_2 两个发生器调到零点。对于第 j 颗 GPS 卫星,其子码 X_2 相对于 X_1 子码增加了 n_j 个码元（$n_j = 0 \sim 37$）。换言之,不同的 GPS 卫星拥有不同的 P 码,而不存在 GPS 卫星之间的 P 码重叠。不仅如此,为了避免各颗 GPS 卫星的 P 码周期发生重叠,还将 P 码周期截割成 38 个多子周期,让

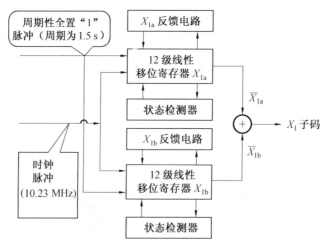

图 3.14　子码 X_1 的生成框图

每颗 GPS 卫星各自独占一个星期的子周期。因此,每颗 GPS 卫星拥有"截短周期"(7 天)的 P 码,且其周期的始终点与 10.23 MHz 的时钟脉冲是同步的,如图 3.15 所示,而 10.23 MHz 时间基准源又具有 10^{-13} 的稳定度,致使 P 码保持着准确而稳定的截短周期。表 3.6 综述了 C/A 码和 P 码的基本特性。

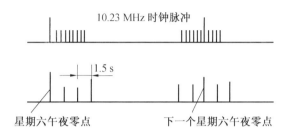

图 3.15　子码 X_1 在星期六午夜零点与 10.23 MHz 时间基准源严格同步

表 3.6　C/A 码和 P 码的基本特性

参　数	伪噪声码	
	C/A 码	P 码
伪噪声码的长度周期	1 023 bit	6.187 × 1 012 bit
时钟脉冲速率	1.023 Mbit/s	10.23 Mbit/s
伪噪声码重复周期	1 ms	7 d
数据率	50 bit/s	50 bit/s
伪噪声码的载波频率	1 575.42 MHz	1 575.42 MHz,1 227.60 MHz

3.3.3　GPS 信号的 AS 和 SA 的影响

1. 选择可用性

GPS 卫星星座于 1994 年 3 月完全建成后,美国国防部一再表示,10 年之内不收取用户费用,不任意中断或改变 GPS 信号。若对 GPS 卫星作某种工程试验,将于试验的 48 h 之前,通过美国海岸警卫队和联邦航空局(FAA)转告全球用户集团。尽管如此,美国国防部对 GPS 工作卫星所采用的选择可用性(Selective Availability,SA)技术,将改变图 3.9 所示的 GPS 信号形成,人为地引入干涉信号,如图 3.16 所示。显著地降低非特许用户(Unauthorized User)使用 GPS 信号作实时导航定位测量时的精度。对于像中国一样的非特许用户,不得不研究非常保密的 SA 技术,采取对策,设法减小实时导航定位测量的精度损失。

所谓 SA 技术,简言之,是一种导致非特许用户不能够获得高精度实时导航定位的秘密方法。根据零散信息可知,SA 技术包括对 GPS 卫星基准频率所采用的 δ 技术,对卫星导航电文采用的 ε 技术,对 P 码所采用的译密技术。1989 年 11 月,在轨的 GPS 卫星有两个星期停止向全球用户发送 GPS 信号,其目的在于利用这两个星期施行高频抖动 δ 技术的在星试验。1990 年 3 月 25 日至 8 月 10 日,不仅进行了 δ 技术的在星试验,而且还做了 C/A 码星历的精度降低试验。自 1991 年 7 月 1 日以来,GPS 工作卫星几乎全部实施了 SA 技术,导致了 GPS 工作卫星所发送的导航信号发生变化,如图 3.17 所示。SA 技术具体如下:

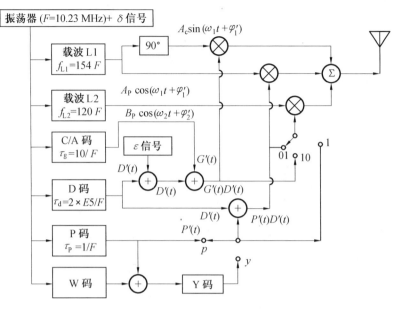

图 3.16　SA 技术影响下的 GPS 信号生成框图

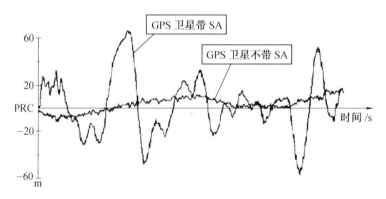

图 3.17　C/A 码伪距测量较差

（1）GPS 工作卫星的基准信号（10.23 MHz）经过 δ 技术处理，人为地引入了一个高频抖动信号。因为基准信号是所有卫星信号（载波、伪噪声码、数据码）的频率源，故其派生的所有信号，都引入了一个"快变化"的高频抖动信号。

（2）GPS 卫星向全球用户播发的星历，是用两种伪噪声码进行传送的。P 码所传送的 GPS 卫星星历已从 20 m 左右的精度提高到 5 m 左右。但是，只有工作于 P 码的接收机，才能从 P 码中解译出精密的 GPS 卫星广播星历（简称为 P 码星历）。C/A 码所传送的 GPS 卫星星历（简称为 C/A 码星历），经过 SA 技术处理后，将它的精度人为地降低到 ±100 m 左右，并且，它不是一个人为的固定偏差，而是一个无规划变化的人为随机值。目前绝大多数的商品接收机都是用 C/A 码工作的，换言之，只能使用降低了精度的 C/A 码星历。即使采用 P 码，也不能获取精密的 P 码星历。在用 GPS 信号作导航定位时，GPS 卫星是作为一种动态已知点，通过一定的公式利用 GPS 卫星星历解算的。C/A 码星历精度的人为降低，必将给动态用户引入相应量级的误差。这是非特许用户进行高精度 GPS 测量时必须解决的一个大难题。图 3.17 表示在上述因素影响下 C/A 码伪距测量较差。由该图可见，SA 技术使得 C/A

码伪距测量较差且变化异常。

正值美国国防部于1990年试验SA技术之际,加拿大的新布鲁斯威克大学,用实际测量结果研究了SA技术对GPS测量精度的损失。例如,1990年5月16日,他们在一个已知点上对PRN09和PRN14两颗卫星做了40 min的C/A码伪距测量,该成果与按已知点三维坐标计

算的站星距离之差比较,对于没有施行SA技术的PRN9卫星的伪距较差不超过4 m;对于采用了SA技术的PRN14卫星的伪距较差不超过±30 m。1990年2月22日,当还未做SA技术试验时,在已知点A上所得的690次单点定位的二维位置与已知值的偏差不超过15 m,如图3.18所示。

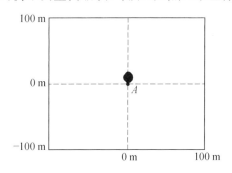

图3.18　无SA时单点定位二维位置较差

1990年5月3日,在GPS卫星进行SA技术试验时,在同一个已知点A的160次单点定位的二维位置与已知值的偏差不超过±100 m,如图

3.19所示。与此同时,在另一个已知点B上也安设了一台GPS信号接收机。当用A、B两个已知点上所采集的GPS数据进行求差解算时,求得A点的二维位置与A点已知值的偏差,其值不超过±5 m,如图3.20所示。由此可见,用差分法可以有效地减小SA技术造成的实时定位精度的损失。海底大地测量控制网的模拟计算表明,当GPS船位测量精度(二维)为±5 m左右,船位高和水下声距测量精度均为±5 m时,声标定位的平均中误差为±4 m左右,声标定位的最大误差在±10 m以内,这均能满足GPS海底控制网的定位精度要求。如果采用较严密的GPS求差技术,还可进一步减小GPS船位测量误差,进而提高声标的点位精度。因此,即使美国国防部全面实施SA技术,我国仍旧可以用GPS信号按求差法作精密导航定位测量;20世纪90年代中期,在中国境内的(飞)机载GPS测量实践证明,用DGPS载波相位测量模式,飞机的在航实时点位能够达到厘米级的二维位置精度和亚米级的高程精度。美国学者C. Rocken和C. Meertens的专题研究表明,在静态相对定位的环境下,如果两台GPS信号接收机的时钟同步精度优于10 ms,且作双差数据处理,对于100 km以内的站间距离,SA的技术所引起的距离偏差小于0.14 mm。因此,对一般静态用户而言,只需要考虑C/A码星历精度的降低。

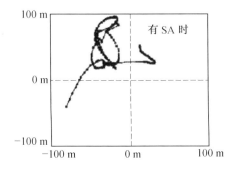

图3.19　单点定位的二维位置

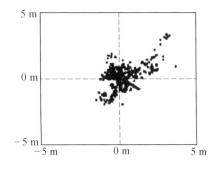

图3.20　求差解的二维位置

美国 GPS 联合办公室的负责人预测,GPS 工作卫星所具有的全球性、全天时、全天候和高精度的导航定位能力,能够开发出 80 种左右的"战斗力倍增系统",为高科技化的现代战争提供精良的技术保障。SA/AS 技术的实施,在于防止敌人开发出各种各样的 GPS 战斗力倍增系统,并导致非特许用户以 C/A 码作绝对定位的二维位置精度,在 95% 的时间内是 ±100 m 左右,在 5% 的时间内约为 ±300 m,用 C/A 码测量的高程精度为 ±150 m。因此,单点定位的三维位置外部符合精度只能达到 120 m 左右(几个时段且每时段持续 3 ~ 4 h 的单点定位,其内部符合精度可达 ±10 m 左右)。但是,GPS 卫星测量技术在民间众多科技领域应用中所取得的辉煌硕果,促使一些国际性民众社团既以多种方式向美国政府提出减弱甚至取消 SA/AS 影响的要求,又积极开发着一些削弱甚至消除 SA/AS 影响的技术。这些技术主要有基于求差解算的差分测量技术(DGPS)、局域差分测量网(LADGPS)、广域差分测量网(WADGPS)和全球差分测量网(WWDGPS)。2000 年 5 月 1 日,克林顿总统宣布:"即日起停止对 GPS 卫星实施 SA 技术。"这使得单点定位的三维位置精度达到米级,如图 3.21 所示。

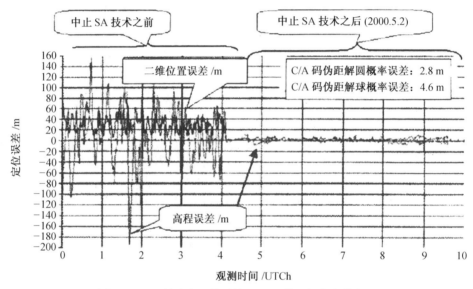

图 3.21　SA 技术中止前后的 C/A 码伪距解定位精度对比

2. 反电子欺骗政策

正如前文所说,美国政府在 GPS 的最初设计中,计划向社会提供两种服务:精密定位服务(PPS)和标准定位服务(SPS)。精密定位服务的主要对象是美国军事部门和其他特许民用部门。使用 C/A 码和双频 P 码,以消除电离层效应的影响,使预期定位精度达到 10 m。标准定位服务的主要对象是广大的民间用户。它只使用结构简单、成本低廉的 C/A 码单频接收机,预期定位精度只达到 100 m 左右。但是,在 GPS 试验阶段,由于提高了卫星钟的稳定性和改进了卫星轨道的测定精度,使得只利用 C/A 码进行定位的 GPS 精度达到 14 m,利用 P 码的 PPS 的精度达到 3 m,远远优于预期定位精度。美国政府考虑到自身的安全,于 1991 年 7 月在 Block Ⅱ 卫星上实施 SA 和 AS(Anti – Spoofing) 政策。其目的是降低 GPS 的定位精度。以下重点介绍 AS 政策。

AS 政策称为反电子欺骗政策,其目的是保护 P 码。它将 P 码与更加保密的 W 码模 2 相加形成新的 Y 码,实施 AS 政策的目的在于防止敌方利用 P 码进行精密定位,使之不能进行 P

码和 C/A 码码相位测量的联合求解。

在 AS 技术的作用下,非特许用户不仅不能用 P 码作实时导航定位测量,而且不能进行 P 码和 C/A 码码相位测量联合解算,甚至 P 码数据平滑。只有特许用户才能拥有破译 Y 码的密钥,剔除 W 码,恢复 P 码,进而利用 P 码作精确的导航定位测量。据报道,1995 年夏天,美国国防部对 P 码所传送的卫星导航电文进行了修正(向在轨 GPS 卫星注入了新的软件),致使用 P 码的导航定位精度能够达到 ±1 m,美国国防部还为特许用户准备了两种解除 SA 和 AS 的密钥:周日密码变量(CVW)和族群专用变量(Group Unique Variable,GUV)。特许用户接收机,只要安设有 CVW 和 GUV 密钥,就能够自动地确定处理 SA/AS 所需要的当日的密码变量,进而剔除 SA/AS 技术的影响。GUV 密钥的有效期为一年,它是配发给特许用户的基本密钥。不过,GUV 是一种远控重编码变量,需要依据 GPS 卫星电文日期信息,才能够确定它相应的工作密码变量,以致只有在导航电文经过 12.5 min 传送完毕之后,才能够恢复 P 码,实现米级精度的导航定位测量。CVW 是一种当周有效密钥;安设有 CVW 密钥的 GPS 信号接收机,在一个星期内能够在接收机内自动生成工作密码变量,而剔除 SA/AS 技术的影响。值得指出的是,CVW 和 GUV 均能在接收机内产生当日密码变量(CVD),但 CV 不能由接收机直接生成,而是通过 CVW 和 GUV 安设在一种保密模块(SM)上,以防止破译它的保密机制。图 3.22 表示了军用 GPS 信号接收机内部 SA/AS 的剔除原理。对非特许用户而言,即使拥有军用 GPS 信号接收机,也难以破译密钥的保密机制。

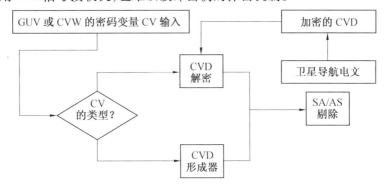

图 3.22　军用 GPS 信号接收机内部 SA/AS 的剔除原理框图

2004 年 12 月 15 日,美国总统布什授权新设立的执行委员会(National Space-Based Positioning,Navigation,and Timing,NSPNT),发布了星基定位、导航和授时(PNT) 新政策,以此取代自 1996 年 3 月 28 日以来实施的克林顿总统的 GPS 政策。NSPNT 执委会,是由国防部、交通部、商业部、国土安全部、航空航天局、科技政策办公室和国家经济委员会等部委组成;且由国防部和交通部的部长委派人共同担任该执委会主席,负责监督执行和适时调整 NSPNT 新政策。NSPNT 执委会还将建立一个 NSPNT 协调办公室,担负执委会的日常工作,如图 3.23 所示。

NSPNT 新政策的根本目标是,美国能够确保星基定位、导航和授时的服务能力,并能够增强系统、备份支持和拒绝服务。其具体内容如下:

(1) 能够提供连续不断的定位、导航和授时服务。

(2) 能够满足国家安全、国土安全、经济、民用、科研和商业的增长需求。

(3) 能够保持军用星基定位、导航和授时的卓越服务。

（4）能够提供优于国外民用星基定位、导航和授时服务的竞争能力。

（5）能够保持星基定位、导航和授时服务在国际上的霸主地位。

（6）能够提高美国在星基定位、导航和授时应用领域的技术领先地位。

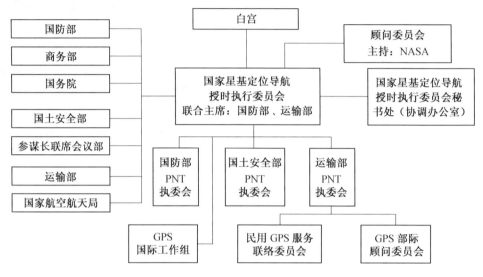

图 3.23　现行的 GPS 管理机构

依据美国国防部 GPS 导航定位助理 R. Swider 先生披露，GPS 现代化的主要目的，是赢得导航战的战争主动权。为此，采用信号改进措施，达到下述目标：

（1）防护美军系统受袭。

其具体方法是：

① 增加新的军用伪噪声码及其发射功率。

② 改进探测和判定人为干扰 GPS 的所用平台。

③ 研发现势抗御人为干扰和保密技术。

（2）防止敌方恶意利用。

其具体方法是：

① 分离军民所用伪噪声码。据披露，GPS 现代化，将在第二导航定位信号上，增设一个军用 M_{earth} 伪噪声码，在第三导航定位信号上，增设另一个军用 $M_{HighPower}$ 伪噪声码；它们是国内外文献中提到的 M 军码。

② 改善达到军用目的所用平台。据笔者所知，GPS 卫星除用于导航定位以外，还用于情报收集、核爆监测和应急通信等一些军事目的。

3.4　北斗导航系统的卫星信号及伪噪声码

北斗卫星导航系统（BeiDou Navigation Satellite System）是我国正在实施的自主研发、独立运行的全球卫星导航系统，缩写为 BDS，本节主要对北斗 B1 信号进行阐述。

B1 信号由 I、Q 两个支路的"测距码 + 导航电文"正交调制在载波上构成，B1 信号表达式如下：

$$S^j(t) = A_1 C_1^j(t) D_1^j(t) \cos(2\pi f_0 t + \varphi^j) + A_Q C_Q^j(t) D_Q^j(t) \sin(2\pi f_0 t + \varphi^j) \quad (3.30)$$

式中　j——卫星编号；

　　　I——I 支路；

　　　Q——Q 支路；

　　　A——信号振幅；

　　　C——测距码；

　　　D——测距码上调制的数据码；

　　　f_0——载波频率；

　　　φ——载波初相。

B1I 信号的标称载波频率为 1 561.098 MHz，卫星发射信号采用正交相移键控（QPSK）调制，卫星发射信号为右旋圆极化（RHCP），信号复用方式为码分多址（CDMA）。

3.4.1　北斗导航系统的伪噪声码

B1I 信号测距码（以下简称 C_{B1I} 码）码速率为 2.046 Mcps，码长为 2 046。C_{B1I} 码由两个线性序列 G_1 和 G_2 模 2 和产生平衡 Gold 码后截短最后 1 个码片生成。G_1 和 G_2 序列分别由两个 11 级线性移位寄存器生成，其生成多项式为

$$\begin{cases} G_1(x) = 1 + x^1 + x^7 + x^8 + x^9 + x^{10} + x^{11} \\ G_2(x) = 1 + x^1 + x^2 + x^3 + x^4 + x^5 + x^8 + x^9 + x^{11} \end{cases} \quad (3.31)$$

G_1 和 G_2 的初始相位如下：

G_1 序列初始相位：01010101010

G_2 序列初始相位：01010101010

C_{B1I} 码发生器如图 3.24 所示。

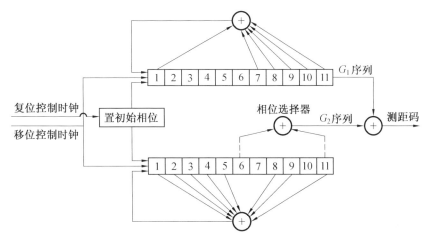

图 3.24　C_{B1I} 码发生器示意图

通过对产生 G_2 序列的移位寄存器不同抽头的模 2 和可以实现 G_2 序列相位的不同偏移，与 G_1 序列模 2 和后可生成不同卫星的 C_{B1I} 码。G_2 序列相位分配见表 3.7。

表 3.7 G_2 序列相位分配

编号	卫星类型	测距码编号	G_2 序列相位分配
1	GEO	卫星 1	1 ⊕ 3
2	GEO	卫星 2	1 ⊕ 4
3	GEO	卫星 3	1 ⊕ 5
4	GEO	卫星 4	1 ⊕ 6
5	GEO	卫星 5	1 ⊕ 8
6	MEO/IGSO	卫星 6	1 ⊕ 9
7	MEO/IGSO	卫星 7	1 ⊕ 10
8	MEO/IGSO	卫星 8	1 ⊕ 11
9	MEO/IGSO	卫星 9	2 ⊕ 7
10	MEO/IGSO	卫星 10	3 ⊕ 4
11	MEO/IGSO	卫星 11	3 ⊕ 5
12	MEO/IGSO	卫星 12	3 ⊕ 6
13	MEO/IGSO	卫星 13	3 ⊕ 8
14	MEO/IGSO	卫星 14	3 ⊕ 9
15	MEO/IGSO	卫星 15	3 ⊕ 10
16	MEO/IGSO	卫星 16	3 ⊕ 11
17	MEO/IGSO	卫星 17	4 ⊕ 5
18	MEO/IGSO	卫星 18	4 ⊕ 6
19	MEO/IGSO	卫星 19	4 ⊕ 8
20	MEO/IGSO	卫星 20	4 ⊕ 9
21	MEO/IGSO	卫星 21	4 ⊕ 10
22	MEO/IGSO	卫星 22	4 ⊕ 11
23	MEO/IGSO	卫星 23	5 ⊕ 6
24	MEO/IGSO	卫星 24	5 ⊕ 8
25	MEO/IGSO	卫星 25	5 ⊕ 9
26	MEO/IGSO	卫星 26	5 ⊕ 10
27	MEO/IGSO	卫星 27	5 ⊕ 11
28	MEO/IGSO	卫星 28	6 ⊕ 8
29	MEO/IGSO	卫星 29	6 ⊕ 9
30	MEO/IGSO	卫星 30	6 ⊕ 10
31	MEO/IGSO	卫星 31	6 ⊕ 11
32	MEO/IGSO	卫星 32	8 ⊕ 9
33	MEO/IGSO	卫星 33	8 ⊕ 10
34	MEO/IGSO	卫星 34	8 ⊕ 11
35	MEO/IGSO	卫星 35	9 ⊕ 10
36	MEO/IGSO	卫星 36	9 ⊕ 11
37	MEO/IGSO	卫星 37	10 ⊕ 11

3.4.2 北斗导航系统的导航电文

根据速率和结构不同,导航电文分为 D_1 导航电文和 D_2 导航电文。D_1 导航电文速率为 50 bit/s,并调制有速率为 1 kbit/s 的二次编码,内容包含基本导航信息(本卫星基本导航信息、全部卫星历书信息、与其他系统时间同步信息);D_2 导航电文速率为 500 bit/s,内容包含基本导航信息和增强服务信息(北斗系统的差分及完好性信息和格网点电离信息)。MEO/IGSO 卫星的 B1I 信号播发 D_1 导航电文,GEO 卫星的 B1I 信号播发 D_2 导航电文。

D_1 导航电文由超帧、主帧和子帧组成。每个超帧为 36 000 bit,历时 12 min,每个超帧由 24 个主帧组成(24 个页面);每个主帧为 1 500 bit,历时 30 s,每个主帧由 5 个子帧组成;每个子帧为 300 bit,历时 6 s,每个子帧由 10 个字组成;每个字为 30 bit,历时 0.6 s。每个字由导航电文数据及校验码两部分组成。每个子帧第 1 个字的前 15 bit 信息不进行纠错编码,后 11 bit 信息采用 BCH(15,11,1) 方式进行纠错,信息位共有 26 bit;其他 9 个字均采用 BCH(15,11,1) 加交织方式进行纠错编码,信息位共有 22 bit。D_1 导航电文帧结构如图 3.25(a) 所示。

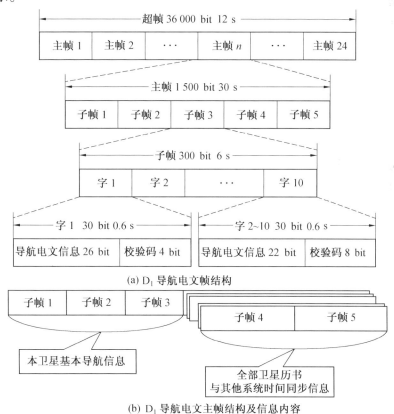

图 3.25 D_1 导航电文帧结构和信息内容

D_1 导航电文包含有基本导航信息,包括:本卫星基本导航信息(包括周内秒计数、整周计数、用户距离精度指数、卫星自主健康标识、电离延迟模型改正参数、卫星星历参数及数据龄期、卫星钟差参数及数据龄期、星上设备时延差)、全部卫星历书及与其他系统时间同步信息(UTC、其他卫星导航系统)。整个 D_1 导航电文传送完毕需要 12 min。D_1 导航电文主帧结构及信息内容如图 3.25(b)所示。子帧 1 至子帧 3 播发基本导航信息;子帧 4 和子帧 5 的信息内容由 24 个页面分时发送,其中子帧 4 的页面 1 ~ 24 和子帧 5 的页面 1 ~ 10 播发全部卫星历书信息及与其他系统时间同步信息;子帧 3 的页面 11 ~ 24 为预留页面。

3.5 GLONASS 系统和伽利略系统的信号

3.5.1 GLONASS 系统的信号

与 GPS 和北斗不同(每颗 GPS 卫星都在同一频率上用码分多址(CDMA)格式发射独特的伪随机噪声(PRN)码对(C/A 和 P(Y))),每颗 GLONASS 卫星都发射同样的 PRN 码对。然而,每颗 GLONASS 采用不同的频率发射。这种过程称为频分多址(FDMA)。FDMA 是与商业无线电台和电视台所用的同一种方法。每个台都类似于一颗 GLONASS 卫星,而无线电接收机则类似于 GLONASS 接收机。GLONASS 接收机"调谐"到某颗特定 GLONASS 卫星,其方法和人们调谐到其喜欢的无线电台相同,即调到分配给所希望的卫星的频率上。选择 FDMA 而不用 CDMA 是一种设计上的折中。FDMA 一般会使接收机的体积大并且造价昂贵,这是因为处理多频所需的前端部件数量多的缘故。相反,CDMA 信号可用同一组前端部件来处理。FDMA 具有某些抗干扰的可取特性。只能干扰一个 FDMA 信号的窄带干扰源会同时干扰所有的 CDMA 信号。此外,FDMA 无需考虑多个信号码之间的干扰效应(互相关)。因此,GLONASS 基于频率的抗干扰可选方案要比 GPS 多,而且它还具有更简单的选码判据。

GLONASS 卫星以两个分立的 L 频段载频为中心发射信号。每个载频用 511 kHz 或 5.11 MHz PRN 测距码序列和 50 bit/s 数据信号的模 2 和来调制。这个 50 bit/s 数据信号含有导航帧,称为导航电文。图 3.26 示出了信号发生器的简化方框图。

每颗 GLONASS 卫星根据下式分得一对载频(L1 和 L2):

$$f/\text{MHz} = \left(178 + \frac{K}{16}\right) \cdot Z \tag{3.32}$$

式中　　K——-7 ~ $+12$ 的整数值;

Z——9(L1)或者 7(L2)。

L1 相邻频率间的间隔为 0.562 5 MHz,而 L2 相邻频率的间隔则为 0.437 5 MHz。最开始的设计 K 对每颗卫星来说是一个独特的整数,在 0 到 24 之间变化。但由于与无线电天文测量相互干扰,对其频率分配提出了下列修改建议:

① 1998 年以前:$K = 0$ ~ 12。

② 1998 ~ 2005 年:$K = -7$ ~ 12。

③ 2005 年之后:$K = -7$ ~ 4。

最后结果是将频率移开无线电天文频段。此外,最后配置将只用 12 个 K 值($K = -7$ ~ 4),但有 24 颗卫星。这个计划是要让在地球相反的两边(地球相反两极)的卫星共享同样的 K 值(即用同一频率广播)。这种中心频率修改对不能同时看到处于地球两极卫星的地

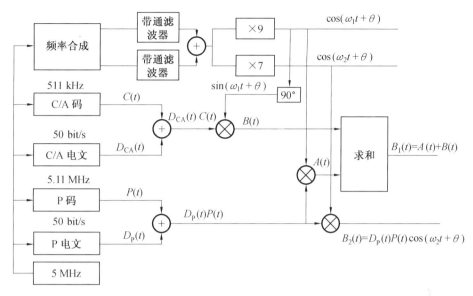

图 3.26　GLONASS 信号生成框图

面用户来说几乎没有影响。空间接收机可能需要像多普勒校验之类的特殊鉴别功能,以便跟踪合适的卫星。鉴别地球两极卫星的能力是很重要的,因为 GLONASS – M 卫星上的天线波束宽度是为接纳空间用户而专门设计的,上面所列的 K 值是对在正常条件下工作的卫星提出的建议值。据俄罗斯官方的说法,还有其他 K 值可能分配,用于指挥和控制处理,或一些"例外情况"。感兴趣的读者可以去查阅资料,本书不再赘述。

1. GLONASS 的伪噪声码

每颗卫星像 GPS 一样用两个 PRN 测距序列调制其 L1 载频。如图 3.26 所示,两个序列都是在调制载频之前与导航数据模 2 加的。一个序列(称为 P 码)留作军用;另一个序列(称为 C/A 码)供民用,并协助捕获 P 码。每颗卫星只用 P 码和导航数据的模 2 加调制其 L2 载频。P 码和 C/A 码序列对所有卫星来说都是相同的。

GLONASS 与 GPS 类似,使用 C/A 码和 P 码。下面描述 GLONASS C/A 码和 P 码序列。

(1)C/A 码。

GLONASS C/A 码具有下列特征:

① 码型为最大长度 9 位的移位寄存器。

② 码率为 0.511 kHz。

③ 码长为 511。

④ 重复速率为 1 ms。

最大长度码序列具有可预测的和所需要的自相关特性,511 位 C/A 码的时钟速率为 0.511 MHz,因此,该码每毫秒重复一次。这种用高时钟速率的较短的码,会产生一些间隔为 1 kHz 的不希望的频率分量,这些频率分量可能在干扰源间产生互相关,从而削弱了扩频的抗干扰特性。另一方面,GLONASS 信号的 FDMA 性质由于频率是分离开的,会显著地降低卫星信号之间的互相关。而使用短码的原因是,能快速截获。截获时要求接收机搜索最大511 个码相位移,快的码速率对于距离分辨来说是必要的,每个码相位代表约 587 m 的距离。

(2)P码。

由于俄罗斯官方多次强调说,P码绝对是一种军用信号。因此,几乎得不到俄罗斯GLONASS P码方面的信息。大多数P码信息来源于一些个人或组织对该码所作的分析,P码的特性是:

① 码型为最大长度25位的移位寄存器。

② 码率为5.11 MHz。

③ 码长为3 355 432 码元。

④ 重复速率为1 s(重复速率实际上是6.57 s的时间段,但基码序列截短需每隔1 s重复一次)。

如同C/A码的情况一样,最大长度码具有特别的可预测的自相关特性。P码和C/A码的重要区别是,P码与其时钟速率相比要长得多,因此,每秒钟仅重复一次。虽然这会产生一个间隔为1 Hz的不希望的频率分量,但互相关问题并不像C/A码的那么严重。正如C/A码的情况一样,FDMA实际上消除了各卫星信号之间的互相关问题。虽然P码在相关特性方面获得了益处,但却在截获方面作出了牺牲。P码含有 511×10^6 个码相移的可能性,因此,接收机一般首先捕获C/A码,然后再用C/A码协助将要搜索的P码相移数变窄。以时钟速率10倍于C/A码的每个P码相位代表58.7 m的距离。像GPS那样为了便于向P(Y)码移交而使用的移交字(HOW)不一定需要。GLONASS码每秒钟重复一次,这就使其有可能利用C/A码序列的定时帮助这个移交过程。这是在长序列所需保密性和相关特性与希望快速捕获之间的又一种设计折中实例。GPS采用前者,而GLONASS则采用后者。

由于GPS是CDMA性质的,所以,GPS设计不可能不顾及卫星信号间的互相关效应。GPS所用的Gold码是专门选择的,因为它具有在数学上对C/A码的自相关和互相关性加以限定的能力。尽管如此,GLONASS和GPS的相关特性在大部分情况下是可以相比拟的。另一方面,GPS的P码较长意味着相关特性优于GLONASS的P码。然而,在某种配置下,较短的GLONASS的P码比GPS的P(Y)码更容易直接捕获。

2. 导航电文

与GPS不同,GLONASS有两种导航电文。C/A码导航电文模2和加到星上C/A码上,而P码独特的导航电文模2和加到P码上。两种导航电文都是50 bit/s数据流。这些电文的主要用途是提供卫星星历和频道分配方面的信息。GLONASS的导航电文结构如图3.27所示。

星历信息使GLONASS接收机能精确地计算出每颗GLONASS卫星任何时间所处的位置。虽然星历是主要的信息,但还提供各种其他项目,例如:

① 历元定时。

② 同步位。

③ 差错校正位。

④ 卫星健康状况。

⑤ 数据龄期。

⑥ 预备位。

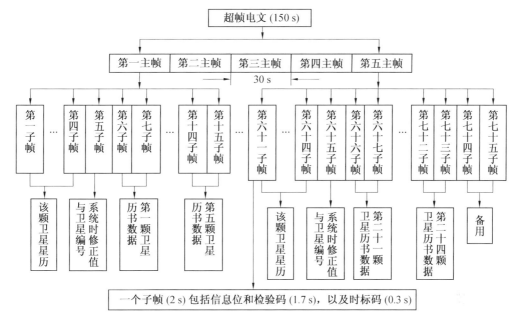

图 3.27　GLONASS 的导航电文结构

此外,俄罗斯计划提供有利于 GPS 和 GLONASS 联合使用的数据,特别是 GLONASS 系统时与 GPS 系统时之差,以及 WGS – 84 和 PZ – 90 之差。

下面概述 C/A 码和 P 码导航电文。

每颗 GLONASS 卫星都广播 C/A 码导航电文,该电文含有由 5 帧组成的超帧。每帧含有 15 行,每行含有 100 个信息位。每帧用 30 s 来广播,所以,每 2.5 min 广播一次完整的超帧。每帧的前 3 行含有被跟踪卫星的详细星历,因为每帧 30 s 重复一次,所以,数据接收一旦开始,接收机就会在 30 s 内接收到卫星的星历。每帧的其他各行主要由星座内所有其他卫星的近似星历表(即历书)信息组成。每帧能含有 5 颗卫星的星历。GLONASS 星座有 24 颗卫星,所以,为了得到所有卫星的近似星历表,必须读出所有 5 帧。这大约要花费 2.5 min。近似星历信息不像详细星历那样精确,不用于实际测距。尽管如此,近似星历仍足以使接收机能快速调准其码相位和截获所需的卫星。一旦截获到了所需的卫星,就用该卫星的详细星历进行测距。正如 GPS 的情况一样,星历信息往往在几个小时内有效。因此,接收机为计算精确位置不需要连续不断地读出数据电文。

俄罗斯没有公开公布过其 P 码的任何细节。尽管如此,许多独立的个人或组织研究了 P 码波形,并公布了他们的研究结果。下列信息是从已公布的资料中取出的。要记住的重要事情是,俄罗斯公开提供了关于其 C/A 码数据电文的详细信息,并对其连续性做了某种保证,但对 P 码数据没有提供这样的信息和作出保证,因此,下述的 P 码数据结构可能随时不经事先通知而发生改变。每帧前 3 行含有被跟踪卫星的详细星历,因为每帧 10 s 重复一次,所以,数据接收一旦开始,接收机在 10 s 内就能接收到卫星的星历。每帧的其他各行主要由该星座中其他卫星的近似星历信息组成。要获得所有这些星历就得读出全部 72 帧,这要花费 12 min 的时间。

可以比较 GLONASS 系统的 C/A 码和 P 码,数据电文之间的最大区别均在于获得星历信息所需的时间长短。详细内容可见表 3.8。

表 3.8 GLONASS C/A 码和 P 码的比较

	获得详细星历的时间	获得所有卫星星历(近似星历)的时间
P 码	10 s	12 min
C/A	30 s	2.5 min

3.5.2 伽利略系统的信号

伽利略导航信号计划在 E5a、E5b、E6 和 E1 4 个频段传输,具体的频谱规划已经在第 1 章中给出,如图 1.20 所示。伽利略系统信号设计最主要的特点是在各个频段的信号中采用了分层码的设计思想。对于采用分层扩频码的信号来说,在系统实现上将扩频码分成主码和副码两个层次,当用户接收的信号较强时,接收机只需处理主码即可实现捕获;而信号较弱的情况时需要考虑加长周期的全部扩频码进行处理。下面将以 GALILEO E1 OS 的扩频码为例,来具体分析分层码的产生原理和特性。

1.伽利略系统 E1 信号扩频码

通常,卫星导航系统可以通过改变信号波形的方式达到减小不同导航信号之间的干扰的目的。但是,对于 GALILEO 系统来说,不同卫星发送的 E1 频段信号采用的调制方式相同,并且为了增强与 GPS L1C 信号的互操作性而特意采用了相同波形的信号。因此,要想满足抗干扰性能的要求,GALILEO 系统就必须从扩频码的选择和设计方面着手。

在欧空局发布的 GALILEO 信号接口控制文件中,第一次明确提出该系统的所有测距码采用分层码(Tiered Code)结构,其生成原理如图 3.28 所示,即由短周期的主码(Primary Codes)和长周期的副码(Secondary Codes)二次调制产生。主码的码长为 N,码片速率 f_c;副码的码长为 N_s,码片速率 $f_{cs}=f_c/N$,副码的每一个码片与主码的一个周期进行逻辑异或运算,进而将拓展扩频码周期。

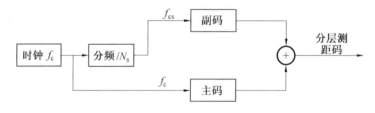

图 3.28 分层码生成原理

GALILEO 系统信号的主码是伪噪声序列,可供选择的两个具体种类为基于线性反馈移位寄存器(LFSR)的 PN 码和"存储码",即最优化 PN 码。LFSR 方式产生的 PN 码是由两个截断 m 序列逻辑运算而得,类似于 GPS L5 PRN 码的产生原理,但是两个 m 序列之间没有相对码片偏移。具体的 LFSR PN 码生成器结构可以参考接口控制文件。而存储码只需要将设计好的最优化 PN 码保存在存储器中,随时钟逐个码片输出即可。

Galileo E1 频段信号分为 3 个通道,分别为 E1 - A、E1 - B 及 E1 - C。其中 E1 - A 中计划传输的是常规公共服务(Public Regulated Service,PRS) 信号,E1 - B 传输 OS (Open Service) 服务数据,而 E1 - C 为导频发射通道,即只传输扩频码而没有调制数据信息。B、C 两通道上传输的 L1 OS 信号是介绍的重点。

GALILEO 系统信号使用的副码是固定序列。除 E1 – B 路信号外,所有的信号都分配了不同长度的副码。其中 E1 – C 路信号的副码长度为 25 位,即 0111000000010101101100010。因此,E1 – C 扩频码的周期扩展到 100 ms。副码的引入,可以改善相关特性,且使信号功率谱更接近连续谱,有益于提高抗干扰能力。此外,副码也充当了位同步标识的作用,可以协助接收机完成位同步过程。当然,副码带来的相关性能改善程度比不上直接延长主码长度,但是较长的码长为捕获增加了很多计算负担,因此这种分层选择是在捕获复杂度与相关特性之间折中考虑的结果。

2. BOC 调制

除扩频码之外,导航信号波形的设计是另一个重要的技术,它贯穿于 GALILEO 信号体制设计过程的始终。传统的 GPS C/A 码信号采用 PSK 调制,功率集中于载波频率上;但是随着 L1 频段信号的增加,信号间的相互干扰也在增强,因此一些“裂谱”调制方法被相继提出。自二进制偏移载波(Binary Offset Carrier, BOC)调制方式被引入到 GPS M 码波形设计后,信号波形的设计出现了质的飞跃。由于 BOC 调制在码跟踪精度、抗干扰能力和多径误差等方面的优势,它迅速被 GALILEO 系统所采纳,并且衍生出许多改进型 BOC 调制,如 AltBOC、MBOC 调制等。

(1)BOC 调制的定义。

BOC 调制可以看成一种两次调制方式,在原有的 PSK 信号基础上,以一个方波作为子载波进行二次辅助调制,使信号的频谱分裂成两部分,位于主载波频率的左右两侧。通常,BOC 信号的时域复数表达形式为

$$s(t) = e^{-i\theta} \sum_{k} \left\{ a_k \mu_{nT_{sc}}(t - knT_{sc} - t_0) C_{T_{sc}}(t - t_0) \right\} \tag{3.33}$$

式中　θ 和 t_0——相对于基准的相位偏移和时间偏移;

　　　　a_k——数据调制后的扩频码,取自$\{1, -1\}$;

　　　　$\mu_{nT_{sc}}(t)$——扩频符号,是持续时间为 nT_{sc} 的矩形脉冲;

　　　　n——一个扩频符号持续时间内的半周期子载波个数;

　　　　$C_{T_{sc}}(t)$——周期为 $2T_{sc}$ 的子载波方波,是不归零双极性码。

通常,BOC 信号可以记作 $BOC(f_{sc}, f_c)$,其中 $f_{sc} = 1/2T_{sc}$ 表示子载波频率,$f_c = 1/nT_{sc}$ 表示扩频码的码片速率。根据 f_{sc} 和 f_c 相对于基准频率 $f_0 = 1.023$ MHz 的倍数,BOC 信号可以简化成 $BOC(\alpha, \beta)$。例如,BOC(5, 1)代表子载波频率 $f_{sc} = 5.115$ MHz,扩频码速率 $f_c = 1.023$ MHz。

图 3.29 给出了 BOC 调制原理框图,1.023 MHz 的基频时钟经过分频后为不同部分提供参考时钟;逐位输出的数据信息、扩频码和子载波方波进行乘法运算后,即可获得基带 BOC 信号。图 3.30 描述的是 BOC(1,1)信号的形成过程。

根据子载波相位的不同,BOC 信号可以分为正弦 BOC(SinBOC)信号和余弦 BOC(CosBOC)信号,分别由 $sgn(sin(2\pi f_{sc}t))$ 和 $sgn(sin(2\pi f_{sc}t))$ 表示子载波。在没有特别注明的情况下,BOC 信号通常指 sin BOC 信号。

(2)BOC 调制的特性。

传统的 PSK 调制信号经过子载波的二次调制后,将会在频域上产生裂谱的效果。BOC 信号的功率谱通常是由两个主瓣和若干个旁瓣组成,这些旁瓣分布在主瓣之间和主瓣两侧,

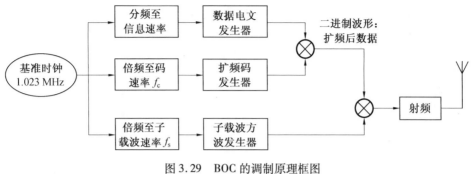

图 3.29 BOC 的调制原理框图

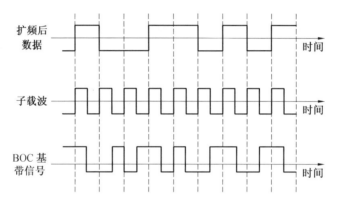

图 3.30 BOC(1,1) 波形的形成过程

其中主瓣间的旁瓣个数为 $n-2$,其中 $n=2\alpha/\beta$。例如,BOC(8,4) 的主瓣之间有 2 个旁瓣。

假设 BOC 信号的扩频码是等概率独立同分布的随机序列,根据 n 的奇偶性不同,BOC 信号的归一化功率谱密度(PSD)可以表示为

$$G_{\mathrm{BOC}(f_c/2,f_c)}(f) = \begin{cases} f_c\left[\dfrac{\sin(\pi f T_{\mathrm{sc}})\sin(n\pi f T_{\mathrm{sc}})}{\pi f\cos(\pi f T_{\mathrm{sc}})}\right]^2 & (n\text{ 为偶数}) \\ f_c\left[\dfrac{\sin(\pi f T_{\mathrm{sc}})\cos(n\pi f T_s)}{\pi f\cos(\pi f T_{\mathrm{sc}})}\right]^2 & (n\text{ 为奇数}) \end{cases} \tag{3.34}$$

如果 $n=1$,式(3.34)将变为

$$G_{\mathrm{BOC}(f_c/2,f_c)}(f) = \frac{1}{f_c}\left[\frac{\sin\left(\dfrac{\pi f}{f_c}\right)}{\dfrac{\pi f}{f_c}}\right]^2 \tag{3.35}$$

等同于 PSK 调制的 PSD 表达式,即此时 BOC 信号退化成 PSK 信号。式(3.34)表明,PSD 曲线的尖峰由一个分裂为两个,即最大值为两个。并且最大值从中心频率处搬移到两侧子载波频率 f_{sc} 的附近。同时,PSD 的形状受 f_{sc} 和 f_c 的影响,BOC 信号的功率谱密度曲线如图 3.31 所示。

可以得出 BOC 信号功率谱密度的 4 点特征:

①BOC 信号的主瓣对称分布于中心频率两侧,呈现"分裂谱"的特性。由于 PSK 调制信号的主瓣都在中心频率上,所以接收机更容易将同一频段上采用不同调制方式的信号区分开。

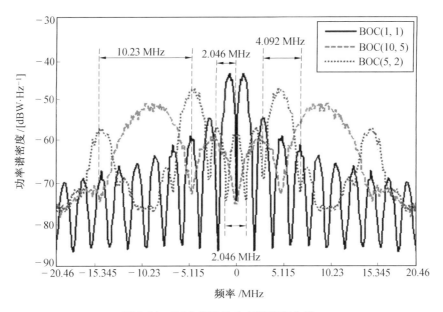

图 3.31　BOC 信号的功率谱密度曲线

② 子载波速率 f_{sc} 的大小影响主瓣相对中心频率的距离。BOC 信号的基频都是 1.023 MHz,所以 f_{sc} 越大,主瓣距离中心频率的距离也越远。

③ 扩频码速率 f_c 的大小影响 PSD 的波瓣宽度。如 BOC(1,1) 的主瓣宽度为 2.046 MHz;BOC(5,2) 的主瓣宽度为 4.092 MHz,旁瓣宽度为 2.046 MHz。因此,可以总结出:BOC 信号的功率谱密度曲线中,主瓣宽度是 f_c 的 2 倍,而旁瓣宽度等于 f_c,仅为主瓣的一半。

④ 主瓣个数与主瓣间旁瓣个数的和为 $n(n = 2f_{sc}/f_c)$。当 n 是奇数时,中心频率处有一个旁瓣,如 BOC(5,2);当 n 是偶数时,中心频率处无旁瓣,如 BOC(10,5)。BOC 信号的功率谱对称性随 n 的奇偶性而改变,差别在于中心频率上是否有一个旁瓣。

基于上述对 BOC 信号功率谱特性的分析可知,该调制技术充分利用了频段的上下边带,将信号的大部分能量由中心频率转移至两侧,进而实现与 PSK 信号共享同一频带的目的。这样既节省了频带资源,又可以减小信号间的干扰。

尽管 BOC 调制可以有效解决多信号同频段传输的问题,但是其信号复杂度增加,这对接收机处理技术也提出了新的挑战。一般地,PSK 扩频信号的单周期自相关函数只有一个峰值,而子载波的引入使自相关函数出现了多个旁峰。式(3.36) 给出了 sin BOC(α,β) 信号的自相关函数(ACF) 表达式

$$R(\tau) = \begin{cases} (-1)^{k+1}\left[\dfrac{1}{p}(-k^2 + 2kp + k - p) - (4p - 2k + 1)\dfrac{|\tau|}{T_c}\right] & (|\tau| < T_c) \\ 0 & (其他) \end{cases}$$

$$(3.36)$$

式中,$p = \text{ceil}(\alpha/\beta)$;$k = \text{ceil}(2p|\tau|/T_c)$;$\text{ceil}(x)$ 表示大于 x 的最小整数。由此可知,BOC 信号的自相关特性只与 p 有关,即与 f_s 和 f_c 两个参数有关。

为了直观地分析自相关函数的特性,给出 BPSK、BOC(1,1)、BOC(5,2)、BOC(10,5) 的自相关函数曲线,如图 3.32 所示。由图可以得出 BOC 自相关函数的 3 个特征:

①同 BPSK 信号相比,BOC 信号的 ACF 主峰变化斜率更大,宽度更小,可以提供较高精度的码跟踪能力和良好的多径分辨能力。

②BOC 信号的自相关函数正负峰总数为 $n_2(=4\alpha/\beta-1)$,且峰值出现的周期由子载波周期决定,每隔 T_{sc} 出现一次峰值,即子载波周期的一半。例如,图中 BOC(5,2) 的峰值总数为 9 个,相邻峰值间时延 97.8 ns。

③BOC 信号自相关的第一零点距离主峰时延为 $\pm 1/(4f_{\text{sc}}-f_{\text{c}})$。例如,BOC(5,2) 的第一个零点为 ± 54 ns。

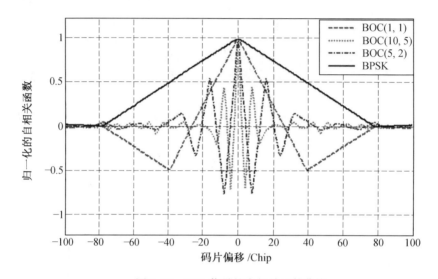

图 3.32　BOC 信号的自相关函数曲线

综上所述,BOC 信号的自相关主峰斜率大宽度小,有益于提供系统的定位精度和抗多径能力。不过,其多峰值的特点却导致了信号捕获中的模糊性,这对接收机捕获和跟踪部分的设计提出了新的要求。

3. 改进型 BOC 调制

自 BOC 调制出现后,这种"分裂谱"的思想被广泛应用到导航信号的波形设计中,由此也衍生出许多改进型的 BOC 调制方法。AltBOC 和 MBOC 是其中的典型代表,并凭借其优良的性能被 GALILEO 系统和 COMPASS Ⅱ 系统采用。下面简要介绍这两种改进型 BOC 调制的原理与特点。

(1)AltBOC 调制。

标准的 SinBOC 调制和 CosBOC 调制是将频谱分裂成两部分,搬移到中心频率的两侧。如果将原始的基带信号功率谱表示为 $S(f)$,那么用正弦子载波调制后的功率谱可以近似表示为 $X(f)=AS(f)\otimes(\delta(f-f_{\text{s}})-\delta(f+f_{\text{s}}))$。对于二维信号来说等效于 QPSK 调制。AltBOC(Alternative BOC) 调制是基于 BOC 调制的基本原理,用复数子载波 $\text{sgn}(\cos(2\pi f_{\text{sc}}t))+\text{jsgn}(\sin(2\pi f_{\text{sc}}t))$ 代替正弦子载波 $\text{sgn}(\sin(2\pi f_{\text{sc}}t))$ 或余弦子载波 $\text{sgn}(\cos(2\pi f_{\text{sc}}t))$ 而进行的信号赋形,这样调制后的信号频谱将整体向一侧搬移。因此,AltBOC 的上下边带可以分别传输不同的数据信息或提供不同的服务,实现同载波多信息恒包络调制的目的。

实际上 AltBOC 是一种非常灵活多变的调制方式,它的灵活性不仅在于上下边带承载业务的灵活,还在于接收机部分设计的灵活。用户可以对上下边带的信号进行独立接收,获得相当于 PSK 调制的性能;也可以联合接收混合信号,从而获得最佳的跟踪精度和抗多径能力。因此,它能够同时满足低端用户和高端用户的需求。

（2）MBOC 调制。

MBOC(Multiplexed BOC) 是由 Hein 领导的 GPS 工作组和 Betz 领导的 GALILEO 工作组共同提出的一种复用 BOC 调制的思想。根据选用的调制方式不同,以及相互之间功率分配的不同,MBOC 有多种组合类型。经过性能比较,BOC(1,1) 和 BOC(6,1) 的组合被选作 GPS L1C 信号和 GALILEO E1 OS 信号的调制方式,由于两者的功率分配为1∶10,因此记为 MBOC(6,1,1/11)。其功率谱密度函数表示为

$$G(f) = \frac{10}{11}G_{BOC(1,1)}(f) + \frac{1}{11}G_{BOC(6,1)}(f) \tag{3.37}$$

一般的 MBOC 定义都是从频域上给出的,即说明采用的调制类型和相应的功率配比,但是在时域上的形式却不唯一。 目前,根据实现方式的不同,MBOC 主要分为 CBOC(Composite BOC) 和 TMBOC(Time-Multiplexed BOC)。CBOC 是将 BOC(1,1) 和 BOC(6,1) 按照一定的功率配比进行混合,生成新的波形后对数据和导频信号分别进行调制,最终形成 D/P 混合信号,目前已应用于 GALILEO E1 OS 信号中。相比,TMBOC 则采用了时分复用方式,在扩频码片的固定位置用 BOC(6,1) 波形,其余码片位置用 BOC(1,1) 波形,然后根据功率配比分配给数据和导频信号使用,并形成 D/P 混合信号。这种方式目前应用于 GPS L1C 信号中。由于实现形式的不同,CBOC 和 TMBOC 调制后的功率谱也存在着差异,具体分析可以见参考文献。

总体而言,MBOC 调制在跟踪精度、抗多径能力和系统兼容性方面都表现出了良好的性能,这也是它成为新一代卫星导航信号调制方式的原因。

4. 导航电文

如前文所述,Galileo 卫星导航系统可以提供 4 种类型的服务信号,其中 E1 频段 E1 − B 数据通道发送的导航信息格式为 I/Nav 格式。下面将对 I/Nav 格式导航电文的结构进行介绍。

I/Nav 格式的导航电文具有如图 3.33 所示的格式。E1 − B 数据通道上发送的一帧完整的 I/Nav 导航信息为 720 s,由 24 个子帧组成,1 子帧时长 30 s,且又由 15 页组成。页是组成导航电文的最小单位,每 1 页时长 2 秒,由 1 秒奇数页和 1 秒偶数页组成。基础单元奇数/偶数页的数据组成在图中右侧给出。E1 频段导航数据传输速率为1秒钟传输 250 符号(symb, symbol),因此 1 秒的奇数/偶数页由 250 symb 构成,其中包含前 10 个符号的同步位,以及 240 符号的导航数据。这 240 符号是 120 个导航数据 bit 经过 1/2 速率卷积码编码得到的。120 bit 数据由 114 bit 的信息数据和 6 bit 尾比特组成。以 symbol 为单位时,即表示卷积码编码后的符号;以 bit 为单位时,即表示未经编码的导航数据信息。需要注意的是,图中同步位既可以表示为 10 symbols,又可以表示为 10 bit,原因是这 10 bit 不是传输的数据,因此不用进行卷积码编码,10 bit 的同步模式为 0101100000。

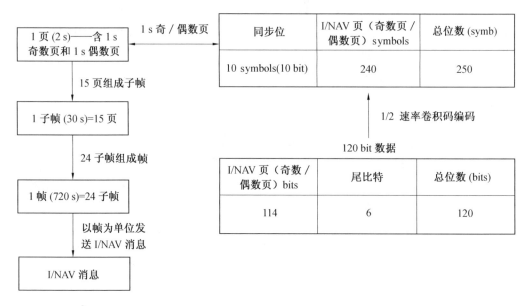

图 3.33　I/NAV 导航电文格式

上文提到的 1 秒奇数／偶数页中 120 bit 数据到 240 symbol 要经过 1/2 速率的卷积码编码。其原理如下：

Galileo 导航电文前向纠错码采用 1/2 速率的卷积码编码。卷积码是将发送的信息序列通过一个线性的、有限状态的移位寄存器而产生的码。通常，移位寄存器由 K 级（每级 k 比特）和 n 个线性的代数函数生成器组成，K 称为卷积码的约束长度。k 比特长度输入序列对应 n 比特长的输出序列。编码效率定义为 $R_c = k/n$。

Galileo 导航电文采用的卷积码参数采用 $K=7, k=1, n=2$，卷积码编码原理如图 3.34 所示。图中对应的两组生成多项式分别为 G1 = 171o, G2 = 133o（o 表示八进制）。

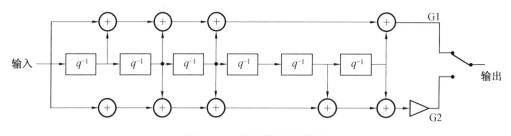

图 3.34　卷积编码原理框图

3.6　星地信号传输的无线链路计算方法

3.6.1　基本概念

在这里首先要引入一个重要的概念。有效全向辐射功率（Effective Isotropic Radiated Power,EIRP），即无线电发射机供给天线的功率与在给定方向上天线绝对增益的乘积。各

方向具有相同单位增益的理想全向天线,通常作为无线通信系统的参考天线。EIRP 定义式为

$$EIRP = P_t G_t \text{(W)}$$
$$EIRP(\text{dBW}) = P_t(\text{dBW}) + G_t(\text{dB}) \tag{3.37}$$

它表示同全向天线相比,可由发射机获得的在最大天线增益方向上的发射功率。P_t 表示发射机的发射功率,G_t 表示发射天线的天线增益。

由于在各个导航系统中一般采用 PSK 等恒包络调制方式,因此解调输入信噪比与载噪比是相同的,故以 C/N 作为度量,从而替代通信系统中的 S/N。

载噪比中的载波功率可以用 $P_r \cdot A$ 来计算,其中 A 为接收机系统增益,P_r 为接收功率。而噪声功率可以通过 $N = kT_sBA$ 来计算,其中 k 为玻尔兹曼常数,$k = 1.380\ 650\ 5 \times 10^{-23}$ J/K,T_s 为系统噪声温度,B 为系统带宽,A 为接收机系统增益。所以,载噪比可以按照下式计算

$$\frac{C}{N} = \frac{P_r A}{kT_s BA} = \frac{P_r}{kT_s B}$$
$$\frac{C}{N}(\text{dB}) = \frac{C}{n_0}(\text{dBHz}) - B(\text{dBHz}) \tag{3.38}$$

式中　n_0—— 噪声功率谱密度,数值上等于 kT_s。

3.6.2　传输损耗

1. 路径损耗

从全向性天线的情况入手,定义 P_t 为全向天线的发射功率,由于电磁波的传输特性,定义 F 为功率通量密度。

$$F/(\text{W} \cdot \text{m}^{-2}) = \frac{P_t}{4\pi d^2} \tag{3.39}$$

式中　P_t—— 全向天线的发射功率;

　　　d—— 与天线的距离。

那么接收端的功率可以表示为

$$P_r/\text{W} = F \cdot A_\eta \tag{3.40}$$

式中　A_η—— 接收天线的有效面积。

但是实际上,卫星和接收端大多采用有方向性天线时,若发射天线增益为 G_t,接收天线增益为 G_r,则

$$F/(\text{W} \cdot \text{m}^{-2}) = \frac{P_t G_t}{4\pi d^2}$$

$$G_r = \frac{4\pi A_\eta}{\lambda^2}$$

$$P_r = \frac{P_t G_t A_\eta}{4\pi d^2} = P_t G_t G_r \left(\frac{\lambda}{4\pi d}\right)^2 \tag{3.41}$$

式中　λ—— 传输信号的波长。

从上式可以看出自由空间传播损耗(路程损耗)为

$$L_f = \left(\frac{4\pi d}{\lambda}\right)^2 = \left(\frac{4\pi f d}{c}\right)^2$$

当 d 以 km 为单位，f 以 MHz 为单位时

$$L_f(\text{dB}) = 32.45 + 20\lg d + 20\lg f \qquad (3.42)$$

只考虑自由空间传播损耗，则接收功率为

$$P_r(\text{dBW}) = EIRP(\text{dBW}) + G_r(\text{dB}) - L_f(\text{dB}) \qquad (3.43)$$

2. 其他损耗

除了路径损耗之外，还会有大气损耗 L_a、大气折射损耗 L_d、天线跟踪误差引起的损耗 L_{Tr}、极化误差造成的损耗 L_p 等。

如果考虑到上述损耗，那么，接收功率可以表示为

$$P_r(\text{dBW}) = EIRP + G_r - L_f - L_a - L_d - L_{Tr} - L_p \qquad (3.44)$$

大气损耗 L_a 主要包括：

（1）电离层中电子和离子的吸收。

（2）对流层中氧分子水蒸气分子的吸收和散射。

（3）云雾雨雪的吸收和散射。

大气折射损耗 L_d 对低仰角，也就是仰角小于 5° 的卫星影响较大，主要包括：

（1）波束上翘且起伏。

（2）漫射损耗。

上述大气损耗 L_a、大气折射损耗 L_d 可以查表获得；而天线跟踪误差引起的损耗 L_{Tr}、极化误差造成的损耗 L_p 可以计算。

天线指向误差损耗 L_{Tr} 定义为

$$L_{Tr} = \frac{G(0)}{G(\theta)} \qquad (3.45)$$

式中　　$G(\theta)$——地球站发射（或接收）天线增益方向图的函数；

　　　　θ——天线增益最大值方向与卫星方向的偏角。

对于极化误差造成的损耗 L_p，由于导航系统大多采用圆极化波，因此这里主要分析圆极化误差损耗，然后介绍线极化的损耗。

圆极化误差损耗的计算公式为

$$L_p = -10\lg \frac{1}{2}\left[1 + \frac{\pm 4x_T x_r + (1 - x_T^2)(1 - x_r^2)\cos 2\alpha}{(1 + x_T^2)(1 + x_r^2)}\right] \qquad (3.46)$$

式中　　x_T 和 x_r——发送波和接收波的极化轴比；

　　　　α——发送和接收椭圆轴的夹角。

线性极化误差损耗的计算公式为

$$L_p = -10\lg(\cos^2\alpha) \qquad (3.47)$$

式中　　α——发送波的线极化方向与接收端所要求的线极化方向之间的夹角。

最终，结合式（3.38）和式（3.44），即可以计算一个系统中的载噪比。

$$\frac{C}{N} = EIRP + G_r - L - k - T - B \qquad (3.48)$$

式中
$$L = L_f - L_a - L_d - L_{Tr} - L_p$$

需要注意的是式(3.44)中所有的变量都是 dB 的形式。

需要指出的是,在卫星通信中,一般用载波噪声功率谱密度比(Carrier to Noise-Density Ratio)来衡量有用信号和噪声之间的强度关系,也简称为"载噪比",通常用 C/N_0 来表示,单位是 dB·Hz。用 C/N_0 代替通常意义上的 C/N 来衡量信号与噪声强度之间的关系,能够克服不同接收机带宽对载波与噪声强度相对关系的影响,有利于在相同的环境下对不同带宽的接收机进行性能比较。因此,在卫星导航定位理论中,一般载噪比都指的是 C/N_0,而不是 C/N,两者之间的计算关系已经由式(3.38)给出。

表 3.10 给出了 GPS 某颗卫星高角度的信号电平。以该卫星在天顶状态下的 C/A 码为例,按照式(3.37),发射天线有效辐射功率 $EIRP = 28$ dBW 不等于卫星发射功率 $P_t = 14.25$ dBW 加上发射天线增益 $G_t = 15$ dB。因为式(3.37)没有考虑发射端的损耗。如果考虑发射端损耗,那么只需再减去射频损耗与天线极化损耗之和,共计 1.25 dB。

按照式(3.44)接收机接收功率 $P_r = -154.50$ dBW 等于发射天线有效辐射功率 $EIRP = 28$ dBW 减去路径损耗 $L = 182.5$ dB。在这里,认为接收天线增益 $G_r = 0$ dB。

表 3.10　GPS 卫星在两种高度角时的信号电平

名　称	卫星位置					
	天顶			高度角为 5°		
载　波	L1		L2	L1		L2
伪噪声码	C/A	P	P	C/A	P	P
卫星发射功率/dBW	14.25	11.25	6.35	14.25	11.25	6.40
射频损耗/dB	1.0	1.0	1.0	1.0	1.0	1.0
天线极化损耗/dB	0.25	0.25	0.25	0.25	0.25	0.25
发射天线增益/dB	15	15	15	12	12	12
天线有效辐射功率/dBW	28	25	20.1	25	22	17.15
传输路径损耗/dB	182.5	182.5	180.6	184.2	184.2	182.3
大气吸收/dB	—	—	—	0.85	0.85	0.85
接收机输入总功率/dBW	−154.50	−157.5	−160.50	−160.05	−163.05	−166.00

【例 3.1】　GPS 某导航卫星的某时刻距离地面 20 200 km,L2 载波的发射天线功率为 15 dBW,发射天线增益为 12 dB,接收天线增益为 15 dB,接收机等效噪声温度为 17 ℃ (290 K)。假设信号传输的损耗只有路径损耗,并且假设接收机是理想情况下带宽。求: (1)路径损耗;(2)接收端载噪比 C/N 和 C/N_0。

解　(1)由于 L2 载波调制 P 码载波频率为 1 227.60 MHz,根据式(3.42),可得路径损耗

$$L/\text{dB} = 32.45 + 20\lg 20\,200 + 20\lg 1\,227.60 \approx 180.5 \text{ (dB)}$$

（2）由于 L2 载波理想带宽 $B = 20.46\ \text{MHz}$，则

$$EIRP/\text{dBW} = 15 + 12 = 27\ (\text{dBW})$$

$$\frac{C}{N}/\text{dB} = EIRP + G_r - L - k - T - B =$$

$$27 + 15 - 180.5 - (-228.6) - 10\log(273 + 17) - 10\log(20.46 \times 10^6) =$$

$$27 + 15 - 180.5 + 228.6 - 24.6 - 73.1 = -7.6\ (\text{dB})$$

$$\frac{C}{N_0}/(\text{dB} \cdot \text{Hz}) = \frac{C}{N}(\text{dB}) + 10\lg B = -7.6 + 10\lg(20.46 \times 10^6) =$$

$$-7.6 + 73.1 = 65.5\ \text{dB} \cdot \text{Hz}$$

3.7 本 章 小 结

本章先综述了导航卫星信号的频率及特点，然后从伪噪声码入手，介绍了伪噪声码的形式和产生原理，并给出了常用的伪噪声码。继而以 GPS 系统、北斗卫星导航系统为主，重点介绍了导航卫星所用的伪噪声码和导航电文。本章也概述了 GLONASS 和伽利略系统信号的特点。在本章的最后，讲述了星地链路中信号传输的计算方法。

参 考 文 献

［1］刘基余. GPS 卫星导航定位原理与方法［M］. 2 版. 北京：科学出版社，2008.

［2］ELLIOTT D K. GPS 原理与应用［M］. 邱致和，王万义，译. 北京：电子工业出版社，2002.

［3］言中，丁子明. 卫星无线电导航［M］. 北京：国防工业出版社，1981.

［4］钟义信. 伪噪声编码通信［M］. 北京：人民邮电出版社，1979.

［5］JOHN G P. 数字通信［M］. 张力军，译. 北京：电子工业出版社，2003.

［6］罗伟雄，韩力，原东昌. 通信原理与电路［M］. 北京：北京理工大学出版社，1999.

［7］朱华. 随机信号分析［M］. 北京：北京理工大学出版社，1990.

［8］张勤，李家权. GPS 测量原理及应用［M］. 北京：科学出版社，2005.

［9］陈南. 卫星导航系统导航电文结构的性能评估［J］. 武汉大学学报：信息科学版，2008，33（05）：512-515.

［10］赵春晖，苗玉梅，付兴滨. 直序扩频系统的 PN 码同步方法研究［J］. 应用科技，2001，28（07）：9-11.

［11］董红飞，周一宇. GPS C/A 码与 P（Y）码抗干扰性能分析［J］. 航天电子对抗，2005，（6）：19-28.

［12］陈力，胡松杰. SA 取消后 GPS 的导航定位精度［J］. 飞行器测控学报，2000（4）：74-79.

［13］赵剡，王壬林，邱意平. GPS 选择可用性（SA）信号采集与建模［J］. 航空学报，1998，19（S1）：119-122.

［14］LADD J, Qin Xin Hua. A GPS solution to precision approach and landing (even in the presence of anti-spoofing)［C］. Proc. of the Telesystems Conference, 1993.

［15］张炳琪, 刘峰, 李健, 等. 北斗导航系统电文播发方式研究［J］. 武汉大学学报: 信息科学版, 2011, 36(04): 486-489.

［16］高敏, 李晓东, 王海军. 北斗卫星导航信号多径性能分析［J］. 遥测遥控, 2013, 34(2): 35-45.

［17］刘春霞, 杨海峰, 胡彩波. 浅析北斗卫星导航系统的标准化与产业化［C］. 第二届中国卫星导航学术年会, 2011.

［18］张明亮, 金际航, 李胜全, 等. GLONASS 及现代化进展［C］. 第二十一届海洋测绘综合性学术研讨会, 2009.

［19］YEVGENY Z. RUSSIA IN SPACE: present situation and plans for future ［C］. 3rd Space Exploration Conference, 2008.

［20］尹艳平, 刘波, 赵宝康, 等. 星地链路建模与分析［J］. 小型微型计算机系统, 2012, 33(10): 2213-2218.

第4章

卫星定位接收机原理

　　卫星定位接收机是卫星导航定位系统的用户设备部分,其功能是接收导航卫星发射的导航信号,并经过一系列的基于硬件或者软件的信号处理和信息处理,最终给出用户的位置、速度和时间信息。本章围绕卫星定位接收机的原理展开,介绍卫星导航接收机的分类、组成,并按照接收机对导航信号的处理流程,详细分析卫星定位接收机各功能部分的工作原理。

4.1　卫星定位接收机的组成与分类

　　卫星定位接收机通常分为天线和射频(RF)前端处理、基带数字信号处理和定位导航解算三大功能模块。天线和射频前端处理部分完成对导航信号的接收、放大、下变频、模／数转换等操作;基带数字信号处理部分主要完成对导航信号的捕获、跟踪过程;定位导航解算部分主要完成导航信息的提取和定位结果计算。卫星定位接收机的整体结构框图如图4.1所示。

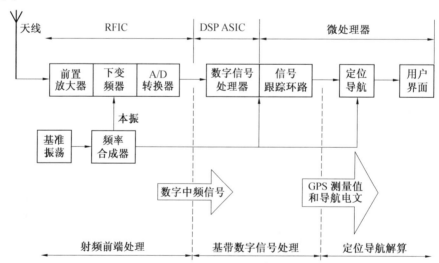

图4.1　典型卫星定位接收机的结构框图

　　通常情况下,正常工作的 GNSS 卫星都在全天候不间断地向地面发送导航定位信号,这种信号是可供无数用户共享的信息资源。对用户来说,在任意时间,只要拥有一个 GNSS 接收机,就可以利用 GNSS 信号进行导航定位,获取所需要的位置服务。由于应用环境和使用目的不同,GNSS 接收机的种类也呈现多样化。目前世界上已有几十家甚至几百家工厂都在生产各种各样的 GNSS 接收机,相应产品有几百种。这些 GNSS 接收机一般可以按照应用场景、工作频率、兼容模式、接收机通道数、工作原理和实现方式等进行分类,如图4.2所示。

图 4.2　卫星导航定位接收机的分类

(1)按接收机应用场景或者用途分类。

① 导航型接收机。

导航型接收机主要用于对运动物体的定位与导航,这类接收机可以实时给出用户的位置和速度。通常用民码(如 GPS 的 C/A 码)进行伪距测量,单点实时定位精度较低,一般为±10 m。这些接收机的价格相对便宜,应用较为广泛。根据应用领域的不同,此类接收机还可以进一步分为车载型接收机、航海型接收机、航空型接收机和星载型接收机。

② 测量型接收机。

测量型接收机主要用于定位精度要求较高的工程领域,如精密大地测量和精密工程测量。这种类型的接收机通常采用载波相位测量值进行相对定位,定位精度很高,能达到厘米级。这种类型的接收机结构较为复杂,价格相对较贵。

③ 授时型接收机。

授时型接收机主要用于提供高精度的时间服务和频率控制,这类接收机通过利用导航卫星提供的高精度时间标准进行授时,通常用于天文台及无线通信中时间同步,例如,人们所熟悉的基于 CDMA 体制移动通信系统,就是通过 GPS 所提供的时间标准进行全网授时的。

(2)按接收机的工作频率分类。

① 单频接收机。

单频接收机只能接收单一频点的 GNSS 导航信号,例如,GPS L1 单频定位接收机只能接收 GPS 卫星发射的 L1 频点的导航信号,而不能接收 GPS 卫星发射的其他频点上的导航信号。GNSS 单频接收机不能有效消除电离层延迟对导航信号传输的影响,因而,单频接收机通常适用于短基线(一般小于 15 km) 的精密定位。

②双频接收机。

双频接收机能够同时接收两个频点上的 GNSS 导航信号。例如,GPS 双频接收机可以同时接收 GPS 卫星所发射的 L1 频点和 L2 频点的导航信号。GNSS 双频接收机能够利用电离层对两个频点的导航信号传输时延的不同,有效消除电离层延迟对定位结果造成的影响,所以,GNSS 双频接收机可用于基线长达几千千米的精密定位。

(3) 按接收机对不同卫星导航定位系统的兼容性分类。

①单模接收机。

单模接收机指导航定位接收机只能接收来自某一特定卫星导航定位系统的导航信号,而不能接收其他卫星导航定位系统的信号。例如,GPS 单模接收机只能接收和处理来自GPS 卫星发射的导航信号,而不能接收和处理来自 Galileo、GLONASS 和 BeiDou 等卫星导航定位系统的导航信号。卫星导航定位发展初期,只有 GPS 一个卫星导航定位系统,因而所有的接收机都是单模的,但是随着卫星导航系统的多样化发展,单模接收机正逐渐被能够接收多个卫星导航定位系统信号的多模接收机所取代。

②多模接收机。

多模接收机利用两个或者多个卫星导航定位系统进行定位,将两个或者多个导航系统的卫星当作一个系统来使用,增加了卫星的数量,大大提高了接收机的导航定位精度、可用性及连续性。这些优点使双模或多模接收机成为 GNSS 接收机研发的一个主要发展方向。目前,世界上已经有很多接收机生产厂家设计并生产了这种能够兼容多种卫星定位系统的多模接收机,如 GPS/GLONASS 双模接收机、GPS/Galileo 双模接收机等。我国的东方联星公司已经推出了能够同时兼容 GPS、BeiDou 和 GLONASS 3 种卫星定位系统的多模接收机产品 CNS100 – B1B3GG,该产品支持三系统联合定位、双系统联合定位及单系统定位等多种模式,并同时接收 4 个频点的卫星导航信号。

(4) 按定位接收机的通道分类。

按定位接收机的通道(卫星导航定位接收机必须要能够在一定时间内接收多颗 GNSS卫星发射的导航信号,才能实现定位,定位接收机必须要区别接收到的不同卫星的信号,实现对各颗卫星信号的信号处理和信息提取。通常,对一颗卫星信号的处理和信息提取都是由一个接收机通道来完成的) 数来分类,可分为两类。

①单通道接收机。

这类卫星定位接收机只包含有一个接收机通道,通过接收机内部的定时控制机制,用一个接收机通道转换完成捕获、跟踪和提取来自不同 GNSS 卫星的导航信号,进而完成定位,也被称为序贯跟踪通道接收机。随着用户对导航定位实时性要求的越来越高,单通道接收机已经不能满足大多数应用需求,因而,目前的接收机几乎都是多通道接收机。

②多通道接收机。

这类卫星定位接收机一般都包含至少 4 个以上的接收机通道,能够同时捕获、跟踪和处理至少 4 颗以上卫星发射的导航信号。目前,大多数接收机都是多通道接收机,并且接收机通道数都在 12 个以上,能够同时处理接收到的 12 颗卫星发射的导航信号。这种接收机具有较好的实时性,能够满足对导航定位的实时性要求较高的应用需求。当然,这种接收机的硬件结构要比单通道接收机复杂,这类接收机也被称为平行跟踪通道接收机。

(5)按接收机工作原理来分类。

① 相关型接收机。

相关性接收机指的是伪码相关型接收机,通过伪随机码的互相关处理实现对扩频码的解扩,并提取出导航信息,进而得到伪距观测值,完成位置的计算。

② 平方型接收机。

平方型接收机是利用对载波信号的平方处理去掉导航信号中的调制信号,恢复完整的载波信号,进而通过载波相位计测定接收机内产生的载波信号与接收到的载波信号之间的相位差,得到伪距观测值。

③ 混合型接收机。

混合型接收机是综合了相关型接收机和平方型接收机的优点,既可以通过码相位的测量得到伪距,也可以通过载波相位测量得到伪距。

(6)按卫星定位接收机的实现方式分类。

① 硬件接收机。

这类卫星导航定位接收机的天线、射频前端、信号处理、信息提取和定位解算等所有功能模块都是基于硬件来实现的,并且随着集成电路技术的发展,这类硬件接收机模块越来越小型化,并且定位的实时性较高。传统的卫星定位接收机都是硬件接收机。

② 软件接收机。

这类卫星导航定位接收机的天线和射频前端部分用硬件实现,而后续的捕获、跟踪等信号处理部分以及后面的信息提取和导航定位解算部分都是通过软件无线电技术来实现的。这种类型的接收机方便高性能 GNSS 接收机的研发,研究人员可以很方便地将所开发的高性能捕获、跟踪和位置解算算法移植到软件接收机平台上,进行相关的测试。但是,通常软件接收机的实时工作性能要比硬件接收机差。

4.2　接收机的射频部分组成及工作原理

接收机的射频部分包括天线和射频前端,在卫星定位接收机系统中的作用是将自由空间中的射频信号转变为接收机可以处理的数字中频信号。

4.2.1　天线

天线的作用是将空间中的电磁波转化成电压或电流这样的电信号,以供射频前端处理。作为卫星定位接收机的首个部件,天线对卫星定位接收机的整体性能有着非常大的影响。下面将介绍卫星定位天线的特点,并介绍几种常见的卫星定位天线类型。卫星信号在自由空间中传播的情况如图 4.3 所示。

为保证定位解算时能够同时利用高仰角和低仰角的卫星信号,卫星定位天线在设计中应具有较宽的空间角,接收尽可能多的卫星信号。考虑到地物的遮挡等因素,一般要求卫星定位天线能够接收仰角高于 5° 的所有卫星信号。同时由于对卫星定位接收机的干扰信号大多来自于地面,仰角较低,有时要采用较窄的空间角以避免干扰。这就需要系统的设计者在选择天线时在接收卫星数量和系统抗干扰性间进行权衡。

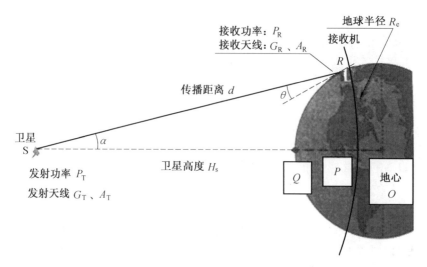

图 4.3　卫星信号在自由空间中传播的情况

由图 4.3 知,仰角为 90° 的卫星与仰角为 0° 的卫星距离接收机的距离是不同的,由于这种距离上的差异,在不同地点对同一颗卫星的观测会有所不同,信号强度相差约 2.1 dB。GPS 作为 CDMA 系统的一种,希望接收到的所有卫星的信号强度一致,以避免互相关干扰,因此定位卫星的发射天线在设计时就适当地减小了中心方向上的增益,使其略小于周边增益。以 GPS 系统为例,在地面仰角为 5°、40°、90° 方向上,卫星发射天线的增益分别为 12.1 dB、12.9 dB 和 10.2 dB,综合发射增益和传播距离等因素后,当地面观测仰角为 40° 左右时接收到的信号强度最大。

对于无线信道,多径效应是造成信号失真的重要原因,对于卫星定位系统而言,多径效应主要来自于地面对于信号的反射,而为了应对多径效应带来的影响,卫星定位接收机在天线设计方面有两种主要的应对手段。首先是利用卫星定位信号的极化特性,以 GPS 系统为例,GPS 信号采用的是右旋圆极化波,而右旋圆极化波反射后会成为左旋圆极化波。通过这一特性,卫星定位接收机中采用右旋圆极化天线则会对多径信号产生较好的抑制。另一方面,由于多径信号是由地物反射而来,所以其入射仰角较低,系统可以通过减小天线后瓣,比如加入接地板等方式,来减小多径信号的影响。由于卫星定位信号的传播路径比较简单,可以通过极化和入射方向等方式抑制多径干扰,可使卫星定位系统较普通的无线通信系统受多径干扰的影响更小。但在某些特定的应用场合,卫星定位信号的多径效应是可以被利用的,比如可以通过 GPS 信号进行遥感,通过地面反射信号的极化情况来判断土壤湿度或反射体材质等。

天线的本身也具有滤波器的作用,对于卫星定位系统,如果系统要同时接收 L1、L2 频段的信号,或者考虑多系统复用的问题,接收机的天线带宽就需要适当增加,或者使天线拥有多个较窄的通带。

接收天线可以分为有源天线和无源天线两种,有源天线指的是在天线的后端直接连接一个低噪声放大器(LNA),而无源天线则是单纯的天线。

由于 LNA 属于有源器件,所以有源天线需要馈电线路,以保证天线工作,这里需要指出的是,天线有无单独的馈电线路不能够作为判断其是否是有源天线的依据,因为很多有源天线是通过信号传输的同轴电缆进行馈电的,而且在这种情况下,连接有源天线的射频前端也必须具有馈电能力,若将这种射频前端直接连接到信号源等试验设备上,则会造成设备损坏。由于有用电器件的存在使得有源天线本身的噪声略大于单纯的无源天线,但是通过下面的分析可以看出,采用有源天线往往会使系统整体的噪声情况得到改善。

图 4.4 所示的是一个串联系统的示意图,卫星定位接收机便属于这类串联结构。

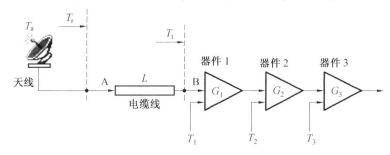

图 4.4　串联系统示意图

这里不做正式的推导,直接给出将电缆之后的三级串联器件的总噪声温度折换成在点 B 处的等效噪声温度 T_{t} 的计算公式:

$$T_{\mathrm{t}} = T_1 + \frac{T_2}{G_1} + \frac{T_3}{G_1 G_2} \tag{4.1}$$

上式称为富莱斯公式,用于推导任何串联系统的噪声温度,通过式(4.1)可以看出,系统总的噪声温度主要取决于第一级器件的噪声温度以及第一级放大器的增益。第一级器件的噪声越低,放大增益越高,系统总的噪声就越低。对于无源天线,天线与放大器分离,中间存在一段馈线,馈线的噪声将会完全地加入到系统总噪声中去,馈线越长,系统噪声越大。而对于有源天线,放大器直接连接天线,避免了馈线带来的噪声影响,而且放大器较大的增益可以有效抑制后面各级电路的噪声对系统的影响,同时为减少有源天线本身噪声对系统的影响,天线后端连接的放大器要求较高,不仅要有很大的增益,而且还要具有较低的噪声系数。所以对于系统整体而言,虽然有源天线在本身的噪声抑制上不占优势,但其对于改善系统的整体性能是有帮助的。而对于无源天线,在应用中为降低系统的噪声,而且考虑到接收到的卫星定位信号本身非常微弱,其馈线长度一般不超过 1 m。

设计者在选择天线时,不仅要考虑增益分布,还要考虑系统的阻抗匹配问题。高频电路阻抗匹配问题格外重要,若两个器件间阻抗不匹配,则会导致信号在两个器件间往复反射,无法有效并可靠地传递。不过在实际系统的设计中,阻抗问题并不需要设计者刻意设计,因为标准化的器件都服从各自的行业标准,天线常用的阻抗多为 50 Ω,根据接头的不同而区分。

除了增益分布和阻抗问题外,选择天线还需要考虑体积要求。天线设计中一条简单而又重要的规则就是,体积越大,性能越好,可以简单地表达为

$$增益 × 带宽 ÷ 体积 = 常数 \tag{4.2}$$

随着接收机体积的减小和个人定位服务需求的增加,卫星定位接收机天线的体积也必然是朝着小型化方向发展,但为提高增益,提高抗多径能力,天线的尺寸通常会变大,结构变得更复杂。卫星定位接收天线有很多不同的构造,如单极、偶极、螺旋、微带和扼流圈天线等,图 4.5 展示的是其中螺旋、贴片和扼流圈天线的实物图,贴片天线本身属于微带天线的一种。

(a) 螺旋天线 (b) 贴片天线   (c) 扼流圈天线

图 4.5　几种天线的实物图

目前比较流行的卫星定位接收天线为四螺旋天线和贴片天线。贴片天线结构简单,成本低廉,其具有体积较小、易集成的特点和良好的抗多径能力,但其对低仰角卫星信号的接收能力不强。相比之下四螺旋天线的灵敏度更高,对低仰角卫星的接收能力更强,从而使可见卫星数量增加,进而降低几何精度因子,提高定位精度,不过对多径效应的影响更加敏感。扼流圈天线在抗多径能力和低仰角卫星的接收能力上都很出众,但其体积限制了其在个人定位领域的应用。

除了这些常见的天线结构,近些年一些新的技术也不断地被引入到卫星定位接收天线中,不断提高接收机性能,基于天线阵列抗干扰的卫星定位技术也趋近成熟。

4.2.2　射频前端

射频前端电路的任务是将天线采集到的射频信号变换成为方便处理的数字中频信号,其结构包括滤波器、放大器、混频器、本地振荡器和模数转换器,如图 4.6 所示。

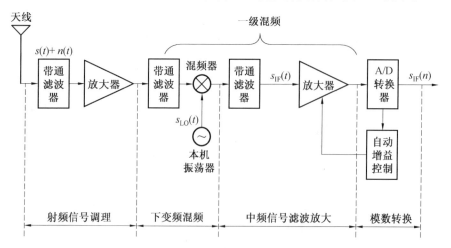

图 4.6　射频前端结构

为保证系统性能,系统需要射频前端的噪声小、功耗低、增益高,并且具有良好的线性特性。对于弱信号来讲,噪声对信号的影响更为显著,而对于强信号来说,电路饱和以及系统的非线性问题对信号处理的影响较大。对于卫星定位信号来说,信号强度很低,并且信号强

度变化范围不大,这种信号特性弱化了系统的非线性问题对信号处理的影响。

从能量消耗的角度来说,由于射频前端需要处理射频信号,不可避免地要工作在较高的时钟频率之下,这使得射频前端的耗电量高于接收机上其他任何部件。为降低射频前端的能耗,而不影响其在高频区的工作性能,设计者可以通过降低芯片的额定电压或者采取合理的休眠策略等手段来减少耗电量。

1. 滤波器

在射频前端中,滤波过程是由分布在不同位置的多个滤波器综合完成的,对于处在前端的滤波器而言,根据串联系统的噪声计算公式,其噪声越小,整个系统的噪声越低。随着信号处理的深入,信号的带宽也会逐级变窄。减小信号的带宽可以滤除更多的噪声和干扰,而作为代价,卫星定位信号中的高频部分也将被滤除,这对后续的相关运算会造成不利的影响。在卫星定位接收机中,常用声表面波(SAW) 带通滤波器(BPF),因为其通带响应平稳,并且通带边缘陡峭。对于处理微弱的卫星定位信号而言,声表面波滤波器可以滤除各种干扰。声表面波滤波器的缺点在于其不利于集成。

2. 放大器

卫星定位接收机天线后的首级器件可以选择高增益的低噪声放大器(LNA),或窄带带通滤波器。后者可以使带外的噪声和干扰在放大之前滤除。而前者可以提供比后者低 2 ~ 3 dB 的噪声指数,但信号中可能存在的强干扰经过放大后能使信号处理电路达到饱和,从而产生新的干扰。

如图 4.6 所示,射频前端的放大过程可能是由多级放大器共同完成的,对于各级放大器的增益,需要设计者根据各器件的噪声指数、功耗和饱和情况来综合考虑。根据富莱斯公式的思想,若将所有的放大器靠前布置,必然可以降低系统的噪声指数,但这也会使放大器全部工作在高频区,系统的成本和功耗将会大大提高,所以设计者往往更偏向于将各级放大器布置在混频器之后。而对于有源天线的增益,设计者也需要谨慎考虑。较高增益的 LNA 可以更好地抑制混频器的噪声对系统的影响,但其功耗更大,并且存在使混频器饱和的可能。若采用较低增益的 LNA,则需要使用低噪声的混频器,以减少系统噪声,而低噪声的混频器一般需要使用幅值较大的本地振荡器,这反而增加了混频器的功耗,使得这种方案在功耗上并不一定占有优势。

放大器总的增益需要满足这样的基本原则,使采集到的电压信号充满 ADC 的最大输入电压。通常以导航卫星信号到达地面的强度较弱的 GPS 的 L1 频段为例,信号强度可低至 − 130 dBm。 接收机天线处的热噪声功率 N_i 为

$$N_i = kTB \tag{4.3}$$

式中　k—— 玻尔兹曼常数,$k = 1.38 \times 10^{-23}$ J/K;

　　　T—— 接收机所处的绝对温度;

　　　B—— 接收机的带宽,单位为 Hz,对于 GPS 的 L1 信号而言,带宽大约是2.046 MHz。

对于一般的卫星定位接收机,噪声基底一般为 − 110 ~ − 120 dBm,默认值为 $N_i = -111$ dBm(即 290 K = 16.85 ℃ 下),可见噪声远强于 GPS 的 L1 信号,如图 4.7 所示。

由于卫星定位接收机接收到的信号电平较低,无法直接使用 ADC 进行采集,所以射频

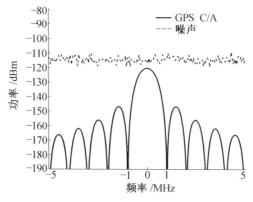

图 4.7　GPS L1 信号频谱图

前端电路中需要加入放大器对信号进行放大,以匹配 ADC 的测量能力。由于信号完全淹没在噪声之下,所以放大器需要将噪声的电平放大到 ADC 的最大量程处,而非将信号的电平放大到最大量程处。

【例 4.1】　一个卫星定位接收机带宽为 2.046 MHz,ADC 满量程为 0.1 V,输入阻抗为 50 Ω,2 bit 量化,采样率为 16.368 MHz。当接收信号强度在 -127 ~ -138 dBm 间变化,且工作环境温度为 16.85 ℃ 时,求其放大器的增益。

解　放大增益仅与噪声强度有关,噪声强度

$$N_i = kTB = -111 \text{ dBm}$$

ADC 能够接受的最大信号功率为

$$P = \frac{V^2}{2R} = \frac{0.01}{100} = 0.000\ 1 \text{ W} = 0.1 \text{ mW} = -10 \text{ dBm}$$

放大器增益即为 $-10 - (-111) = 101$ dB。

3. 混频器／本地振荡器

混频器是实现下变频的核心部件,混频器根据结构不同,既可以使频率降低,也可以用来使频率升高,在卫星定位接收机中由于在射频区内采样和放大信号会带来较大的功耗和较高的成本,为便于系统进行信号处理,需要对信号进行下变频处理,因此采用的是下变频混频器。

中频频率的选择要能够容纳足够带宽的卫星定位信号,对于 GPS L1 信号来说,信号主峰宽度约为 2 MHz,则中频信号的中心频率至少要大于 L1 信号的单边带宽。较低的中频频率有益于降低后续电路的成本和功耗。而对于较高的中频频率,更有利于抑制镜像频率的干扰。同时更高的中频频率也会使更多的信号高频分量进入后续电路。以 GPS 系统为例,当中频频率为 4.309 MHz 时,大概只有 90% 的 C/A 码信号能量可以通过混频器,而如果在后续的跟踪环路中需要采用窄带相关技术,则中频频率甚至要高达 50 MHz。

混频过程的核心是乘法运算,混频器将接收信号与本地振荡信号相乘,来达到搬移信号频谱的目的,并通过滤波器得到所需的中频信号。

4. 模数转换器 ADC

在经过前端电路的放大、滤波、降频等处理之后,ADC 会把模拟信号转化为适合后端电路进行处理的数字中频信号,ADC 的性能指标主要包括分辨率、带宽和功耗。

对 ADC 采样率的选择需满足奈奎斯特采样定理,即采样率 f_s 必须高于信号最高频率分量的 2 倍,以防发生频谱的混叠。由于卫星定位信号属于带通信号,所以在采样率的选择上不必大于最高频率的 2 倍,而是按照带通采样定理,大于信号带宽 B 的 2 倍即可。对于 GPS 的 L1 信号而言,信号带宽约为 2 MHz,采样率则必须大于 4 MHz。若混频过程中采用的是 I/Q 下变频方式,则采样率只需大于 B 的 1 倍即可。

卫星定位接收机射频前端的设计中,设计者一般通过采用过采样的方式来使信号频谱更加疏散,以减少信号混叠,方便滤波器的设计,从而提高信噪比。

过采样的代价是系统的功耗增加,同时对后端处理的运算量和运算速度也提出了更高的要求。针对上述的弊端,设计者可以采用变采样的方式降低信号的采样率。变采样过程中首先要对信号进行低通抗混叠滤波。此时信号已经经过数字化,而相对于模拟环境,低通抗混叠滤波更容易在数字环境下实现。滤波完成后再通过降采样将信号的采样率降低。相对于进入 ADC 前的射频带宽 B_{fe},这里将降采样后的带宽称为预检带宽 B_{pd},预检带宽 B_{pd} 不可能大于射频带宽 B_{fe},但大于信号的主瓣宽度,而变采样后的采样率与 B_{pd} 之间也必须满足奈奎斯特采样定理。以 GPS 的 L1 信号为例,B_{pd} 不会小于 2.046 MHz,故变采样后采样率也必然大于 4.092 MHz。

在卫星定位接收机中,ADC 的采样率不可以和信号扩频码的码速率成整数倍关系。如图 4.8 所示,当信号的采样率和码速率成整数倍关系时,卫星定位接收机将对一定的时间偏移量不敏感,因为在该时间偏移内的采样结果完全一样,这将会导致定位精度的损失。而对于非整倍数采样的系统,则不存在这一问题。同时在考虑系统采样率和扩频码速率的关系时需要考虑码多普勒的影响,以 GPS 的 L1 信号为例,C/A 码的码多普勒在 6.32 Hz 以内,则采样率要避免与任何 $(1.023 \times 10^6 \pm 6.32)$ Hz 范围内的整数倍重合。

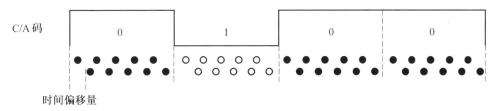

图 4.8　信号的采样率和码速率成整数倍关系

除了对采样率的要求外,卫星定位接收机还对 ADC 的量化位数有所要求。ADC 的量化位数与其分辨率相关。一个 n 位的 ADC 的分辨率为 2^n。随着量化位数的增加,ADC 的分辨率也随之增加,而其量化噪声也会随之降低。卫星定位接收机 ADC 位数一般为 1 ~ 4 位,因为继续增加量化位数并不能带来信噪比显著的增加。以 GPS 的 L1 信号为例,在有限带宽的情况下,一位 ADC 的量化误差损耗约为 3.5 dB,两位 ADC 的量化误差损耗约为 1.2 dB,三位 ADC 的量化误差损耗约为 0.6 dB。

由于过多的量化位数会导致后续处理运算量的增加,所以卫星定位接收机的量化位数一般较低。而为了有效地利用有限的量化位数,必须让信号时刻充满 ADC 的最大量程。由于接收信号的强度会随着温度和环境的变化而变化,所以在 ADC 前加入自动增益控制(AGC)电路是必要的。作为卫星定位接收机射频前端的最后一级放大器件,AGC 需要根据信号的强度来调整增益。有些低端的卫星定位接收机采用的是一位量化的 ADC,这种设计中并不需要 AGC。

增加量化位数虽然不能在信噪比上有更显著的提高,但其对提高信号的抗干扰能力是有帮助的,对于对抗干扰能力有特殊要求的卫星定位接收机,可以考虑采用较多的量化位数。一般来说,干扰信号会比卫星发出的卫星定位信号强度大很多,如果量化位数较少,真正的卫星定位信号可能会被淹没在量化误差中,无法恢复。而如果采用了较多的量化位数,即便干扰信号充满了 ADC 的量程,真实信号也依然保留在采样点中,后续电路中可以通过特殊的算法将真实信号恢复出来。

4.3 GNSS 接收机的信号捕获

卫星定位导航系统的信号处理都是基于通道化的结构体系。图 4.9 给出了导航接收机通道的总体结构,捕获过程提供对信号参数的粗略估计,这些参数通过码跟踪和载波跟踪进行精确化;跟踪完成后,进行导航数据的提取和伪距的计算。

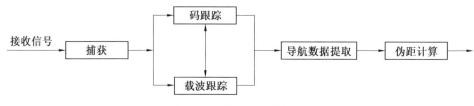

图 4.9　接收机通道框图

接下来的两节中将介绍接收机通道的前两级,其完成的功能是 GNSS 信号扩频码的同步。本节介绍的捕获模块属于粗同步过程,下一节介绍的跟踪过程属于精同步过程。

4.3.1　捕获技术的基本原理

捕获电路位于 GNSS 接收机基带部分的最前端,属于信号同步过程中的粗同步部分,捕获电路为其后端的跟踪电路提供粗略的信号多普勒频移和扩频码的码相位,码相位也可以被认为是信号的时间延迟,从单颗卫星信号捕获的角度来看,GNSS 信号的捕获过程实际上是一个在时域和频域进行二维搜索的过程。而捕获电路还需要通过更换伪随机序列(PN 码),来完成对可见星的搜索,从整体的角度上看,信号捕获完成的是一个三维搜索的过程,如图 4.10 所示。

图中每一个小的方格被称为一个搜索单元,在时域上,捕获电路需要遍历所有的码相位,时域搜索的分辨率 t_{bin} 一般为接收信号的采样间隔。在码域上,捕获电路需要遍历所有在轨卫星的 PN 码。在确定搜索的频率步进量 f_{bin} 和码相位步进量 t_{bin} 后,系统的搜索单元总数 N_{cell} 便可以确定。系统在每个搜索单元上进行搜索的时间被称为驻留时间 T_{dwell},系统遍历所有搜索单元所需的时间记为 T_{tot}。下面通过一个立体来介绍上述参数间的关系。

【例 4.2】　假设接收机对某颗卫星信号的频率与码相位的搜索范围分别设置为 ± 10 kHz 与 1 023 码片,并采用 500 Hz 的频率搜索步长和 0.5 码片的码相位搜索步长,试求该二维搜索的搜索单元总数。如果接收机分别配置 1 个和 2 046 个并行相关器进行搜索,并且在每个搜索单元上的驻留时间为 4 ms,试求在这两种相关器配置资源情况下,搜索完整个搜索区间所需的信号搜索时间。

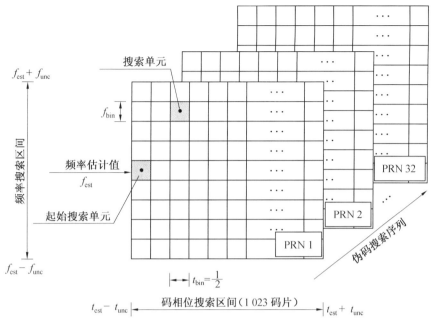

图 4.10　三维搜索示意图

解　首先计算搜索单元总数 N_{cell}，即

$$N_{cell} = \left(\frac{2f_{unc}}{f_{bin}} + 1 \right) \frac{t_{unc}}{t_{bin}} = \left(\frac{2 \times 10\,000}{500} + 1 \right) \times \frac{1\,023}{0.5} = 41 \times 2\,046 = 83\,886 \tag{1}$$

其中,频带数目与码带数目分别为 41 个与 2 046 个。这样,若接收机只有一个相关器来逐个搜索所有单元,则搜索时间 T_{tot} 为

$$T_{tot} = N_{cell} T_{dwell} = 83\,886 \times 0.004 = 335.544\,(s) \tag{2}$$

相比之下,若 2 046 个并行相关器分别同时在 2 046 个不同的码带搜索,则搜索时间 T_{tot} 降低至

$$T_{tot} = \frac{335.544}{2\,046} = 0.164\,(s) \tag{3}$$

可见,采用并行相关器对于实现一个可以被人们所接受的首次定位所需时间性能具有相当的必要性。

捕获电路的核心是相关器,为完成三维搜索的功能,捕获电路需要在不同的频率偏移下对不同的 PN 码进行相关运算。在相关运算中,当输入信号和本地信号完全同步时,相关器会输出一个较大的分量,也就是 PN 码的自相关峰,如第 3 章所述。当接收信号与本地信号不匹配或不同步时,相关器的输出值会很小。

在 GNSS 信号捕获电路中,采用的是循环相关的手段。

$$z(n) = \frac{1}{N} \sum_{m=0}^{N-1} x(m) y(m-n) \tag{4.4}$$

注意这里的 $y(m-n)$ 表示的是循环移位,所以若本地序列和接收信号序列长度为 N 时,相关器输出的相关函数序列长度也为 N,若 N 点中存在一个相关峰,则其位置就反映了两组信号的相位差。

下面介绍捕获电路在每个维度上的搜索范围。频域的搜索范围需要根据接收机的工作环境而定,静止接收机的频域搜索范围大约在 ±5 kHz 之间,动态接收机则需要根据情况扩展搜索范围。频域搜索的分辨率 f_{bin} 与捕获电路的累积时间成反比,一般在几十赫兹到几百赫兹不等,以 GPS L1 信号为例,在系统不进行累积时 f_{bin} 一般定为 500 Hz。上述的情况基于系统冷启动的假设,当系统进行温启动或热启动时,情况会有所不同,关于启动方式的内容将在后面的章节介绍。

GNSS 捕获电路的性能指标包括检测概率 P_d、虚警概率 P_{fa} 以及捕获速度等。在系统的设计中我们希望得到更大的 P_d 和更小的 P_{fa},而二者之间存在相互矛盾的关系,P_d 及 P_{fa} 的大小取决于门限值 V_t 的选取,较大的 V_t 可以降低 P_{fa},但 P_d 也会随之降低,反之亦然。在捕获电路的设计中,为在保证 P_d 的条件下降低 P_{fa},需要对信号进行多次捕获并进行统计,但这种方法将带来时间上的额外开销,关于降低虚警的方法,将在后续章节中介绍。

捕获速度常用平均捕获时间 T_{acq} 衡量,在实践中它指的是接收机从开始到声明捕获首个卫星信号所需的平均时间。为提高捕获速度,在设计中除了采用更优越的捕获算法外,还可以通过缩小信号搜索范围、提高接收信号信噪比和采用大块并行相关器等手段。

图 4.11 描述的是接通道在捕获与跟踪状态间转换的逻辑图,值得指出的是具体的电路中可能采取的转换逻辑可能因各自的系统而异,并非只有这一种转换逻辑。

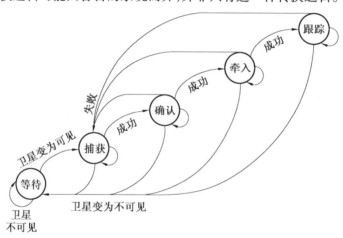

图 4.11　接收机通道工作流程图

接收机的各个通道基本上是独立工作的,在任何时刻,通道必然处于图中 5 个状态之一,各通道间的协调由上级电路完成,不进行捕获或跟踪工作的通道处于等待状态,当接到上位机的启动信号后,进入捕获状态。在捕获状态中,该通道会根据上位机的要求进行二维搜索,若不成功则转回等待状态,若成功捕获则进入确认状态。确认状态中,系统会通过多次测量的手段降低虚警。若确认信号存在,下一个阶段是牵入阶段,该阶段中系统通过各种算法尽量将码相位和频率偏移等结果精细化,以方便后面跟踪电路对信号的锁定。最后信号进入跟踪环路。这期间的任何一步内如果卫星变为不可见,则通道再次进入等待状态。

4.3.2　时域搜索

本小节介绍 GNSS 信号捕获的二维搜索中时域上的搜索方法。目前比较主流的时域搜索结构包括串行捕获和并行捕获两种,其中串行捕获又称为时域捕获,并行捕获又称为频域捕获。值得注意的是,这里所说的频域捕获是指将时域信号变换到频域进行分析,而非对频域进行搜索,频域捕获的结果仍然反映的是时域上的延迟。

1. 串行捕获

串行捕获的结构如图 4.12 所示,该结构是对相关运算的直观体现。

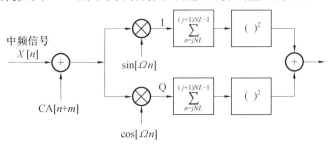

图 4.12　串行捕获结构

信号与本地载波和本地 PN 码相乘后,进入积分器对一个周期内的所有采样点进行累加,累加结果取模则得到相关函数中的一个样点。若该输出值大于系统所设的门限值,则判定为信号同步,相关运算到此结束,将参数传递给下一级电路。若该采样点未超过门限值,则将本地 PN 码序列进行一个采样点的延迟后再次进行上述操作,得到下一个相关函数值。假设每个 PN 码周期内采样点的个数是 N,若 N 次上述运算都没有得到足够大的相关函数值,则说明信号不在该搜索单元内。串行捕获结构的优势在于其占用的硬件资源很少,但其缺点在于运算速度慢,实时性差。

2. 并行捕获

并行捕获可以将 N 次码相位搜索通过傅里叶变换一次完成,大大节约运算时间。将式 (4.4) 进行离线傅里叶变换得到 $Z(k)$ 如下:

$$Z(k) = \sum_{n=0}^{N-1} z(n) \mathrm{e}^{-2\pi jkn/N} = \sum_{n=0}^{N-1} \sum_{m=0}^{N-1} x(m) y(m+n) \mathrm{e}^{(-2\pi jkn)/N} =$$

$$\sum_{m=0}^{N-1} x(m) \left[\sum_{n=0}^{N-1} y(n+m) \mathrm{e}^{(-j2\pi(n+m)k)/N} \right] \cdot \mathrm{e}^{(j2\pi mk)/N} =$$

$$Y(k) \sum_{m=0}^{N-1} x(m) \mathrm{e}^{(j2\pi mk)/N} = Y(k) \overline{X(k)} =$$

$$\overline{X(k) \overline{Y(k)}}$$

式中　$X(k)$ 与 $Y(k)$——$x(k)$ 和 $y(k)$ 的傅里叶变换。

通过上式可以看出系统可以通过将本地信号和接收信号的 FFT 结果进行共轭相乘后再进行 IFFT 的方式得到相关函数,如图 4.13 所示。

并行捕获结构的优势在于速度快,并且减少了计算量,不过 FFT 运算所占用的硬件资源较大,使得其硬件开销较串行捕获结构更大。由于傅里叶变换为复数运算,所以在这里将数据变为相互正交的 I/Q 两路进行 FFT 会有更高的效益。

值得注意的是,FFT 运算对于采样点数有严格要求,对于 GNSS 信号捕获而言,一个 PN 码周期中所包含的采样点数应该是一个以 2 为底的幂。而系统射频前端的采样率并不一定满足该要求,这就需要信号在进入并行捕获电路之前经过变采样处理。

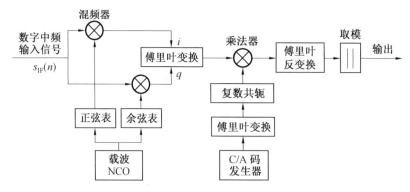

图 4.13　并行码相位搜索捕获算法流程

由于在基带电路中的信号是离散的,所以变采样处理前后的信号可以视为两个不同的数组 $a(n)$ 和 $b(m)$。变采样处理的核心思想是将原数组所包含信号的能量,尽可能平均地分配给新数组的各个采样点。

设序列 $a(n)$ 的长度为 $N,n = 0,1,\cdots,N - 1$,要从序列 $a(n)$ 中抽取出 M 个点($N > M$)变成序列 $b(m),m = 0,1,\cdots,M - 1$。为了保证序列的均匀性而不破坏 C/A 码的相关特性,令 m 与 n 的对应关系是

$$n = \left[m \cdot \frac{N}{M} \right]$$

式中　$[x]$——不大于 x 的最大整数。

这个式子的来源是尺度缩放。由此

$$b(m) = a\left(\left[m \cdot \frac{N}{M} \right] \right) \quad (m = 0,1,\cdots,M - 1) \tag{4.5}$$

如果要把序列 $a(n)$ 平滑成序列 $b(m)$,那么首先要把序列 $a(n)$ 进行分段。使用式(4.5)确定分段的起始点,然后求每一段的平均值构成序列 $c(m),c(m)$ 就是平滑后的序列。

具体而言,对信号(包括接收信号和本地码)的平滑需要经过以下 3 个步骤:分段、段内累加、对每一段取均值。若要把 N 个点平滑成 M 个点,取 $d = [N/M]$,则每 d 个或者每 $d + 1$ 个值取一次平均。以 $N = 16\,368,M = 4\,096$ 为例,算得 $d = 3$,即每 3 个或者每 4 个值取一次平均。

4.3.3　频域搜索

频域搜索是捕获电路的另一个基本功能,是基于数字下变频电路实现的,下变频的过程也被称为载波剥离。对于 GNSS 信号来说,时域上的搜索实质上是完成 PN 码的同步,即解扩的过程,而频域上的搜索则是完成解调的过程,从图 4.12 和图 4.13 中可以看出,解调过程往往在解扩过程之前,而且无论采用串行捕获结构或是并行捕获结构,下变频电路都是采用 I/Q 方式进行载波剥离,实际上,如果以单路信号进行下变频,也可以在相关器中得到相关峰,但其相关峰值会有所损失,影响捕获电路的灵敏度。

1. 乒乓搜索

乒乓搜索就是将整个搜索频域分成多个频槽f_{bin}，并在逐个频槽上进行相关运算，当相关函数峰值足够大时，认为本地载波频率已对准信号频率。

在确定多普勒搜索范围后，乒乓搜索捕获算法通常是从该范围的中间频槽开始搜索，并向两端左右交替地扩展搜索范围。例如，假设多普勒频移搜索范围为 ±5 kHz，中心频率为 4 MHz，频槽宽度为 500 Hz，则系统在展开搜索时，首先将本振频率调到 4 MHz 上进行搜索，然后依次搜索 4.000 5 MHz，3.999 5 MHz，4.001 0 MHz，3.999 0 MHz 等共 21 个频槽。这种"圣诞树"状的搜索顺序，有助于提高接收机快速捕获卫星信号的概率。

图 4.14 展示的是 GPS L1 信号的相关峰值和频率偏差之间的关系。可以看出，本地载波与接收信号载波之间的频率差 f_e 会在信号检测量 V，即相关峰值中引入值为 $|\mathrm{sinc}(f_e T_{coh}\pi)|$ 的损耗，使系统产生漏警，这里的 T_{coh} 表示系统相干累积的时间，关于累积的知识本书将在后面介绍。

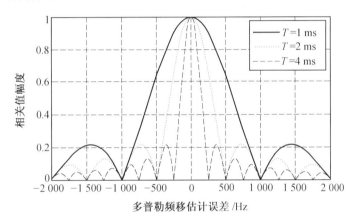

图 4.14 相关峰值和频率偏差之关系

接收机通常将这种损耗控制在 3 dB 以内，即 $|\mathrm{sinc}(f_e T_{coh}\pi)|^2 = 0.5$，所以频率的绝对误差 f_e 不应超过 $0.443/T_{coh}$，即频槽宽度 f_{bin} 不超过 $0.886/T_{coh}$，在实践中，通常取

$$f_{bin} = \frac{2}{3T_{coh}}$$

以 2/3 作为系数，可以保证每个 3 dB 带宽之间有一定的重叠，进一步减小系统漏警。

2. 通过循环移位扫频

对于并行码相位搜索算法，我们可以利用离散傅里叶变换的频移特性提高其频域搜索速度：

$$\mathrm{IDFT}[X(K-L)] = x(n)W^{-ln}$$

将接收信号的离散傅里叶变换结果循环移动 L 位，就可以看作是原调制信号的频谱进行了搬移，假设 FFT 点数为 N，采样率为 f_s，则会得到间隔为 $f_s * L/N$ 的频点上的相关函数值。采用这种方式只需要进行一次 IFFT 运算就可以得到新频槽下的相关函数，如图 4.15 所示。

易见，循环移位法的频率分辨率与并行频域搜索算法的频域分辨率一致，这种较低的分辨率往往无法满足弱信号捕获的要求。

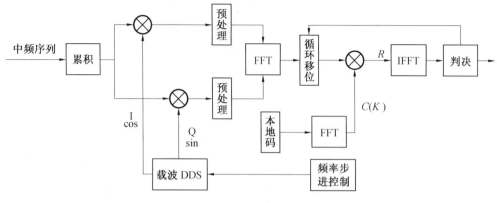

图 4.15 循环移位扫频结构示意图

4.3.4 GNSS 弱信号的捕获

在室内、丛林、城区等高遮挡的环境下,GNSS 接收机收到的信号强度可能会有很大的衰减,本章将讨论弱信号环境下的 GNSS 信号捕获问题。

在接收机设计中,主要采用信号累积的方法来提高捕获灵敏度。基本的累积方法有 4 种:相干累积、非相干累积、差分相干累积和半比特累积算法。4 种累积方式中,相干累积对捕获灵敏度的提升效果最显著,但由于导航数据的存在以及捕获速度的代价,使得相干累积的长度不能够无限延长。另外,硬件系统晶体振荡器的相噪也是制约累积长度的一个因素,在晶振相噪的影响下,过长时间的信号累积反倒会使捕获的灵敏度下降。由于上述限制因素的存在,设计者需要通过采用合理的累积策略将几种基本的累积方法结合使用,从而尽可能地提高接收机捕获灵敏度,半比特累积算法就是其中的一种。

1. 相干累积

相干累积法的原理如图 4.16 所示,先对每一个搜索单元上的相关运算结果进行多周期的累加,然后平方,即可获得高信噪比的判决变量。设搜索单元 (τ, F_D) 所对应的第 k 个积分周期的相关值为 $Y_k(\tau, F_D)$,那么经 K 个周期的累积之后,判决变量变为

$$S_{COH}(\tau, F_D) = \left| \sum_{k=0}^{K-1} Y_k(\tau, F_D) \right|^2 \tag{4.6}$$

在相干累积过程中,不同周期的信号间是相关的,所以累积后的功率呈平方倍数增长,而不同周期的噪声满足独立的零均值高斯分布,所以相干积分的过程类似于平均作用,其功率只呈线性增加。这样,经过 K 个周期的相干累积后,判决变量的信噪比变为原来的 K 倍。可以将相干累积增益 G_{COH} 表示为

$$G_{COH}(K)/dB = 10\lg K \tag{4.7}$$

但相干累积的长度受到导航数据的限制,以 GPS L1 信号为例,导航数据(D 码)的比特宽度为 20 ms,即每 20 ms 导航数据比特就可能翻转一次,所以相干累积的时间不能超过 20 ms,否则翻转后的信号求出的相关函数符号与先前的相反,这将导致灵敏度的损失。

另外,K 个周期的相干累积会使系统的多普勒频槽宽度 f_{bin} 变为原来的 $1/K$,相应的,系统所需要覆盖的搜索单元也就是原来的 K 倍,这样系统的 TTFF 就与 K 值的平方成正比,从而使系统在捕获速度上付出很大的代价。

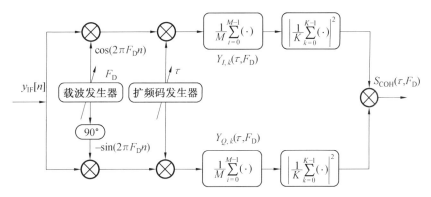

图 4.16　相干累积法的时域捕获框图

2. 非相干累积

非相干累积法就是将 K 个周期的相关平方值进行线性累加,来提高判决变量的信噪比。同相干累积方法不同的是,它没有利用不同周期信号之间的相位相关性,同时也避免了相位模糊对累积结果的影响,即不受导航数据比特翻转的影响。因此其非相干累积长度不受导航电文数据速率的限制,可以采用更长的累积时间。搜索单元 (τ, F_D) 的相关值经过 K 个周期非相干累积后,生成的判决变量表示为

$$S_{\mathrm{NCH}}(\tau, F_D) = \sum_{k=0}^{K-1} \mid Y_k(\tau, F_D) \mid^2 = \sum_{k=0}^{K-1} S_k(\tau, F_D) \tag{4.8}$$

相应的时域捕获模块如图 4.17 所示。

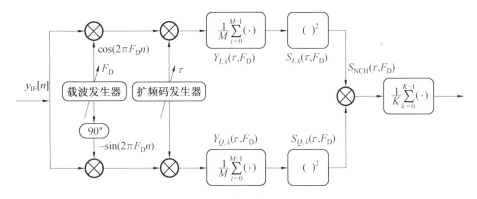

图 4.17　非相干累积法的时域捕获框图

尽管非相干累积可以避免相位模糊的问题,但是由于采用了先平方后线性累加的处理,其判决变量的信噪比会受到平方损失的影响。在这里用 S 表示信号能量,N 表示噪声能量,将之相关平方后有

$$(S + N)^2 = S^2 + N^2 + 2SN$$

在平方去除相位相关性的过程中,噪声和信号是同时被平方的,并且噪声与信号的交叉乘积项成为新的噪声引入到判决变量中。所以,非相干累积的增益实际上相当于相同累积时间的相干累积增益减去平方损失的结果。通常,平方损失可以表示为

$$L_{\mathrm{NCH}}(K) = 10\lg\left[\frac{1 + \sqrt{1 + 9.2n/D_c(1)}}{1 + \sqrt{1 + 9.2/D_c(1)}}\right] \tag{4.9}$$

式中　$D_c(1)$——理想检测能力因子,是检测概率 P_d 和虚警概率 P_{fa} 的函数,可以写作

$$D_c(1) = [\text{erfc}^{-1}(2P_{fa}) - \text{erfc}^{-1}(2P_d)]^2 \tag{4.10}$$

且 erfc^{-1} 为互补误差函数的反函数。当 K 较大时,平方损失近似为 $5\lg K$。由此,非相干累积增益 G_{NCH} 可以表示为

$$G_{NCH}(K) = G_{COH}(K) - L_{NCH}(K) \tag{4.11}$$

随着累积时间的增加,平方损失也会相应增加,所以非相干累积虽然不会受到导航数据的制约,但其累积长度也不能过长。非相干累积不会导致系统频槽变窄。

3. 差分相干累积

差分相干处理最初是为了减小 CDMA 系统中频移和衰落引起的相位抖动而提出的。鉴于 GNSS 信号的传输过程也可以看作是慢衰落过程,因此差分相干累积方法被引入到信号捕获后处理部分。对于经历了慢衰落过程的导航信号来说,相邻两个周期的相位可以认为近似不变。这样,用差分运算代替平方运算,判决变量就变为

$$S_{DfCH}(\tau, F_D) = \sum_{k=0}^{K-1} \text{Re}\{Y_k(\tau, F_D) \cdot Y_{k+1}(\tau, F_D)\} \tag{4.12}$$

在实际应用中,一般取差分运算结果的实数部分作为最终的判决变量,相应的时域捕获模块如图 4.18 所示。

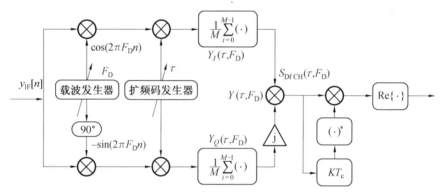

图 4.18　基于差分相干累积法的时域捕获框图

差分相干累积是利用相邻周期信号相位的相关性,有效地去除随机相位的影响,同时相邻周期的噪声相关性较差,经过共轭相乘后放大相对较小。因此,差分相干累积法对信噪比的改善效果要优于非相干累积法。另一方面,由于差分相干运算对比特翻转不敏感,所以也有效地解决了相干累积时间 T 的选择问题。如果将相干和差分相干累积结合起来应用,那么就可以选择较少的相干累积时间 T,这样对频率槽宽度 Δf 可以适当放宽,减少搜索时间和捕获响应时间。

4. 半比特累积算法

上述三种方法在独立使用时都面临着较大的限制,所以在设计中往往通过一些累积算法将两种以上的方法通过合理的安排进行组合,消除导航数据位反转带来的限制,增加信号的累积时间。典型的累积结构主要包括半比特法、全比特法、估计最佳导航数据组合的圆周算法等。这里以 GPS L1 信号常用的半比特法累积结构为例,对弱信号捕获过程中的累积算法进行讲解。

半比特法累积如图 4.19 所示,通过将接收到的信号分割成每 10 ms 一段,进行相干累积,相干累积的结果按照时间顺序交替分配给奇偶两路分别进行非相干累积。累积结果中必然有一组的结果峰值要高于另一组,因为导航数据周期为 20 ms,在每两个相邻的 10 ms 数据段中必然有一个是没有遇到导航数据位比特反转的。半比特法中将峰值更高的一组认为是判决变量,通过观察其峰值是否超越门限来判定信号的有无。

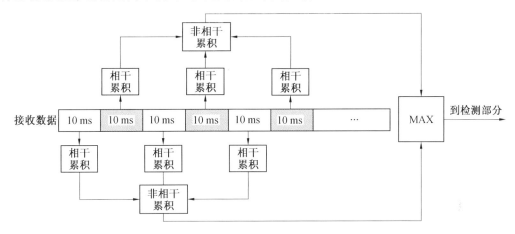

图 4.19　半比特法累积示意图

4.3.5　信号确认算法

如图 4.11 中所述,当基本的捕获过程完成后,系统需要保持当前状态,对信号进行多次额外的捕获,并通过多次捕获的结果来降低系统的虚警概率,并对难以确认的信号追加更多的搜索时间。比较常用的方法是 Tong 搜索和 N 中取 M 搜索。

Tong 搜索也被称为唐搜索,该算法可以对难以确定的信号追加更多捕获时间,算法流程如图 4.20 所示。

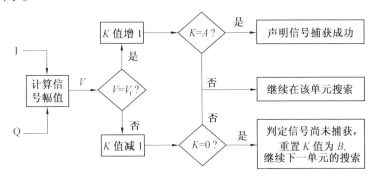

图 4.20　Tong 搜索的算法的流程

Tong 搜索包含一个计数变量 K,而图 4.20 中的 A 与 B 分别是该计数变量的门限值和初始值。首先,当接收机在某个搜索单元开始搜索信号时,搜索单元被预制成 B;接着,在每次相关运算结束后都将检测量 V 与捕获门限值 V_t 相比较,若 V 大于 V_t,则 K 值加 1,反之 K 值减 1;当 K 值达到门限值 A 时,系统认定信号存在;若 K 值被减为 0,则认定信号不存在;若 K 值在 0 和 A 之间,则停留在此单元继续搜索。

A 和 B 的选取需要综合考虑速度、检测概率和虚警概率。门限值 A 的取值一般为 8 ~ 12,对于强信号捕获需要采用更小的 A 值。B 值越小,搜索速度越快。在某些特殊情况下,Tong 搜索检测法会出现长时间的循环,而无法给出定论的情况,针对这种现象,往往在系统中加入搜索次数的上限,当搜索次数过多时,系统强制跳转到下一个搜索单元上重新开始搜索。

下面对 Tong 搜索法性能进行分析。假设将 B 值设为 1,那么对一个不含信号的搜索单元来讲,接收机在放弃对其进行搜索之前平均搜索次数为

$$N_{\text{avg}} = \frac{1}{1 - 2P_{\text{fa}}} \tag{4.13}$$

由于系统在大部分时间里都是在搜索没有信号存在的搜索单元,因而以码片／秒为单位的搜索速度 R_{avg} 为

$$R_{\text{avg}} = \frac{t_{\text{bin}}}{N_{\text{avg}} T_{\text{dwell}}} \tag{4.14}$$

式中　t_{bin}——码相位的搜索步长;

T_{dwell}——系统在每个搜索单元上停留的时间。

若定义 P_{fa} 为单次搜索的虚警概率,则 Tong 搜索整体的虚警概率 P_{FA} 和整体的检测概率 P_{D} 分别为

$$P_{\text{FA}} = \frac{\left(\dfrac{1 - P_{\text{fa}}}{P_{\text{fa}}}\right)^{B} - 1}{\left(\dfrac{1 - P_{\text{fa}}}{P_{\text{fa}}}\right)^{A+B-1} - 1} \tag{4.15}$$

$$P_{\text{D}} = \frac{\left(\dfrac{1 - P_{\text{d}}}{P_{\text{d}}}\right)^{B} - 1}{\left(\dfrac{1 - P_{\text{d}}}{P_{\text{d}}}\right)^{A+B-1} - 1} \tag{4.16}$$

从总体上讲,Tong 搜索检测法的计算量较为合理,对于载噪比在 25 dB·Hz 以上的信号有较好的检测性能。

【例 4.3】　假如某接收机对于例 4.2 中的二维搜索问题采用 Tong 搜索检测法,并且单次搜索虚警率 P_{fa} 设置为 10%,相干积分时间 T_{cah} 为 1 ms,非相干积分数目 N_{nc} 为 1。试用式 (4.14) 计算捕获到信号所需的最长的搜索时间。

解　将虚警率 P_{fa} 代入式 (4.13),得 Tong 算法对每个搜索单元的平均搜索次数 N_{avg} 为

$$N_{\text{avg}} = \frac{1}{1 - 2P_{\text{fa}}} = \frac{1}{1 - 2 \times 0.1} = 1.25 \tag{1}$$

由相干积分时间 T_{cah} 和非相干积分数目 N_{nc} 相乘,得单次搜索的驻留时间 T_{dwell} 为

$$T_{\text{dwell}}/\text{s} = N_{\text{nc}} T_{\text{cah}} = 0.001 \tag{2}$$

这样,将码相位搜索步长 t_{bin}、驻留时间 T_{dwell} 和平均搜索次数 N_{avg} 代入式 (4.14),得平均搜索速度 R_{avg} 为

$$R_{\text{avg}}/(\text{码片} \cdot \text{s}^{-1}) = \frac{t_{\text{bin}}}{N_{\text{avg}} T_{\text{dwell}}} = \frac{0.5}{1.25 \times 0.001} = 400 \tag{3}$$

最差情况,如果接收机在最后一个频带和最后一个码相位才成功地检测到信号,那么这种情况所需要的搜索时间最长,并且这一时间等于

$$\frac{41 \times 1\,023}{400} \approx 105 \text{ s} \tag{4}$$

4.3.6 精细频率估计

由图 4.14 中可以看出,1 ms 的数据得到的频率分辨率大约为 1 kHz,相对于跟踪环路的带宽而言过于粗糙,这里即需要对接收信号的频率进行更精确的估计,也就是图 4.11 中的牵入过程。

当本地 PN 码和接收信号的 PN 码对齐后,扩频码即可以从信号中剥离,此时的信号可以在短时间内看作单纯的载波信号。以 1 ms 为例,对信号进行 FFT 运算,将 m 时刻的输出主峰值计为 $X_m(k)$,则此时输入信号的初始相位为

$$\theta_m(k) = \arctan\left\{\frac{\text{Im}[X_m(k)]}{\text{Re}[X_m(k)]}\right\}$$

式中　　Im——取复数的虚部;

　　　　Re——取复数的实部。

再取邻近的 n 时刻也进行同样的处理,得到初始相位

$$\theta_m(k) = \arctan\left(\frac{\text{Im}[X_n(k)]}{\text{Re}[X_n(k)]}\right)$$

则此时可以估计信号的频率为

$$f = \frac{\theta_n(k) - \theta_m(k)}{2\pi(n-m)}$$

为使得到的频率不致模糊,相位差 $\theta_n - \theta_m$ 必须小于 2π,所以要求 m 与 n 之间的时间差不能过大。利用这种方法得到的频率精度要高于之前介绍的方法,但其应用前提是 PN 码已经剥离,而 PN 码剥离的过程需要有载波的参与,所以其并不适合在捕获电路中直接使用。同时,由于反三角函数运算的复杂性,该算法在硬件实现中较为复杂。

精细频率估计有很多种方法,这里只以一种为例进行描述,对这方面感兴趣的读者可以查阅相关的专业文献。

4.4　GNSS 接收机的信号跟踪

导航信号的同步分为粗同步和精同步两部分,其中粗同步就是信号的捕获,这已经在上两节进行了讲解,本节将主要阐述导航信号的精同步 —— 跟踪。在信号跟踪阶段,信号通道从捕获阶段获得的当前这个卫星的载波频率和码相位的粗略估计值出发,通过跟踪环路逐步精细对这两个信号参量的估计,同时输出对信号的测量值,然后解调出信号中的导航电文数据比特。跟踪主要分为载波跟踪和码跟踪两部分,它们分别用于跟踪接收信号中的载频和伪码。

4.4.1　载波跟踪环

载波跟踪环的目的是尽量使所复制的载波信号与接收到的卫星载波信号保持一致,从而通过混频机制彻底地剥离卫星信号中的载波。若复制载波与接收载波不一致,则接收信

号中的载波就不能被彻底剥离,接收信号不能被下变频到真正的基带。不仅如此,若复制载波与接收载波不一致,会导致码环所得到的 C/A 码自相关幅值受到削弱。为了彻底剥离数字中频输入信号中的载波,使其从中频下变频到基带,载波环必定包含一个混频器,并且它所复制的载波必须与输入载波保持一致。如果载波环通过检测其复制载波与输入载波之间的相位差异,然后再相应地调节复制载波的相位,使两者的相位保持一致,那么这种载波环跟踪的形式称为相位锁定环路;如果载波环通过检测其复制载波与载波之间的频率差异,然后再相应地调节复制载波的频率,使两者频率保持一致,那么这种载波环的实现形式称为频率锁定环路。

1. 相位锁定环路

相位锁定环路简称锁相环(PLL),是以锁定输入载波信号的相位为目标的一种载波实现形式。锁相环曾被描述成一种接收机技术。从根本上讲,锁相环是一个产生、输出周期信号的电子控制环路,通过不断地调整其输出信号的相位,使输出信号的相位与输入信号的相位时刻保持一致。当输入输出信号的相位保持一致时,称锁相环进入了锁定状态,并且此时的锁相环表现为它的稳态特性;当输入、输出信号的相位尚未达到一致但正趋于一致时,称锁相环运行在牵入状态,并且此时的锁相环表现为它的暂态特性。若暂态过程不收敛或者干扰过于激烈而导致锁相环未能进入锁定状态,则称锁相环暂时失锁,它最终可能会丢失信号。

一个典型的锁相环主要由相位鉴别器(鉴相器)、环路滤波器和压控振荡器(VCO)3 部分构成(图 4.21)。这里将锁相环的输入信号 $u_i(t)$ 和由压控振荡器产生的输出信号 $u_o(t)$ 分别表达成

$$\begin{cases} u_i(t) = U_i \sin(\omega_i t + \theta_i) \\ u_o(t) = U_o \cos(\omega_o t + \theta_o) \end{cases} \tag{4.17}$$

其中,输入信号 $u_i(t)$ 省去了 C/A 码和数据比特信息,输入信号的角频率 ω_i 和初相位 θ_i 以及输出信号的角频率 ω_o 和初相位 θ_o 均是一个关于时间的函数。锁相环的任务就是使它的输出信号 $u_o(t)$ 与输入信号 $u_i(t)$ 之间的相位保持一致,这样输出信号 $u_o(t)$ 看上去就好像是输入信号 $u_i(t)$ 的一个副本。

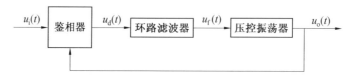

图 4.21　锁相环的组成

用来鉴别输入信号 $u_i(t)$ 与输出信号 $u_o(t)$ 之间相位差异的鉴相器可以看作一个乘法器。当 $u_i(t)$ 与 $u_o(t)$ 经鉴相器的乘法运算后,鉴相结果信号 $u_d(t)$ 就等于

$$\begin{aligned} u_d(t) = u_i(t) u_o(t) = U_i U_o \sin(\omega_i t + \theta_i) \cos(\omega_o t + \theta_o) = \\ K_d \{ \sin[(\omega_i + \omega_o)t + \theta_i + \theta_o] + \\ \sin[(\omega_i - \omega_o)t + \theta_i - \theta_o] \} \end{aligned} \tag{4.18}$$

其中鉴相器增益 K_d 为

$$K_d = \frac{1}{2} U_i U_o \tag{4.19}$$

当锁相环进入锁定状态后,其输出信号的角频率 ω_o 应当非常接近输入信号的角频率 ω_i,于是式(4.18)中最后一个等号的右边的第一项是角频率约为 2 倍于 ω_i 的高频信号成分,而第二项则为鉴相结果 $u_d(t)$ 中有用的低频信号成分。

环路滤波器是一个低通滤波器,其目的在于降低环路中的噪声,使滤波结果既能真实地反映滤波器输入信号的相位变化情况,又能防止由于噪声的缘故而过激地调节压控振荡器。当鉴相器输出信号 $u_d(t)$ 经过一个理想的低通滤波器后,它的高频信号成分和噪声被滤除,于是滤波器的输出信号 $u_f(t)$ 就等于 $u_d(t)$ 中的低频信号成分,即

$$u_f(t) = K_d K_f \sin \theta_e(t) \tag{4.20}$$

式中　　K_f—— 滤波增益;

　　　　$\theta_e(t)$—— 锁相环输入信号与输出信号之间的相位差异。

假如输出与输入信号的角频率 ω_o 与 ω_i 相等,那么 $\theta_e(t)$ 的值就等于初相位 θ_o 与 θ_i 之间的差异,即

$$\theta_e(t) = \theta_i - \theta_o \tag{4.21}$$

尽管输入信号的初相位 θ_i 通常会随着时间的不同而变化,但当信号被锁相环锁定时,不仅输出信号的角频率 ω_o 等于 ω_i,而且输出信号的初相位值 θ_o 也应该很接近 θ_i,即相位差 $\theta_e(t)$ 的值在零附近。这样,环路滤波器在锁相环锁定状态下的输出信号 $u_f(t)$ 的表达式(4.20)就可以近似地写成

$$u_f(t) \approx K_d K_f \theta_e(t) \tag{4.22}$$

上式表明,鉴相结果的滤波值 $u_f(t)$ 与输入输出信号之间的相位差 $\theta_e(t)$ 呈线性正比关系。然后当相位差 $\theta_e(t)$ 很大时,线性化过程不成立。

在鉴相结果得到滤波后,环路滤波器的输出信号 $u_f(t)$ 接着作为输入到压控振荡器的控制电压信号。压控振荡器的基本功能是产生一定频率的周期振荡信号 $u_o(t)$,并且该信号的频率变化量与控制信号 $u_f(t)$ 的大小成正比。压控振荡器的这一控制关系可以表达为

$$\frac{d\omega_0(t)}{dt} = K_o u_f(t) \tag{4.23}$$

式中　　K_o—— 压控振荡器的增益;

　　　　$\omega_o(t)$—— 压控振荡器的瞬间输出角频率。

由于角频率对时间的积分为相位变化量,那么角频率变化率的积分就相当于初相位的变化量。因此根据式(4.23),可得压控振荡器输出信号 $u_o(t)$ 的瞬间初相位 $\theta_o(t)$ 为

$$\theta_o(t) = \int_0^t \frac{d\omega_o(t)}{dt} dt = K_o \int_0^t u_f(t) dt \tag{4.24}$$

上式假定了在零时刻的初相位 $\theta_o(0)$ 等于零。

可见,只要锁相环输入与输出信号之间的相位存在一个不等于零的差异 $\theta_e(t)$,不等于零的鉴相结果滤波值 $u_f(t)$ 随后就会相应地调整压控振荡器输出信号频率。锁相环正是通过重复不断地鉴别输入与输出信号之间的相位差异和相应地调整输出信号的频率,从而达到使输出信号相位与输入信号相位保持一致的目的。

2. 频率锁定环路

锁相环复现输入卫星的准相位和频率以完成载波剥离功能。锁频环(FLL)则通过复现近似的频率以完成载波剥离过程,典型情况下允许输入载波信号相位的翻转。因此,也称

锁频环为自动频率控制环。

锁频环追求的是复制载波与接收载波之间的频率保持一致,却不要求两者在相位上保持一致。考虑用户运动、接收机基准频率漂移和噪声等不定因素,锁相环所复制的载波与接收载波之间时不时地存在着或多或少、或正或负的频率差异 $f_e(n)$,这导致两者之间的相位差异 $\phi_e(n)$ 会随着时间的推移而变化。假如锁频环的相干与正交支路在第 n 历元分别输出相干积分值 $I_P(n)$ 和 $Q_P(n)$,相应的四象限相位差异角为 $\phi_e(n)$,而在第 $n-1$ 历元的相位差异角为 $\phi_e(n-1)$,那么角频率 $\omega_e(n)$ 可从这相邻两个历元的相位差异变化率估算出来,即

$$\omega(e) = \frac{\phi_e(n) - \phi_e(n-1)}{t(n) - t(n-1)} \tag{4.25}$$

上述角频率误差估算式的成立隐含着一个重要假设,即产生 $\phi_e(n)$ 和 $\phi_e(n-1)$ 的相邻两段相干积分时间必须对应于同一个数据比特时沿。在初始信号捕获期间,接收机并不知道数据跳变的边界在哪里,在完成比特同步的同时,与相位锁定相比,一般更易于与卫星信号保持频率锁定。这是因为,锁频环鉴别器对某些 I 和 Q 信号是否跨越了数据比特不敏感。当预检测积分时间与数据比特跳变时间区间相比较小时,受影响的积分和清零采样值会更少,但平方损耗会更高。

锁频环的频率误差鉴别结果经环路滤波器的滤波后,施加在载波数控振荡器的输入端,从而调节载波数控振荡器输出的载波频率,从而推断出该接收信号的多普勒频移。除了输出最直接的多普勒频移测量值之外,锁频环通过载波积分器输出积分多普勒测量值 $d\phi$。若给定一个初始值,则积分多普勒测量值就变成载波相位测量值 ϕ。尽管锁频环也产生了载波相位测量值,但是由于未进行相位差异校正,而是经由多普勒频移对时间的积分得到,因而这种载波相位测量值没有锁相环的载波相位测量值那样精确。

4.4.2 码跟踪环

码环通过其内部的码发生器尽量复制出一个与接收信号中的 C/A 码一致的 C/A 码,然后再让两者作相关运算,以剥离 GPS 信号中的 C/A 码,这同时也提高了原本淹没在噪声中的 GPS 信号的信噪比。基于 C/A 码的良好的自相关特性,码环接着检测其复制的 C/A 码与接收 C/A 码之间的一致性程度,从而调整复制的 C/A 码的相位,使得它在下一时刻仍与接收 C/A 码的相位相一致。当它们之间的相位一致时,自相关值会达到最大,而相关运算后的信号功率也达到最强;否则当两者相位不一致时,它们之间的自相关值会很小,相关后信号功率会很低,该卫星信号也很难被码环所跟踪。

1. 延迟锁定环路的工作原理

码跟踪环常用延迟锁定环路(DLL),其基本工作原理和组成结构如图 4.22 所示。C/A 码具有良好的自相关和互相关特性:只有当两个相同序列的 C/A 码对齐时,它们两者之间的相关性才达到最大值;否则,若两个 C/A 码为不同序列,或者两个相同序列的 C/A 码之间存在着相位差异,则两者之间的相关性变低,相关值甚至接近为 0。正是根据这个原理,接收机首先通过 C/A 码发生器产生一个它希望跟踪的那颗 GNSS 卫星所发射的、相位大致相同的 C/A 码信号,并将这一复制 C/A 码与接收信号作相关运算;然后检测所得到的相关结果幅值是否达到最大,并且从中估算出复制 C/A 码与接收 C/A 码之间的相位差异;最后将滤波后的码相位差异作为 C/A 码数控振荡器的控制输入,以相应地调节 C/A 码发生器所输

出的复制 C/A 码的频率和相位,使复制 C/A 码和接收 C/A 码时刻保持对齐。

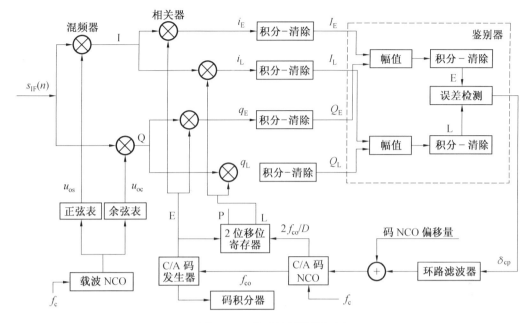

图 4.22　典型的延迟锁定环

尽管码环的用意在于将复制 C/A 码与接收 C/A 码之间的相关结果维持在最大值,并以此锁定接收信号,但是可以想象,如果码环在每一时刻只复制一份 C/A 码,那么由于缺乏可比性,码环会难以判断该份复制 C/A 码与接收信号的相关结果是否真正达到最大。鉴于此,码环一般复制出 3 路不同相位的 C/A 码,分别为超前(Early)、即时(Prompt)和滞后(Late)支路,并分别用 E、P、L 表示,其中超前码的相位比即时码的相位略微超前,滞后码的相位比即时码的相位稍微落后,而码环希望即时码与接收 C/A 码之间的相位保持一致。当这 3 路不同相位的复制 C/A 码分别同时与接收信号作相关运算后,码环可以通过比较所得的多个相关结果,从中推算出 C/A 码自相关函数主峰顶端的位置。

如图 4.22 所示,作为基带数字信号处理模块输入的数字中频信号 $S_{IF}(n)$,首先分别同时与 I 支路上的正弦载波复制信号 $u_{os}(n)$ 和 Q 支路上的余弦载波复制信号 $u_{oc}(n)$ 相乘,混频生成 $i(n)$ 和 $q(n)$ 信号,使得输入信号中包含多普勒频移在内的中频载波被彻底剥离。也就是说,$i(n)$ 和 $q(n)$ 信号的中心频率被平移到 0,但是它们此时仍被噪声淹没。然后 I 支路上的混频结果信号 $i(n)$ 再分别同时与超前、即时和滞后复制 C/A 码进行时间通常长达 1 ms 的相关运算而生成 i_E、i_P、i_L 信号,Q 支路上的信号 q 也分别同时与这 3 份复制 C/A 码进行相关而生成 q_E、q_P、q_L 信号,此时输入信号上的 C/A 码被彻底剥离,解扩后的 i_E、i_P、i_L、q_E、q_P、q_L 变成只含数据比特的真正的基带信号,并且它们的强度将超过噪声强度;接着为了进一步提高信噪比,i_E、i_P、i_L、q_E、q_P、q_L 又经过相干积分时间为 T_{coh} 的积分清除器后,分别变成 I_E、I_P、I_L、Q_E、Q_P、Q_L。后来根据 6 个相干结果中的 I_E、I_L、Q_E、Q_L,码环鉴别器可估算出即时复制 C/A 码与输入 C/A 码之间的相位差异 δ_{cp},并经过环路滤波器的滤波后作为 C/A 码数控振荡器的控制输入;最后 C/A 码数控振荡器相应地调整其所输出的频率 f_{co},而 C/A 码发生器在 f_{co} 的驱动下输出码率和相位得到调整的复制 C/A 码。

2. 常用延时锁定环鉴别器

在获得了超前、即时和滞后支路所输出的相干积分结果后,码环鉴别器通常利用下面公式进行非相干积分:

$$\begin{cases} E(n) = \sqrt{I_E^2(n) + Q_E^2(n)} \\ P(n) = \sqrt{I_P^2(n) + Q_P^2(n)} \\ L(n) = \sqrt{I_L^2(n) + Q_L^2(n)} \end{cases} \tag{4.26}$$

然后利用所得的 C/A 码自相关函数幅值上的非相干积分值 E、P 和 L 估算出码相位差异 δ_{cp},码相位差异 δ_{cp} 确切地说是复制即时 C/A 码落后 C/A 码的相位量。下面以相关器间距 d 为 0.5 码片的常规接收机为例,介绍常见的码环鉴别器。

(1)非相干超前减滞后幅值法。

非相干超前减滞后幅值法可以说是一种最流行的码相位鉴别方法。其计算公式为

$$\delta_{cp} = \frac{1}{2}(E - L) \tag{4.27}$$

上式假定了接收机得到的自相关幅值的最大值为 1;否则,可以对上式进行单位化,得到如下更为常用的鉴别公式

$$\delta_{cp} = \frac{1}{2} \frac{E - L}{E + L} \tag{4.28}$$

(2)非相干超前减滞后功率法。

非相干超前减滞后功率法是将超前支路与滞后支路上的非相干积分功率相减,即

$$\delta_{cp} = \frac{1}{2}(E^2 - L^2) \tag{4.29}$$

其相应的单位化的计算公式为

$$\delta_{cp} = \frac{1}{2} \frac{E^2 - L^2}{E^2 + L^2} \tag{4.30}$$

因为在非相干超前减滞后幅值法中的自相关幅值 E 和 L 需经过开根号运算才能求得,而这种非相干超前减滞后功率法确可以免去开根号运算,所以后者的计算量比前者有所减少;然而,由于自相关幅值曲线与功率曲线不重合,因而非相干超前减滞后功率法会产生一定的鉴相误差。

(3)似相干点积功率法。

这种鉴别法不再采用相干积分结果,而是直接利用超前、即时和滞后 3 条支路上的相干积分值。具体计算公式为

$$\delta_{cp} = \frac{1}{2}\left[(I_E - I_L)I_P + (Q_E - Q_L)Q_P \right] \tag{4.31}$$

而上式经 I_P^2 和 Q_P^2 的单位变化为

$$\delta_{cp} = \frac{1}{4}\left[\frac{(I_E - I_L)}{I_P} + \frac{(Q_E - Q_L)}{Q_P} \right] \tag{4.32}$$

似相干点积功率法所需的计算量比前两种非相干型鉴别器都要低,但是它至少需要 3

对相关器,而不再是两对。

（4）相干点积功率法。

当载波环采用锁相环的形式并且锁相环工作在稳态时,接收信号的所有功率全都集中在 I 支路上,Q 支路上的信号接近为 0。那么这种情况下式(4.31)可以改写成

$$\delta_{cp} = \frac{1}{2}(I_E - I_L)I_P \tag{4.33}$$

其单位化的计算公式为

$$\delta_{cp} = \frac{1}{4}\frac{(I_E - I_L)}{I_P} \tag{4.34}$$

由以上两式所表达的相干点积功率法计算最为简单,然而它要求信号的功率集中在 I 支路上。如果载波环采用锁相环,或者作为载波环的锁相环还未达到稳态,那么接收信号的一部分功率会在 Q 支路中流失,这使得 I 支路上输出的信号功率未能达到最大,从而导致该鉴别器性能的下降。此外在信号强度较弱的情况下,锁相环解调数据错误率的比特较高,此时 I_P 的正负号不再可靠,这会导致该鉴频器失效。采用相干点积功率法作为鉴别器的码环被称为相干码环,但实际上大多数接收机都采用非相干形式的码环和鉴别器。

3. 测量误差

当接收机中没有多径或其他失真、也没有干扰时,GNSS 接收机码跟踪环(DLL)中主要的测距误差源是热噪声距离误差颤动和动态应力误差。DLL 经验方法的跟踪门限是由环路所有应力源造成的颤动的 3σ 值,不允许超过鉴别器线性牵引范围的一半。因此经验方法的跟踪门限是

$$3\sigma_{DLL} = 3\sigma_{tDLL} + R_e \leqslant D/2 \tag{4.35}$$

式中　σ_{tDLL}——1σ 的热噪声码跟踪颤动(码片数);

　　　　R_e——DLL 跟踪环的动态应力误差(码片数);

　　　　D——超前滞后相关器的间距(码片数)。

对于非相干 DLL 鉴别器,热噪声码跟踪颤动的一般表达式为

$$\sigma_{tDLL} \approx \frac{1}{T_c}\sqrt{\frac{B_n\int_{-B_{fe}/2}^{B_{fe}/2}S_s(f)\sin^2(\pi fDT_c)\,df}{(2\pi)^2 C/N_0\Big[\int_{-B_{fe}/2}^{B_{fe}/2}fS_s(f)\sin(\pi fDT_c)\,df\Big]^2}} \times$$

$$\sqrt{1 + \frac{\int_{-B_{fe}/2}^{B_{fe}/2}S_s(f)\cos^2(\pi fDT_c)\,df}{T_c/N_0\Big[\int_{-B_{fe}/2}^{B_{fe}/2}S_s(f)\cos(\pi fDT_c)\,df\Big]^2}} \tag{4.36}$$

式中　B_n——码环的噪声带宽,Hz;

　　　　$S_s(f)$——信号的功率谱密度,归一化到无穷带宽上的单位面积内;

　　　　B_{fe}——双边前端带宽,Hz;

　　　　T_c——码片周期,$T_c = 1/R_c$,其中 R_c 为码片速率。

对于 BPSK – R(n) 调制,当采用非相干超前减滞后功率型 DLL 鉴别器时,热噪声码跟踪颤动近似表示为

$$\sigma_{\text{tDLL}} \approx \begin{cases} \sqrt{\dfrac{B_{\text{n}}}{2C/N_0}D\Big[1 + \dfrac{2}{T_{\text{c}}/(N_0(2-D))}\Big]} & \left(D \geqslant \dfrac{\pi R_{\text{c}}}{B_{\text{fe}}}\right) \\[4mm] \sqrt{\dfrac{B_{\text{n}}}{2C/N_0}\Big[\dfrac{1}{B_{\text{fe}}T_{\text{c}}} + \dfrac{B_{\text{fe}}T_{\text{c}}}{\pi-1}\Big(D - \dfrac{1}{B_{\text{fe}}T_{\text{c}}}\Big)^2\Big] \times \Big[1 + \dfrac{2}{T_{\text{c}}/(N_0(2-D))}\Big]} & \left(\dfrac{R_{\text{c}}}{B_{\text{fe}}} < D < \dfrac{\pi R_{\text{c}}}{B_{\text{fe}}}\right) \\[4mm] \sqrt{\dfrac{B_{\text{n}}}{2C/N_0}\Big(\dfrac{1}{B_{\text{fe}}T_{\text{c}}}\Big) \times \Big(1 + \dfrac{1}{T_{\text{c}}/N_0}\Big)} & \left(D \leqslant \dfrac{R_{\text{c}}}{B_{\text{fe}}}\right) \end{cases}$$

$$(4.37)$$

式(4.36)和(4.37)的右侧括号内包含预检测积分时间 T 的那一部分称为平方损耗。因此,在非相干 DLL 中加大预检测积分时间会减少平方损失。当使用相干 DLL 鉴别器时,右侧括号内的项等于 1。由式(4.37)可见,DLL 颤动直接与滤波器噪声带宽的平方根成正比。同时加大预检测积分时间 T 也会导致更低的 C/N_0 门限,但其影响没有减小 B_{n} 那么大。减小相关器间隔也会减小 DLL 颤动,但其代价是增大了码跟踪对动态应力的敏感度。

4.4.3 载波环辅助码环

接收机在实际工作中,载波环与码环紧密地交织在一起,相互支持,共同完成对信号的跟踪和测量。图 4.23 所示是一个典型的 GNSS 接收机信号跟踪环路的内部结构和信号流程。接收机跟踪环路对接收信号的处理过程可以简单地描述如下:作为输入的数字中频信号 $S_{\text{IF}}(n)$ 首先与载波环所复制的载波混频相乘,其中在 I 支路上与正弦复制载波相乘,在 Q 支路上与余弦复制载波相乘;然后在 I 支路和 Q 支路上的混频结果 i 和 q 又分别与码环所复制的超前、即时和滞后 3 路 C/A 码作相关运算;接着相关结果 i_{E}、i_{P}、i_{L}、q_{E}、q_{P}、q_{L} 经积分 – 清除器后分别输出相干积分值 I_{E}、I_{P}、I_{L}、Q_{E}、Q_{P}、Q_{L};其后,即时支路上的相干积分值 I_{P} 和 Q_{P} 被当做载波环鉴别器的输入,而其他两条相关支路上的相干积分值则作为码环鉴别器的输入;最后,载波环和码环分别对鉴别器输出值 ϕ_{e} 或者 δ_{cp} 进行滤波,并用滤波结果来调节各自的载波数控振荡器和 C/A 码数控振荡器的输出相位和频率等状态,使载波环所复制的载波与接收载波保持一致,同时又使码环所复制的 C/A 即时码与接收 C/A 码保持一致,以保证下一时刻接收信号中的载波和 C/A 码在跟踪环路中仍被彻底剥离。在这一跟踪环路的运行过程中,载波环根据其所复制的载波信号状态输出多普勒频移、积分多普勒和载波相位测量值,同时码环根据其所复制的 C/A 码信号状态输出码相位和伪距测量值,而载波环鉴别器还可以额外地解调出卫星信号上的导航电文数据比特。

在图 4.23 所示的跟踪环路中,载波剥离发生在伪码剥离之前。无论是载波剥离在前还是伪码剥离在前,这两种方式在理论上和信号跟踪性能上不存在差异,然而伪码剥离在前的方式会增加载波剥离的复杂度。对于非高精度 GNSS 定位系统而言,因为伪距测量值足以用来实现 GNSS 定位,并且定位计算所需的周内时信息和导航电文数据又可由外界辅助系统提供,所以严格来讲,接收机对载波相位跟踪的测量不是一定必需的。从这层意义上讲,接收机跟踪信号的主要目的是为了从码环中得到伪距测量值,而载波环只是用来帮助码环剥离接收信号中的载波。

跟踪环路的相干积分、非相干积分和环路更新等周期性任务的运行,一般可以依据接收机基准时钟并采用中断形式进行时间控制。短的中断时间一般是一个 20 ms 的约数,例如

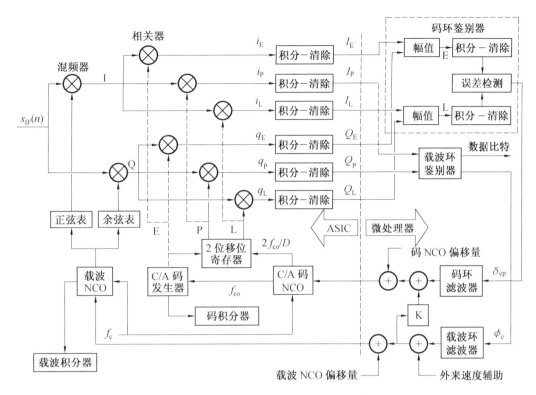

图 4.23   一种典型的接收机跟踪环路

1 ms、2 ms、5 ms、10 ms 和 20 ms,而长的中断时间一般为 20 ms 的整数倍,如 100 ms 或者 1 s 等。载波环和码环的更新周期可以不同。在跟踪环路每次得到跟踪之前,环路中的数控振荡器产生一个恒定的振荡频率,而在环路更新之后才在输入量的控制下产生另一个恒定的振荡频率。

在图 4.23 所示的跟踪环路中,载波环的输出结果经过一个比例器 K 后与码环滤波器的输出结果加在一起。它们是用来部分控制 C/A 码数控振荡器的输出状态,码环的这种运行方式被称为载波辅助。由于不论是锁相环还是锁频环,载波环的测量精度比码环的测量精度要高出好几个数量级。载波环是一种跟踪较紧密的环路,来自载波环的多普勒频移测量值能较为准确、即时地反映出接收机在其与卫星连线方向上的相对运动速度。因此这种来自载波环的速度信息被用来辅助码环控制码环数控振荡器输出码率的快慢,那么就基本上能消除码环所承受的动态应力。而码环本身仅需纠正剩下的、只是缓慢变化的码环初始跟踪误差和电离层延时变化等对码相位的影响,进而允许接收机采用一个更为狭窄的码环带宽,以降低码环噪声量和提高码相位的精度。为了提高噪声性能和动态性能,码环通常采用载波辅助的形式,并且已经成为环路设计中的一项常用技术。

4.5   定位导航解算方法

卫星定位接收机在完成了对导航信号的捕获和跟踪处理之后,就可以通过定位导航解算模块进行导航信息的提取和最终的位置解算。定位导航解算模块通过调用信号处理模块共同完成定位解算功能,其中星座选择、卫星瞬时位置速度计算、用户概略坐标及确坐标计算等是解算整体中的重要内容。本节以最常用的 GPS 接收机的定位导航解算方法为例,说明卫星定位接收机一般的定位导航解算的过程。

4.5.1 定位导航解算流程

导航信息解算模块是整个 GPS 定位接收机的核心模块之一,它通过调用信号处理模块共同完成最终的定位信息解算,整个解算流程如图 4.24 所示。卫星定位接收机启动时,如果有可用卫星历书(卫星历书可用时间一般为几天)、对用户的概略位置速度的估计及对 GPS 时的估计,接收机就能够进入正常的解算工作状态。如果接收机启动时没有这 3 项数据或者有一项缺少或过时,接收机就必须进行"满天搜索",首先要观测到 4 颗卫星来恢复这

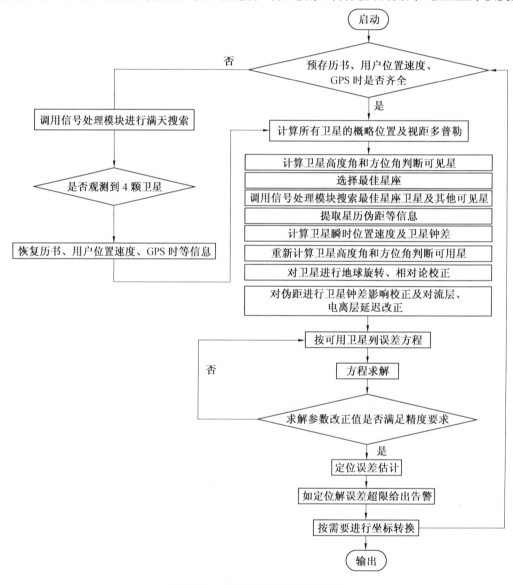

图 4.24　定位导航解算整体流程

些值。如果齐全,就可以进行可见导航卫星预处理,计算满天星座所有卫星的高度角和仰角,判断可见星,初步选择最佳星座组合。接下来调用信号处理模块首先对最佳星座进行捕获跟踪,然后观测其他可见星,利用观测到的卫星解出导航电文提出广播星历伪距等信息,再利用广播星历计算卫星的瞬时位置速度,重新计算卫星高度角和方位角判断可用星,进而从可用星中选择最佳星座组合,对被选用的卫星进行地球自转和相对论等校正,对所选卫星伪距进行卫星钟差影响校正、电离层及对流层延迟改正,利用卫星位置坐标和修正后的伪距首先组成计算概略坐标的方程,解方程求得概略坐标,把概略坐标作为迭代初值再列用户位置解算方程。这里是采用最小二乘迭代运算,具体算法在前文中已经给出,最后对定位误差进行估计,如果误差超限则给出告警,正常情况下就可根据需要进行坐标转换,比如转成 NMEA 格式下的经纬度和大地高程,之后就可以直接和电子地图相连进行地表的定位导航等。实时重复上述过程就可实现动态的导航定位。

4.5.2　用户位置计算

本小节以一台接收机独立定位的接收机为例,利用测量的伪距进行定位,即伪距单点定位。考虑到实际需要以及实现上的复杂性,从理论上讲,采用无源测距方式介绍基于最小二乘迭代法进行用户位置解算的方法。

在测点通过对导航卫星的观测,如果得到了 3 颗卫星的位置和卫星到测点的距离(由于卫星钟与接收机时钟不可能分毫不差地保持同步,因此所得到的距离值不是真实的距离,故称为伪距),就可以组成包括 X、Y、Z 这 3 个未知数的 3 个方程。通过对这 3 个方程的求解,就能得到测点的坐标。但事实上,由于通过卫星信号接收机得到的是伪距观测量,它不但包括 3 个坐标分量未知数,另外,由于卫星钟和接收机时钟与卫星系统标准时都存在钟差,这些都会引起距离上的误差,其中接收机钟差可以通过星历中的参数来进行修正,但用户时钟钟差没办法修正,所以把它也作为一个未知量,因此要实现绝对定位,必须要同时观测并得到 4 颗卫星的伪距观测量,才能组成 4 个方程求解出这 4 个未知数。另外,信号传播过程中不可避免地要受到电离层、对流层等的延迟以及其他一些随机误差的影响,这些影响都会体现在伪距上,如图 4.25 所示。

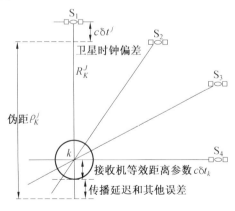

图 4.25　伪距观测量定位示意图

对于选定的 4 颗卫星,根据广播星历和改正后的卫星钟时间,计算 4 颗卫星的空间位置,再利用改正后的 4 个伪距观测量,把用户位置的 3 个坐标及用户时钟钟差作为未知量,列出相应的位置观测方程,联列,采用线性化的迭代方法,获得用户位置和用户钟差参数。

当观测卫星大于 4 颗时也可根据上述步骤得到位置观测方程,采用最小二乘原理求解,可进一步提高解算精度。

根据三星定位原理可以写出伪距定位的基本定位方程,即

$$\rho_j = \sqrt{(x_j - x_u)^2 + (y_j - y_u)^2 + (z_j - z_u)^2} + c \cdot \delta t_u - c\delta t_j + \delta\rho_j^n + \delta\rho_j^p + v_j \quad (4.38)$$

式中　$j = 1, 2, \cdots, N, N \geq 4, N$ 表示用户机可视的卫星数量;

(x_u, y_u, z_u) —— 用户机坐标;

(x_j, y_j, z_j) —— 第 j 颗卫星坐标,由卫星导航电文提供;

ρ_j —— 卫星 j 与用户机间的测量伪距;

c —— 光速;

δt_u —— 用户机时钟与标准时钟钟差;

δt_j —— 卫星时钟与标准时钟钟差;

$\delta\rho_j^n$ —— 卫星 j 的信号传送给用户由于电离层存在导致的延迟等效距离;

$\delta\rho_j^p$ —— 卫星 j 的信号传送给用户由于对流层存在导致的延迟等效距离;

v_j —— 观察随机误差。

同时定义用户的概略坐标为 (x_{u0}, y_{u0}, z_{u0}),它与实际用户位置坐标 (x_u, y_u, z_u) 的关系为

$$\begin{bmatrix} x_u \\ y_u \\ z_u \end{bmatrix} = \begin{bmatrix} x_{u0} \\ y_{u0} \\ z_{u0} \end{bmatrix} + \begin{bmatrix} \delta x_u \\ \delta y_u \\ \delta z_u \end{bmatrix} \quad (4.39)$$

其中 $\begin{bmatrix} \delta x_u \\ \delta y_u \\ \delta z_u \end{bmatrix}$ —— 概略坐标与实际坐标的偏差。

由于 $\begin{bmatrix} \delta x_u \\ \delta y_u \\ \delta z_u \end{bmatrix}$ 相比于概略坐标 $\begin{bmatrix} x_{u0} \\ y_{u0} \\ z_{u0} \end{bmatrix}$ 值非常小,因此可以把基本定位方程展开为泰勒级数,去除二次以上的展开项,则变为线性方程

$$v_j = l_j\delta x_u + m_j\delta y_u + n_j\delta z_u - c \cdot \delta t_u + c\delta t_j - \delta\rho_j^n - \delta\rho_j^p + \rho_j - \hat{R}_j \quad (4.40)$$

(l_j, m_j, n_j) 为用户机到卫星 j 观测矢量的方向余弦,定义为

$$\begin{cases} l_j = \dfrac{x_j - x_{u0}}{\hat{R}_j} \\[2mm] m_j = \dfrac{y_j - y_{u0}}{\hat{R}_j} \\[2mm] n_j = \dfrac{z_j - z_{u0}}{\hat{R}_j} \end{cases} \quad (4.41)$$

式中　$\hat{R}_j$ —— 卫星 j 对应发送载波时的位置到用户概略坐标之间的距离值,$\hat{R}_j = \sqrt{(x_j - x_{u0})^2 + (y_j - y_{u0})^2 + (z_j - z_{u0})^2}$。

由于卫星 j 发送载波时刻 t_j' 和用户机接收到卫星载波信号的时刻 t_u 不同,同时由于卫星

j 处于运动状态,因此需要根据该时差重新确定卫星位置和钟差,为简单起见,重新确定的卫星位置坐标和钟差仍用原有的符号表示。其中卫星 j 发送载波时刻 t_j^s 和用户机接收到卫星载波信号的时刻 t_u 的关系为

$$t_j^s = t_u - \frac{\rho_j}{c} \tag{4.42}$$

为方便起见,可以把上述线性方程修改为

$$v_j = l_j \delta x_u + m_j \delta y_u + n_j \delta z_u - c \cdot \delta t_u - L_j \tag{4.43}$$

式中　　L_j——常数项,$L_j = c \delta t_j - \delta \rho_j^n - \delta \rho_j^p + \rho_j - \hat{R}_j$。

进一步将修改过的线性方程用矩阵表述为

$$V = AX - L \tag{4.39}$$

式中　　X——待定参数,$X = \begin{bmatrix} \delta x_u & \delta y_u & \delta z_u & c \delta t_u \end{bmatrix}^T$;

A——结构矩阵,$A = \begin{bmatrix} l_1 & m_1 & n_1 & -1 \\ l_2 & m_2 & n_2 & -1 \\ \vdots & \vdots & \vdots & \vdots \\ l_n & m_n & n_n & -1 \end{bmatrix}$;

L——常数矢量,$L = \begin{bmatrix} L_1 & L_2 & \cdots & L_n \end{bmatrix}^T$;

V——改正数残差矢量。

解算时分为两种情况:

(1) 卫星个数为 4 时,忽略残差项,代数解为

$$X = A^{-1} L \tag{4.45}$$

(2) 卫星个数大于 4 时,采用最小二乘法求得代数解为

$$X = (A^T A)^{-1} A^T L \tag{4.46}$$

最终获得用户位置坐标为

$$\begin{bmatrix} x_u \\ y_u \\ z_u \end{bmatrix} = \begin{bmatrix} x_{u0} \\ y_{u0} \\ z_{u0} \end{bmatrix} + \begin{bmatrix} \delta x_u \\ \delta y_u \\ \delta z_u \end{bmatrix} \tag{4.47}$$

可以根据需要把该直角坐标转换为其他形式的坐标。利用伪距实现在计算过程中,下列几个问题必须任意:

(1) 卫星之间的钟差是利用导航电文中给出的钟差改正数统一到 GPS 时间,这里考虑的钟差是指卫星与接收机之间的钟差。

(2) 在计算中采用了接收机的概略坐标,第一次计算出的结果是不精确的,必须反复迭代计算,直到满足规定的限差为止。

(3) 在一般导航型接收机中,都是采用这一数学模型计算位置的。现有的接收机都能同时跟踪 4 颗以上的卫星,但在计算中仍然利用 4 颗卫星,不过是经过挑选的 4 颗卫星。为此,可以按最小 GDOP 法或最大体积法选星。若用多颗星来进行计算,计算量会有所增加,但相应的精度会有所提高。

4.5.3　误差修正

卫星导航系统的定位误差直接影响着系统的定位精度,只有深入地了解产生这些误差

的原因,才能设计合理的接收机硬件和软件系统。本书仅对卫星钟差、相对论、地球旋转这几个影响给出修正方法,另外,信号传输误差如电离层延迟误差、对流层延迟误差和多路径影响等对定位结果也会产生一定影响,但这不是本书的重点,所以在这里它们的影响暂不考虑,本书后面章节会对误差进行详细说明。

(1)卫星钟差修正。

卫星钟差是指卫星时钟与卫星系统标准时间的差别。为了保证时钟精度,GPS 卫星时钟均采用高精度原子钟,但它们与 GPS 标准时之间的偏差和漂移总量仍为 $0.1 \sim 1$ ms,由此引起的等效距离误差将达 $30 \sim 300$ km。这是一个系统误差,必须加以修正。卫星钟差用 δ_t 的二阶多项式表示,系数 a_0、a_1 和 a_2 由 GPS 系统的监测站测量,经中心站处理外推后注入到卫星,并由卫星以导航电文的形式发送给用户。即卫星导航电文中给出了卫星与 GPS 标准时之间的差别,所以卫星 j 在 t^j 时刻的钟差为

$$\delta t^j = a_0 + a_1(t^j - t_{oc}) + a_2 (t^j - t_{oc})^2 \tag{4.48}$$

式中　　t_{oc}——卫星钟差参数的参考时刻;

　　　　t^j——要计算卫星钟差的时刻;

　　　　a_0、a_1、a_2——卫星钟差参数。

经以上修正后,GPS 卫星钟可与 GPS 标准时差保持 20 ns 以内的同步误差,由此引起的等效距离误差不超过 6 m。但是如果美国实施 SA 政策,卫星钟会加入一个快变化的随机高频抖动,周期不过几秒至几分,误差达到十几米至几十米。这是一个随机误差,单点接收机定位难于消除其影响,可以通过相对定位的方法消除。总体来说,卫星钟差与卫星有关,所以对于参与相对定位的两个测站,此项误差相关性很强,可以基本消除。

(2)相对论效应修正。

广义相对论效应和狭义相对论效应都是伪距测量中要考虑的因素。卫星时钟相对论的补偿是通过在制造卫星时钟时预先把频率降低了 Δf(相对论频偏值),由卫星轨道的轻微偏心度引起的另一种相对论周期效应可通过 $\Delta t_r = Fe\sqrt{A}\sin E_k$ 来进行补偿。其中 $F = -4.442\,807\,633 \times 10^{-10}$ s/m;e 为轨道偏心率;A 为轨道长半轴;E_k 为轨道的偏近点角,这些值均可从卫星导航电文中获得。通过修正后所产生的定位误差可忽略不计。

(3)地球旋转改正。

在协议地球坐标系中,如果卫星的瞬时位置是根据卫星播发的瞬时计算的,那么应考虑地球自转的改正。因为当卫星信号传播到观测站时,与地球相关联的协议地球坐标系相对卫星的上述瞬时位置,已产生了旋转(绕 Z 轴)。若取 ω_e 为地球的自转角速度,则放置的角度为

$$\Delta\alpha = \omega_e\tau \tag{4.49}$$

式中　　τ——卫星信号传播到观测站的时间延迟。

由此引起卫星在上述坐标系中的坐标变化 $(\Delta x, \Delta y, \Delta z)$ 为

$$\begin{bmatrix} \Delta x \\ \Delta y \\ \Delta z \end{bmatrix} = \begin{bmatrix} 0 & \sin\Delta\alpha & 0 \\ -\sin\Delta\alpha & 0 & 0 \\ 0 & 0 & 0 \end{bmatrix} \begin{bmatrix} X^j \\ Y^j \\ Z^j \end{bmatrix} \tag{4.50}$$

式中　　(X^j, Y^j, Z^j)——未考虑地球自转时卫星的瞬时坐标。

上式为由地球旋转引起的卫星位置变化。进一步,由地球旋转引起的测距误差为

$$\delta\rho_k^j = \frac{(X^j - X_k)}{\rho_k^j}\Delta x + \frac{(Y^j - Y_k)}{\rho_k^j}\Delta y + \frac{(Z^j - Z_k)}{\rho_k^j}\Delta z =$$
$$\left[(X^j - X_k)Y^j - (Y^j - Y_k)X^j\right]\omega_e/c \tag{4.51}$$

式中　(X^j, Y^j, Z^j)——未考虑地球自转时卫星的瞬时坐标;

(X_k, Y_k, Z_k)——接收机在地固坐标系中的瞬时坐标;

ω_e——地球自转角速度,$\omega_e = 7.292\ 115\ 146\ 7 \times 10^{-5}$ rad/s。

4.6　卫星导航软件接收机原理和架构

自 1980 年第一台商品 GPS 信号接收机问世以来,GNSS 信号接收机不断更新换代。特别是 20 世纪 90 年代以来,由于微波集成电路和计算机技术的迅速发展,GNSS 信号接收机也日新月异。GNSS 信号接收机的种类繁多。但是,具有 20 余年使用历史的现行 GNSS 信号接收机,面临来自两大方面的挑战:一是 GNSS 现代化的信号扩大;二是在轨飞行的导航卫星日渐增多。这给现行 GNSS 信号接收机提出一个重大的改型问题:能否仅用一个天线单元,接收、跟踪、变换和测量多种卫星导航定位信号? 软件无线电技术的发展,为解决这个难题奠定了技术基础。它的核心技术是用宽频带无线接收机来代替原来的窄带接收机,将宽带的 A/D 和 D/A 变换器尽可能地靠近天线,从而尽可能多地采用软件来实现电台的功能。基于软件无线电技术的设计,软件化的 GNSS 信号接收机(简称为 GNSS 信号软件接收机),其基本构成如图 4.26 所示。

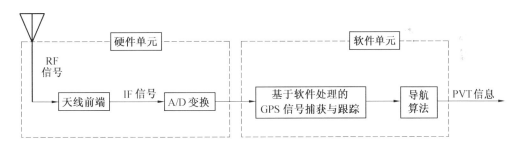

图 4.26　GNSS 信号软件接收机的结构

GNSS 信号软件接收机的优点如下。

(1) 便于更新换代。

GNSS 信号软件接收机,是一种基于软件无线电技术的卫星信号接收设备,它用通用的硬件天线单元,用软件编程实现 Galileo、Compass、IRNSS、QZSS、GPS L5、L2 – C 和 L1 – C 等信号的导航定位。相对于现行 GPS 信号接收机而言,GPS 信号软件接收机的更新换代,不仅时间短,而且成本低。

(2) 适应软件无线电设备的发展。

自 20 世纪 90 年代初期以来,无线电设备正处在由硬件为主体到软件化的大变革时代,GNSS 信号软件接收机能够适应这种大变革的发展,与软件无线电设备集成一体,从而获得更加广泛的应用。

（3）便于研发新型的卫星导航信号接收机。

GNSS 信号软件接收机，关键在于如何用软件实现 GNSS 信号的捕获与跟踪。因此，能够充分发挥软件作用，验证新的卫星导航信号可用性，研发新型的卫星导航信号接收机。

（4）便于航天器的集成应用。

当航天器使用 GNSS 时，能够精确测定航天器在轨飞行的实时位置、速度和姿态；能够实现在轨航天器的自主导航；能够为航天器上的其他设备提供高精度的时间基准。用于航天器的低功耗的 GNSS 信号软件接收机，不仅能够达到上述应用目的，而且能够在与其他设备共用一台电子计算机的情况下，充分发挥 GNSS 测量数据的作用。

相对于现行 GNSS 信号接收机而言，GNSS 信号软件接收机主要是研制软件化的用于捕获／跟踪 GNSS 信号的相关器和导航算法。在现行 GNSS 信号接收机中，导航算法和 PVT（位置、速度、时间）信息应用，已有成熟的软件产品可供借鉴，关键是用于捕获／跟踪 GNSS 信号的相关器的软件化。

4.7 本 章 小 结

本章重点讲解 GNSS 卫星定位接收机的基本结构及其工作原理，介绍了 GNSS 信号接收机的分类方式，并对接收机射频部分的硬件结构进行了详细描述；然后从 GNSS 信号的捕获与跟踪技术两个方面重点介绍了 GNSS 接收机基带信号处理技术，并以最小二乘法为例讲解了用户位置的解算过程；最后根据目前接收机的发展趋势，简单介绍了卫星导航信号软件化接收机的原理和架构。

参 考 文 献

[1] 刘基余. GPS 卫星导航定位原理与方法[M]. 2 版. 北京：科学出版社，2008.

[2] ELLIOTT D K. GPS 原理与应用[M]. 邱致和，王万义，译. 北京：电子工业出版社，2002.

[3] 言中，丁子明. 卫星无线电导航[M]. 北京：国防工业出版社，1981.

[4] 周昌禄. 近代天线设计[M]. 北京：人民邮电出版社，1988.

[5] 高洪民，费元春. GPS 接收机射频前端电路原理与设计[J]. 电子技术应用，2005，（2）：55-58.

[6] 高阳，董树荣，王德苗. GPS 天线技术及其发展[J]. 无线通信技术，2008（4）：34-39.

[7] 肖飞，罗斌凤. GPS 接收机射频模块的设计[J]. 现代电子技术，2006（12）：120-125.

[8] 杨俊，武奇生. GPS 系统仿真和软件 GPS 接收机的研究[J]. 弹箭与制导学报，2006，26（02）：750-752.

[9] 吕艳梅，李小民，孙江生. 高动态环境的 GPS 信号接收及其算法研究[J]. 电光与控制，2006，13（04）：24-27，45.

[10] 唐卫涛，唐斌，刘舒莳，等. 一种新的微弱 GPS 信号捕获算法研究[J]. 遥测遥控，2007，28（03）：25-30，35.

[11] 李继忠，李巍. GPS 信号快速捕获方案研究[J]. 航空电子技术，2006，37（02）：1-5.

［12］刘毓，邹星. GPS/GLONASS 接收机信号捕获及其仿真［J］. 计算机工程与应用，2011，47（01）：154-158.

［13］崔哲，阎鸿森，惠卫华，等. GPS 信号信噪比对接收机捕获性能的影响［J］. 时间频率学报，2004，27（01）：120-128.

［14］薛文芳，邵定蓉，李署坚. GPS 接收机中伪随机码快速捕获技术的研究［J］. 北京航空航天大学学报，2003，29（06）：489-492.

［15］李蝉，崔晓伟，陆明泉，等. 基于中频采样率的伪码跟踪环性能分析与仿真［J］. 微计算机信息，2008，24（3-1）：157-159.

［16］Li Hong, Lu Mingquan, Feng Zhenming. Direct GPS P-code acquisition method based on FFT ［J］. Tsinghua Science and Technology, 2008, 13(1): 9-16.

［17］张博，杨春，解楠，等. FFT 快速捕获算法在 GPS C/A 码与 P(Y) 码中的应用［J］. 电讯技术，2008，48（12）：34-38.

［18］YANG C, VASOUEZ J, CHAFFEE J. Fast direct P(Y)-code acquisition using XFAST ［C］. Proc. of ION GPS, 1999.

［19］汪辉，张凯，田海涛. GPS 接收机抗干扰性能分析［J］. 舰船电子工程，2009，29（08）：87-90.

［20］隋建波，赵静，陈秀万，等. GNSS 软件接收机关键技术研究及实现［J］. 科学技术与工程，2008，8（16）：4467-4472.

［21］谢勇，皮亦鸣. GPS 软件接收机设计和实现［C］. 第二届全国信息与电子工程学术交流会，2006.

［22］JAMES B T. GPS 软件接收机基础［M］. 2 版. 陈军，潘高峰，等译. 北京：电子工业出版社，2007.

［23］钱镱，伍蔡伦，陆明泉，等. GPS 软件接收机信号处理算法［J］. 清华大学学报：自然科学版，2009，49（08）：1122-1125.

第 5 章

定位解算原理

导航卫星所发送的无线电信号,是一种可供无数用户共享的空间信息资源。陆地、海洋和空间的广大用户,只要持有一种能够接收、跟踪、变换和测量定位信号的接收机,就可以全天候、全天时和全球性地测量运动物体的七维状态参数和三维姿态参数。其用途之广、影响之大,是任何其他接收设备望尘莫及的。本章以 GPS 伪距测量定位为例来详细论述卫星导航信号的伪距测量与位置解算原理,主要包括 GPS 伪距单点定位、伪距差分定位、载波相位测量定位和定位解算原理。

5.1 伪距单点定位

全球卫星定位系统由卫星星座、地面监控系统和信号接收机组成,这也构成了进行被动式定位的 3 大基本条件,如图 5.1 所示。

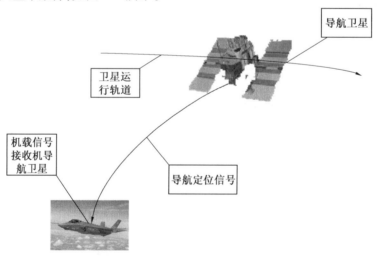

图 5.1 被动式定位

(1)导航卫星及其导航定位信号。

由若干颗导航卫星组成导航卫星星座,每颗导航卫星同时连续不断地向全球用户发送频率高度稳定的导航定位信号,供用户接收和位置解算使用。

(2)导航电文。

每颗导航卫星用导航电文的形式实时地报告自己的位置,以便用户获取用于位置解算的动态已知点。它是由地面监控系统测定的,并定期地注入到各颗导航卫星。

（3）卫星信号接收设备。

卫星信号接收设备能够接收、跟踪、变换和测量来自导航卫星的导航定位信号，而且能够实时地计算和显示出用户所需要的时间、位置和速度测量值。

5.1.1　伪距测量

伪距指通过测量 GPS 卫星发射的测距码信号到达用户接收机的传播时间，从而算出接收机到卫星的距离，即

$$P = \Delta t \cdot c$$

式中　Δt—— 传播时间；

$\quad\quad c$—— 光速。

伪距测量的基本过程：

卫星依据自己的时钟发出某一结构的测距码，该码通过一定时间 τ 到达接收机。同时接收机依据本身的时钟也产生一组结构完全相同的测距码（复制码），并通过时延器使其延迟一定时间，将延迟后的测距码与接收到的测距码进行相关运算处理，通过测量相关函数的最大值位置来测定卫星信号的传播延迟，从而计算出卫星到接收机的距离。

其中 GPS 被动式定位，是基于被动式测距原理。依该原理测量用户至 GPS 卫星的距离（简称为站星距离）时，GPS 信号接收机只接收来自 GPS 卫星的导航定位信号，不发射任何信号。因此，存在 3 种时间系统：

① 各颗 GPS 卫星的时间标准。

② 各台 GPS 信号接收机的时间标准。

③ 统一上述两种时间标准的 GPS 时间系统（简称为 GPS 时系）。

当用 C/A 码或 P 码进行 GPS 站星距离测量时，GPS 测距码信号在上述 3 种时间系统的关系如图 5.2 所示。

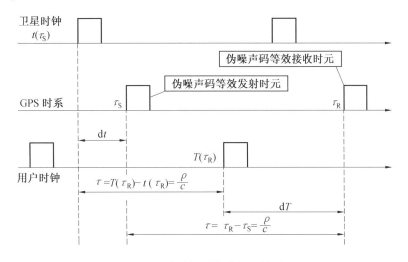

图 5.2　三种时间系统的相互关系

根据该图可以求得伪噪声码（C/A 码或 P 码）从 GPS 卫星到 GPS 信号接收天线的传播时间为

$$\tau = T(\tau_R) - t(\tau_S) \tag{5.1}$$

式中　$T(\tau_R)$——伪噪声码从 GPS 卫星到达 GPS 信号接收天线的时元;

$t(\tau_S)$——伪噪声码在其 GPS 卫星的发射时元。

将式(5.1)改写为

$$\begin{aligned}
\tau &= T(\tau_R) - t(\tau_S) + (\tau_R - \tau_S) - (\tau_R - \tau_S) = \\
&\quad (\tau_R - \tau_S) + [\tau_S - t(\tau_S)] - [\tau_R - T(\tau_R)] = \\
&\quad (\tau_R - \tau_S) + (dt - dT) \tag{5.2}
\end{aligned}$$

式中　dt——GPS 卫星时钟相对于 GPS 时间系统的时间偏差,且知 $dt = \tau_S - t(\tau_S)$,dt 可依据卫星导航电文给出的星钟系数求得,故可将其视为已知值;

dT——GPS 信号接收机时钟相对于 GPS 时间系统的时间偏差(简称为接收机钟差),且知

$$dT = \tau_R - T(\tau_R)$$

从式(5.2)可知:

①$\tau_R - \tau_S = \tau_d$,是伪噪声码的真实传播时间,它相对于 GPS 信号接收天线和 GPS 卫星之间的真实距离 ρ 为

$$\rho = C(\tau_R - \tau_S) = C\tau_d \tag{5.3}$$

②GPS 信号接收只能够测得一个带时钟偏差$(dt - dT)$的传播时间 τ;而不能够测得真实传播时间 τ_d。即 GPS 信号接收机只能够测得带有距离偏差的站星距离——伪距。换言之,伪距是带有距离偏差的站星距离。GPS 信号通过电离层／对流层到达地面,若考虑到电离层／对流层引起的距离偏差,则知用伪噪声码测得的伪距为

$$P = C\tau = \rho + C(dt - dT) + d_{ion} + d_{trop} \tag{5.4}$$

式中　P——GPS 信号接收机测得的伪距;

$C(dt - dT)$——时钟偏差引起的距离偏差;

d_{ion}——电离层效应引起的距离偏差,其最大值,对 L1 载波而言,可达 160 m,对 L2 载波而言,则达 270 m;

d_{trop}——对流层引起的距离偏差,它随着用户高程及其气象要素的不同而变化。

式(5.4)中的 ρ 是关于卫星在轨位置和用户位置的函数,故知用第 j 颗 GPS 卫星测得的伪距可写为

$$\begin{aligned}
P^j &= \{[X^j(t) - X_u(t)]^2 + [Y^j(t) - Y_u(t)]^2 + [Z^j(t) - Z_u(t)]^2\}^{1/2} + \\
&\quad C(dt^j - dT) + d_{ion}^j + d_{trop}^j \tag{5.5}
\end{aligned}$$

式中　$X^j(t)$、$Y^j(t)$、$Z^j(t)$——第 j 颗 GPS 卫星在时元 t 的三维坐标,它们可根据导航电文提供的 GPS 星历算得,即为已知数;

$X_u(t)$、$Y_u(t)$、$Z_u(t)$——用户的 GPS 信号接收天线在时元 t 的三维坐标,这是待求解的未知数。

此外,还有一个接收机钟差 dT 是待求解的未知数。因此,按式(5.5)解算用户位置时,需要求解 4 个未知数,而至少要观测 4 颗 GPS 卫星,才可列出 4 个观测方程式。

5.1.2　伪距单点定位

所谓单点定位,是用户只用一台 GPS 信号接收机,测得自己的位置,如图 5.3 所示。一

般采用 GPS 卫星所发送的 C/A 码或 P 码作测距信号,测得用户至 GPS 卫星的距离,进而解算出用户的三维坐标。

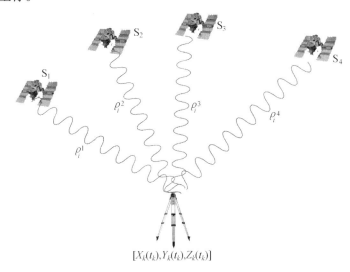

图 5.3　单点定位时如何计算用户三维位置

从图 5.3 可知,用户在时元 t 的位置为

$$\boldsymbol{R}_\mathrm{u}(t) = \boldsymbol{R}_j(t) - \boldsymbol{\rho}_j(t) \tag{5.6}$$

式中　$\boldsymbol{R}_\mathrm{u}(t)$——用户在时元 t 的位置矢量;

　　　$\boldsymbol{R}_j(t)$——第 j 颗 GPS 卫星在时元 t 的位置矢量;

　　　$\boldsymbol{\rho}_j(t)$——GPS 用户和第 j 颗 GPS 卫星在时元 t 的矢径。

若用 $\boldsymbol{e}$ 表示用户到第 j 颗卫星的单位矢量,并考虑到 $\boldsymbol{e} \times \boldsymbol{\rho}_j(t) = \rho_j(t)$;则有

$$\boldsymbol{e}_j \cdot \boldsymbol{R}_\mathrm{u}(t) = \boldsymbol{e}_j \cdot \boldsymbol{R}_j(t) - \rho_j(t) \tag{5.7}$$

式(5.7)中的站星距离 $\rho_j(t)$ 可写作

$$\rho_j(t) = P_j(t) - (B_j - B_\mathrm{u}) \tag{5.8}$$

式中　$P_j(t)$——GPS 信号接收机所测得的用户天线和第 j 颗 GPS 卫星之间的伪距;

　　　B_u——接收机时钟相对于 GPS 时系的偏差所引起的距离偏差;

　　　B_j——第 j 颗 GPS 卫星时钟相对于 GPS 时系的偏差所引起的距离偏差。

若式(5.7)考虑到式(5.8)时,则知用户位置为

$$\boldsymbol{e}_j \cdot \boldsymbol{R}_\mathrm{u}(t) + B_\mathrm{u} = \boldsymbol{e}_j \cdot \boldsymbol{R}_j(t) - P_j(t) + B_j \tag{5.9}$$

式(5.9)中的 3 个矢量可以用下列 3 个方程式表述为

$$\begin{cases} \boldsymbol{R}_\mathrm{u}(t) = \boldsymbol{i}X_\mathrm{u}(t) + \boldsymbol{j}Y_\mathrm{u}(t) + \boldsymbol{k}Z_\mathrm{u}(t) \\ \boldsymbol{R}_j(t) = \boldsymbol{i}X_j(t) + \boldsymbol{j}Y_j(t) + \boldsymbol{k}Z_j(t) \\ \boldsymbol{e}_j = \boldsymbol{i}e_{j1} + \boldsymbol{j}e_{j2} + \boldsymbol{k}e_{j3} \end{cases} \tag{5.10}$$

若考虑到两个矢量之积等于对应项之数积,则有

$$e_{j1}X_\mathrm{u}(t) + e_{j2}Y_\mathrm{u}(t) + e_{j3}Z_\mathrm{u}(t) + B_\mathrm{u} = e_{j1}X_j(t) + e_{j2}Y_j(t) + e_{j3}Z_j(t) + B_j - P_j(t) \tag{5.11}$$

式(5.11)为被动式定位的基本方程。从该式可见,为了解算出用户在时元 t 的三维坐标和钟差,用户接收机至少需要观测 4 颗导航卫星。即当 $j = 1$、2、3、4 时,则有如式(5.11)的

4 个线性方程,其矩阵形式为

$$
\begin{bmatrix}
e_{11} & e_{12} & e_{13} & 1 \\
e_{21} & e_{22} & e_{23} & 1 \\
e_{31} & e_{32} & e_{33} & 1 \\
e_{41} & e_{42} & e_{43} & 1
\end{bmatrix}
\begin{bmatrix}
X_u(t) \\
Y_u(t) \\
Z_u(t) \\
B_u(t)
\end{bmatrix}
=
\begin{bmatrix}
E_1 & 0 & 0 & 0 \\
0 & E_2 & 0 & 0 \\
0 & 0 & E_3 & 0 \\
0 & 0 & 0 & E_4
\end{bmatrix}
\begin{bmatrix}
S_1(t) \\
S_2(t) \\
S_3(t) \\
S_4(t)
\end{bmatrix}
-
\begin{bmatrix}
P_1(t) \\
P_2(t) \\
P_3(t) \\
P_4(t)
\end{bmatrix}
\tag{5.12}
$$

上式中的矩阵分别为

$$
\boldsymbol{E}_j = \begin{bmatrix} e_{j1} & e_{j2} & e_{j3} & 1 \end{bmatrix}
$$

$$
\boldsymbol{S}_j(t) = \begin{bmatrix} X_j(t) & Y_j(t) & Z_j(t) & B_j \end{bmatrix}^T
$$

若令

$$
\boldsymbol{G}_u =
\begin{bmatrix}
e_{11} & e_{12} & e_{13} & 1 \\
e_{21} & e_{22} & e_{23} & 1 \\
e_{31} & e_{32} & e_{33} & 1 \\
e_{41} & e_{42} & e_{43} & 1
\end{bmatrix}
=
\begin{bmatrix}
\sin E_1 & \sin A_1 \sin E_1 & \cos A_1 \cos E_1 & 1 \\
\sin E_2 & \sin A_2 \sin E_2 & \cos A_2 \cos E_2 & 1 \\
\sin E_3 & \sin A_3 \sin E_3 & \cos A_3 \cos E_3 & 1 \\
\sin E_4 & \sin A_4 \sin E_4 & \cos A_4 \cos E_4 & 1
\end{bmatrix}
\tag{5.13}
$$

式中　　E_j——第 j 颗卫星的高度角;

　　　　A_j——第 j 颗卫星的方位角。

$$
\boldsymbol{A}_u =
\begin{bmatrix}
E_1 & 0 & 0 & 0 \\
0 & E_2 & 0 & 0 \\
0 & 0 & E_3 & 0 \\
0 & 0 & 0 & E_4
\end{bmatrix}
\tag{5.14}
$$

其中

$$
\boldsymbol{X}(t) = \begin{bmatrix} X_u(t) & Y_u(t) & Z_u(t) & B_u(t) \end{bmatrix}^T
$$

$$
\boldsymbol{S}(t) = \begin{bmatrix} S_1(t) & S_2(t) & S_3(t) & S_4(t) \end{bmatrix}^T
\tag{5.15}
$$

$$
\boldsymbol{P}(t) = \begin{bmatrix} P_1(t) & P_2(t) & P_3(t) & P_4(t) \end{bmatrix}^T
$$

则,在时元 t 伪距测量的用户位置矩阵为

$$
\boldsymbol{G}_u \boldsymbol{X}(t) = \boldsymbol{A}_u \boldsymbol{S}(t) - \boldsymbol{P}(t)
\tag{5.16}
$$

根据矩阵平差原理,式(5.16)两边同乘以转移矩阵 $\boldsymbol{G}_u^T$,则有

$$
\boldsymbol{G}_u^T \boldsymbol{G}_u \boldsymbol{X}(t) = \boldsymbol{G}_u^T [\boldsymbol{A}_u \boldsymbol{S}(t) - \boldsymbol{P}(t)]
\tag{5.17}
$$

式(5.17)两边同乘以逆矩阵 $(\boldsymbol{G}_u^T \boldsymbol{G}_u)^{-1}$,并考虑到 $(\boldsymbol{G}_u^T \boldsymbol{G}_u)(\boldsymbol{G}_u^T \boldsymbol{G}_u)^{-1} = 1$,则可求得用户在时元 t 的位置矩阵为

$$
\boldsymbol{X}(t) = (\boldsymbol{G}_u^T \boldsymbol{G}_u)^{-1} \boldsymbol{G}_u^T [\boldsymbol{A}_u \boldsymbol{S}(t) - \boldsymbol{P}(t)]
\tag{5.18}
$$

式(5.18)为 GPS 伪距单点被动式定位的三维位置方程。以此可以解算出用户在时元 t 的三维坐标和用户时钟偏差。但是,它需要进行若干次迭代解算,直到第 $(n+1)$ 次解算的 $\boldsymbol{X}(t)_{(n+1)}$ 等于第 n 次解算的 $\boldsymbol{X}(t)_n$。或者根据用户的定位精度要求,规定 $[\boldsymbol{X}(t)_{(n+1)} - \boldsymbol{X}(t)_n]$ 达到某一个额定值,此时所解算的 $\boldsymbol{X}(t)_{(n+1)}$ 便作为解算结果。

式(5.18)的迭代计算过程如下:

① 假定一个用户初始位置 (X_{u0}, Y_{u0}, Z_{u0}) 和一个用户时钟距离偏差 d_{u0}。

② 用已知的卫星在轨位置 (X_j, Y_j, Z_j) 和时钟距离偏差 B_j，以及假定的用户初始位置 (X_{u0}, Y_{u0}, Z_{u0})，计算出方向系数 $e_{ji}(j = 1, 2, 3, 4; i = 1, 2, 3)$，进而求得几何矩阵。

③ 用测得的伪距 P_j 组成站星距离矩阵 $\boldsymbol{P}(t)$。

④ 推求转置矩阵 $\boldsymbol{G}_u^T$ 和逆矩阵 $(\boldsymbol{G}_u^T \boldsymbol{G}_u)^{-1}$。

⑤ 按式(5.17)计算出 $\boldsymbol{X}(t)$，直到第 $(n+1)$ 次解算的 $\boldsymbol{X}(t)_{(n+1)} \approx \boldsymbol{X}(t)_n$ 为止。一般作 4 次迭代计算，即可达到目的。

当进行迭代计算时，如果所给定的用户位置初始值越接近实际位置，迭代次数就越少。因此，对动态用户，特别是高动态用户，选取适宜的初始位置，是值得特别注意的。

5.1.3　载波相位测量平滑伪距的单点定位

伪距单点定位的测量精度，在 GPS 卫星实施 SA 技术的情况下，二维位置只能达到 ± 100 m(95% 的置信度)，即使在 2000 年 5 月 1 日中止 SA 技术以后，伪距单点定位的二维位置精度也只能够达到 ± 23 m 左右(95% 的置信度)。为了提高伪距单点定位精度，可以采用下述的载波相位测量平滑伪距的单点定位法。它只要求所用的 GPS 信号接收机能够测得伪距和载波滞后相位。

GPS 信号接收机所测得的载波滞后相位可写成

$$\lambda N^j + \lambda C^j(t) + \varphi^j(t) = \rho^j(t) + c[dt^j(t) - dT(t)] - d_{ion}^j(t) + d_{trop}^j(t) \quad (5.19)$$

式中　　λ —— 以米为单位的 GPS 载波波长；

$\quad\quad N^j$ —— GPS 信号接收机对第 j 颗 GPS 卫星作载波相位测量的波数；

$\quad\quad C^j(t)$ —— GPS 信号接收机对第 j 颗 GPS 卫星作载波相位测量在时元 t 的多普勒计数；

$\quad\quad \varphi^j(t)$ —— GPS 信号接收机对第 j 颗 GPS 卫星作载波相位测量在时元 t 的小于一个周期的观测值，m；

$\quad\quad \rho^j(t)$ —— GPS 信号接收机至第 j 颗 GPS 卫星在时元 t 的真实距离；

$\quad\quad d_{ion}^j(t)$ —— GPS 信号接收机在时元 t 对第 j 颗 GPS 卫星作载波相位测量的电离层效应引起的距离偏差；

$\quad\quad d_{trop}^j(t)$ —— GPS 信号接收机在时元 t 对第 j 颗 GPS 卫星作载波相位测量的对流层效应引起的距离偏差；

$\quad\quad dT(t)$ —— GPS 信号接收机时钟在时元 t 相对于 GPS 时系的偏差(接收机钟差)；

$\quad\quad dt^j(t)$ —— 第 j 颗 GPS 卫星时钟在时元 t 相对于 GPS 时系的偏差(卫星钟差)；

$\quad\quad c$ —— 电磁波的传播速度。

若在两个相邻时元 t_k 和 t_{k-1} 之间，对 GPS 载波相位测量求差，可消除对第 j 颗 GPS 卫星作载波相位测量的波数，而根据式(5.19)求得

$$\lambda[C^j(t_k) - C^j(t_{k-1})] + \varphi^j(t_k) - \varphi^j(t_{k-1}) =$$
$$\rho^j(t_k) - \rho^j(t_{k-1}) - [d_{ion}^j(t_k) - d_{ion}^j(t_{k-1})] + d_{trop}^j(t_k) - d_{trop}^j(t_{k-1}) +$$
$$c[dt^j(t_k) - dt^j(t_{k-1})] - c[dT(t_k) - dT(t_{k-1})] \quad\quad (5.20)$$

由式(5.20)可知，时元 t_k 的站星距离为

$$\rho^j(t_k) = \rho^j(t_{k-1}) + \lambda[C^j(t_k) - C^j(t_{k-1})] + \varphi^j(t_k) - \varphi^j(t_{k-1}) +$$
$$[d_{ion}^j(t_k) - d_{ion}^j(t_{k-1})] - d_{trop}^j(t_k) + d_{trop}^j(t_{k-1}) -$$
$$c[dt^j(t_k) - dt^j(t_{k-1})] + c[dT(t_k) - dT(t_{k-1})] \quad\quad (5.21)$$

根据式(5.4)可知,在时元 t_k 和 t_{k-1} 的伪距观测值为

$$P^j(t_{k-1}) = \rho^j(t_{k-1}) + c[dt^j(t_{k-1}) - dT(t_{k-1})] + d^j_{ion}(t_{k-1}) + d^j_{trop}(t_{k-1})$$
$$P^j(t_k) = \rho^j(t_k) + c[dt^j(t_k) - dT(t_k)] + d^j_{ion}(t_k) + d^j_{trop}(t_k) \tag{5.22}$$

现将式(5.21)代入式(5.22),则有

$$P^j(t_k) = \rho^j(t_{k-1}) + \lambda[C^j(t_k) - C^j(t_{k-1})] + \varphi^j(t_k) - \varphi^j(t_{k-1}) +$$
$$2d^j_{ion}(t_k) - d^j_{ion}(t_{k-1}) + d^j_{trop}(t_{k-1}) + c[dt^j(t_{k-1}) - dT(t_{k-1})] \tag{5.23}$$

考虑到在时元 t_k 和 t_{k-1} 内,可认为 $2d^j_{ion}(t_k) - d^j_{ion}(t_{k-1}) \approx d^j_{ion}(t_{k-1})$,故有

$$P^j(t_k) = \lambda[C^j(t_k) - C^j(t_{k-1})] + \varphi^j(t_k) - \varphi^j(t_{k-1}) + \rho^j(t_{k-1}) +$$
$$d^j_{ion}(t_{k-1}) + d^j_{trop}(t_{k-1}) + c[dt^j(t_{k-1}) - dT(t_{k-1})] =$$
$$\lambda[C^j(t_k) - C^j(t_{k-1})] + \varphi^j(t_k) - \varphi^j(t_{k-1}) + P^j(t_{k-1}) \tag{5.24}$$

式(5.24)表明,某一时元的伪距观测值,等于前一时元的伪距观测值和这两个时元的载波相位测量值之差。用多个时元的伪距观测值和载波相位测量值,可以求得同一个时元的多个伪距值,取其平均值,即为伪距平滑值。由此而解算出的二维用户位置,其精度不仅可达 ± 10 m 左右,而且能够保持稳定可靠。

5.2 伪距差分定位

GPS 差分定位(Differential Global Positioning System,DGPS)主要是针对动态定位而言。若用伪距观测值求差解算,称为 GPS 伪距差分定位。DGPS 测量至少需要两台 GPS 信号接收机,分别安装在运动载体和一个已知精确坐标的地面点(基准站)上,如图 5.4 所示,且将前者称为动态 GPS 信号接收机(简称为动态接收机),后者称为基准 GPS 信号接收机(简称为基准接收机)。这两种接收机同步地对一组可见 GPS 卫星进行观测,基准接收机为动态接收机提供差分改正数,称之为 DGPS 数据。动态接收机用自己的 GPS 观测值和来自基准接收机的 DGPS 数据,精确地解算出用户的三维坐标。当动态用户需要不断解算在航点位时,基准接收机就需要实时地将 DGPS 数据发送到动态用户。基准接收机的 DGPS 数据无线电发送机,与动态接收机的 DGPS 数据无线电接收机,构成了 DGPS 数据链。由此可见,所谓 DGPS 数据链,就是一种用于作差分导航定位的无线电收发设备。

5.2.1 DGPS 测量的类型

1. 按数据处理方式的不同分类

根据 DGPS 测量数据处理方式不同,可分为下列类型:

(1)实时 DGPS 测量。

站际之间实施 DGPS 数据传输如图 5.4 所示,动态用户作实时数据处理,从而不断解算出用户的三维坐标。

(2)后处理 DGPS 测量。

站际之间不进行 DGPS 数据传输,而是在 DGPS 测量之后,对动态接收机和基准接收机的 GPS 观测数据进行联合解算,求得动态用户在各个时元的三维坐标。例如,GPS 航空摄影测量技术,就是采用后处理 DGPS 测量。

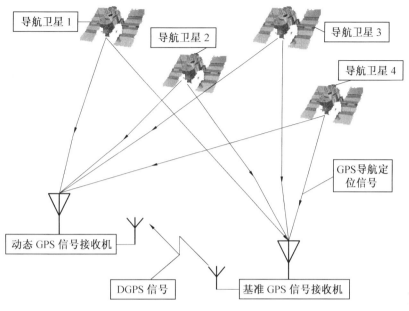

图 5.4　差分测量原理图

2. 按 DGPS 数据的不同分类

随着基准接收机所提供的 DGPS 数据不同,可分为下列类型:

(1) 位置 DGPS 测量。

基准接收机向动态用户发送的 DGPS 数据,是"位置校正值",以此修正动态用户所解算出的三维位置。

(2) 伪距 DGPS 测量。

基准接收机向动态用户发送的 DGPS 数据,是"伪距校正值",以此改正动态用户所测得的伪距,进而解算出动态用户的三维位置。

(3) 载波相位 DGPS 测量。

基准接收机向动态用户发送的 DGPS 数据,是"载波相位测量校正值",以此改正动态用户所测得的载波滞后相位,进而解算出动态用户的三维位置。

5.2.2　位置 DGPS 测量

位置 DGPS 测量,是一种较简单的差分定位模式。虽然它的组成与图 5.4 一样,但是基准接收机向动态用户发送的 DGPS 数据的位置校正值为

$$\begin{cases} \Delta X_R = X_R - X_{R0} \\ \Delta Y_R = Y_R - Y_{R0} \\ \Delta Z_R = Z_R - Z_{R0} \end{cases} \tag{5.25}$$

式中　　X_R、Y_R、Z_R——基准接收机所测得的基准站三维坐标;

X_{R0}、Y_{R0}、Z_{R0}——基准站在 WGS-84 世界大地坐标系内的已知三维坐标,若基准站的已知三维坐标属于地方坐标系,则需要进行坐标变换,才可算得位置校正值。

动态接收机既测定动态用户的三维坐标,又接收来自基准接收机的位置校正值(ΔX_R, ΔY_R,ΔZ_R),而用后者改正它自己所测得的三维坐标(X_{km},Y_{km},Z_{km}),即可求得动态用户的精确位置,即

$$\begin{cases} X_k = X_{km} + \Delta X_R \\ Y_k = Y_{km} + \Delta Y_R \\ Z_k = Z_{km} + \Delta Z_R \end{cases} \tag{5.26}$$

式中　　X_{km}、Y_{km}、Z_{km}——动态接收机测得的动态用户三维坐标;

ΔX_R、ΔY_R、ΔZ_R——来自基准接收机的位置校正值;

X_k、Y_k、Z_k——经过差分测量改正的动态用户三维坐标。

由式(5.26)可知:

①当做位置 DGPS 测量时,基准接收机只需向动态用户发送3个 DGPS 数据(ΔX_R,ΔY_R, ΔZ_R),易于实施 DGPS 数据传输。

②精度分析表明,基准接收机和动态接收机必须观测同一组可见 GPS 卫星,才能够高精度地测得动态用户三维坐标,否则,达不到 DGPS 测量提高定位精度的目的。

③当基准接收机和动态接收机之间的距离(简称为 DGPS 站间距离)在 100 km 以内时,位置 DGPS 测量能够显著地提高动态用户的位置测量精度。随着 DGPS 站间距离的加长,动态用户的位置测量精度将随之而降低。

5.2.3　单基准站伪距 DGPS 测量

在图 5.4 中,只有一台基准接收机向动态用户发送"伪距校正值",这种 DGPS 测量模式称为单基准站伪距 DGPS 测量。其工作原理如下。

在基准站 R 上,基准接收机测得到第 j 颗 GPS 卫星的伪距为

$$P_r^j = \rho_{rt}^j + c(\mathrm{d}t^j - \mathrm{d}T_{rr}) + \mathrm{d}\rho_r^j + d_{rion}^j + d_{rtrop}^j \tag{5.27}$$

式中　　P_r^j——基准接收机在时元 t 测得的基准站至第 j 颗 GPS 卫星的伪距;

ρ_{rt}^j——基准站在时元 t 至第 j 颗 GPS 卫星的真实距离;

$\mathrm{d}t^j$——第 j 颗 GPS 卫星时钟相对于 GPS 时系的偏差;

$\mathrm{d}T_{rr}$——基准接收机时钟相对于 GPS 时系的偏差;

$\mathrm{d}\rho_r^j$——GPS 卫星星历误差在基准站引起的距离偏差;

d_{rion}^j——电离层时延在基准站引起的距离偏差;

d_{rtrop}^j——对流层时延在基准站引起的距离偏差;

c——电磁波传播速度。

根据基准站的三维坐标已知值和 GPS 卫星星历,可以精确地计算出真实距离 ρ_{rt}^j,则根据式(5.27)可得"伪距校正值"为

$$\Delta \rho_r^j = \rho_{rt}^j - P_r^j = -c(\mathrm{d}t^j - \mathrm{d}T_{rr}) - \mathrm{d}\rho_r^j - d_{rion}^j - d_{rtrop}^j \tag{5.28}$$

对于动态用户而言,动态接收机也对第 j 颗 GPS 卫星作伪距测量,其观测值为

$$P_k^j = \rho_{kt}^j + c(\mathrm{d}t^j - \mathrm{d}T_{kr}) + \mathrm{d}\rho_k^j + d_{kion}^j + d_{ktrop}^j \tag{5.29}$$

式中各个符号的意义与式(5.28)相似,仅式(5.29)中的 k 表示动态用户。动态接收机在测量伪距的同时,接收来自基准接收机的伪距校正值,进而改正其测得的伪距为

$$P_k^j + \Delta\rho_r^j = \rho_{kt}^j + c(\,\mathrm{d}T_{rr} - \mathrm{d}T_{kr}\,) + (\,\mathrm{d}\rho_k^j - \mathrm{d}\rho_r^j\,) +$$
$$(\,d_{kion}^j - d_{rion}^j\,) + (\,d_{ktrop}^j - d_{rtrop}^j\,) \tag{5.30}$$

比较式(5.29)和式(5.30)可知,DGPS 测量消除了 GPS 卫星时钟偏差引起的距离误差(SA 技术引起的部分人为距离误差)。当 DGPS 站间距离在 100 km 以内时,可以近似认为 $\mathrm{d}\rho_k^j = \mathrm{d}\rho_r^j$,$d_{kion}^j = d_{rion}^j$,$d_{ktrop}^j = d_{rtrop}^j$,则有

$$P_k^j + \Delta\rho_r^j = \rho_{kt}^j + c(\,\mathrm{d}T_{rr} - \mathrm{d}T_{kr}\,) =$$
$$\sqrt{(X^j - X_k)^2 + (Y^j - Y_k)^2 + (Z^j - Z_k)^2} + d \tag{5.31}$$

式中　　$d = c(\,\mathrm{d}T_{rr} - \mathrm{d}T_{kr}\,)$;

　　　　X^j、Y^j、Z^j——第 j 颗 GPS 卫星在时元 t 的在轨位置;

　　　　X_k、Y_k、Z_k——动态用户的 GPS 信号接收天线在时元 t 的三维位置。

当观测到 4 颗可见的 GPS 卫星后,可列出 4 个如式(5.31)的方程式,对其进行线性化,可知动态用户在时元 t 的三维位置解为

$$[\,\Delta X_k(t) \quad \Delta Y_k(t) \quad \Delta Z_k(t) \quad d(t)\,]^{\mathrm{T}} = \boldsymbol{A}^{-1}(t)\boldsymbol{B}(t) \tag{5.32}$$

式中　　$\Delta X_k(t)$、$\Delta Y_k(t)$、$\Delta Z_k(t)$——动态用户在时元 t 的三维位置改正值,而动态用户在时元 t 的三维位置是

$$\begin{cases} X_k(t) = X_{k0} + \Delta X_k(t) \\ Y_k(t) = Y_{k0} + \Delta Y_k(t) \\ Z_k(t) = Z_{k0} + \Delta Z_k(t) \end{cases} \tag{5.33}$$

此处 X_{k0}、Y_{k0}、Z_{k0} 为动态用户的初始三维位置。

$$\boldsymbol{B}(t) = \begin{bmatrix} D_{10} - P_k^1 - \Delta\rho_r^1 \\ D_{20} - P_k^2 - \Delta\rho_r^2 \\ D_{30} - P_k^3 - \Delta\rho_r^3 \\ D_{40} - P_k^4 - \Delta\rho_r^4 \end{bmatrix} \tag{5.34}$$

$$\boldsymbol{A}(t) = \begin{bmatrix} \dfrac{X^1(t) - X_{k0}}{D_{10}(t)} & \dfrac{Y^1(t) - Y_{k0}}{D_{10}(t)} & \dfrac{Z^1(t) - Z_{k0}}{D_{10}(t)} & -1 \\[2mm] \dfrac{X^2(t) - X_{k0}}{D_{20}(t)} & \dfrac{Y^2(t) - Y_{k0}}{D_{20}(t)} & \dfrac{Z^2(t) - Z_{k0}}{D_{20}(t)} & -1 \\[2mm] \dfrac{X^3(t) - X_{k0}}{D_{30}(t)} & \dfrac{Y^3(t) - Y_{k0}}{D_{30}(t)} & \dfrac{Z^3(t) - Z_{k0}}{D_{30}(t)} & -1 \\[2mm] \dfrac{X^4(t) - X_{k0}}{D_{40}(t)} & \dfrac{Y^4(t) - Y_{k0}}{D_{40}(t)} & \dfrac{Z^4(t) - Z_{k0}}{D_{40}(t)} & -1 \end{bmatrix} \tag{5.35}$$

其中　　$D_{j0}(t) = \sqrt{(X^j(t) - X_{k0})^2 + (Y^j(t) - Y_{k0})^2 + (Z^j(t) - Z_{k0})^2}$

当 DGPS 站间距离在 100 km 左右时,用 C/A 码作 DGPS 测量的精度估计,见表5.1。由此可见,DGPS 测量,在二维位置几何精度因子(HDOP)等于 1.5 时,动态用户的二维位置精度比单点定位的二维位置精度提高一个数量级,即从 99.9 m 提高到 9.9 m。在 SA 技术停止使用的情况下,能够从单点定位的 24.3 m 提高到 9.9 m。换言之,DGPS 测量能够显著地提高动态用户的定位精度。其主要原因可概括如下。

表5.1　C/A码伪距的单点定位和DGPS测量的精度估值　　　　　　　　　　　　　m

类　　型	误差名称	GPS	DGPS
空　　间	卫星时钟误差	3.0	0.0
	卫星摄动误差	1.0	0.0
	SA技术误差	32.3	0.0
	其他(热辐射等)误差	0.5	0.0
控　　制	星历预报误差	4.2	0.0
	其他(如起飞加速器性能等)误差	0.9	0.0
用　　户	电离层时延误差	5.0	0.0
	对流层时延误差	1.5	0.0
	接收机噪声误差	1.5	2.1
	多路径误差	2.5	2.5
	其他(波道间偏差等)误差	0.5	0.5
用户测量误差	总误差(RMS)	33.3(有SA) 8.1(无SA)	3.3
用户二维位置误差(2DRMS,HDOP = 1.5 $2DRMS = 2 \times HDOP \times m_\rho$)		99.9(有SA) 24.3(无SA)	9.9

① DGPS测量的用户位置,消除了GPS卫星时钟偏差造成的精度损失。

② DGPS测量的用户位置,能够显著地减小甚至消除电离层／对流层效应和星历误差造成的精度损失。

伪距DGPS测量的主要优越性在于,基准接收机所发送的DGPS数据是所有在视GPS卫星的伪距校正值。动态接收机只需选用其中4颗以上的GPS卫星伪距校正值,即可实现DGPS测量定位,不必像位置DGPS测量那样,动态接收机和基准接收机必须观测同一组在视GPS卫星,才能够达到提高精度的目的。DGPS测量的高精度如图5.5所示,使其获得了较广泛的应用,如用于引导飞机的精密进场。当用仪表着陆系统(ILS)时,一台ILS只能够为一条跑道提供精密进场服务。若用DGPS测量一个地面基准站,能够对其半径为60 km以内的每一条跑道提供精密进场服务。而DGPS基准接收机的价格仅为仪表着陆系统的1/3。

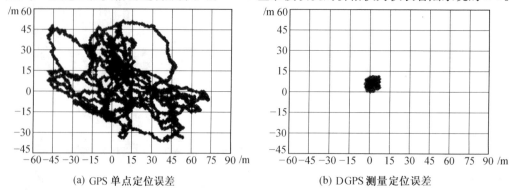

(a) GPS单点定位误差　　　　　　　　　　(b) DGPS测量定位误差

图5.5　C/A码伪距测量解算的多时元的用户二维位置精度

5.2.4　基准站载波相位 DGPS 测量

单基准站载波相位 DGPS 测量，与单基准站伪距 DGPS 测量的主要差别是前者的 DGPS 数据为载波相位校正值。而其所需设备与图 5.4 一致。单基准站载波相位 DGPS 测量，也称为 RTK（Real Time Kinematic）测量。基准接收机所测得的载波滞后相位为

$$\lambda N_r^j + \lambda C_r^j(t) + \varphi_r^j(t) = \rho_r^j(t) + \frac{A_r^j(t)}{f}\lambda + c[\,\mathrm{d}t_r^j(t) - \mathrm{d}T_r(t)\,] \tag{5.36}$$

式中　λ——以米为单位的 GPS 载波波长；

N_r^j——基准接收机对第 j 颗 GPS 卫星作载波相位测量的波数；

$C_r^j(t)$——基准接收机对第 j 颗 GPS 卫星作载波相位测量时在时元 t 的多普勒计数；

$\varphi_r^j(t)$——基准接收机对第 j 颗 GPS 卫星作载波相位测量时在时元 t 的小于一个周期的观测值，m；

$\rho_r^j(t)$——基准接收机至第 j 颗 GPS 卫星在时元 t 的真实距离；

$A_r^j(t)$——基准接收机对第 j 颗 GPS 卫星作载波相位测量的电离层效应影响系数；

f——以 Hz 为单位的载波频率；

$\mathrm{d}T_r(t)$——基准接收机时钟在时元 t 相对于 GPS 时系的偏差（基准接收机钟差）；

$\mathrm{d}t_r^j(t)$——第 j 颗 GPS 卫星时钟在时元 t 相对于 GPS 时系的偏差（卫星钟差）；

c——电磁波的传播速度。

依据基准站 R 的已知三维坐标和第 j 颗 GPS 卫星在时元 t 的在轨位置，算得基准站 R 至第 j 颗 GPS 卫星在时元 t 的真实距离 $\rho_r^j(t)$，进而求得 GPS 载波相位测量的校正值为

$$\rho_r^j(t) - [\,\lambda N_r^j + \lambda C_r^j(t) + \varphi_r^j(t)\,] = \Delta\varphi_r^j(t) = -\frac{A_r^j(t)}{f}\lambda - c[\,\mathrm{d}t_r^j(t) - \mathrm{d}T_r(t)\,] \tag{5.37}$$

动态接收机所测得的载波滞后相位为

$$\lambda N_k^j + \lambda C_k^j(t) + \varphi_k^j(t) = \rho_k^j(t) + \frac{A_k^j(t)}{f}\lambda + c[\,\mathrm{d}t_k^j(t) - \mathrm{d}T_k(t)\,] \tag{5.38}$$

修正过程：

动态接收机接收基准接收机发来的 GPS 载波相位测量校正值 $\Delta\varphi_r^j(t)$，而改正它所测得的载波滞后相位，即有

$$\rho_r^j(t) + \lambda(N_k^j - N_r^j) + \lambda[\,C_k^j(t) - C_r^j(t)\,] + [\,\varphi_k^j(t) - \varphi_r^j(t)\,] =$$
$$\rho_k^j(t) + \frac{\lambda}{f}[\,A_k^j(t) - A_r^j(t)\,] - c[\,\mathrm{d}T_k(t) - \mathrm{d}T_r(t)\,] + c[\,\mathrm{d}t_k^j(t) - \mathrm{d}t_r^j(t)\,] \tag{5.39}$$

上式也可写为

$$\rho_r^j(t) + \lambda(N_k^j - N_r^j) + \lambda[\,C_k^j(t) - C_r^j(t)\,] + [\,\varphi_k^j(t) - \varphi_r^j(t)\,] - c[\,\mathrm{d}t_k^j(t) - \mathrm{d}t_r^j(t)\,] =$$
$$\sqrt{[\,X^j(t) - X_k(t)\,]^2 + [\,Y^j(t) - Y_k(t)\,]^2 + [\,Z^j(t) - Z_k(t)\,]^2} + \mathrm{d}\varphi_k \tag{5.40}$$

式中

$$\rho_k^j(t) = \sqrt{[\,X^j(t) - X_k(t)\,]^2 + [\,Y^j(t) - Y_k(t)\,]^2 + [\,Z^j(t) - Z_k(t)\,]^2}$$

$$\mathrm{d}\varphi_k = \frac{\lambda}{f}[\,A_k^j(t) - A_r^j(t)\,] - c[\,\mathrm{d}T_k(t) - \mathrm{d}T_r(t)\,]$$

从式（5.40）等号左边可知，仅波数差（$N_k^j - N_r^j$）为未知量，其余均是已知值。按 GPS 载

波相位测量的常用解算方法,即可解算出波数差$(N_k^j - N_r^j)$。因此,只要动态接收机和基准接收机均观测了4颗以上的在视 GPS 卫星,就可解算出用户的三维位置。

5.3　载波相位测量

载波相位测量的基本原理:测量 GPS 载波信号从 GPS 卫星发射天线到 GPS 接收机接收天线的传播路程上的相位变化,从而确定传播距离。

如图5.6所示,卫星 j 发射一载波信号,在时刻 t 的相位为 $\varphi_j(t)$,该信号经过距离 ρ 到达接收机,其相位为 φ_k,$(\varphi_j - \varphi_k)$ 为相位变化量,现 $(\varphi_j - \varphi_k)$ 中包含整周部分与不足整周部分。由于载波信号是一种周期性的正弦波,因此若能测定 $(\varphi_j - \varphi_k)$,则可计算出卫星到接收机间的距离为

$$\rho = \lambda \cdot (\varphi_j - \varphi_k) = \lambda \times (N_0 + \Delta\varphi) \tag{5.41}$$

GPS 卫星测量技术问世之初,人们认为只能依靠 P 码才能达到较高的动态定位精度。然而,P 码是美国国防部控制的保密军用码,它不仅是具有 $2.35E + 14 \times (2.35 \times 10^{14})$ 个码元的长伪噪声码,而且在 SA 影响下转换成更难破译的 Y 码。对于非特许用户而言,探求精密定位方法,是开发和应用 GPS 动态测量技术的重大课题。GPS 静态定位已经成功地应用了载波相位测量方法,取得了 3 ~ 5 000 km 长基线条件下 ±(5 mm + 0.01 ppm) 的测量精度,且其三维位置误差仅为 ±3 cm。这是因为,载波波长较 P 码码元的相应长度短两个数量级。在相位测量精度相同的情况下,载波相位测量误差对测距精度的损失,较 P 码码相位测量误差小两个数量级,不仅如此,载波相位的测距分辨率也较 P 码相位测量的距离分辨率高得多。例如,TI - 4100 GPS 信号接收机具有 2^{-16} 的分辨率,这对用 P 码码相位测量而言,其距离分辨率可达 0.447 mm,对载波相位测量(L1 载波上)而言,则可达到 0.002 9 mm 的距离分辨率。因此,GPS 载波相位测量已经成为高精度定位的主要方法。本节首先论述 GPS 载波相位测量的基本原理和方法,进而讨论 DGPS 载波相位测量的单差法、双差法和三差法。

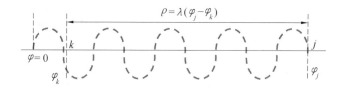

图5.6　载波相位原理图

5.3.1　载波相位测量

如果忽略某些附加滞后相位,GPS 信号接收机所接收到的 GPS 信号可表述为

$$\begin{cases} S_{L1}^j(t) = A_p P^j(t - t_d) D^j(t - t_d) \cos\left[\omega_1(t - t_d) + \omega_{d1}^j t_d + \varphi_1^j\right] + \\ \qquad A_c G^j(t - t_d) D^j(t - t_d) \sin\left[\omega_1(t - t_d) + \omega_{d1}^j t_d + \varphi_1^j\right] \\ S_{L2}^j(t) = B_p P^j(t - t_d) D^j(t - t_d) \cos\left[\omega_2(t - t_d) + \omega_{d2}^j t_d + \varphi_2^j\right] \end{cases} \tag{5.42}$$

式中　A_p、A_c、B_p——1 575.42 MHz 载波 L1 I/Q 支路和 1 227.60 MHz 载波 L2 的振幅;

$P^j(t - t_d)$——第 j 颗 GPS 卫星的 P 码；

$G^j(t - t_d)$——第 j 颗 GPS 卫星的 C/A 码；

$D^j(t - t_d)$——第 j 颗 GPS 卫星的 D 码，即卫星导航电文；

t_d——GPS 信号从第 j 颗 GPS 卫星到达 GPS 信号接收天线的传播时间，其大小正比于站星瞬时距离的长短；

ω_1——第一载波 L1 的角频率；

ω_2——第二载波 L2 的角频率；

φ_1^j——第 j 颗 GPS 卫星载波 L1 的初相；

φ_2^j——第 j 颗 GPS 卫星载波 L2 的初相；

ω_{d1}^j——第 j 颗 GPS 卫星载波 L1 的多普勒角频率；

ω_{d2}^j——第 j 颗 GPS 卫星载波 L2 的多普勒角频率。

从式(5.42)可知，第 j 颗 GPS 卫星发送的导航定位信号，既可以用其伪噪声码测量站星距离，又可以通过测量载波在用户和 GPS 卫星的滞后相位，来间接地测得同一站星距离，由此解算出用户的实时位置。但是，GPS 载波相位测量较伪噪声码的伪距测量要复杂一些。下面对载波相位测量的相关问题进行简要论述。

（1）多普勒频移测量。

GPS 卫星环绕地球飞行，GPS 用户与 GPS 卫星之间存在着相对运动，以致 GPS 信号接收天线所接收到的 GPS 卫星发射的载波频率 f_S 附加了多普勒频移，由图 5.7 可知

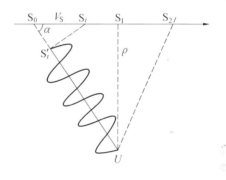

图 5.7　多普勒频移

$$f_R = f_S \frac{c + V_S \cos \alpha}{c} \qquad (5.43)$$

式中　f_S——GPS 卫星发射的载波频率（简称为发射载频）；

　　　f_R——到达 GPS 信号接收天线的 GPS 卫星的载波频率（简称为接收载频）；

　　　V_S——GPS 卫星的切向（顺轨）速度；

　　　c——GPS 信号传播速度；

　　　α——用户至 GPS 卫星的矢径与卫星切向速度矢量的夹角。

由式(5.42)可知，当 GPS 卫星的切向速度为零时，接收载频等于发射载频，即当 GPS 卫星处于用户所在位置的天顶时，多普勒频移为零，而且知道多普勒频移对应的站星距离(ρ)的变化率。考虑到 $c \gg V_S$ 及 $\mathrm{d}\rho/\mathrm{d}t = V_S \cos \alpha$，则式(5.42)可写成

$$f_R = \left(1 + \frac{V_S \cos \alpha}{c}\right) f_S = \left(1 + \frac{1}{c} \frac{\mathrm{d}\rho}{\mathrm{d}t}\right) f_S \qquad (5.44)$$

故多普勒频移为

$$f_d = f_R - f_S = \frac{1}{c} \frac{\mathrm{d}\rho}{\mathrm{d}t} f_S \qquad (5.45)$$

为了提高多普勒频移的测量精度，一般不是直接测量某一时元的多普勒频移，而是测量在某一时间间隔(t_1, t_2)内的多普勒频移的积累数值，称为多普勒计数(C_d)，即

$$C_{\mathrm{d}} = \int_{t_1}^{t_2} (f_{\mathrm{G}} - f_{\mathrm{R}})\,\mathrm{d}t \tag{5.46}$$

式中　f_{G}——GPS 信号接收机所产生的载波频率；

　　　　f_{R}——GPS 信号接收机所接收到的载波频率。

考虑到 $f = \mathrm{d}\varphi/\mathrm{d}t$，多普勒计数可以改写为

$$C_{\mathrm{d}} = \varphi(t_2) - \varphi(t_1) = \left[\varphi_{\mathrm{G}}(t_2) - \varphi_{\mathrm{G}}(t_2)\right] - \left[\varphi_{\mathrm{R}}(t_1) - \varphi_{\mathrm{R}}(t_1)\right] \tag{5.47}$$

式中　φ_{R}——GPS 信号接收机所接收到的载波相位；

　　　　φ_{G}——GPS 信号接收机所产生的载波相位。

因此，GPS 信号接收机，可以通过测量载波相位变化率而测定 GPS 信号的多普勒频移。对于一个静态用户而言，GPS 多普勒频移的最大值约为 $\pm 5\ \mathrm{kHz}$。如果知道用户的大概位置和可见卫星的历书，便可估算出多普勒频移，从而实现对定位信号的快速捕获和跟踪，这有利于动态载波相位测量的实施。

（2）波数和整周跳变。

动态载波相位测量时，GPS 信号接收机既要接收和解译来自 GPS 卫星的载波信号，又要产生一个与接收载波频率相同的载波信号，前者称为被测载波，后者称为基准载波。载波相位测量值是基准载波相位和被测载波相位之差，如图 5.8 所示，即

$$\varphi^{j}(t_{\mathrm{R}}) = \varphi^{j}(t_{\mathrm{S}}) - \varphi(t_{\mathrm{R}}) \tag{5.48}$$

式中　$\varphi^{j}(t_{\mathrm{S}})$——第 j 颗 GPS 卫星在时元 t_{S} 发射的载波相位；

　　　　$\varphi(t_{\mathrm{R}})$——GPS 信号接收机在时元 t_{R} 所产生的基准载波相位。

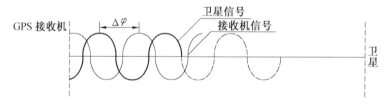

图 5.8　载波相位测量原理图

如图 5.9 所示，为了解算动态用户的三维位置，GPS 信号接收机需要观测 4 颗以上的 GPS 卫星，各颗 GPS 卫星在不同的时元向用户发送频率相同的载波信号，因而存在发射时元和接收时元的归一化问题。将发射时元表示为接收时元的函数，即

$$t_{\mathrm{S}} = t_{\mathrm{R}} - \frac{\rho(t_{\mathrm{S}}, t_{\mathrm{R}})}{c} = t_{\mathrm{R}} - \Delta t \tag{5.49}$$

式中　$\rho(t_{\mathrm{S}}, t_{\mathrm{R}})$——第 j 颗 GPS 卫星在时元 t_{S} 发射的载波信号，而在时元 t_{R} 到达 GPS 信号接收天线所经过的距离，即站星距离；

　　　　C——GPS 信号的传播速度。

根据式（5.49），可将式（5.48）改写为

$$\varphi^{j}(t_{\mathrm{R}}) = \varphi^{j}(t_{\mathrm{R}} - \Delta t) - \varphi(t_{\mathrm{R}}) \tag{5.50}$$

从 GPS 卫星至用户的距离可知，$\Delta t \approx 0.67\ \mathrm{s}$，故有

$$\varphi^{j}(t_{\mathrm{R}} - \Delta t) = \varphi^{j}(t_{\mathrm{R}}) - \frac{\mathrm{d}\varphi^{j}}{\mathrm{d}t}\Delta t \tag{5.51}$$

式中　$\mathrm{d}\varphi^{j}/\mathrm{d}t$——第 j 颗 GPS 卫星的载波频率。

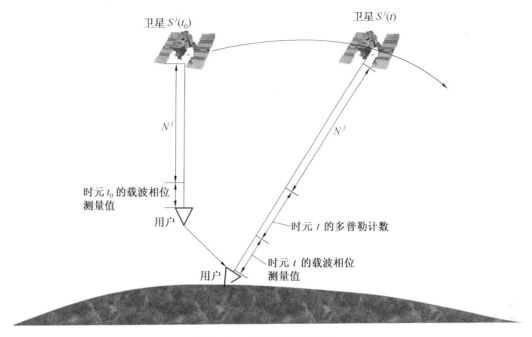

图 5.9　动态载波相位测量

由式(5.47)和(5.48)可知,以周为单位的载波相位测量值是

$$\varphi^j(t_R) = \varphi^j(t_R) - \varphi(t_R) - \frac{f}{c}\rho^j(t_S, t_R) \tag{5.52}$$

式(5.52)是在 GPS 信号接收机时系的载波相位测量值。实际上,GPS 测量数据处理, 均采用 GPS 时间系统。因而转化到 GPS 时系的载波相位测量值为

$$\varphi^j(t_R) = N^j - \frac{f}{c}\rho^j(t_S, t_G) + f\mathrm{d}t - f\mathrm{d}T + \frac{f}{c}\dot{\rho}^j(t_S, t_G)\Delta T_R \tag{5.53}$$

式中　N^j——第 j 颗 GPS 卫星发射载波至 GPS 信号接收机的滞后相位波数,也称为整周模糊度或整周待定值;

$\mathrm{d}t$——第 j 颗 GPS 卫星时钟相对于 GPS 时系的偏差;

$\mathrm{d}T$——GPS 信号接收机时钟相对于 GPS 时系的偏差;

ΔT_R——站星距离变率的时间间隔;

$\dot{\rho}^j(t_S, t_G)$——站星距离变化率。

当用 GPS 第一载波测量时,其载频 $f_{L1} = 1\,575.42$ MHz,相应波长 $\lambda = 19$ cm,若用该电尺测量约 20 000 km 的 GPS 站星距离,其整尺段数(波数)约为 1E + 8。如此巨大的波数是无法直接精确测定的,而需用一定的方法求解这个未知数,因此,波数(整周模糊度)的解算是载波相位测量数据处理的一个特殊而又极重要的问题。波数解算举例见表 5.2。

表 5.2　波数解算举例

时元 /s	伪距 /m	N^{11} / 周	载波相位测量观测值 / 周
202 370	22 441 825.779	121 000 000	− 2 885 127.526
202 371	22 441 597.023	121 000 000	− 2 886 331.453
202 372	22 441 371.704	121 000 000	− 2 887 517.367

若考虑到波长 $\lambda = c/f$，由式（5.53）可知，以米为单位而在时元 t 测得的载波相位是

$$\varphi^j(t) = \lambda N^j + \lambda C_d^j - \rho^j(t) - \frac{A_t^j}{f}\lambda - c[dt^j(t) - dT(t)] \tag{5.54}$$

式中　　C_d^j——多普勒计数；

$\qquad A_t^j$——电离层效应在时元 t 的距离偏差系数；

$\qquad f$——GPS 信号的载波频率。

式（5.54）中的波数 N^j 是基于下述事实而成立的：从初始时元 t_0 到观测时元 t，计数器始终处于连续不断的计数状态，以致在 $[t_0 \quad t]$ 时域内多普勒计数是连续的，以此确保观测时元 t 的波数等于初始时元 t_0 的波数，即在 $[t_0 \quad t]$ 时域内只有一个波数 N^j。

但是，用于测量载波滞后相位的锁相环路，在强干扰信号的作用下，它的稳定平衡状态受到了破坏，以致环路鉴相器的工作点跳过 2π，甚至若干个 2π。随着干扰信号减弱到阈值以下，又使得锁相环路趋向新的稳定平衡状态，而恢复正常的测相作业。跳越 2π 的数目，既取决于干扰信号的强度，又取决于干扰信号的持续时间。GPS 信号接收机锁相环路稳定平衡状态的破坏，导致多普勒计数的记录中断，这种丢失多普勒计数的现象称为整周跳变，简称为周跳。

从式（5.54）可见，若在时元 t_1 发生了周跳，而在时元 t_3 恢复多普勒计数；时元 t_3 的波数 $N^j(t_3) = N^j + \Delta N^j$，即时元 t_3 的载波相位测量增加了一个新的未知数 ΔN^j。为了在第 j 颗 GPS 卫星一次通过中，将波数 N^j 作为同一个未知数进行整体解算，需要用一定的方法强迫周跳前后的波数相同，而进行周跳的探测和修复。这是确保高精度定位连续稳定的关键问题。

（3）整周模糊度的确定。

整周模糊度确定的意义是保障定位精度、缩短定位时间和提高 GPS 定位效率。

整周模糊度确定的主要方法包括：

① 取整法。

② 区间判断法。

③ 快速模糊度求解法。

④ 快速模糊度分解法。

⑤ 模糊度函数法。

⑥ 基于模糊度最小二乘平差法。

⑦ 模糊度在航求解法（OTF）。

下面简要介绍以下 4 种方法：

① 取整法。取最接近于模糊度参数实数解的整数为相应的模糊度整数解。

特点: 方法最简单，操作容易。但要求 X_N 的精度高，否则得出的结果不可靠，如图 5.10 所示。

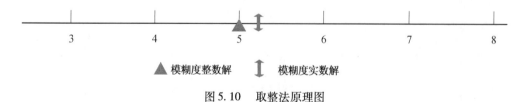

▲ 模糊度整数解　　↕ 模糊度实数解

图 5.10　取整法原理图

② 区间判断法。利用平差结果的标准差从统计角度评定整数解的可靠性。在一定显著水平 α 下,求出模糊度实数解的置信区间,若置信区间内存在一个整数,则可以确定该整数即为模糊度整数解。

特点: 如果在置信区间不存在整数或多个整数,该方法失效。

③ 方差比检验法。由区间判断法给出的置信区间,求出每个整周模糊度的取值集合,并对这些模糊度取值进行组合,任何一个组合都构成一个解向量,而且都无显著差别。将所有可能的组合代回到原方程,重新求差,求出新的方差值,一般对应最小方差的那组解认为是最佳解。

特点: 必须检验最终解与次小解有显著差别,否则该法失败。

④ 快速模糊度求解法。

基本原理: 利用浮点双差解模糊度的误差,充分考虑了模糊解向量的协方差,且采用统计检验法来检验模糊度整数解是否与实数解相容。若差值检验不能通过,则在包括全部容许的整数解向量的解空间中,可剔除包含这两个整数的模糊度解向量,从而大大减少需探索的整数模糊度解向量的个数,对于每一个整周模糊度解向量所对应的固定双差解,取各次平均所得的单位权重误差最小者为最优解,其相应的坐标参数估值即为最优的相对定位解算结果。

特点: 观测时间大大缩短,仅需几分钟,但对于 10 km 以下的短基线,其定位精度与静态定位精度大致相当。

(4) 周跳的探测和修复。

周跳指由于各种原因,计数器累计发生中断,恢复计数器后,其所记录的数与正确数之间存在一个偏差,即计数器中断所丢失的周数。

产生原因:接收机接收卫星信号时,由于卫星不断在运动,从而使卫地距离不断发生变化,载波相位观测值 ΔN 也随时间发生变化,在计数器不发生错误的状态下,这种变化是有规律的,当这种规律被打破时,说明观测含有周跳。

设 t_i 时刻的相位值为 $N_0 + \Delta N + i(i = 1,2,3,\cdots)$,相邻历元间求单差,表示相邻历元间的相位变化,乘以波长则表示历元间径向距离的变化,如图 5.11 所示。

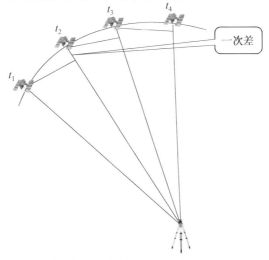

图 5.11　历元间一次求差示意图

$\rho_{i+1} - \rho_i, \rho_{i+2} - \rho_{i+1}, \rho_{i+3} - \rho_{i+2}, \rho_{i+4} - \rho_{i+3}$ 为卫星的径向速度与时间的乘积,即

$$\frac{\Delta \rho}{\Delta t} \Delta t = \frac{\mathrm{d}\rho}{\mathrm{d}t} \Delta t$$

在一次差间求二次差,变化更加平缓,同样求三次差、四次差等,则有

$$\frac{\mathrm{d}^4 \rho}{\mathrm{d}t^4} \to 0, \quad \frac{\mathrm{d}^5 \rho}{\mathrm{d}t^5} \to 0$$

探测方法:通过判断 4 次或 5 次差是否呈现随机性,可探测是否存在粗差。

局限性:只能判断大于 3 周的周跳。

① 多项式拟合法。利用前面几个正确的相位观测值拟合一个 m 级多项式,用该多项式外推出下一个观测值,并与实测值进行比较,从而发现并修正周跳。

② 根据数据处理后的残差探测与修正周跳。适用于静态相对定位与精密后处理导航。根据数据后处理(基线解算)后的相位残差来分析定位周跳。

③ 用星际差分探测与修正周跳。具体实施方法如下:

首先对每颗星求历元间 4 次差,由于周跳较小,4 次差后没有发现异常,即被振荡器的误差所掩盖。

然后进行星际求差(差值应很小,一般小于 0.5 周)。当与同一颗星的差值的 4 次差在某历元附近发生异常变化,则说明接收机接收的该颗卫星在该历元处发生周跳。发现周跳后,可利用前面的正确观测值及各次差进行外推,求出正确的整周计数。

优点:可以消除其影响,达到发现小周跳的目的。

缺点:只能发现与卫星有关的周跳,对于与接收机有关的周跳可采用站间差分(双差分)来检测。

5.3.2 GPS 载波相位测量的单点定位问题

GPS 载波相位测量的观测方程,在暂不考虑电离层效应等引起的距离偏差条件下,根据式(5.54)可知

$$\lambda C_{\mathrm{d}}^j + C\mathrm{d}t^j(t) - \varphi^j(t) = \rho^j(t) - \lambda N^j + C\mathrm{d}T(t) \tag{5.55}$$

式中各符号的意义如前所述。

相对于基于 GPS 伪距测量单点定位而言,基于 GPS 载波相位测量的单点定位有何不同和难点呢? 现作下述讨论。

若对式(5.55)进行线性化,则有

$$L_j(\varphi) = A_x^j(t) \Delta X_{\mathrm{u}}(t) + A_y^j(t) \Delta Y_{\mathrm{u}}(t) + A_z^j(t) \Delta Z_{\mathrm{u}}(t) - \lambda N^j + c\mathrm{d}T(t) \tag{5.56}$$

式中 $$L_j(\varphi) = \lambda C_{\mathrm{d}}^j(t) + c\mathrm{d}t^j(t) - \varphi^j(t) - D_0^j(t)$$

$$D_0^j(t) = \sqrt{[X^j(t) - X_{\mathrm{u0}}(t)]^2 + [Y^j(t) - Y_{\mathrm{u0}}(t)]^2 + [Z^j(t) - Z_{\mathrm{u0}}(t)]^2}$$

用户在时元 t 的三维位置为

$$\begin{cases} X_{\mathrm{u}}(t) = X_{\mathrm{u0}}(t) + \Delta X_{\mathrm{u}}(t) \\ Y_{\mathrm{u}}(t) = Y_{\mathrm{u0}}(t) + \Delta Y_{\mathrm{u}}(t) \\ Z_{\mathrm{u}}(t) = Z_{\mathrm{u0}}(t) + \Delta Z_{\mathrm{u}}(t) \end{cases} \tag{5.57}$$

若按 GPS 伪距测量的单点定位方法,需要观测 4 颗 GPS 卫星,根据式(5.57)可得观测矩阵为

$$L(\varphi) = A_u \Delta X \tag{5.58}$$

式中　　　$\Delta X = \begin{bmatrix} \Delta X_u(t) & \Delta Y_u(t) & \Delta Z_u(t) & N^1 & N^2 & N^3 & N^4 & dT(t) \end{bmatrix}^T$

$$A_u = \begin{bmatrix} A_x^1 & A_y^1 & A_z^1 & -\lambda & 0 & 0 & 0 & c \\ A_x^2 & A_y^2 & A_z^2 & 0 & -\lambda & 0 & 0 & c \\ A_x^3 & A_y^3 & A_z^3 & 0 & 0 & -\lambda & 0 & c \\ A_x^4 & A_y^4 & A_z^4 & 0 & 0 & 0 & -\lambda & c \end{bmatrix}$$

$$L(\varphi) = \begin{bmatrix} \lambda C_d^1(t) + cdt^1(t) - \varphi^1(t) - D_0^1(t) \\ \lambda C_d^2(t) + cdt^2(t) - \varphi^2(t) - D_0^2(t) \\ \lambda C_d^3(t) + cdt^3(t) - \varphi^3(t) - D_0^3(t) \\ \lambda C_d^4(t) + cdt^4(t) - \varphi^4(t) - D_0^4(t) \end{bmatrix}$$

根据式(5.58)用户位置,其改正值为

$$\Delta X = A_u^{-1} L(\varphi) \tag{5.59}$$

从上式可知:

① 在 GPS 载波相位测量单点定位的情况下,同样观测 4 颗 GPS 卫星,却要求解 8 个未知数,即 $\Delta X_u(t)$、$\Delta Y_u(t)$、$\Delta Z_u(t)$、N^1、N^2、N^3、N^4 及 $dT(t)$,因此,不能够仅仅依靠观测 4 颗 GPS 卫星的载波相位来解算出用户位置。

② 每增加观测一颗 GPS 卫星的载波相位,就要增加一个新的未知数(波数 N),因此,也不能够用增加观测 GPS 卫星数的方法来解算出用户位置。

③ 在 GPS 卫星的一次通过中,如果 GPS 信号接收机能够始终保持不中断多普勒计数,即不发生周跳,而能够保持波数 N^j 固定不变,则用多时元 GPS 载波相位测量值,能够解算出用户位置。

在 GPS 动态载波相位测量时,一般进行初始化测量,即在动态用户航行之前,需要进行 20 min 左右的静态测量,如图 5.12 所示,精确地解算出波数 N^j,当动态用户航行后,将该解算出的波数 N^j 视为已知值,之后可按观测 4 颗 GPS 卫星的方法,解算出动态用户在每一个时元的实时位置。

在初始化测量状态下,若用 3 个时元(t_1　t_2　t_3)的载波相位测量值,则可列出 12 个观测方程式,可解算出动态用户三维坐标改正数 $[\Delta X_u(t)$　$\Delta Y_u(t)$　$\Delta Z_u(t)]$,4 颗 GPS 卫星载波相位测量波数(N^1　N^2　N^3　N^4)和 3 个 GPS 信号接收机钟差 $[dT(t_1)$　$dT(t_2)$　$dT(t_3)]$ 共 10 个未知数,即

$$\Delta X^i = A_u^{-1} L^i(\varphi) \tag{5.60}$$

式中

$\Delta X^i = \begin{bmatrix} \Delta X_u(t) & \Delta Y_u(t) & \Delta Z_u(t) & N^1 & N^2 & N^3 & N^4 & dT(t_1) & dT(t_2) & dT(t_3) \end{bmatrix}^T$

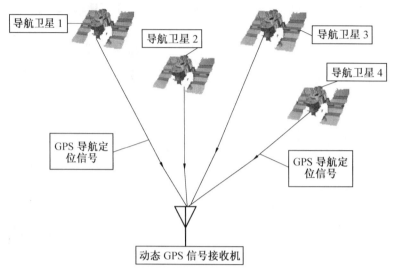

图 5.12　动态用户的初始化测量

在初始化测量之后，按下述矩阵解算出动态用户在每一个时元的三维坐标改正数为

$$\Delta \boldsymbol{X}(t) = \boldsymbol{A}_{\mathrm{u}}^{-1}(t) \boldsymbol{L}(t) \tag{5.61}$$

式中

$$\Delta \boldsymbol{X}(t) = \begin{bmatrix} \Delta X_{\mathrm{u}}(t) & \Delta Y_{\mathrm{u}}(t) & \Delta Z_{\mathrm{u}}(t) & \mathrm{d}T(t) \end{bmatrix}^{\mathrm{T}}$$

$$\boldsymbol{A}_{\mathrm{u}}(T) = \begin{bmatrix} A_x^1 & A_y^1 & A_z^1 & C \\ A_x^2 & A_y^2 & A_z^2 & C \\ A_x^3 & A_y^3 & A_z^3 & C \\ A_x^4 & A_y^4 & A_z^4 & C \end{bmatrix}$$

$$\boldsymbol{L}(t) = \begin{bmatrix} \lambda C_{\mathrm{d}}^1(t) + c\mathrm{d}t^1(t) - \varphi^1(t) - D_0^1(t) + \lambda N^1 \\ \lambda C_{\mathrm{d}}^2(t) + c\mathrm{d}t^2(t) - \varphi^2(t) - D_0^2(t) + \lambda N^2 \\ \lambda C_{\mathrm{d}}^3(t) + c\mathrm{d}t^3(t) - \varphi^3(t) - D_0^3(t) + \lambda N^3 \\ \lambda C_{\mathrm{d}}^4(t) + c\mathrm{d}t^4(t) - \varphi^4(t) - D_0^4(t) + \lambda N^4 \end{bmatrix}$$

综上，用式（5.57）解算任一时元的动态用户三维坐标，是基于多普勒计数的连续性。如果发生了周跳，对于需要实时解算出动态用户三维坐标的单点定位，就难以继续实施了。对于测后处理而求解动态用户三维坐标的应用，就需要修复周跳之后才能正确解算出动态用户的三维坐标。

5.4　载波相位测量的 DGPS 模型

假定两台 GPS 信号接收机，分别安设在两个不同的测站 R 和 K 上，且在两个不同的时元 t_1 和 t_2，各观测了两颗 GPS 卫星（j 和 n，实际上至少要观测 4 颗 GPS 卫星，如图 5.13 所示，此处仅为论述简便起见），则可测得下列 8 个 L1 载波相位观测值 $[\varphi_r^j(t_1), \varphi_r^j(t_2), \varphi_k^j(t_1),$ $\varphi_k^j(t_2)]$，$[\varphi_r^n(t_1), \varphi_r^n(t_2), \varphi_k^n(t_1), \varphi_k^n(t_2)]$。

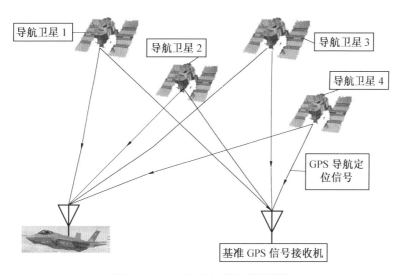

图 5.13　DGPS 动态载波相位测量

它们分别为

$$
\begin{cases}
\varphi_r^j(t_1) = \lambda N_r^j + \lambda C_r^j(t_1) - \rho_r^j(t_1) - \dfrac{A_{1r}^j}{f}\lambda + c\big[\,\mathrm{d}t^j(t_1) - \mathrm{d}T_r(t_1)\,\big] \\[2mm]
\varphi_r^j(t_2) = \lambda N_r^j + \lambda C_r^j(t_2) - \rho_r^j(t_2) - \dfrac{A_{2r}^j}{f}\lambda + c\big[\,\mathrm{d}t^j(t_2) - \mathrm{d}T_r(t_2)\,\big] \\[2mm]
\varphi_k^j(t_1) = \lambda N_k^j + \lambda C_k^j(t_1) - \rho_k^j(t_1) - \dfrac{A_{1k}^j}{f}\lambda + c\big[\,\mathrm{d}t^j(t_1) - \mathrm{d}T_k(t_1)\,\big] \\[2mm]
\varphi_k^j(t_2) = \lambda N_k^j + \lambda C_k^j(t_2) - \rho_k^j(t_2) - \dfrac{A_{2k}^j}{f}\lambda + c\big[\,\mathrm{d}t^j(t_2) - \mathrm{d}T_k(t_2)\,\big]
\end{cases}
\tag{5.62}
$$

$$
\begin{cases}
\varphi_r^n(t_1) = \lambda N_r^n + \lambda C_r^n(t_1) - \rho_r^n(t_1) - \dfrac{A_{1r}^n}{f}\lambda + c\big[\,\mathrm{d}t^n(t_1) - \mathrm{d}T_r(t_1)\,\big] \\[2mm]
\varphi_r^n(t_2) = \lambda N_r^n + \lambda C_r^n(t_2) - \rho_r^n(t_2) - \dfrac{A_{2r}^n}{f}\lambda + c\big[\,\mathrm{d}t^n(t_2) - \mathrm{d}T_r(t_2)\,\big] \\[2mm]
\varphi_k^n(t_1) = \lambda N_k^n + \lambda C_k^n(t_1) - \rho_k^n(t_1) - \dfrac{A_{1k}^n}{f}\lambda + c\big[\,\mathrm{d}t^n(t_1) - \mathrm{d}T_k(t_1)\,\big] \\[2mm]
\varphi_k^n(t_2) = \lambda N_k^n + \lambda C_k^n(t_2) - \rho_k^n(t_2) - \dfrac{A_{2k}^n}{f}\lambda + c\big[\,\mathrm{d}t^n(t_2) - \mathrm{d}T_k(t_2)\,\big]
\end{cases}
\tag{5.63}
$$

依据上列 8 个 L1 载波相位观测值,可以组成下列 3 种差分测量值。

5.4.1　四个单差分测量值

图 5.14 表示在测站之间进行求差解算。根据以上 8 个 L1 载波相位测量观测值,可以求得如下所述的单差分测量值。

$$
\mathrm{d}\varphi_{kr}^j(t_1) = \varphi_k^j(t_1) - \varphi_r^j(t_1) = \lambda(N_k^j - N_r^j) + \lambda\big[C_k^j(t_1) - C_r^j(t_1)\big] -
$$

$$
\big[\rho_k^j(t_1) - \rho_r^j(t_1)\big] - \frac{\lambda}{f}(A_{1k}^j - A_{1r}^j) - c\big[\mathrm{d}T_k(t_1) - \mathrm{d}T_r(t_1)\big]
\tag{5.64}
$$

$$
\mathrm{d}\varphi_{kr}^j(t_2) = \varphi_k^j(t_2) - \varphi_r^j(t_2) = \lambda(N_k^j - N_r^j) + \lambda\big[C_k^j(t_2) - C_r^j(t_2)\big] -
$$

$$[\rho_k^j(t_2) - \rho_r^j(t_2)] - \frac{\lambda}{f}(A_{2k}^j - A_{2r}^j) - c[dT_k(t_2) - dT_r(t_2)] \tag{5.65}$$

$$d\varphi_{kr}^n(t_1) = \varphi_k^n(t_1) - \varphi_r^n(t_1) = \lambda(N_k^n - N_r^n) + \lambda[C_k^n(t_1) - C_r^n(t_1)] -$$

$$[\rho_k^n(t_1) - \rho_r^n(t_1)] - \frac{\lambda}{f}(A_{1k}^n - A_{1r}^n) - c[dT_k(t_1) - dT_r(t_1)] \tag{5.66}$$

$$d\varphi_{kr}^n(t_2) = \varphi_k^n(t_2) - \varphi_r^n(t_2) = \lambda(N_k^n - N_r^n) + \lambda[C_k^n(t_2) - C_r^n(t_2)] -$$

$$[\rho_k^n(t_2) - \rho_r^n(t_2)] - \frac{\lambda}{f}(A_{2k}^n - A_{2r}^n) - c[dT_k(t_2) - dT_r(t_2)] \tag{5.67}$$

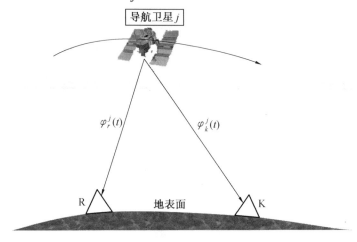

图 5.14　站际单差分测量

从以上方程可见,单差法是两台分别安设在两个不同测站上的 GPS 信号接收机(K、R),在同一时元对同一颗 GPS 卫星的载波相位测量进行求差。这种在两台接收机之间进行载波相位测量求差解算的方法,简称为站际单差。也可在两颗 GPS 卫星之间进行载波相位测量求差解算,称之为星际单差。站际单差的优点是消除了星钟误差和星历误差。

5.4.2　两个双差分测量值

图 5.15 给出了在测站和卫星之间进行求差解算的示意图。依据上列 8 个 L1 从载波相位测量观测值,可以求得如下所述的双差分测量值。

$$\Delta\varphi_{kr}^{jn}(t_1) = [\varphi_k^j(t_1) - \varphi_r^j(t_1)] - [\varphi_k^n(t_1) - \varphi_r^n(t_1)] =$$

$$\lambda(N_k^j - N_r^j) - \lambda(N_k^n - N_r^n) + \lambda[C_k^j(t_1) - C_r^j(t_1)] -$$

$$\lambda[C_k^n(t_1) - C_r^n(t_1)] - [\rho_k^j(t_1) - \rho_r^j(t_1)] +$$

$$[\rho_k^n(t_1) - \rho_r^n(t_1)] - \frac{\lambda}{f}(A_{1k}^j - A_{1r}^j) + \frac{\lambda}{f}(A_{1k}^n - A_{1r}^n) \tag{5.68}$$

$$\Delta\varphi_{kr}^{jn}(t_2) = [\varphi_k^j(t_2) - \varphi_r^j(t_2)] - [\varphi_k^n(t_2) - \varphi_r^n(t_2)] =$$

$$\lambda(N_k^j - N_r^j) - \lambda(N_k^n - N_r^n) +$$

$$\lambda[C_k^j(t_2) - C_r^j(t_2)] - \lambda[C_k^n(t_2) - C_r^n(t_2)] -$$

$$[\rho_k^j(t_2) - \rho_r^j(t_2)] + [\rho_k^n(t_2) - \rho_r^n(t_2)] -$$

$$\frac{\lambda}{f}(A_{2k}^j - A_{2r}^j) + \frac{\lambda}{f}(A_{2k}^n - A_{2r}^n) \tag{5.69}$$

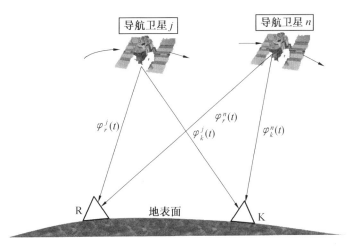

图 5.15　双差分测量示意图

从以上方程可见,双差分法是两台分别安设在两个不同测站上的 GPS 信号接收机,在同一时元对两颗不同的 GPS 卫星的载波相位测量进行求差。其优点是消除了星钟误差和星历误差,除此之外,还消除了两台 GPS 信号接收机的时钟误差;能够显著地提高 GPS 卫星导航的定位精度,因而被广泛应用。

5.4.3　一个三差分测量值

图 5.16 给出了在测站、卫星和时元之间进行求差解算的示意图。依据上列 8 个 L1 载波相位测量观测值,可以求得如下所述的三差分测量值。

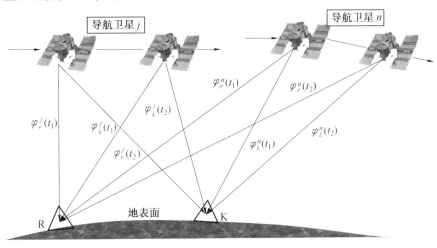

图 5.16　三差分测量示意图

$$\delta\Delta\varphi_{kr}^{jn}(t_{21}) = \{[\varphi_k^j(t_2) - \varphi_r^j(t_2)] - [\varphi_k^n(t_2) - \varphi_r^n(t_2)]\} -$$
$$\{[\varphi_k^j(t_1) - \varphi_r^j(t_1)] - [\varphi_k^n(t_1) - \varphi_r^n(t_1)]\} =$$
$$\lambda[C_k^j(t_2) - C_r^j(t_2)] - \lambda[C_k^n(t_2) - C_r^n(t_2)] -$$
$$\lambda[C_k^j(t_1) - C_r^j(t_1)] + \lambda[C_k^n(t_1) - C_r^n(t_1)] -$$
$$[\rho_k^j(t_2) - \rho_r^j(t_2)] + [\rho_k^n(t_2) - \rho_r^n(t_2)] +$$

$$\begin{aligned}&\left[\rho_k^j(t_1) - \rho_r^j(t_1)\right] - \left[\rho_k^n(t_1) - \rho_r^n(t_1)\right] - \\&\frac{\lambda}{f}(A_{2k}^j - A_{2r}^j) + \frac{\lambda}{f}(A_{2k}^n - A_{2r}^n) + \\&\frac{\lambda}{f}(A_{1k}^j - A_{1r}^j) - \frac{\lambda}{f}(A_{1k}^n - A_{1r}^n)\end{aligned}\qquad(5.70)$$

从上述方程可见,三差法是两台分别安设在两个测站上的 GPS 信号接收机,在不同的时元(t_1、t_2)对两颗不同的 GPS 卫星(j、n)的载波相位测量进行求差,是对不同时元、不同卫星的两个双差测量值之差。它不仅消除了星钟误差、星历误差和 GPS 信号接收机钟差,而且消除了波数(整周模糊度)。DGPS 测量的优越性见表 5.3。

表5.3　DGPS 测量的优越性

方　法	求差方式	优　点
单差法	同时元同卫星的站际求差	消除了星钟误差和星历误差
双差法	同时元不同卫星之间的站际求差 (即同一时元不同卫星之间的两个单差之差)	消除了星钟误差、 星历误差和接收机钟差
三差法	不同时元和不同卫星之间的站际求差 (即不同时元和不同卫星之间的两个双差之差)	消除了星钟误差、星历误差、 接收机钟差和整周模糊度

GPS 载波相位测量的三差法,还可用于周跳的消除。例如,若在观测 GPS 卫星 j 和 n 时,对 GPS 卫星 j 作载波相位测量时,测站 K 上发生了周跳,而获得了载波相位测量观测值,见表 5.4。仅以这组载波相位测量观测值就可以求得单差、双差和三差等差分测量值,见表5.5。

表5.4　两颗卫星(j、n)的载波相位测量观测值

GPS 卫星 j		GPS 卫星 n	
GPS 信号接收机 R	GPS 信号接收机 K	GPS 信号接收机 R	GPS 信号接收机 K
$\varphi_r^j(t-2)$	$\varphi_k^j(t-2)$	$\varphi_r^n(t-2)$	$\varphi_k^n(t-2)$
$\varphi_r^j(t-1)$	$\varphi_k^j(t-1)$	$\varphi_r^n(t-1)$	$\varphi_k^n(t-1)$
$\varphi_r^j(t)$	$\varphi_k^j(t) + CS^*$	$\varphi_r^n(t)$	$\varphi_k^n(t)$
$\varphi_r^j(t+1)$	$\varphi_k^j(t+1) + CS$	$\varphi_r^n(t+1)$	$\varphi_k^n(t+1)$
$\varphi_r^j(t+2)$	$\varphi_k^j(t+2) + CS$	$\varphi_r^n(t+2)$	$\varphi_k^n(t+2)$

注:CS 表示在此次 GPS 载波相位测量中所产生的周跳值

表5.5　单差、双差和三差差分测量值

单差测量值		双差测量值	三差测量值
$\mathrm{d}\varphi_{kr}^j(t-2)$	$\mathrm{d}\varphi_{kr}^n(t-2)$	$\Delta\varphi_{kr}^{jn}(t-2)$	$\delta\varphi_{kr}^{jn}(t-1,t-2)$
$\mathrm{d}\varphi_{kr}^j(t-1)$	$\mathrm{d}\varphi_{kr}^n(t-1)$	$\Delta\varphi_{kr}^{jn}(t-1)$	$\delta\varphi_{kr}^{jn}(t,t-1) + CS$
$\mathrm{d}\varphi_{kr}^j(t) + CS$	$\mathrm{d}\varphi_{kr}^n(t)$	$\Delta\varphi_{kr}^{jn}(t) + CS$	$\delta\varphi_{kr}^{jn}(t+1,t)$
$\mathrm{d}\varphi_{kr}^j(t+1) + CS$	$\mathrm{d}\varphi_{kr}^n(t+1)$	$\Delta\varphi_{kr}^{jn}(t+1) + CS$	$\delta\varphi_{kr}^{jn}(t+2,t+1)$
$\mathrm{d}\varphi_{kr}^j(t+2) + CS$	$\mathrm{d}\varphi_{kr}^n(t+2)$	$\Delta\varphi_{kr}^{jn}(t+2) + CS$	

从表 5.5 可见,在 5 个双差测量值中,有 3 个双差测量值存在周跳;而在 4 个三差测量值中,只有一个三差测量值存在周跳。因此,可以利用无周跳的三差测量值,精确地解算出基线向量,进而消除周跳,再作整体解算。

在上述求差解算时,一般选用一颗高度角较大的 GPS 卫星作为求差的参考卫星,进而用其他 3 颗以上 GPS 卫星的载波相位测量观测值,与参考卫星的载波相位测量观测值进行求差,而获得所需要的差分测量值。不管是 GPS 静态定位,还是 GPS 动态测量,载波相位测量观测值的求差解算,均能够获得较高的导航定位精度,其所获精度增益见表 5.6。

表 5.6　DGPS 动态定位精度

GPS 动态定位 的解算方法	动态定位精度		条　　件
	二维位置 (DRMS)	高程 (RMS)	
载波相位测量平滑宽区 相关 C/A 码伪距($m_{C/A} = 1$ m)	1 ~ 3 m	1 ~ 3 m	1.用单基准站和单频接收机; 2.GPS 动态用户在航实时解算; 3.采用 PDOP ≤ 3; 4.DGPS 改正数的更新率小于等于 10
载波相位测量平滑窄区 相关 C/A 码伪距($m_{C/A} \approx 0.5$ m)	0.5 ~ 1 m	0.5 ~ 1 m	
载波相位测量波数固定解[①]	≤ 10 cm	≤ 10 cm	
载波相位测量波数浮动解[②]	≤ 50 cm	≤ 50 cm	

注:①波数固定解(Fixed Ambiguity Solution):将浮动解算得的载波相位测量波数予以凑整,并视其为已知位,再次利用双差测量值解算出基线向量。

②波数浮动解(Float Ambiguity Solution):利用所有的双差测量值,较精确地解算出载波相位测量波数和基线向量。

5.5　载波相位测量与伪距测量的组合解算

1999 年 1 月 25 日,美国宣布:21 世纪的 GPS 新型工作卫星(Block Ⅱ F)将增设第三个民用信号,其载波频率为 1 176.45 MHz。2005 年开始向民间用户提供 3 个导航定位信号:

① 第一民用导航定位信号的载频为 1 575.42 MHz;

② 第二民用导航定位信号的载频为 1 227.60 MHz;

③ 第三民用导航定位信号的载频为 1 176.45 MHz。

3 个 GPS 民用导航定位信号实施后,不仅 GPS 新型工作卫星具有不同于现行 26 颗工作卫星 Block/ⅡA 卫星的鲜明特色,而且能将民用实时定位精度提高到空前的新水平。现在讨论用多个 GPS 载波相位测量值与伪距测量值的组合解算。

解算时分为两种情况:

① 卫星个数为 4 时,忽略残差项,代数解为

$$X = A^{-1}L$$

② 卫星个数大于 4 时,采用最小二乘法求得代数解为

$$X = (A^{T}A)^{-1}A^{T}L$$

最终获得用户位置坐标为

$$\begin{bmatrix} x_u \\ y_u \\ z_u \end{bmatrix} = \begin{bmatrix} x_{u0} \\ y_{u0} \\ z_{u0} \end{bmatrix} + \begin{bmatrix} \delta x_u \\ \delta y_u \\ \delta z_u \end{bmatrix} \tag{5.71}$$

在计算过程中,必须注意以下几个问题:

① 卫星之间的钟差是利用导航电文中给出的钟差改正数统一到卫星系统标准时,这里考虑的钟差是指接收机与标准时之间的钟差。

② 在计算中采用了接收机的概略坐标,第一次计算出的结果是不精确的,必须反复迭代计算,直到满足规定的限差为止。

③ 在一般导航型接收机中,都是采用这一数学模型计算位置的。现有的接收机都能同时跟踪4个以上的卫星,但在计算中仍然利用4个卫星,不过是经过挑选的4个卫星。为此,按卫星的星座分布分成若干组,计算其 GDOP。最后选择和利用一组 GDOP 值最小的卫星作为计算数据,以得到最高的定位精度。

5.5.1　载波相位测量的简易方程

若暂不考虑一些附加时延,仅考虑电离层效应对站星距离的测量影响以及载波的相速传播特性,则第 j 颗 GPS 卫星载波相位测量的距离方程为

$$\begin{cases} (\varphi_1 + N_1)\lambda_1 = \rho - \dfrac{A}{f_1^2} \\ (\varphi_2 + N_2)\lambda_2 = \rho - \dfrac{A}{f_2^2} \end{cases} \tag{5.72}$$

式中　φ_i——以周为单位的第 i 个载波的滞后相位观测值(此处,$i = 1,2$);

N_i——第 i 个载波的整周模糊度(波数);

λ_i——第 i 个载波的波长,且已知 $\lambda_1 = 19$ cm,$\lambda_2 = 24$ cm;

ρ——以米为单位的站星真实距离;

A——电离层效应引起的距离偏差系数;

f_i——第 i 个载波的频率。

若不考虑 $\lambda_i = C/f_i$,则式(5.72)改写为

$$\begin{cases} \varphi_1 + N_1 = \dfrac{f_1}{C}\rho - \dfrac{f_2}{C}\dfrac{A}{f_1 f_2} \\ \varphi_2 + N_2 = \dfrac{f_2}{C}\rho - \dfrac{f_1}{C}\dfrac{A}{f_1 f_2} \end{cases} \tag{5.73}$$

若令

$$I_{12} = \frac{A}{f_1 f_2} \tag{5.74}$$

则有

$$\begin{cases} \varphi_1 + N_1 = \dfrac{f_1}{C}\rho - \dfrac{f_2}{C}I_{12} \\ \varphi_2 + N_2 = \dfrac{f_2}{C}\rho - \dfrac{f_1}{C}I_{12} \end{cases} \tag{5.75}$$

5.5.2　宽巷载波相位测量方程式

现将式(5.75)的两式相减,则得

$$(\varphi_1 - \varphi_2) + (N_1 - N_2) = \frac{f_1 - f_2}{C}\rho + \frac{f_1 - f_2}{C}I_{12} \tag{5.76}$$

若令

$$\lambda_d = \frac{C}{f_1 - f_2}, \quad \varphi_d = \varphi_1 - \varphi_2, \quad N_d = N_1 - N_2 \tag{5.77}$$

则有

$$\varphi_d\lambda_d + N_d\lambda_d = \rho + I_{12} \tag{5.78}$$

式(5.78)称为宽巷载波相位测量方程式,λ_d 称为宽巷载波相位测量波长。且知

$$\lambda_d/\text{cm} = \frac{3 \times 10^8}{1\ 575.42 \times 10^6 - 1\ 227.6 \times 10^6} \approx 86.2$$

由此可见,采用两个载波(L1,L2)相位测量值进行组合解算,则原拟解算 19 cm 载波波数 N_1 的问题,转化为解算 86 cm 组合载波的宽巷波数 N_d。依据 L1 – P/L2 – P 互相关测量法,可以用硬件测得宽巷载波相位测量波长 λ_d,以此测量站星距离,解算用户位置。

5.5.3　窄巷载波相位测量方程式

如果将式(5.75)的两式相加,则有

$$(\varphi_1 + \varphi_2) + (N_1 + N_2) = \frac{f_1 + f_2}{C}\rho - \frac{f_1 + f_2}{C}I_{12} \tag{5.79}$$

若令

$$\lambda_a = \frac{C}{f_1 + f_2/2}, \quad \varphi_a = \frac{1}{2}(\varphi_1 + \varphi_2), \quad N_a = \frac{1}{2}(N_1 + N_2) \tag{5.79}$$

则有

$$\varphi_a\lambda_a + N_a\lambda_a = \rho - I_{12} \tag{5.80}$$

式(5.80)称为窄巷载波相位测量方程式,λ_a 称为宽巷载波相位测量波长。且知

$$\lambda_a/\text{cm} = \frac{3 \times 10^8}{(1\ 575.42 \times 10^6 + 1\ 227.6 \times 10^6)/2} \approx 21.4$$

式(5.80)中的 N_a 称为窄巷载波相位测量波数,它是波数 N_1、N_2 的平均值。

5.5.4　L1 – P/L2 – P 码伪距测量的简易方程

以群速传播的 L1 – P 码和 L2 – P 码伪距测量方程分别为

$$\begin{cases} P_1 = \rho + \dfrac{A}{f_1^2} \\ P_2 = \rho + \dfrac{A}{f_2^2} \end{cases} \tag{5.81}$$

式中　　P_i——L_i – P 码的伪距观测值($i = 1$、2);

　　　　ρ、f_i、A 的意义与式(5.56)相同。

若对式(5.81)作下列变换

$$\begin{cases} f_1 P_1 = \rho f_1 + \dfrac{A}{f_1 f_2} \cdot f_2 \\[3mm] f_2 P_2 = \rho f_2 + \dfrac{A}{f_1 f_2} \cdot f_1 \end{cases} \tag{5.82}$$

则有

$$\begin{cases} f_1 P_1 = \rho f_1 + f_2 I_{12} \\ f_2 P_2 = \rho f_2 + f_1 I_{12} \end{cases} \tag{5.83}$$

上两式相加可得

$$f_1 P_1 + f_2 P_2 = (f_1 + f_2)\rho + (f_1 + f_2) I_{12} \tag{5.84}$$

或写成

$$\frac{f_1 P_1 + f_2 P_2}{f_1 + f_2} = \rho + I_{12} \tag{5.85}$$

上式左边写作

$$\frac{f_1 P_1 + f_2 P_2}{2\left(\dfrac{f_1 + f_2}{2}\right)} = \frac{1}{2}\left[\left(\frac{c}{\dfrac{f_1 + f_2}{2}} \middle/ \frac{c}{f_1}\right) P_1 + \left(\frac{c}{\dfrac{f_1 + f_2}{2}} \middle/ \frac{c}{f_2}\right) P_2\right] = \frac{1}{2}\left(\frac{\lambda_{\mathrm{a}}}{\lambda_1} P_1 + \frac{\lambda_{\mathrm{a}}}{\lambda_2} P_2\right) \tag{5.86}$$

现将式(5.85)代入式(5.86),可得

$$\frac{1}{2}\left(\frac{\lambda_{\mathrm{a}} P_1}{\lambda_1} + \frac{\lambda_{\mathrm{a}} P_2}{\lambda_2}\right) = \rho + I_{12} \tag{5.87}$$

若将式(5.83)两式相减,则可得

$$f_1 P_1 - f_2 P_2 = (f_1 - f_2)\rho - (f_1 - f_2) I_{12} \tag{5.88}$$

或写成

$$\frac{f_1 P_1 - f_2 P_2}{f_1 - f_2} = \rho - I_{12} \tag{5.89}$$

依据式(5.87)的推导方法可得

$$\frac{\lambda_{\mathrm{d}} P_1}{\lambda_1} - \frac{\lambda_{\mathrm{d}} P_2}{\lambda_2} = \rho - I_{12} \tag{5.90}$$

5.5.5　宽、窄巷载波相位与伪距测量的组合解算

由式(5.78)和式(5.87)解得

$$N_{\mathrm{d}} = \frac{\lambda_{\mathrm{a}}}{2\lambda_{\mathrm{d}}}\left(\frac{P_1}{\lambda_1} + \frac{P_2}{\lambda_2}\right) - \varphi_{\mathrm{d}} \tag{5.91}$$

由式(5.80)和式(5.90)解得

$$N_{\mathrm{a}} = \frac{\lambda_{\mathrm{d}}}{2\lambda_{\mathrm{a}}}\left(\frac{P_1}{\lambda_1} - \frac{P_2}{\lambda_2}\right) - \varphi_{\mathrm{a}} \tag{5.92}$$

根据式(5.78)和式(5.80)可知

$$\rho = \frac{1}{2}(N_{\mathrm{d}}\lambda_{\mathrm{d}} + N_{\mathrm{a}}\lambda_{\mathrm{a}} + \varphi_{\mathrm{d}}\lambda_{\mathrm{d}} + \varphi_{\mathrm{a}}\lambda_{\mathrm{a}}) \tag{5.93}$$

从式(5.93)可知:

①用按上述公式算得的宽、窄巷载波相位测量值(φ_d、φ_a)以及它们的波长和波数(λ_d、λ_a),可以精确地求得站星距离(N_d、N_a)。

②由于采用 GPS 载波相位／伪距测量值进行组合解算,消除了电离层效应(I_{12})的影响。

③用无电离层效应影响的站星距离(ρ)解算的用户位置,不仅精度较高,而且能够确保用户位置的高置信度。

5.6　本章小结

本章主要介绍了卫星测距与定位原理,内容主要包括 5 部分:5.1 节主要介绍了伪距单点定位原理和载波相位测量平滑伪距的单点定位算法,从定性和定量两个方面进行了分析;5.2 节主要介绍了伪距差分定位原理,主要以 GPS 为例来说明;5.3 节主要介绍了载波相位测量定位原理,仍然是以 GPS 为例来说明;5.4 节主要介绍了载波相位差分测量,主要包括单差分、双差分和三差分,主要从数学的角度对其进行了分析;5.5 节主要介绍了将载波相位测量与伪距测量相结合的组合解算原理,从数学的角度对其进行了详细说明。

参 考 文 献

[1] 万群,彭应宁,杨万麟. 红外辐射源伪距测量定位方法[J]. 红外与毫米波学报,2003,22(3):234-236.

[2] 王甫红,刘基余. 星载 GPS 伪距测量数据质量分析[J]. 测绘科学技术学报,2007,24(2):97-99.

[3] 王解先,季善标. GPS 伪距动态定位计算模型[J]. 同济大学学报:自然科学版,1999,27(5):530-535.

[4] 范士杰,郭际明,彭秀英. GPS 双频相位平滑伪距及其单点定位的精度研究[J]. 测绘工程,2005,14(4):39-42.

[5] 贾沛璋,熊永清. 星载 GPS 卡尔曼滤波定轨算法[J]. 天文学报,2005,46(4):441-451.

[6] 邓健,王庆,潘树国,等. 基于多参考站的分米级 GPS 伪距差分定位方法[J]. 东南大学学报:自然科学版,2010,40(2):316-319.

[7] 王解先,季善标. GPS 动态伪距单点定位精度与 GDOP 的关系[J]. 工程勘察,1998(6):50-52.

[8] 杨春钧,袁信,刘建业. 伪距和载波相位相结合的 DGPS／惯性组合导航[J]. 南京航空航天大学学报,1998,30(1):7-12.

[9] 刘立龙,刘基余,韦其宁. 高精度 GPS RMBS 的设计与实现 [J]. 测绘通报,2005(6):28-30.

[10] 陈小明,刘基余,徐德宝. GPS 载波相位整周模糊度在航解算技术(OTF)及其在大比例尺水下地形测量中的应用[J]. 海洋测绘,1997(1):14-18.

[11] 刘立龙,刘基余,李光成. 单频 GPS 整周模糊度动态快速求解的研究[J]. 武汉大学

学报：信息科学版，2005，30(10)：885-887.

[12] 刘基余. GPS 动态载波相位测量定位[J]. 导航，1994(3)：52-63.

[13] 袁林果，黄丁发，丁晓利，等. GPS 载波相位测量中的信号多路径效应影响研究［J］. 测绘学报，2004，33(3)：210-215.

[14] 滕云龙，师奕兵. GPS 载波相位测量数据的时间序列分析建模研究[J]. 电子测量与仪器学报，2009，23(9)：18-22.

[15] 朱志宇，刘维亭，张冰. 差分 GPS 载波相位整周模糊度快速解算方法[J]. 测绘科学，2005，30(3)：54-57.

[16] 王仁谦，朱建军. 利用双频载波相位观测值求差的方法探测与修复周跳[J]. 测绘通报，2004(6)：9-11.

[17] HATCH R. The synergism of GPS code and carrier measurements[C]. International Geodetic Symposium on Satellite Doppler Positioning. 1983.

[18] DENTINGER M P, COHEN C E. Differential phase measurement through antenna multiplexing：U. S. Patent 5,268,695[P]. 1993-12-7.

[19] WANG J, SATIRAPOD C, RIZOS C. Stochastic assessment of GPS carrier phase measurements for precise static relative positioning ［J］. Journal of Geodesy, 2002, 76(2)：95-104.

[20] PSIAKI M L, MOHIUDDIN S. Modeling, analysis, and simulation of GPS carrier phase for spacecraft relative navigation ［J］. Journal of Guidance, Control, and Dynamics, 2007, 30(6)：1628-1639.

[21] LARSON K M, LEVINE J, NELSON L M, et al. Assessment of GPS carrier-phase stability for time-transfer applications ［J］. IEEE transactions on ultrasonics, ferroelectrics, and frequency control, 2000, 47(2)：484-494.

[22] ZHANG W, TRANQUILLA J. Modeling and analysis for the GPS pseudo-range observable ［J］. Aerospace and Electronic Systems, IEEE Transactions on, 1995, 31(2)：739-751.

[23] LEVA J L. An alternative closed-form solution to the GPS pseudo-range equations ［J］. Aerospace and Electronic Systems, IEEE Transactions on, 1996, 32(4)：1430-1439.

第6章

定位导航误差

卫星导航定位基于被动式测距原理,即用户信号接收机被动地测量来自导航卫星无线信号的传播时延,从而测得信号接收天线相位中心和导航卫星发射天线相位之间的距离(即站星距离),进而将它和导航卫星在轨位置联合,解算出用户的三维坐标。由此可见,卫星导航定位误差主要分成以下3大类。

① 导航信号自身误差及人为加的误差,如 GPS 系统的 SA 误差,简称为卫星误差。

② 导航信号从卫星传播到用户接收天线的传播误差。

③ 导航信号接收机所产生的导航信号测量误差,简称接收误差。

由于美国的 GPS 系统相对而言更为成熟,因此本章如不特别说明,均以 GPS 系统为参考进行说明。

6.1 卫星导航定位的精度、误差与偏差

精度表示一个测量观测值与其真值接近或一致的程度,常用二者的差值 —— 误差来表述。对卫星定位导航系统而言,精度可直观地概括为用信号所测定的载体位置与载体实际定位之差。下面对卫星定位导航系统中几个常用术语进行较详细的论述。

6.1.1 均方根差

均方根差(Root Mean Square Error,RMS),也称为中误差或标准差(Standard Deviation),用 σ 表示。它的置信概率可以用置信椭圆(Confidence Ellipse,用于二维定位)和置信椭球(Confidence Ellipsoid,用于三维定位)来描述。置信椭圆的长短半轴,分别表示二维位置坐标分量的标准差(如经度的 σ_λ 和纬度的 σ_φ)。一倍标准差(1σ)的概率值是68.3%;二倍标准差(2σ)的概率值为95.5%;三倍标准差(3σ)的概率值是99.7%。精度常用一倍标准差(1σ)表示,且用距离均方根差(DRMS)表示二维定位精度,即

$$DRMS = (\sigma_\varphi^2 + \sigma_\lambda^2)^{1/2} \tag{6.1}$$

DRMS 也称为圆径向误差(Circular Radial Error,CRE)或称均方位置误差(Mean Squared Position Error,MSPE),另有一些学者称其为双倍距离均方根差(Twice Distance Root Mean Square Error,2DRMS),即

$$2DRMS = 2 \times DRMS = 2(\sigma_\varphi^2 + \sigma_\lambda^2)^{1/2} \tag{6.2}$$

6.1.2 圆概率误差

在导航定位领域,圆概率误差(Circular Error Probable,CEP)获得了较为广泛的应用。

当置信概率为 50% 时,圆概率误差定义为

$$CEP = 0.59(\sigma_\varphi + \sigma_\lambda) \tag{6.3}$$

当置信概率为 95% 时,则有

$$(CEP)_{95} = CEP \times 2.08 = 1.227\,2(\sigma_\varphi + \sigma_\lambda) \tag{6.4}$$

$(CEP)_{95}$ 也记作"R95",它表示概率为 95% 的二维点位精度。

当置信概率为 99% 时,则有

$$(CEP)_{99} = CEP \times 2.58 = 1.522\,2(\sigma_\varphi + \sigma_\lambda) \tag{6.5}$$

综上,圆概率误差(CEP)是在以天线真实位置为圆心的圆内,偏离圆心概率为 50% 的二维点位离散分布度量。95% 概率的二维点位精度(R95),是在以天线真实位置为圆心的圆内,偏离圆心概率为 95% 的二维点位精度分布量。对于三维位置而言,则可以用球概率误差(Spherical Error Proable,SEP)表示,且有

$$SEP = 0.51(\sigma_\varphi + \sigma_\lambda + \sigma_h) \tag{6.6}$$

球概率误差(SEP)是在以天线真实位置为球心的球内,偏离球心概率为 50% 的三维点位精度分布度量。

6.1.3　相互关系

针对 GPS 系统和 GLONASS 系统,表 6.1 综述了上述误差的概率及属性。从该表可知,二维点位精度可用 CEP、RMS、R95 和 2DRMS 予以表述,它们的相关性见表 6.2。

表 6.1　GPS 和 GLONASS 定位的精度度量

名　　称	符　　号	概率/%	属　　性
均方根差	RMS	68	一维(垂直)
圆概率误差	CEP	50	二维(水平)
均方根差	RMS	63 ~ 68	二维(水平)
圆概率误差	R95	95	二维(水平)
双倍距离均方根差	2DRMS	95 ~ 98	二维(水平)
均方根差	RMS	61 ~ 68	三维
求概率误差	SEP	50	三维

表 6.2　GPS 和 GLONASS 定位的相关系数

RMS (一维)	CEP (二维)	RMS (二维)	R95 (二维)	2DRMS (二维)	RMS (三维)	SEP (三维)	
1	0.44	0.53	0.91	1.1	1.1	0.88	RMS
	1	1.2	2.1	2.4	2.5	2.0	CEP
		1	1.7	2.0	2.1	1.7	RMS
			1	1.2	1.2	0.95	R95
				1	1.1	0.85	2DRMS
					1	0.79	RMS
						1	SEP

依据表 6.2 的相关系数,可以对 GPS 卫星定位误差作相互计算,依据一个基准站 550 h 的观测结果(两百万个数据点位),算得 $CEP=42$ cm,$2DRMS=104$ cm,如图 6.1 所示。若按表 6.2 计算,则知 $CEP=104÷2.4=43.3$ cm;这说明理论值与实测值(42 cm)符合较好,表 6.2 可用于实际精度换算。表 6.3 的实测数据再次证明了这种见解的实用性。

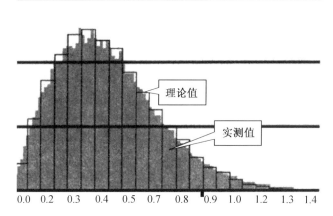

图 6.1 GPS 定位精度的理论值与实测值(m)

表 6.3 GPS 技术的 SPS 定位精度(有 SA 技术影响)

名 称	置信度 /%	属 性	精度 /m
2DRMS	95	二维	100
CEP	50	二维	40
SEP	50	三维	76

6.1.4 偏差

在 GPS 卫星导航定位测量中,不仅存在测量误差,而且存在偏差。例如,GPS 卫星时钟导致两个不同而相关的概念,即卫星时钟偏差和卫星时钟误差。卫星时钟偏差是每一颗 GPS 卫星的时钟相对于 GPS 时间系统的差值,其值为

$$\Delta t_s = a_0 + a_1(t - t_{oc}) + a_2(t - t_{oc})^2 \tag{6.7}$$

式中　　a_0——相对于 GPS 时系的时间偏差(时差);

a_1——相对于实际频率的偏差系数(钟速);

a_2——卫星时钟的频率漂移系数(钟速变化率,即钟漂);

t_{oc}——GPS 卫星导航电文第一数据块的参考时元;

t——GPS 导航定位的观测时元。

在作 GPS 数据处理时,依据 GPS 卫星导航电文第一数据块所提供的时钟多项式的 A 系数(指 a_0,a_1 和 a_2),按公式(6.7)计算出卫星时钟偏差(对于 Block Ⅱ/ⅡA 卫星为 1 ms 左右,其相应距离为 300 km),以此将每颗卫星的时间(t_s)换算成统一的 GPS 时间。

GPS 卫星导航电文提供计算时钟偏差的 A 系数,不能真实地代表 GPS 导航定位测量时的时钟多项式系数,而 1 ns 时间误差相当于 30 cm 的距离误差,因此,卫星时钟误差是 A 系数代表误差的综合影响。

此外,电离层／对流层效应对 GPS 卫星测量的影响也存在着"偏差"和"误差"两个概念。"偏差"应为电离层／对流层效应导致的附加时延修正(其值为几米至 100 多米,视 GPS 卫星高度大小而定)。"误差"是附加时延修正的非真实性而引起的。

6.1.5 精度

针对美国 GPS 导航定位精度,用伪噪声码测量时,可分为标准定位服务精度(SPS) 和精密定位服务精度(PPS) 两种类型,简而言之,分为民用精度(SPS) 和军用精度(PPS),其量值见表 6.4,该表中的民用精度是 GPS 信号施加了 SA 技术的测量结果。当 SA 技术 2000 年 5 月 1 日停用后,民用精度与该表中的军用精度相近,而军用精度提高到了米级。此外,随着 GPS 导航定位的测量模式的不同,其精度也随之而变化,如图 6.2 所示。例如,如用 C/A 码作单点定位测量,GPS 定位精度为 ±100 m 左右。若用 GPS 载波测量,动态用户的导航定位精度可以达到厘米级。

表 6.4 GPS 卫星导航定位精度

名　　称	标准定位服务精度	精密定位服务精度
二维位置测量精度	±100 m(95%)	不低于 ±22.0 m(95%)
高程测量精度	±156 m(95%)	不低于 ±27.7 m(95%)
时间测量精度	±0.34 μs(95%)	不低于 ±0.20 μs(95%)

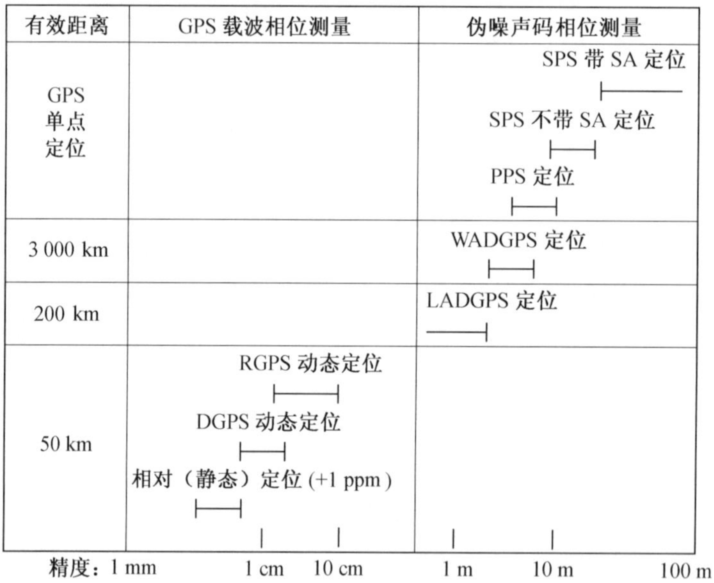

有效距离	GPS 载波相位测量	伪噪声码相位测量
GPS 单点 定位		SPS 带 SA 定位 SPS 不带 SA 定位 PPS 定位
3 000 km		WADGPS 定位
200 km		LADGPS 定位
50 km	RGPS 动态定位 DGPS 动态定位 相对（静态）定位 (+1 ppm)	

精度: 1 mm　　　1 cm　10 cm　　1 m　10 m　　100 m

图 6.2 GPS 导航定位精度随着测量模式不同而变化

定位精度除了与观测量的精度有关外,还与所观测的卫星的几何位置有关,因此说 GPS 定位精度与卫星分布有关,同时在 GPS 观测处理时应对观测卫星进行选择。

由第 4 章分析可知,基于观测到的 4 颗卫星信号,可通过最小二乘法计算出用户具体位置,表示为

$$X = (A^{\mathrm{T}}A)^{-1}A^{\mathrm{T}}L$$

式中　　A——结构矩阵；

　　　　L——常数矢量。

对于计算用户位置所使用的 4 颗卫星,其结构矩阵 A 可表示为

$$A = \begin{bmatrix} \dfrac{x_1 - x}{R_1} & \dfrac{y_1 - y}{R_1} & \dfrac{z_1 - z}{R_1} & -1 \\[2mm] \dfrac{x_2 - x}{R_2} & \dfrac{y_2 - y}{R_2} & \dfrac{z_2 - z}{R_2} & -1 \\[2mm] \dfrac{x_3 - x}{R_3} & \dfrac{y_3 - y}{R_3} & \dfrac{z_3 - z}{R_3} & -1 \\[2mm] \dfrac{x_4 - x}{R_4} & \dfrac{y_4 - y}{R_4} & \dfrac{z_4 - z}{R_4} & -1 \end{bmatrix}$$

式中　　R_i—— 用户位置 (x,y,z) 与第 i 颗卫星 (x_i,y_i,z_i) 之间的距离,$R_i = \sqrt{(x_i - x)^2 + (y_i - y)^2 + (z_i - z)^2}$。

令 $Q = (A^{\mathrm{T}}A)^{-1}$,则用户接收机位置解算数据的协方差阵 D 可表示为

$$D = \sigma_0^2 Q = \begin{bmatrix} \sigma_x^2 & \sigma_{xy} & \sigma_{xz} & \sigma_{xt} \\ \sigma_{yx} & \sigma_y^2 & \sigma_{yz} & \sigma_{yt} \\ \sigma_{zx} & \sigma_{zy} & \sigma_z^2 & \sigma_{zt} \\ \sigma_{tx} & \sigma_{ty} & \sigma_{tz} & \sigma_t^2 \end{bmatrix}$$

由此,可定义几何精度因子(Geometric Dilution of Precision ,GDOP),它是衡量定位精度的一个重要参数,是测距误差造成的接收机与空间卫星间的距离矢量放大因子。不同类型的几何因子定义如下:

(1)三维几何精度因子 $PDOP$ 定义为

$$PDOP = \sqrt{\sigma_x^2 + \sigma_y^2 + \sigma_z^2} \tag{6.8}$$

表示定位点在三维位置中的精度情况。

(2)时钟精度因子 $TDOP$ 定义为

$$TDOP = \sqrt{\sigma_t^2} \tag{6.9}$$

表示伪距法定位中接收机钟差对定位精度的影响。

(3)高程精度因子 $VDOP$ 定义为

$$VDOP = \sqrt{\sigma_z^2} \tag{6.10}$$

表示定位点在垂直位置的精度情况。

(4)水平位置精度因子 $HDOP$ 定义为

$$HDOP = \sqrt{\sigma_x^2 + \sigma_y^2} \tag{6.11}$$

表征定位点在水平位置的精度情况。

(5)几何精度因子 $GDOP$ 定义为

$$GDOP = \sqrt{\sigma_x^2 + \sigma_y^2 + \sigma_z^2 + \sigma_t^2} = \sqrt{PDOP^2 + TDOP^2} \tag{6.12}$$

由定义可知,它是各种影响因素的一个综合体现。

对几何精度因子的理解可以从如图6.3中获得启示,图6.3(a)中是理想情况,两个确定半径的圆的交点位置是确定的;图6.3(b)中表示当半径存在一定的模糊范围时,交汇不是点而是个区域,由于被定位区域在两个圆心之间,所以模糊区域不大;图6.3(c)表示同样不确定的半径,当被定位区域在两个圆心之间的连线之外,三者的几何分布不好时,模糊范围就要大得多。这个模糊范围大小所起的作用也就相当于上述几何因子,等同于定位结果对测量物理量误差的放大。

几何精度因子实质是描述用户接收机至空间参与位置解算卫星间的单位矢量所勾勒出的形状体积,该体积与 GDOP 成反比。GDOP 数值越大,代表的单位矢量形体体积越小,此时的 GDOP 会导致定位精度变差。GDOP 数值越小,表示用户机与参与解算卫星间所构成的单位矢量形体体积越大,从而导致定位精度越高。由此可见,好的几何精度因子实际上表示的是卫星在空间分布不集中于一个区域,同时能在不同方位区域均匀分布。

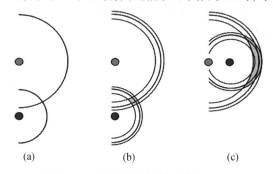

(a)　　　　　　(b)　　　　　　(c)

图6.3　几何精度因子产生的机理

6.2　卫星导航定位的主要误差

卫星导航定位是基于被动式测距原理工作的,即信号接收机被动地测量来自导航卫星的导航定位信号的传播时延,而测得信号接收天线相位中心和卫星发射天线相位中心之间的距离(即站星距离),进而将它和卫星在轨迹位置联合而解算出用户的三维坐标。该三维位置误差为

$$m_p = PDOP \times m_\rho \tag{6.13}$$

式中　　$PDOP$——三维位置集合精度因子,以 GPS 为例,对于由24颗 GPS 卫星组成的 GPS
　　　　　　星座,$PDOP$ 的最大值为18,而其最小值是1.8;

　　　　m_ρ——站星距离的测量误差。

由式(6.13)可知,GPS 卫星导航定位精度的高低,不仅取决于站星距离测量误差,而且取决于该误差放大系数 $PDOP$ 的大小。后者通过选择适当的 GPS 定位星座可获得较小的 $PDOP$ 值。GPS 站星距离测量误差受到多种因素影响,其主要构成如下。其构成分量如图6.4所示。

①GPS 信号的自身误差及人为的 SA 误差,简称卫星误差。

②GPS 信号从卫星传播到用户接收天线的传播误差。

③GPS 信号接收机所产生的 GPS 信号测量误差,简称接收误差。

$$
\text{GPS 导航定位误差}
\begin{cases}
\text{卫星误差}
\begin{cases}
\text{星历误差,用星历计算出的 GPS 卫星在轨位置与其} \\
\quad\text{真实位置之差的精度损失} \\
\text{星钟误差、星钟 A 系数代表性误差的精度损失}
\end{cases} \\[4pt]
\text{传播误差}
\begin{cases}
\text{电离层时延改正误差} \\
\text{对流层时延改正误差} \\
\text{多路径误差} \\
\text{相对论效应误差:即频率常数补偿导致的补偿残差} \\
\text{地球自转效应误差}
\end{cases} \\[4pt]
\text{接收误差}
\begin{cases}
\text{观测噪声误差} \\
\text{内时延误差} \\
\text{天线相位中心误差}
\end{cases}
\end{cases}
$$

图 6.4　卫星导航定位误差的主要构成分量

根据国内外许多实测资料及其理论研究成果,其主要误差分量的量级见表 6.5。卫星误差是三大误差之首,应该特别予以关注。

表 6.5　GPS 卫星导航定位误差的量级

误差源		P 码伪距		C/A 码伪距	
		无 SA	有 SA	无 SA	有 SA
卫星误差	卫星星历误差	5 m	10 ~ 40 m	5 m	10 ~ 40 m
	卫星时钟误差	1 m	10 ~ 50 m	1 m	10 ~ 50 m
传播误差	电离层时延修正误差[①]	cm ~ dm	cm ~ dm	cm ~ dm	cm ~ dm
	电离层时延修正模型误差	—	—	2 ~ 100 m	2 ~ 100 m
	对流层时延修正模型误差	dm	dm	dm	dm
	多路径误差	1 m	1 m	5 m	5 m
接收误差	观测噪声误差	0.1 ~ 1 m	0.1 ~ 1 m	1 ~ 10 m	1 ~ 10 m
	内时延误差	dm ~ m	dm ~ m	m	m
	无线相位中心误差[②]	mm ~ cm	mm ~ cm	mm ~ cm	mm ~ cm

注:① 经双频电离实验修正后的残差;
　　②GPS 信号接收天线相位中心不稳定导致的站星距离误差。

6.2.1　卫星星历误差

以 GPS 系统为例,GPS 卫星的在轨位置是作为动态已知点参与导航定位解算的。通常是从 GPS 卫星导航电文中解译出卫星星历,进而依据卫星星历计算出所需要的动态已知点。显而易见,这种动态已知点的误差,已注入到用户位置的解算结果中,从而导致定位的存在。

从 GPS 卫星导航电文中解译出的卫星星历,称为 GPS 卫星广播星历。它是一种依据 GPS 观测数据推算出来的卫星轨道参数。星历误差主要源于卫星轨道摄动的复杂性和不稳定性。广播星历精度不仅受到外推计算时卫星初始位置误差和速度误差的影响,而且随着外推时间的增长而显著降低。表 6.6 列出的星历误差,并不包括外推后的摄动偏差,因此,星历更新时元周期越长,星历误差越大,致使 GPS 卫星定位精度可能从 10 m 降到 200 m,甚至更低。在 DGPS 测量模式下,随着 DGPS 站间距离增大,对星历误差要求更高。

我国境内的 GPS 卫星观测数据表明,用 GPS 卫星广播星历计算出的卫星在轨位置,与用 IGS 精密星历计算出的卫星在轨位置进行比较,其差值见表 6.6。从该表数据可见,在 SA 技术停用前后,星位较差没有明显变化。各颗 GPS 卫星的星位较差也无明显的规律性。尽管如此,用 GPS 卫星广播星历计算出的卫星在轨位置,总是偏离 GPS 卫星真实位置的。

表 6.6　GPS 卫星广播星历与 IGS 精密星历的卫星在轨位置偏差　　　　　　　　m

卫星编号(PRN)	2000 年 4 月			2000 年 5 月				
	28 日	29 日	30 日	1 日	2 日	3 日	4 日	5 日
17	16.227	19.890	19.487	18.506	8.630	8.000	5.596	6.003
18	4.985	5.206	7.477	13.537	4.521	1.960	11.995	12.428
19	4.831	5.073	5.293	5.700	5.089	4.371	4.709	3.771
21	9.949	8.286	9.511	2.427	10.991	1.729	13.365	16.003
22	6.142	5.560	6.008	6.385	8.556	4.397	11.910	11.353
23	7.477	7.629	9.465	3.487	9.758	4.798	11.836	11.752
24	49.066	3.232	5.025	7.557	6.435	4.202	3.347	5.022
25	98.816	96.396	287.520	20.870	101.106	4.751	95.445	49.581
26	27.570	29.690	29.799	1.661	29.766	2.449	36.211	41.157
27	7.306	6.800	5.960	6.373	5.626	5.301	24.216	21.970

GPS 导航定位测量时,假设 GPS 卫星的真实位置(S_R^j)为 $[X^j(t), Y^j(t), Z^j(t)]$,而依据 GPS 卫星广播星历推算得到的卫星在轨位置为 $(S_E^j)[X^j(t) \pm \Delta X^j(t), Y^j(t) \pm \Delta Y^j(t), Z^j(t) \pm \Delta Z^j(t)]$,由此导致站星距离的变化。在图 6.5 所示的情况下,对测站 R 和测站 K 而言,分别为

$$\rho_R^E = \rho_R + \Delta\rho_R = \rho_R + \Delta S\cos\alpha_R$$
$$\rho_K^E = \rho_K + \Delta\rho_K = \rho_K + \Delta S\cos\beta_K \tag{6.14}$$

若采用站间求差解算,则有

$$\Delta\rho_R - \Delta\rho_K = \Delta S\cos\alpha_R - \Delta S\cos\beta_K \approx -\Delta S(\alpha_R - \beta_K)\cos\frac{(\alpha_R + \beta_K)}{2} \tag{6.15}$$

定义卫星偏差的影响度为

$$\alpha_R - \beta_K = \frac{D_{RK}\cos\theta}{\rho} \tag{6.16}$$

当 $D_{RK}\cos\theta = 260$ km,$\rho = 26\ 000$ km 时,$\alpha_R - \beta_K = 0.01$。这表明,采用 DGPS 测量模式可以显著减少卫星在轨位置差的影响。

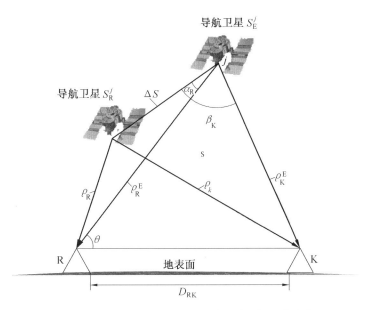

图 6.5　GPS 卫星星历误差导致的站星间距离变化

6.2.2　电离层效应的距离偏差分析

电离层是离地表面高度为 50 ~ 1 000 km 的大气层。在太阳光的强烈照射下,电离层中的中性气体分子被电离而产生大量的正离子和自由电子,且两者的密度是相等的。但是,在电离层的所有高度上,电子密度均远小于中性气体密度的 1%。按照电离层距离地面高度的不同,将其划分为 D、E、F_1 和 F_2。它们的主要特点及其对 GPS 信号产生的时延影响如下。

(1)D 区。

其高度为 50 ~ 90 km。它是强烈的 X 射线和 α 辐射电离而产生的,该区主要吸收中波无线电波,对 GPS 信号不产生时延影响。该区的电子密度在白天约为 2.5×10^9 个/m^3,而在夜间减少到可以忽略的程度。

(2)E 区。

其高度为 90 ~ 100 km。通常是由弱 X 射线电离而产生的,其电子密度随太阳天顶角和太阳活动而有规律地变化。该区的电子密度在白天可达到 2×10^{11} 个/m^3,能够反射频率为几兆赫兹的无线电电波,对 GPS 信号有较小的时延影响,在夜间,电子密度会降低 1 ~ 2 个量级。

(3)F_1 区。

其高度为 140 ~ 210 km,F_1 区和 E 区的共同影响,约占 GPS 信号电离层时延影响的 10%。

(4)F_2 区。

其高度为 210 ~ 1 000 km。该区主要是由 250 ~ 400 km 高度处中性大气的主要组成成分——原子氧电离而产生的。F_2 区不仅电子密度最大,而且电子密度的变化也最大。它是对 GPS 信号产生最大时延影响的区域。F_2 区的电子密度峰值的高度,一般为 250 ~ 400 km,但在极端条件下,又可能远高于或略低于这个高度。

（5）其他。

另外，在 1 000 km 以上，还有一个质子层，对 GPS 信号传播有相当影响，可称为 H^+ 区。质子层是由氢原子电离产生的 H^+ 组成的区域，该区电子密度较低，但质子层的高度几乎可以延伸到 GPS 卫星的轨道高度。质子层可能是一个未知电子密度的重要来源，并对 GPS 导航定位产生影响。

电离层中电磁波相位传播的折射率可以近似地表示为

$$n_p = 1 + \frac{c_2}{f^2} + \frac{c_3}{f^3} + \frac{c_4}{f^4} + \cdots \tag{6.17}$$

公式中的系数 c_2, c_3, c_4 是与频率无关的，它们是沿卫星到用户的信号传播路径上电子数（即电子密度）的函数。电子密度表示为 n_e。GPS 信号的载波在电离层中的相速（单一频率的电磁波，其波峰或者波谷随时间变化而移动的速度，称为相速度，简称为相速）可以表示为

$$v_p = \frac{c}{n_p} \tag{6.18}$$

式中　　c——真空中的电磁波传播速度。

GPS 信号的伪噪声码在电离层中的群速（多个频率合成的电磁波，其合成波的波峰或者波谷随时间变化而移动的速度，称为群速度，简称为群速）可表示为

$$v_g = \frac{c}{n_g} \tag{6.19}$$

式中　　n_g——电磁波在电离层中的群折射率；

　　　　c——真空中的电磁波传播速度。

$$n_g = n_p + f\frac{\mathrm{d}n_p}{\mathrm{d}f} \tag{6.20}$$

求式（6.17）的导数并将结果连同式（6.17）代入到式（6.20）中，可以得到 GPS 信号在电离层中的群折射率表达式，即

$$n_g = 1 - \frac{c_2}{f^2} - \frac{2c_3}{f^3} - \frac{3c_4}{f^4} - \cdots \tag{6.21}$$

忽略高阶项，可得到如下的近似表达式：

$$n_p = 1 + \frac{c_2}{f^2}, \quad n_g = 1 - \frac{c_2}{f^2} \tag{6.22}$$

系数 c_2 的估计值为 $c_2 = -40.28n_e \ \mathrm{Hz}^2$，则式（6.22）可进一步改写为

$$n_p = 1 - \frac{40.28n_e}{f^2}, \quad n_g = 1 + \frac{40.28n_e}{f^2} \tag{6.23}$$

利用式（6.18）和式（6.19）可以进一步求得相速和群速，如下：

$$v_p = \frac{c}{1 - \dfrac{40.28n_e}{f^2}}, \quad v_g = \frac{c}{1 + \dfrac{40.28n_e}{f^2}} \tag{6.24}$$

可以看出，相速将超过群速。相对于自由空间传播来说，群速的延迟量等于载波相位的超前量。就 GPS 来说，这转换成信号信息（例如，PRN 码和导航数据）被延迟，而载波相位被超前，这种现象称为电离层发散。重要的一点是，伪距测量值误差和载波相位测量值误差

（均以米为单位）的大小是相等的,只有符号是相反的。可以由一些事实来直观地解释由于电离层存在自由电子而导致的载波相位测量值的减小:对于电离层所包含的信号路径部分,信号在电场中波峰之间的距离被延长了。

测得的距离为

$$S = \int_{卫星}^{用户} n \mathrm{d}s \tag{6.25}$$

而视线（即几何）距离为

$$l = \int_{卫星}^{用户} \mathrm{d}l \tag{6.26}$$

由于电离层折射引起的路径长度差为

$$\Delta S_{电离层} = \int_{卫星}^{用户} n \mathrm{d}s - \int_{卫星}^{用户} \mathrm{d}l \tag{6.27}$$

相位折射率引起的延迟为

$$\Delta S_{电离层,p} = \int_{卫星}^{用户} \left(1 - \frac{40.28 n_e}{f^2} \right) \mathrm{d}s - \int_{卫星}^{用户} \mathrm{d}l \tag{6.28}$$

同样,群折射率引起的延迟为

$$\Delta S_{电离层,g} = \int_{卫星}^{用户} \left(1 + \frac{40.28 n_e}{f^2} \right) \mathrm{d}s - \int_{卫星}^{用户} \mathrm{d}l \tag{6.29}$$

因为这种延迟与卫星到用户的距离相比将是很小的,所以,我们通过对沿视线路径上的第一项积分来简化式(6.28)和式(6.29)。因此,$\mathrm{d}s$ 就变成 $\mathrm{d}l$,于是我们得到

$$\Delta S_{电离层,p} = -\frac{40.28}{f^2} \int_{卫星}^{用户} n_e \mathrm{d}l \ , \quad \Delta S_{电离层,g} = \frac{40.28}{f^2} \int_{卫星}^{用户} n_e \mathrm{d}l \tag{6.30}$$

沿路径长度的电子密度称为电子总数(TEC),其定义是

$$TEC = \int_{卫星}^{用户} n_e \mathrm{d}l$$

TEC 以电子／平方米为单位来表示。有时也以 TEC 单位(TECU)来表示,这里 1TECU 定位为 1 电子／平方米。TEC 随一天的时间、用户位置、卫星仰角、季节、电离通量、磁活动性、日斑周期和闪烁而变化。其标称范围为 $10^{16} \sim 10^{19}$,两个极值分别发生在午夜和下午的中点。现在我们可以用 TEC 改写式(6.30):

$$\Delta S_{电离层,p} = -\frac{40.28 TEC}{f^2} \ , \quad \Delta S_{电离层,g} = \frac{40.28 TEC}{f^2} \tag{6.31}$$

因为 TEC 一般指的是垂直通过电离层,所以,上述表达式反映卫星在 90° 仰角（即天顶）时垂直方向上的路径延迟。对于其他仰角来说,可以给式(6.31)乘以一个倾斜因子。倾斜因子又称为映射函数,用来计算信号通过电离层时所增加的路径长度。关于倾斜因子存在各种不同的模型。一个例子是

$$F_{pp} = \left[1 - \left(\frac{R_e \cos \varphi}{R_e + h_1} \right) \right]^{-\frac{1}{2}} \tag{6.32}$$

式中　　R_e—— 地球半径;

　　　　h_1—— 电离层距地球表面的平均高度;

　　　　φ—— 卫星到用户位置的连线与用户位置处地平面之间的夹角。

电子密度最大时的高度 h_1 在这个模型中是 350 km。如果加上倾斜因子,式(6.31) 的路径延迟就变成

$$\Delta S_{\text{电离层,p}} = - F_{\text{pp}} \frac{40.28 TEC}{f^2}, \quad \Delta S_{\text{电离层,g}} = F_{\text{pp}} \frac{40.28 TEC}{f^2} \tag{6.33}$$

因为电离层延迟与频率有关,所以,用双频接收机做测距测量实际上便能基本上将其消除掉。将在 L1 和 L2 上所做的伪距测量值取差就能估计出 L1 和 L2 延迟(忽略多径误差和接收机噪声误差)。因为它们是以式(6.22) 为基础的,所以这些都是一阶估计。一个无电离层伪距可以表示为

$$\rho_{\text{无电离层}} = \frac{\rho_{\text{L2}} - \gamma \rho_{\text{L1}}}{1 - \gamma} \tag{6.34}$$

式中 $\gamma = (f_{\text{L1}}/f_{\text{L2}})^2$。

尽管电离层延迟误差被消去了,但是这种方法的缺点就是测量误差由于组合而被放大了。一个更好的方法就是利用 L1 和 L2 上的伪距测量值,按照下面的表达式对 L1 上的电离层误差进行估计:

$$\Delta S_{\text{电离层,修正L1}} = \left(\frac{f_{\text{L2}}^2}{f_{\text{L2}}^2 - f_{\text{L1}}^2} \right) (\rho_{\text{L1}} - \rho_{\text{L2}}) \tag{6.35}$$

L2 上的路径长度差可通过 $\Delta S_{\text{电离层,修正L1}}$ 乘以下面的值进行估算

$$(f_1/f_2)^2 = (77/60)^2$$

这些估计的修正值可能要在时间上做平滑处理,因为电离层延迟误差通常变化不快并且估计的修正要从每个频率所做的伪距测量值中减去。

在单频接收机情况下,显然不能采用式(6.35)。因此,要用电离层模型来校正电离层延迟。Klobuchar 模型便是一个很重要的例子,通过在 GPS 导航电文中包含一系列参数,在中纬度区域它能(平均)消除约 50% 的电离层延迟。这个模型假定,垂向电离层延迟在白天可用本地时的余弦函数的 1/2 近似地表示,在夜间可用一个恒定值近似地表示。最新的 Klobuchar 模型被 GPS 控制段(CS)所采用。

视界内的卫星在底仰角时引起的延迟几乎等于在天顶时的 3 倍。对垂直入射的信号来说,延迟的范围从夜间的 10 ns(3 m)左右大到白天时的 50 ns(15 m)。在低卫星仰角(0° ~ 10°)时,延迟的范围可从夜间的 30 ns(9 m)大到白天的 150 ns(45 m)。残留的电离层延迟 1σ 典型值(对全球和仰角求平均值后)是 7 m。

对于单频载波相位测量而言,电离层效应距离偏差修正方法主要有相对定位、模型修正法、半和修正法等。当进行短距离相对定位时(20 km 以内),由于两个测站的电子密度的相关性很好(尤其是在晚上),卫星高度角也几乎相同。即使不进行电离层效应距离偏差修正,也可获得相当好的相对定位精度。研究表明,对应 1 m 的天顶方向电离层效应距离偏差改正,对基线的最大影响可达 0.25 ppm。因而当电离层较活跃,天顶方向电离层效应距离偏差较大时,即便短基线测量,也不能忽略电离层效应距离偏差的影响。

电离层效应距离偏差可以通过建立电离层效应距离偏差修正模型来削弱,常用的模型有 Klobuchar 模型、Bent 模型、IRI 模型、ICED 模型和 FAIM 模型等。对于 GPS 单点定位,一般采用 Klobuchar 模型。它把晚上的电离层效应距离偏差看作一个常数,白天的电离层效应距离偏差是随时间变化的余弦函数。

Klobuchar 模型为

$$T_g = D_c + A\cos\frac{2\pi}{B}(t - T_p) \qquad (6.36)$$

式中, $D_c = 5$ ns, $T_p = 14$ h。

$$A = \sum_{n=0}^{3} \alpha_n \Phi_m^n$$

$$B = \sum_{n=0}^{3} \beta_n \Phi_m^n$$

式中　　$\alpha_n \cdot \beta_n$——由 GPS 卫星导航电文给出;

　　　　Φ_m——传播路径与中心电离层交点的地磁纬度,一般认为这种模型的修正精度为 50% ~ 60%。

伪距测量值与载波相位测量值的电离层效应距离偏差改正的大小相同,符号相反。因此,用载波相位观测值的电离层效应距离偏差来修正伪距测量中的电离层效应距离偏差。其方法是将同一观测时刻的载波相位测量观测值和伪距测量观测值取中数,即可消除电离层效应距离偏差的影响,这种方法称为伪距／载波相位测量组合修正法,或称为半和修正法。用 1999 年 8 月在中国南极中山站上的 GPS 观测数据,研究了伪距／载波相位测量组合改正法的有效性,而将用该法算得的电离层效应距离偏差改正值与双频电离层效应距离偏差改正值进行了比较,如图 6.6 所示。从该图可见,两种修正法较差的最大值,处于时元 21 330 s 处,即伪距／载波相位测量组合电离层效应距离偏差改正值为 6.475 m,而双频电离层效应距离偏差改正值为 8.223 m。由此可见,伪距／载波相位测量组合修正法,能够将电离层效应距离偏差改正 80% 以上。

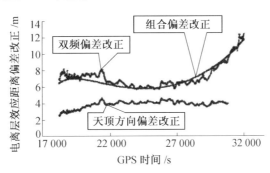

图 6.6　伪距／载波相位测量组合修正法修正电离层的值与
双层电离层效应偏差的修正值的比较

6.2.3　对流层效应的距离偏差分析

离地面高度 50 km 以下的大气层,且是一种非电离大气层,它包括对流层和平流层。GPS 信号穿过对流层和平流层时,其传播速度将发生变化,传播路径将发生弯曲,该种变化的 80% 源于对流层。因此,常将两者对 GPS 信号的影响,称为对流层效应。研究表明,对于工作频率在 15 GHz 以内的微波而言,对流层将使该种信号的传播路径比几何路径长,所导致的传播路径弯曲较小,可略之不计。对流层导致的 GPS 信号传播路径增长的距离,称为超长径距。它是 GPS 信号的实际传播路径 S 与几何路径 ρ 之差,即对流层效应导致的 GPS

信号传播路径偏差为

$$\Delta D_{\text{trop}} = S - \rho = \int_s n(S)\,\mathrm{d}S - \int_\rho \mathrm{d}\rho = \int_s [n(S) - 1]\,\mathrm{d}S + \left(\int_s \mathrm{d}s - \int_\rho \mathrm{d}\rho\right) \tag{6.37}$$

式中　　$n(S)$——对流层折射率。

第一项是对流层导致的路径偏差距离,其相应的时间称为对流层时延。当 GPS 卫星在天顶方向运行时,对流层偏差距离约为 2.3 m。当 GPS 卫星在 5° 高度角运行时,对流层偏差距离约为 25 m。第二项是对流层导致的 GPS 信号传播路径弯曲,其值约为毫米级。

对流层偏差距离常定义为天顶方向上的对流层偏差量 ΔD_Z 与相应卫星高度角 E_s 的映射函数 $M(E_s)$ 之积,即

$$\Delta D_{\text{trop}} = \Delta D_Z \times M(E_s) \tag{6.38}$$

其中对流层偏差由两部分组成:

①$\Delta D_{Z\text{dry}}$ 干分量,源于大气中干燥气体的影响,大气分子产生偏振位移造成的。

②$\Delta D_{Z\text{wet}}$ 湿分量,由大气中水分子的偶极矩引起。

$M(E_s)$ 也可分解为干、湿映射函数,分别记作 $M_{\text{dry}}(E_s)$ 和 $M_{\text{wet}}(E_s)$,故有

$$\Delta D_{\text{trop}} = \Delta D_{Z\text{dry}} \times M_{\text{dry}}(E_s) + \Delta D_{Z\text{wet}} \times M_{\text{wet}}(E_s) \tag{6.39}$$

Hopfield 对流层偏差距离改正模型

$$\Delta D_{\text{trop}} = \Delta D_{Z\text{dry}} + \Delta D_{Z\text{wet}} \tag{6.40}$$

式中

$$\Delta D_{Z\text{dry}} = 10^{-6} N_{\text{dry}} \sum_{k=1}^{9} \frac{\alpha_{k,\text{dry}}}{k} R_{\text{dry}}$$

$$\Delta D_{Z\text{wet}} = 10^{-6} N_{\text{wet}} \sum_{k=1}^{9} \frac{\alpha_{k,\text{wet}}}{k} R_{\text{wet}}$$

其中

$$N_{\text{dry}} = \frac{0.776 \times 10^{-4} P_G}{T_G}$$

$$N_{\text{wet}} = \frac{0.373 e}{T_G^2}$$

$$R_{\text{dry}} = \sqrt{(R_G + h_{\text{dry}})^2 - (R_0 \cos E_s)^2} - R_G \sin E_s$$

$$R_{\text{wet}} = \sqrt{(R_G + h_{\text{wet}})^2 - (R_0 \cos E_s)^2} - R_G \sin E_s$$

$$h_{\text{dry}} = 40136 + 148.72(T_G - 273.16)$$

$$h_{\text{wet}} = 11\,000$$

式中　　P_G、T_G、e——测站的大气压(mPa)、大气温度(K)、水蒸气压(mPa);

R_{dry}、R_{wet}——测站到传播路径与干、湿折射指数趋近于零的边界交点的距离,m。

有学者在现有 Hopfield 模型的基础上进行了改进。基本思想是:对于高程 H 处的对流层效应的干项和湿项偏差改正积分式为

$$K_{d\text{H}} = 10^{-6} \int_H^{h_d} N_d \mathrm{d}h = 10^{-6} \times N_{d0} \int_H^{h_d} \left[\frac{h_d - h}{h_d - h_0}\right]^4 \mathrm{d}h = 1.552 \times 10^{-6} \times \frac{p_0}{T_0} \frac{(h_w - H)^5}{(h_d - h_0)^4}$$

$$K_{w\text{H}} = \begin{cases} 7.465\,12 \times 10^{-2} \times \dfrac{e_{w0}}{T_0^2} \times \dfrac{p_0}{T_0} \dfrac{(h_w - H)^5}{(h_d - h_0)^4} & (H < 1\,100\ \text{m}) \\[4mm] 0 & (H \geqslant 1\,100\ \text{m}) \end{cases} \tag{6.41}$$

式中　　T_0、P_0、e_{w0}——已知高程处的绝对气温、大气压和水蒸气压;

　　　　h_d——对流层外缘高度,m;

　　　　h_w——对流层湿项偏差改正的协议高度,m;

　　　　T——高程处 H 的绝对气温,且 $T = T_0 - 0.006\ 8(H - h_0)$。

以上对流层效应偏差距离改正方法的误差主要有:

① 对流层效应偏差距离改正的数学模型的不精确。

② 气象要素代表性误差可能达到亚米级。

6.2.4　多路径误差分析

1. 基本概念

(1) 直射波。

从 GPS 卫星发射天线相位中心直接到达 GPS 信号接收机天线相位中心的 GPS 信号,称为直射波。除了直射波,还有以下几种间接反射波:

① 经过地面或地物反射的间接反射波,称为地面反射波,如图 6.7 所示。

② 经过 GPS 卫星星体反射的间接反射波,称为星体反射波,如图 6.8 所示。

③ 因大气传播介质散射而形成的间接反射波,称为介质散射波,如图 6.9 所示。

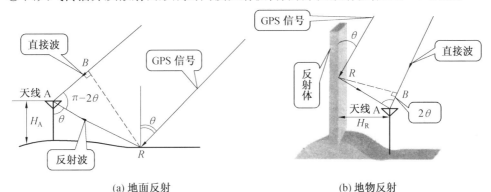

(a) 地面反射　　　　　　　　　　　　　(b) 地物反射

图 6.7　地面和地物的反射

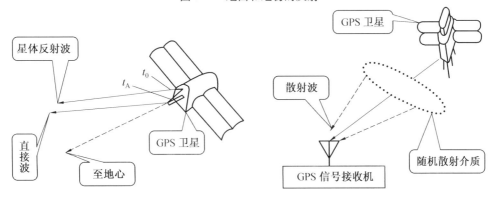

图 6.8　GPS 卫星的星体反射　　　　　图 6.9　传播介质产生的散射波

所谓多径误差就是间接波对直接波的破坏性干扰而引起的站星距离误差。误差的大小取决于间接波的强弱和用户接收天线的抵抗间接波干扰的能力。

2. 地面反射的影响

地面反射波的路径长等于直接波所历经的路径(图 6.7(a)),其值为

$$\Delta D_{\mathrm{R}} = \overrightarrow{AR} - \overrightarrow{AB} = \overrightarrow{AR} + \overrightarrow{AR}\cos 2\theta = 2\overrightarrow{AR}\cos^2\theta \tag{6.42}$$

考虑到 $H_{\mathrm{A}} = \overrightarrow{AR}\cos\theta$,故有

$$\Delta D_{\mathrm{R}} = 2H_{\mathrm{A}}\cos\theta \tag{6.43}$$

式中　　H_{A}——GPS 信号接收天线的高度;

θ——GPS 卫星的天顶距。

对于伪噪声码而言,地面反射波中的伪噪声码比直接波中的伪噪声码增加一个时延,即

$$\Delta t_{\mathrm{R}} = \frac{\Delta D_{\mathrm{R}}}{c} = \frac{2H_{\mathrm{A}}\cos\theta}{c} \tag{6.44}$$

式中　　c——GPS 信号的传播速度。

对于载波相位测量而言,地面反射波中的载波比直接波中的载波增加一个滞后相位,即

$$\Delta\varphi_{\mathrm{R}} = 2\pi f\Delta t_{\mathrm{R}} = \frac{4\pi H_{\mathrm{A}}\cos\theta}{\lambda} \tag{6.45}$$

式中　　λ——GPS 信号载波的波长。

3. 地物反射的影响

地物反射波的路径长于直接波的所历路径,其值为

$$\Delta D_{\mathrm{O}} = \overrightarrow{AR} - \overrightarrow{AB} = \overrightarrow{AR} - \overrightarrow{AR}\cos 2\theta = 2\overrightarrow{AR}\sin^2\theta \tag{6.46}$$

考虑到 $H_{\mathrm{r}} = \overrightarrow{AR}\sin\theta$,故有

$$\Delta D_{\mathrm{O}} = 2H_{\mathrm{r}}\sin\theta \tag{6.47}$$

对于伪噪声码而言,地面反射波中的伪噪声码比直接波中的伪噪声码增加一个时延,即

$$\Delta t_{\mathrm{O}} = \frac{\Delta D_{\mathrm{O}}}{c} = \frac{2H_{\mathrm{R}}\sin\theta}{c} \tag{6.48}$$

对于载波相位测量而言,地面反射波中的载波比直接波中的载波增加一个滞后相位,即

$$\Delta\varphi_{\mathrm{O}} = 2\pi f\Delta t_{\mathrm{O}} = \frac{4\pi H_{\mathrm{R}}\sin\theta}{\lambda} \tag{6.49}$$

天顶距是随着 GPS 卫星的运动而变化的,以至上述的附加时延和滞后相位也随之而变化。如载波滞后相位的变化速率分别为

$$\begin{cases} \dot{\Delta\varphi}_{\mathrm{R}} = \dfrac{\mathrm{d}\Delta\varphi_{\mathrm{R}}}{\mathrm{d}\theta} = -\dfrac{4\pi H_{\mathrm{A}}}{\lambda}\sin\theta \\[3mm] \dot{\Delta\varphi}_{\mathrm{O}} = \dfrac{\mathrm{d}\Delta\varphi_{\mathrm{O}}}{\mathrm{d}\theta} = +\dfrac{4\pi H_{\mathrm{R}}}{\lambda}\cos\theta \end{cases} \tag{6.50}$$

通常,降低 GPS 信号接收天线的高度和增加 GPS 卫星高度角,可以减小多路径效应导致的 GPS 信号载波的总附加相移。

为了减小地面反射波,引起的多路径误差,测地型接收机的信号接收天线多设有抑径板或者抑径圈,如图 6.7 所示。 抑径板一般采用圆盘式,其半径 R_{D} 取为

$$R_{\mathrm{D}} = \frac{H_{\mathrm{D}}}{\sin E_{\mathrm{S}}} \tag{6.51}$$

式中　H_D——GPS 信号接收天线相位中心至抑径板的高度；

　　　E_s——GPS 卫星高度截止角。

6.3　卫星定位的其他误差及分析

6.3.1　相对论效应误差

根据爱因斯坦的狭义相对论，在惯性参考系中，以一定秒速(km/s) 运行的时钟，相对于同一类型的静止不动的时钟，存在着时钟频率之差，其值为

$$\Delta f^s = f_s - f = -\frac{f}{2}\left(\frac{V_s}{c_0}\right)^2 \tag{6.52}$$

式中　f_s—— 卫星时钟的频率；

　　　f—— 同类而静止的时钟频率；

　　　V_s—— 卫星的运行速度；

　　　c_0—— 真空光速。

若用 GPS 卫星的运行速度 $V_s = 3\,874$ m/s，而 $c_0 = 229\,792\,458$ m/s，则可算得 GPS 卫星时钟相对于地面同类型时钟的频率之差是

$$\Delta f_{GPS}^{S} = -8.349 \times 10^{-11}f$$

依据爱因斯坦的广义相对论，在空间强引力场中的振荡信号，其波长大于在地球上用同一方式所产生的振荡信号波长，即前者的谱线向红外端移动，其值为

$$\Delta f^{SS} = \frac{\mu f}{c_0^2}\left(\frac{1}{R_e} - \frac{1}{R_s}\right) \tag{6.53}$$

式中　μ—— 地球引力常数，$\mu = 3.986\,005 \times 10^{14}\text{m}^3/\text{s}^2$；

　　　R_e—— 地球的平均曲率半径，$R_e = 6\,378$ km；

　　　R_s—— 卫星向径。

对于 GPS 是卫星而言，$R_s = 26\,560$ km。故知广义相对论导致 GPS 卫星频率的增加值为

$$\Delta f^{SS} = 5.284 \times 10^{-10}f$$

综上，爱因斯坦的狭义相对论和广义相对论对 GPS 卫星时钟频率的综合影响是

$$\Delta f_{GPS}^{EI} = \Delta f_{GPS}^{S} + \Delta f_{GPS}^{SS} = 4.449 \times 10^{-10}f$$

GPS 卫星时钟的标称频率为 10.23 MHz，为了补偿相对论效应影响，而将 GPS 卫星时钟的频率设置为

$$f_{RS} = 10.23 \text{ MHz}(1 - 4.449 \times 10^{-10}) = 10.229\,999\,995\,45 \text{ MHz}$$

经过上述相对论效应频率补偿后，在轨飞行的 GPS 卫星时钟频率就能够达到标称值（10.23 MHz）。

上述讨论是基于 GPS 卫星做严格的圆周运行。实际上，GPS 卫星轨道是一个椭圆，而椭圆轨道各点处的运行速度是不相同的，相对论效应频率补偿，就不是一个常数。频率常数补偿所导致的补偿残差称为相对论效应误差。它所引入的 GPS 信号时延为

$$\Delta t_{Ein} = -\frac{2e\sqrt{a\mu}}{c_0^2}\sin E \tag{6.54}$$

式中　　e——GPS 卫星椭圆轨道的偏心率；

　　　　E——GPS 卫星的偏近地点角；

　　　　a——卫星椭圆轨道的长半轴。

现将 a、μ 和 c_0 代入上式可得

$$\Delta t_{\mathrm{Ein}}(\mathrm{ns}) = -\ 2\ 289.7 \times e \times \sin E \tag{6.55}$$

当 $e = 0.01$，$E = 90°$ 时，相对论效应误差导致的时延达到最大值，为 22.897 ns，这相当于 6.864 m 的站星距离，因此必须加以考虑。

6.3.2　地球自转效应误差

GPS 信号从 20 200 km 的高空传播到用户 GPS 信号接收机，需要 0.067 s 左右的时间。由于地球不停地自转（地面测站相对于地心的运行速度约为 0.46 km/s），因此 GPS 信号到达 GPS 信号接收机时的 GPS 卫星在轨位置，不同于 GPS 信号从卫星发送时的 GPS 卫星在轨位置。两者之差为

$$\begin{bmatrix} \Delta X_\omega^j \\ \Delta Y_\omega^j \\ \Delta Z_\omega^j \end{bmatrix} = \begin{bmatrix} 0 & \omega_e \Delta t^j & 0 \\ -\omega_e \Delta t^j & 0 & 0 \\ 0 & 0 & 0 \end{bmatrix} \begin{bmatrix} X^j \\ Y^j \\ Z^j \end{bmatrix} \tag{6.56}$$

式中　　ω_e——地球自转角速度，且已知 $\omega_e = 7.292\ 115 \times 10^{-5} \mathrm{rad/s}$。

上述位置偏差导致的站星距离变化值为

$$\Delta \rho_\omega = \frac{1}{\rho^j} \big[(X^j - X_u) \Delta X_\omega^j + (Y^j - Y_u) \Delta Y_\omega^j + (Z^j - Z_u) \Delta Z_\omega^j \big] \tag{6.57}$$

6.3.3　内时延误差

GPS 信号接收机是用于接收、跟踪、变换和测量 GPS 信号的。GPS 信号在接收机内部从一个电路转移到另一个电路的行进中，必须占据一定的时间。这种由于电子电路所产生的时间延迟，称为内部时延。它的大小可以根据电路参数计算求得。如果内部时延是稳定而不变动，经过内部时延修正后的站星距离，便不存在测量精度的损失。但是，由于通道时延的不稳定性，中频信号的相位抖动和接收天线的相位中心漂移等原因，不可能实现接收机内部时延的精确改正。例如，对于多通道接收机而言，因各个通道不可能产生相同的通道时延，而存在着通道时延偏差。制造 GPS 信号接收机时，虽然加以时延补偿，且设有内时延自动校正程序，在数据文件中还能够读取各个通道的相对时延值，但是，因内时延的不稳定性，仍旧存在着自校残差。尤其对于高精度的 GPS 卫星定位网的测量应特别注意内时延误差的影响。

6.3.4　观测噪声误差

观测噪声主要源于天线噪声和环路噪声。天线噪声由客体噪声和背景噪声组成，客体噪声是由各种电机的火花放电，以及电台、电视和雷达的高频射电而引起的。背景噪声，不仅包括因雷电和大气涨落引起的天电干扰噪声，而且还包括银河噪声和太阳噪声。GPS 信号接收天线的噪声输入功率为

$$N_{AI} = \frac{k_B T_A B_N}{A_L} \tag{6.57}$$

式中　k_B——玻尔兹曼常数；

　　　T_A——GPS 信号接收天线的噪声温度；

　　　B_N——噪声频带宽度；

　　　A_L——天线传输电缆的插入损耗。

我们知道，到达接收天线的 GPS 信号弱于 – 128 dBm，它极易受到天线噪声的干扰，形成一个被该噪声污染的 GPS 信号而进入后续的电路，加以放大和测量。

此外，GPS 信号接收机的伪噪声码跟踪环路和载波跟踪环路等电路，还因信号电流在其内的流通和变换而产生热噪声和磁起伏噪声，且以热噪声为首位。热噪声电压的均方根值为

$$U_{NE} = 2\sqrt{R k_B T_k} B_L \tag{6.58}$$

式中　R——阻抗的电阻分量欧姆数；

　　　k_B——玻尔兹曼常数；

　　　T_k——绝对温度；

　　　B_L——电路频带宽度。

从上式可见，压缩带宽是减小热噪声的有效途径。但是，过小的带宽又将影响 GPS 信号的正常接收。因此，带宽的取用应以确保正常接收和跟踪宽带 GPS 信号为前提。一般而言，接收系统的带宽为 20 MHz，而载波跟踪环路的带宽为 100 Hz。这样一来，噪声干扰是无法避免的。噪声对观测结果的精度损失，取决于噪声功率相对于 GPS 信号功率的大小。

GPS 信号接收机的信号噪声比为

$$\frac{P_r}{P_N} = \frac{k_{RF} G_A P_C}{N_{AI} + N_{NE}} \tag{6.59}$$

式中　k_{RF}——射频干扰所导致的接收功率的下降率；

　　　G_A——GPS 信号接收天线的功率增益系数；

　　　P_C——GPS 信号接收天线所接收的载波功率；

　　　N_{AI}——GPS 信号接收天线的噪声输入功率；

　　　N_{NE}——GPS 信号接收机电路的热噪声功率。

研究表明，伪噪声码的观测噪声误差可表述为

$$m_N^2 = \frac{P_N}{P_S}\left(1 + \frac{2N_{N0}B_{IF}}{P_S}\right) \tag{6.60}$$

式中　P_N——噪声功率；

　　　P_S——GPS 信号功率；

　　　N_{N0}——噪声单边功率谱密度；

　　　B_{IF}——中频电路的频带宽度。

在载波相位测量的情况下，噪声对载波 L1 和载波 L2 的影响并不相同，而导致不同的观测噪声误差，需要作专题研究。

6.4　本 章 小 结

本章首先介绍了定位导航的误差、偏差和精度的定义,为后续的理解与分析做好了准备,其中主要定义了几个重要的概念,即均方误差、圆概率误差和二者之间的相互关系。

然后介绍了几种重要的影响卫星定位精度的主要误差,包括影响最大的卫星星历误差、电离层效应距离偏差、对流层效应偏差和多路径误差。

最后介绍了影响卫星定位的其他误差,包括相对论效应引起的误差、地球自转效应引起的误差、内时延误差和观测噪声误差。

通过对本章的学习,可以较为全面地了解引起卫星误差的原因,为后续更好地学习卫星定位系统奠定了基础。

参 考 文 献

[1] 帅平, 陈定昌, 江涌. GPS 广播星历误差及其对导航定位精度的影响[J]. 数据采集与处理, 2004, 19(1): 107-110.

[2] 任亚飞, 柯熙政. GPS 定位误差中对流层延迟的分析[J]. 西安理工大学学报, 2006, 22(4): 407-410.

[3] 刘国锦, 周波, 殷奎喜. GPS 导航定位误差分析及处理[J]. 南京师范大学学报:工程技术版, 2008, 8(3): 88-92.

[4] 李艳华, 房建成, 贾志凯. INS/CNS/GPS组合导航系统仿真研究[J]. 中国惯性技术学报, 2002, 10(6): 6-11.

[5] 王文贯, 唐诗华. GPS 卫星定位误差概论[J]. 测绘与空间地理信息, 2006, 29(5): 39-42.

[6] 陈树新. GPS 整周模糊度动态确定的算法及性能研究[D]. 西安:西北工业大学, 2002.

[7] 张常云. 三星定位原理研究[J]. 航空学报, 2001, 22(2): 175-176.

[8] 刘基余. GPS 卫星导航的精度、误差与偏差[J]. 导航, 1998, (4): 32-35.

[9] 方兆宝, 夏哲仁, 赵培海. 北斗三星无源导航定位技术研究[J]. 海洋测绘, 2007, 27(2): 15-17.

[10] 张孟阳, 吕保维, 宋文森. GPS 系统中的多径效应分析[J]. 电子学报, 1998, 26(3): 10-14.

[11] 陈俊勇. 美国 GPS 现代化概述[J]. 测绘通报, 2000, (8): 44-45.

[12] 王泽民, 邱蕾, 孙伟. GPS 现代化后 L2 载波的定位精度研究[J]. 武汉大学学报:信息科学版, 2008, 33(8): 779-782.

[13] 伍岳, 孟泱, 王泽民. GPS 现代化后电离层折射误差高阶项的三频改正方法[J]. 武汉大学学报:信息科学版, 2005, 30(7): 601-603.

[14] SPIKER J J. The global positioning system: theory and application [M]. New York, NY: AIAA, 1996.

［15］ ABBOTT E, POWELL D. Land-vehicle navigation using GPS ［J］. Proceedings of the IEEE, 1999, 87(1): 145-162.

［16］ GREWAL M S, WEILL L R, ANDREWS A P. Global positioning systems, inertial navigation, and integration ［M］. Hoboken, New Jersey: Wiley-Interscience, 2007.

［17］ PANZIERI S, PASCUCCI F, ULIVI G. An outdoor navigation system using GPS and inertial platform ［J］. Mechatronics, IEEE/ASME Transactions on, 2002, 7(2): 134-142.

［18］ GUSTAFSSON F, GUNNARSSON F, BERGMAN N, et al. Particle filters for positioning, navigation, and tracking ［J］. Signal Processing, IEEE Transactions on, 2002, 50(2): 425-437.

［19］ FARUQI F A, TURNER K J. Extended Kalman filter synthesis for integrated global positioning/inertial navigation systems ［J］. Applied mathematics and computation, 2000, 115(2): 213-227.

［20］ COLLINS P, LANGLEY R, LAMANCE J. Limiting factors in tropospheric propagation delay error modeling for GPS airborne navigation ［C］. Proc. of ION 96, 1996.

第7章

GPS 辅助系统和增强系统

GPS 是目前最成熟的导航系统,它的应用几乎无处不在。但它仍存在多方面的不足,这就限制了它在某些方面的应用。GPS 不足之处主要有以下几个方面:

① 信号弱,容易受到遮挡和干扰而无法正常工作。

② 冷启动条件下定位时间长,无法应用于实时性要求高的场合。

③ 系统是单向的,当系统的定位精度严重下降或出现异常时,无法及时发现,更无法及时通知用户。

为了应对前两方面的不足,GPS 辅助系统(A – GPS)被提出;为了解决第三个不足,学者们又提出了 GPS 增强系统。本章将首先介绍 GPS 系统的缺陷,再依次解释辅助系统和增强系统是如何克服这些缺陷工作的。

7.1　GPS 系统的缺陷

GPS 最初被设计用来为导弹、飞机、士兵和海船提供导航服务。在这些情况下,GPS 接收机需要处于室外并且工作在天气晴朗的条件下。该系统冷启动大约需要 1 min,然后将持续工作。现在 GPS 更多地用于民用而非军事用途。2009 年,手机的年销售量已经超过 10 亿,而 2008 年售出的手机中有 2.4 亿带有 GPS 功能。2009 ~ 2011 年,售出的手机中 30% 带有 GPS 接收机。2007 年共有 3 500 万台个人导航设备售出,2008 年共有 30 万台双频接收机售出,用于精确定位。与此同时,军用接收机不超过 200 万台。由此可见,GPS 在民用市场占有越来越重要的地位,这就带来了一些亟待解决的问题。

7.1.1　信号强度问题

首先是 GPS 信号微弱的问题。每颗卫星发射的总功率为 27 W,差不多相当于一盏昏暗灯泡的功率。这些卫星的高度超过 20 000 km(大约是地球半径的 3 倍,航天飞机飞行高度的 55 倍)。当信号到达地球上的 GPS 接收机时,接收的信号功率大约为 100 aW(a—— 阿托,表示 10^{-18})。我们通常用分贝瓦(dBW)或分贝毫瓦来描述这么小的功率。

当接收机在室外时,接收到的信号的功率是 100 aW。而移到室内时,信号迅速衰减,在屋内信号将衰减 10 ~ 100 倍,在大型建筑物中衰减 100 ~ 1 000 倍甚至更多。然而,GPS 的信号不仅仅在室内存在问题,在室外这样弱的信号也是一个问题,标准 GPS 接收机在连接卫星时,只要有很小的阻碍(来自建筑物、树木甚至是车顶)就会遇到麻烦,这就影响了它在一些环境的应用,如建筑密集的市区、树木茂密的郊区或森林。信号微弱带来的另一个问题就是极易受干扰。发射功率为 4 W,干扰半径在 16 km 以上。即便不存在有意的干扰,周围充斥的电磁信号也威胁了 GPS 接收机的正常使用。

7.1.2　信号捕获问题

卫星首次定位慢是由两个原因造成的:一是卫星信号捕获前需要先搜索其准确频率和精确的码延迟;二是接到信号后需要解码获得周内广播时间和包含卫星轨道及时钟模型的星历数据。下面先来讨论搜索过程慢的原因。

尽管每颗 GPS 卫星发射频率相同($f_{L1} = 1\ 575.42$ MHz) 的信号,但是考虑到接收机与卫星的运动所引起的多普勒频移以及接收机基准振荡器的频偏,接收信号的频率是不同的。如果接收机没有这些频率变化的先验知识,就必须扫描所有可能的频率,就像用车载收音机扫描所有广播电台以找到某个台一样。然而,即使 GPS 接收机具有正确的频率,还必须给相关器找到正确的延迟码以产生相关峰。这使得 GPS 接收机对每颗卫星有一个二维扫描空间,称之为频率／码延迟扫描空间。搜索过程的时间长短,与扫描空间的大小是直接相关的,扫描空间越小,则搜索过程越快完成。那么,扫描空间的大小有哪些影响因素呢?

一个没有码延迟先验信息的接收机必须搜索所有可能的码延迟。在捕获模型中,相关器间隔通常为 0.5 码片(即每个 PRN 码片对应两个相关器)。所有码延迟搜索空间为 1 023 码片。一个典型的 GPS 接收机每个通道有两个相关器,因此可以每次扫描 1 码片。对于 1 ms 的积分时间(与 PRN 码元时间相同),一个传统接收机将花费 1 s 来扫描所有的 1 023 个可能的延迟。

一个没有频率先验知识的接收机必须扫描很大的范围,主要受卫星运动、接收机基准振荡器的频偏以及接收机速度的影响。因卫星运动引起的多普勒频偏使接收机不得不扫描千赫兹大小的未知频率范围;而接收机的速度会引起较小的多普勒效应(接收机每 1 km/h 的速度达到 1.5 Hz 的频偏);此外,每 1 ppm(parts per million, 1 ppm = 10^{-6}) 的接收机振荡器的未知频偏将产生 1.5 kHz 的接收信号的未知频偏。消费级 GPS 接收机通常使用有数百分之一(一般为 2 ppm、3 ppm、5 ppm) 的温度补偿晶体振荡器(TCXO)。所以,所有未知频率的范围为 10 ~ 25 kHz。 一个典型的接收机将以 500 Hz 的频率间隔扫描这一区域,这就意味着有 20 ~ 50 个槽需要扫描。

7.1.3　系统完好性问题

GPS 系统的完好性是没有保障的。首先,GPS 系统信息链路是单向的,系统向用户提供定位信息,但用户对于定位精度、服务质量没有反馈。如果系统的定位精度严重下降或出现异常时,无法及时发现和纠正。

其次,当 GPS 系统出现问题时,比如定位信息不可用,即便能够及时发现,也没有快速的警告手段告知用户,可能导致用户使用错误的导航信息,造成损失。

最后,GPS 的 L2 频段不对民间开放。普通用户无法使用双频定位,也就无法自主消除电离层延迟误差,这样的定位精度无法满足飞行导航的需要。

凡此种种,都使得 GPS 在民用上存在很大问题,于是,人们提出了各种各样的解决方式。7.2 节介绍的 GPS 辅助系统主要是针对 GPS 的前两个问题,而 7.3 节介绍的 GPS 增强系统则是针对其第三个问题。

7.2　辅助全球定位系统

20 世纪 80 年代，人们提出了辅助 GNSS 的概念（AGNSS），其结构由一个导航模块和一个通信模块相互合作构成。现在常说的 AGNSS 主要是指与蜂窝网络相连接的系统。现代手机大多数都应用了能够在 1 s 内就计算出位置的 A－GPS，且能捕获更弱的卫星信号，并且手机所增加的成本有限。为了更好地理解 A－GPS 系统的工作原理，就必须先了解冷启动、温启动和热启动的概念。

7.2.1　冷启动、温启动和热启动

GPS 接收机启动时不带有任何先验信息，以至于必须搜索 $20 \times 1\ 023 \sim 50 \times 1\ 023$ 大小的二维空间（频率空间与码延迟空间），这种启动方式称之为冷启动。冷启动至少需要 20 s 的时间用于搜索（在每个频率槽中搜索所有可能的 1 023 个码延迟需要 1 s 稍多一点的时间）。一旦找到一颗卫星的相关峰，搜索就结束。但是在解码出卫星的周内时间以及星历数据之前接收机还不能计算位置信息。这些数据每 30 s 发送一次，所以可以认为解码时间为 30 s（假设无数据位丢失）。因此，对于这样的接收机，首次定位时间最少为 1 min。如果在这个过程中信号被阻碍或者衰减了，即使仅仅持续几毫秒，也可能发生数据位错误，那么接收机只有再等待 30 s 直到辅助信息再次被发送。这就是为什么常规接收机在弱信号环境中（如树下或者城市中）实际上总是在几分钟以后才建立起首次定位。

假如在相同环境下，相同的接收机如果已知一部分先验信息，事实上，这种情况更加普遍。一个标准的 GPS 接收机一般会载有部分位置的先验信息（如在上次定位中记录在存储器中的信息）。还应该对时间信息有一个初步的估计（从实际钟表时间中），对基准频率（接收机上次工作时 TCXO 的频偏往往记录在存储器中）也应有初步的估计，并且还可以估计出卫星位置及速度的大概值（从存储在存储器中的轨道数据中）。接收机的这种启动方式为温启动。在这种启动方式下，需要搜索的频槽个数显著减少。但是，接收机仍然需要解码出卫星的周内时间以及星历数据才能定位，所以温启动方式的首次定位时间仍然大于 30 s。

接下来，假设同一个接收机对于其所有的可见卫星已经完成了解码星历数据及位置计算。这时关闭接收机，几分钟之后再启动接收机，称这种启动方式为热启动。在这种情况下，卫星有较为完备的先验知识。同温启动一样，接收机频率搜索槽将大为减少。如果实时时钟足够精确，那么时间将精确至 1 ms，接收机将可以缩小码延迟搜索空间。最终，搜索时间将小于 1 s。因为接收机已经得到很精确的时间信息，卫星的周内时间以及星历数据不需要再次被解码，这时，首次定位时间将小于 1 s。

下面以冷启动为例来说明捕获过程。一个典型的接收方案需要确定一个可接受的频槽间隔（如上所述），然后在每个频槽中搜索所有的码延迟，这样，这个频槽内的所有码延迟都被搜索到。通常先搜索最可能的频槽，如果没有信号，则向外搜索下一个频率单元。对于冷启动方式，先搜索频率中心为 0 的频槽，继而是 +500 Hz 的频槽（在本例中），接下来是 -500 Hz，然后是 1 000 Hz，以此类推。直到信号被搜到或所有搜索空间被搜索完毕。

通过这个特定的例子来说明一个典型捕获方案，并详细分析无辅助情况下的 TTFF。

例7.1假设一个具有3 ppm TCXO的接收机进行冷启动。已经知道,由卫星运动引起的多普勒频移范围为千赫兹,由接收机TCXO频偏引起的频率偏移范围为4.725 kHz。对于陆地上的应用,接收机运动引起的多普勒频移相对于其他频偏是很小的。接收机运动速度达160 km/h时产生234 kHz的多普勒频移。所以,得到总的频率搜索空间大小为 ±10 kHz。如果在500 Hz的频槽内搜索,那么对于一次穷举搜索总共需要25个频槽。现在假设每个通道的相关器一次仅能搜索两个码延迟(在 A – GPS 系统以及高灵敏度接收机普及之前这是标准GPS 接收机的典型配置)。如果对于一个码延迟搜索需 1 ms,那么每个通道搜索一个频槽需要 1 s 的时间。

对于这个例子假设,尽管 TCXO 标称为 3 ppm,但实际 TCXO 所引起的频偏为 + 3 kHz(近似为 2 ppm)。再假设有 8 颗可见卫星,它们运动引起的多普勒频移分别为 – 4 kHz、– 2 kHz、– 1 kHz、0 kHz、1 kHz、2 kHz、3 kHz 及 4 kHz,接收机是固定的。冷启动时多普勒频率的范围及搜索范围设计范例见表7.1。

表 7.1 独立冷启动捕获的设计范例

频移影响因素	设计范围	实例值
卫星多普勒频移	[– 4.2 ~ 4.2 kHz]	[– 4, – 2, – 1,0,1,2,3] kHz
TCXO 频偏(3 ppm)	[– 4.725 ~ 4.725 kHz]	3 kHz
接收机多普勒频移	[– 0.23 ~ 0.23 kHz]	0
全部频率搜索空间	[– 9.2 ~ 9.2 kHz]	[– 1,1,2,3,4,5,6,7] kHz

图 7.1 给出了跨频槽的搜索过程。图 7.1(a) 显示的是定义的整个频率 / 码延迟搜索空间。其中,码延迟搜索空间大小为 1 码元或者 1 ms,包含 1 023 C/A 码片;整个频率搜索空间范围为 – 9 ~ 9 kHz,细节见表 7.1。在例子中,有 8 颗卫星,但还没有找到其中的任何一颗。图 7.1(b) 显示的是第一个频槽,中心频率为 0,宽度为 500 Hz。我们对这一区域的每个码延迟数进行了搜索,但是一无所获,因为没有卫星在这一频率范围中。接下来,以相同的方式先后搜索了中心频率为 + 500 Hz、– 500 Hz、+ 1 000 Hz 的频槽。终于在距中心频率 + 1 000 Hz 的频槽中找到了一颗卫星,并标在了图 7.1(c) 中。

图 7.1(a) 中给出了整个搜索空间。图 7.1(b) 搜索开始于中心频率,并以单位频槽 500 Hz 为步进,依次向左右展开,直到找到一颗卫星。随着找到新的信号,整个搜索空间就会变窄,如图 7.1(c) 和(d) 两幅图中标出的灰色区域。

在此例中,接收机先在一个频槽中搜索了所有可能 PRN 的码,然后移到下一个频槽。这样,实际上无形中为搜索空间增加了一维。GPS 接收机能够同时搜索 8 ~ 12 个 PRN,因此图 7.1 中说明的搜索过程可以在 8 ~ 12 个独立的 PRN 中同时进行。对于温启动或热启动,一般都能够知道有哪些星是可见的,并且一般都能保证有 8 ~ 12 颗星在地平线以上。因此几乎所有的可见星的 PRN 都可以被同时搜寻,并且对 PRN 的搜寻并不像对频率和码延迟那样重要。

一旦搜寻到了第一颗卫星,因为获取了新的信息,就可以减小搜寻的空间。在本例中,已知有一颗卫星在 + 1 000 Hz 的频槽;而且已知所有卫星的多普勒效应间的差别最大为 2 kHz ×(4.2 kHz + 最大速度引起的频移),其中 4.2 kHz 是由卫星引起的最大多普勒偏移,

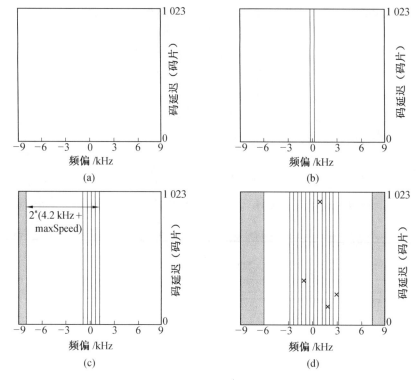

图 7.1　冷启动搜索实例

而最大速度是接收机载体所设计的极限速度(本例中为 160 km/h,相当于 0.23 kHz 的多普勒频偏)。接收机振荡器的频偏对于所有的卫星都适用。因此可以给出一个以包含卫星的频槽的右边缘为右边框,宽度为 2 × (4.2 kHz + 最大速度引起的频移) 的矩形,可以不用搜寻这个矩形范围。与此相似,同样可以给出左边界右侧的一个相似的矩形,但是这个矩形并不包含 9.2 kHz 搜寻范围,因此一般并不明确给出。

　　搜寻过程在中心频率为 − 1 000 Hz、+ 1 500 Hz、− 1 500 Hz 等频槽中继续依次进行。图 7.1(d) 给出了 4 颗卫星被搜寻到后的情形。请注意,观察随着搜寻到卫星的情形和可以进行消除的搜寻区间的变化,灰色矩形每一边的增长情况。

　　搜索会一直进行,直到可用的搜索区间消尽,或者已经解码得到足够的卫星星历以及周内时间和计算的位置。一旦具有时间和位置信息,就不再处于冷启动状态。

　　下面来分析这个例子的 TTFF。假设每个频槽对一个 PRN 的所有码延迟搜索需要 1 s 的时间,搜索了 12 个频槽后搜到了前 4 颗卫星。假设可以同时对 10 个 PRN 进行搜寻,由于存在 32 个 GPS PRN,因此大约需要 3 s 的时间完成一个频槽的全部 PRN 搜寻工作,所以 12 个频槽需要 36 s。解码星历的预期时间是 30 s(如果数据位没有发生错误),因此这个例子的预期 TTFF 为 30 + 36 = 66 s。如果存在数据位错误,则所需的时间会更长。

　　需要注意的是,如果没有任何先验信息(纯粹的冷启动定义),接收机就必须从第一个频槽开始搜索所有 32 个 GPS 的 PRN 码,然后转到规划好的下一个频槽,直到一颗卫星被搜寻到为止。进而,后续的搜寻范围可以减少到 31 个 PRN 码。在实际中,一个冷启动的操作细节根据接收机生产商的不同而不同。有些可能是用只读存储器(ROM)或者非易失随机存储器(NVRAM)中的历书来限定初始卫星数目不超过历书中的数目(在写这本书的时候,在 GPS 星座和历书中有 31 个完好的卫星)。尽管如此,如果在本例中进行微小改变,仍需要在每个频槽搜索近 31 个卫星,这对于本例中描述的接收机仍需要花费将近 3 s 的时间来搜索一个频槽,因而 TTFF 仍是略微大于 1 min。

7.2.2　辅助 GPS(A - GPS) 系统

如果下列条件已知,则捕获就会比较容易:

① 频率偏移。

② 精确时间。

③ 码延迟。

④ 接收机位置(因为这项会影响接收到的码延迟和卫星多普勒频移)。

然而,一个标准的 GPS 接收机需要在获取上述信息之前捕获和跟踪信号。这个难题引出了辅助 GPS 的基本思想:通过各种备用通信手段为 GPS 接收机提供能够提供的所有信息。

在理想情况下,辅助的冷启动就像热启动一样。接收机不必搜索许多频槽,并且如果知道精确的时间,就不用搜索许多码延迟。一旦找到信号,接收机就不必解算星历或者周内时间,因为这些信息(理想情况下)都可以通过辅助数据提供。

辅助全球定位系统(A - GPS),就是在普通 GPS 接收机的基础上增加了备用通信信道,它在接收卫星信号的同时,还能够通过备用通信信道提供的信息来提高标准 GPS 的性能。图 7.2 和图 7.3 给出了 A - GPS 的概况。注意到 A - GPS 并未使接收机省去接收和处理卫星信号的步骤,它只是使这项工作简化了,使需要从卫星接收的信息量和时间量最小化。A - GPS 接收机仍然通过卫星进行测量,但比无辅助的接收机更快,可处理更弱的信号。

在图 7.2 中,每个 GPS 卫星发送伪随机噪声(PRN)码,形成数据流。伪随机码在图中用正弦曲线表示,数据用方波表示。信号通过障碍物后会变弱;此时,可能检测不到数据,但是可以检测到扩频码。在一个 A - GPS 系统中,相同或者等效的数据通过小区基站发射。因此,A - GPS 接收机能接收与卫星信号没有阻塞时相同的信息。与此类似,因为数据从小区基站传输到接收机比从卫星传输快得多,因此即使卫星信号不被阻碍,A - GPS 接收机的定位计算也比标准 GPS 接收机快。

在图 7.3 中,卫星数据通过 A - GPS 参考网络和定位服务器进行收集和处理。辅助数据通常(不是必需的)通过无线网络提供,最常见的是通过蜂窝小区的数据信道。A - GPS 接收机的近似位置通常可以从小区基站的位置数据库中得到。

要计算一个位置(或方位),GPS 接收机必须先搜索并接收每颗卫星的信号,然后解码卫星的数据。可以用 FM 收音机作类比来理解这个过程。第一次搜索信号就好比在长途旅行中打开车上的 FM 收音机寻找一个电台。由于卫星高速运动(超过 3 km/s)产生的多普勒频移而使每颗卫星都处于不同的频率。观察到的多普勒频移是观察位置的函数。在接收机知道自身位置之前多普勒频移是无法计算的。标准的 GPS 接收机会像调收音机旋钮一样穷举搜索所有可能的频率。搜索到信号后需要对数据解码给出卫星的位置。这类似于一旦搜到了电台后将等待电台报台来确定这是什么电台。只有接收机解码卫星数据并计算出卫星位置后才能计算用户的位置。

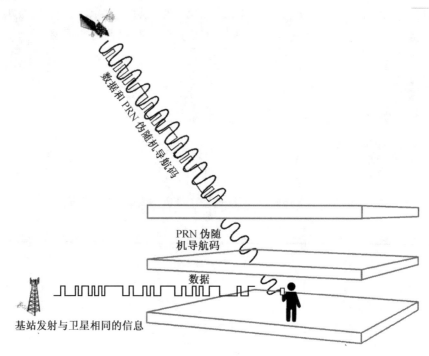

图 7.2 A – GPS 中数据和编码功能示意图

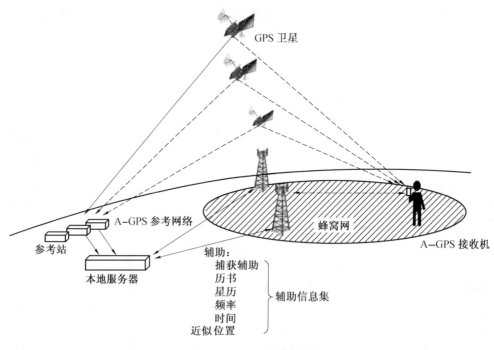

图 7.3 A – GPS 系统描述

A – GPS 通过提供信息使 GPS 接收机在捕获之前就知道应该捕获的频率范围,然后辅助数据再提供用来计算 GPS 用户位置的卫星位置。捕获了卫星信号后,剩下的工作就是伪距测量(这需要几毫秒,而不是几分钟),然后 A – GPS 接收机开始计算用户的位置。首次定位时间从 1 min 的量级缩短到 1 s 的量级。此外,由于 A－GPS 接收机被设计的预先知道需要搜索哪个频率,接收机的结构变得允许进行更长时间的累积,从而增加了在每个特定的频率接收到的能量。这增加了 A－GPS 接收机的灵敏度,并允许它捕获更弱的信号。

而拥有辅助功能的接收机则有如下特性:

① 对于冷启动,必须首先对所有可能的频率空间以及码延迟空间进行搜索直到找到相关峰,然后解码发送时间以及星历数据。

② 对于温启动,利用上次启动存储的历书,结合先验的位置、时间及频率等信息,我们可以大大减少频率搜索空间,但是周内发送时间以及星历必须被解码出来。

③ 对于热启动,可以利用历书或星历,连同先验的位置、时间和频率信息来减小频率搜索空间。如果系统已知的时间信息也足够准确(通过一个精确的实时时钟),那么周内发送时间及星历则不需要解码。

显然,如果能通过其他一些方法而不是常规方法得到星历数据,不管是在冷启动还是温启动的方式下定位时间都将缩短至少 30 s。这就是 A－GPS 系统的第一个也是最显著的特点,即向接收机提供星历数据,这样接收机就不必解码广播星历。然而,这仅是 A－GPS 系统的开始。辅助数据不仅仅用于替代广播星历,它也可以用于缩小频率以及码延迟的搜索空间。为了减小频率搜索空间,至少应该已知粗略的卫星位置、发送时间以及卫星轨道的先验信息,然后就可以计算出预期的多普勒频移。而为了减小码延迟搜索空间,则需要精确的卫星位置及发送时间的先验信息。因为码延迟可精确到 1 ms 内,所以先验时间必须精确到 1 ms 以内。1 ms 内 GPS 信号传播 300 km(以光速传播),所以为了利用精确的先验时间,卫星位置信息必须精确到 150 km 以内。在通常情况下,A－GPS 中先验位置往往可以精确到几千米(通常来源于小区基站发射塔的位置);然而,时间信息却往往无法精确到 1 ms 以内。如果先验时间精度在 1 ms 以内,称为精时辅助;反之,称之为粗时辅助。

讨论时间和频率辅助的细节时,会发现不同的辅助方式在细节上是不同的。主要有两种辅助方式,即 MS－Assisted 和 MS－Based。MS 的意思是移动站(Mobile Station),指的是 GPS 接收机。在 MS－Assisted GPS 中位置信息在服务器中进行计算,GPS 接收机的工作仅仅就是捕获信号,并将测量数据发送给服务器。在 MS－Based GPS 中,位置信息在接收机中计算,这种不同将引起更深层次的差异。如果接收机不需要计算位置信息,那么它就不需要卫星轨道信息(如历书或星历)。这些东西只需保留在服务器端,服务器可以直接计算捕获辅助数据并将计算结果发送给接收机。服务器可以直接计算出预期的多普勒频移并发送给接收机来减少频率搜寻范围。同样,如果具有精时辅助,那么服务器也可以直接计算出码延迟,然后发送给接收机。期望的多普勒频移和码延迟被称为捕获辅助数据。在 MS－Based GPS 中,接收机自己完成这种数据的计算。

7.2.3　A－GPS 频率辅助

下面将对比标准接收机完成热启动的过程来解释 A－GPS 的频率辅助。在热启动的情况下,接收机可以知道刚才的位置、时间和接收机振荡器偏移,也具有可见卫星的历书或星历。接收机利用这些信息来计算预期的可见卫星的多普勒频移,以此来减少频率搜寻范围。在 A－GPS 的情况中,接收机最近一段时间可能没有工作过,但是能够从辅助数据中得到足够信息来进行计算,就好像进行了一次热启动。这里要强调的是,不同的辅助方式在细节上是不同的。

对于一个 MS - Based 接收机,辅助数据包括:

① 时间。时间指的是日期和时刻,可以用 GPS 周和周内秒来表达,也可以用 UTC 时间来表示。根据频率辅助的目的,时间精度只要保证在几秒钟的范围内即可(关于辅助精度影响的细节将在后面讨论)。

② 参考频率。在手机中,本地晶振是根据接收到的小区基站信号来进行校准的。将这一信息当作辅助信息的一部分。小区基站的频率稳定度一般在 50 ppb(1 ppb $= 1 \times 10^{-9}$)之内,手机载波频率在 100 ppb 之内。

③ 接收机位置。移动电话中位置辅助是通过小区基站的位置数据库得到的。一般的位置精度为 3 km,会随着实际情况有很大的变动。

④ 历书和星历。为了计算预期的卫星运动,接收机可以利用历书或者星历,两者都包含在 MS - Based 的辅助数据中。应该注意到,计算卫星位置需要近似的精确时间,并且要计算卫星相对运动或者每颗卫星预期的多普勒频移都需要近似位置信息。

根据这些信息,接收机可以计算每颗卫星的预期多普勒频移,如图 7.4 所示。引起多普勒频移的因素包括卫星运动、接收机运动及接收机晶振频偏。在以上 3 种因素中,只有接收机的运动没有包含在辅助数据中,但是接收机运动对未知频率的范围影响一般很小。后续内容会给出一个实例具体讨论这种影响。

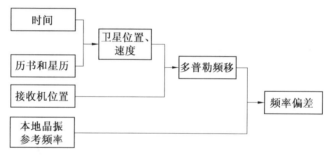

图 7.4 根据辅助数据计算卫星的预期多普勒频移

对于一个 MS - Assisted GPS 接收机,其辅助数据包括:

① 参考时间。

② 参考频率。

③ 预期卫星多普勒频移和多普勒变化率。

这种情况跟 MS - Based 情况是类似的,除了预期的多普勒频移是通过服务器利用 GPS 接收机的近似位置计算的,这个近似的位置信息一般和 MS - Based 情况中使用的位置(即来源于小区基站的数据库)是一样的。手机的本地晶振的校正方式和 MS - Based 中的一样。MS - Assisted 接收机利用这些信息计算每颗可见卫星的预期接收频率,这些值和 MS - Based 的计算结果是一样的。然后就可以在 MS - Assisted 或 MS - Based 方式下用相同的方法进行频率搜索。

不论在何种工作方式下,辅助数据的准确与否直接关系到预期频率的准确与否。下面分析辅助数据的各个部分对辅助精度的影响。

（1）时间误差分析。

在频率辅助中,时间用来计算卫星位置的速度,精度只须达到秒级。通过下面的分析可以看到,时间精度对辅助精度的影响并不大。

从 GPS 接收机观测,GPS 卫星的多普勒频率随着卫星的上升和下落而变化,卫星上升时,向着接收机运动,多普勒为正;过顶时,多普勒为零;下降时,远离接收机运动,多普勒为负。在整个过程中,多普勒值在 + 4.2 ~ − 4.2 kHz 之间变化,其变化率最大为 0.8 Hz/s。也就是说,每秒的时间误差,会造成最大 0.8 Hz 的多普勒频率估计误差。

（2）参考频率和接收机速度误差分析。

接收机的参考频率误差会引起相同大小的预期多普勒误差。以手机为例,频率辅助是根据手机的压控振荡器(VCO)来计算的,而这个压控振荡器是由手机基站锁定的。已知手机基站频率偏移范围是 ±50 ppb,手机的频率偏移范围是 ±100 ppb。因此对于预期多普勒频移要加上 ±100 ppb 的误差。

用户的速度对于多普勒的直接影响并不大,每 1 km/h 的速度会对观察的 GPS 卫星多普勒产生最大 1.46 Hz 的频偏(对于 L1 频点应为 1 ppb 以上),但只有在卫星仰角很低,且用户运动方向与卫星方向一致或相反时才能达到。在卫星仰角高的情况下,用户的水平运动是完全可以忽略的。

用户速度对于多普勒还有一个间接影响。这是因为用户相对于基站运动时,也会有多普勒效应,使得辅助参考频率有一个多普勒偏移。接收机与基站之间的相对速度每增加 1 km/h,接收频率会增加 1 ppb,辅助频率也就产生 1 ppb 的偏差。用户运动对参考频率的影响要远大于对卫星多普勒的影响,因为接收机相对于基站的径向运动很频繁,但在卫星方向上却很少运动。

（3）接收机位置误差分析。

多普勒值是卫星位置、用户位置和卫星速度的方程,辅助位置的误差会影响到多普勒值的估计。卫星多普勒等于速度向量点乘以用户和卫星连线方向的单位向量,如图 7.5 所示。

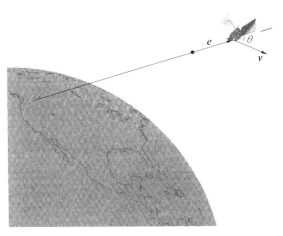

图 7.5　卫星多普勒向量积

卫星的真实多普勒值为

$$doppler_{\text{true}} = \boldsymbol{v} \cdot \boldsymbol{e}_{\text{true}} \times f_{\text{c}}/c \tag{7.1}$$

卫星的估计多普勒值为

$$doppler_{\text{estimation}} = \boldsymbol{v} \cdot \boldsymbol{e}_{\text{estimation}} \times f_{\text{c}}/c \tag{7.2}$$

卫星的多普勒误差为

$$
\begin{aligned}
doppler_{\Delta}/\text{Hz} &= \boldsymbol{v} \cdot (\boldsymbol{e}_{\text{true}} - \boldsymbol{e}_{\text{estimation}}) \times f_{\text{c}}/c = \\
&\mid \boldsymbol{v} \mid \times \mid \boldsymbol{e}_{\text{true}} - \boldsymbol{e}_{\text{estimation}} \mid \times \cos\phi \times f_{\text{c}}/c \leqslant \\
&\mid \boldsymbol{v} \mid \times \mid \boldsymbol{e}_{\text{true}} - \boldsymbol{e}_{\text{estimation}} \mid \times f_{\text{c}}/c = \\
&\mid \boldsymbol{v} \mid \times \delta x/\text{range} \times f_{\text{c}}/c = \\
&3.8 \times 10^3 \times \mid \delta x \mid /(2 \times 10^7) \times 1.575\ 42 \times 10^9/c = \\
&0.997\ 8 \times 10^3 \times \mid \delta x \mid
\end{aligned} \tag{7.3}
$$

式中　range——卫星与接收机之间的实际距离。

这里使用了一个关系,即

$$\mid \boldsymbol{e}_{\text{true}} - \boldsymbol{e}_{\text{estimation}} \mid = \delta x/\text{range} \tag{7.4}$$

利用相似三角形,该式可由图 7.6 得到,根据式(7.4)可以得到,每千米的位置误差最大能导致 1 Hz(在 L1 频点)的多普勒误差。而通常,位置误差不会超过 3 km,即位置误差导致的多普勒误差不会超过 3 Hz。

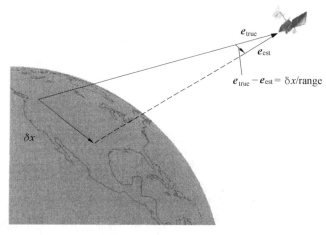

图 7.6　卫星视线方向的位置误差影响

(4)历书误差分析。

辅助数据中包含星历或/和历书,接收机据此推断出卫星的位置、速度,从而判断多普勒频移。如果这一数据不准确,则势必为多普勒频移的预测带来误差。星历提供的速度精度理论上是完美的(达到 1 mm/s 的数量级,相当于千分之一赫兹的多普勒精度)。但历书引入的误差则要大得多。

这组数据是从 500 个不同的广播星历和对应的早于星历一周的历书分析得出的。

表 7.2 给出了速度向量之间的差值的幅度 $\mid v_{\text{e}} - v_{\text{a}} \mid$,其中 v_{a} 是根据历书计算得到的卫星速度,v_{e} 是根据星历计算得出的卫星速度。

这些速度误差对于计算卫星多普勒的影响取决于误差向量($v_{\text{e}} - v_{\text{a}}$)和用户卫星视线向量之间的夹角。定义这个角度为 θ,那么计算得到卫星多普勒就是

$$f_{L1} \cdot |v_e - v_a| \cdot \cos \theta / c \tag{7.5}$$

式中　f_{L1}——GPS L1 频率(1 575.42 MHz);

　　　c—— 光速。

表 7.2　由历书和星历计算得到的速度和多普勒差值

	50% 的情况	99% 的情况	最差情况
$|v_e - v_a|$	0.49 m/s	11.77 m/s	31.21 m/s
$f_{L1} \times |v_e - v_a| /c$	2.6 Hz	61.8 Hz	163.4 Hz

表 7.2 的最后一行给出的是在 $\cos \theta = 1$ 时的最差情况。

需要指出的是,尽管最差情况是中等误差的很多倍,甚至是 99% 的很多倍,历书仍然可以用于 A – GPS 的频率辅助。这个道理可用如下的例子解释。

加入利用历书数据作为辅助数据来做一个 GPS 设计,并且决定频率覆盖范围为 60 Hz。那么,1% 的时间从历书中得到一个显著的频率误差。然而,这种误差是卫星视线的函数,因此不同的卫星有不同的误差,且相互之间独立。那么,两颗卫星同时出现显著误差的概率只有万分之一,n 颗卫星同时从历书中引入这种显著误差的概率为 10^{-2n},这个概率是很小的,可以忽略。因此可以认为,历书有很高的概率,保证可见星得到正确的频率,是可以用于计算频率辅助的。

7.2.4　A – GPS 码延迟的时间辅助

前面讨论了 A – GPS 的频率辅助,其辅助数据中包括参考时间,以便计算卫星的在轨位置,从而估计多普勒频移。这个参考时间只需要有秒级的精度。在 A – GPS 码延迟辅助中,同样需要参考时间,以便估计先验码延迟,但这个时间的精度将需要达到微秒级。事实上,GPS C/A 码的周期为 1 ms,如果时间辅助精度不能优于 1 ms,则接收机必须在整个频槽内搜索所有可能的码延迟,此时,通过其他方式得到精准时间,这种辅助方式称为粗时辅助,粗时辅助的时间精度在 2 s 以内。而当时间辅助精度优于 1 ms 时,这种辅助方式称为精时辅助。

如图 7.7 所示,码元发送时刻在不同的时间系统下是不同的。假设卫星时钟、接收机时钟与 GPS 时系的时间差分别是 ΔT_1、ΔT_2,已知卫星时钟下码元发送时刻 t_0,若要求得接收机时钟下码元接受时刻 t_1,则由图 7.7 可知

$$t_1 = t_0 - \Delta T_1 + \Delta T_2 + T \tag{7.6}$$

式中　T—— 信号由卫星传送至接收机的时间。

为了估计码延迟,需要知道卫星时钟与 GPS 时系的时间差 ΔT_1,接收机时钟与 GPS 时系的时间差 ΔT_2,码元传送时间 T。为了达到减小码空间的搜索时间,t_1 的精度必须在 1 ms 以内。参考时间 ΔT_2 的精度必须达到微秒级。而 ΔT_1 可由星历得到。为了计算 T,需要接收机和卫星之间的距离,也就需要卫星和接收机的位置,前者可以由星历计算得到,后者则需要辅助数据提供。所以对于一个用于辅助码延迟搜索的 MS – Based 接收机,其辅助数据应包含:① 精准时间;② 接收机位置;③ 历书 / 星历。

接收机利用时间、位置和历书 / 星历来计算每颗卫星的码延迟。精准时间也用来同步接收机时钟与 GPS 时间,其过程如图 7.8 所示。

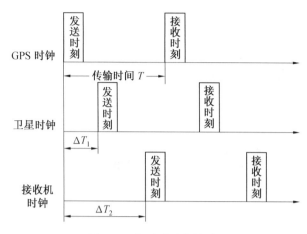

图 7.7　各时系对应关系

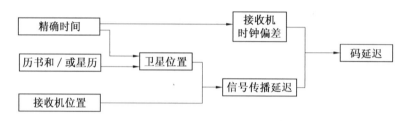

图 7.8　根据码延迟辅助信息预测卫星信号码延迟

码延迟估计的误差,直接关系着搜索空间的大小,下面讨论其精确程度的影响因素。

(1)精准时间误差分析。

一定的精准时间误差会给码延迟估计带来相同大小的误差。当精准时间差 1 μs 时,会造成 1.023 个码片的估计误差。不同的通信网络能提供不同的时间精度:

①CDMA 网络具有微秒级的精度,可以提供码延迟辅助。

②GSM、UMTS 和 WCDMA 网络具有 1 ~ 2 s 的时间精度,不能够提供码延迟辅助。

(2)接收机位置误差分析。

接收机的位置误差会导致伪距估计的误差,从而导致传输时间估计的误差,最终给码延迟估计引入误差。我们将位置误差分为水平误差和垂直误差来分析,因为它们对误差范围具有两种不同的影响效果,且垂直误差要比水平误差小得多。

水平误差 h_{error} 会引起距离误差,为 $|r_{error}| \leqslant \cos(el) \cdot h_{error}$。可以从图 7.9 中看出,虚线两端点与卫星构成的三角形是等腰三角形,则伪距估计的实际误差是 r_{error},它小于线段 ab 的长度。接收机位置、接收机位置预估和卫星位置可以确定一个平面,当该平面垂直于地面时,根据立体几何的知识,el 最小,$\cos(el)$ 最大,即水平误差造成的伪距估计误差最大。

竖直误差 v_{error} 也会导致伪距估计误差,可用类似的方法得到 $|r_{error}| \leqslant \sin(el) \cdot v_{error}$,如图 7.10 所示。

将水平误差、垂直误差两项合并,得

$$|r_{error}| \leqslant \cos(el) \cdot h_{error} + \sin(el) \cdot v_{error}$$

水平误差和垂直误差虽然都会导致伪距估计误差,但二者可能会相互抵消一部分,只有很少时会达到上界。最糟糕的情况发生在水平误差与卫星方向同向(指向卫星)而垂直误差向上的情况下。反之也成立,水平误差与卫星方位反向而垂直误差向下时发生最差的情况,如图 7.11 所示。

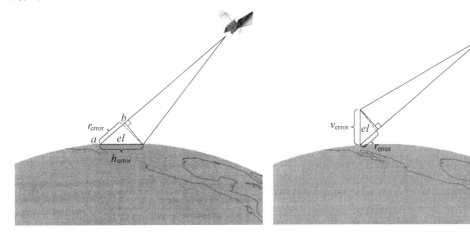

图 7.9　　水平误差对伪距估计误差的影响　　　　图 7.10　　垂直估计误差对伪距估计误差的影响

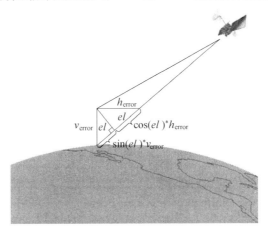

图 7.11　　位置估计误差对伪距估计误差的最大影响

一般而言, h_{error} 值将达到几千米,而 v_{error} 值则不到 1 km。这些误差相对于卫星离地高度(约 20 000 km)是很小的。考虑在最恶劣的情况下:

$$| \, r_{error} \, | \approx \cos(el) \cdot h_{error} + \sin(el) \cdot h_{error} \tag{7.7}$$

取 $h_{error} = 3$ km、$v_{error} = 1$ km,则

$$| \, r_{error} \, | \, / \mathrm{km} \approx \cos(el) \cdot h_{error} + \sin(el) \cdot h_{error} = 3\cos(el) + \sin(el) =$$
$$\sqrt{10} \sin(el + \theta) \leqslant 3.17 \, (\tan \theta = 3) \tag{7.8}$$

r_{error} 造成的码延迟估计误差为

$$| \, t_{error} \, | = | \, r_{error} \, | \, / c \leqslant 10.54 \, \mu s \tag{7.9}$$

大约会造成 10 个码片的误差。也就是说,即便是在这种最恶劣的情况下,时间辅助仍然可以使搜索空间缩小为原来的 1/10。

(3) 历书误差分析。

在频率辅助中曾讨论过,历书可以替代星历。在码延迟辅助中,也可以得到同样的结论。

根据历书可以得到卫星的预期在轨位置、卫星的时钟偏差,从而得到预期伪距,并进一步计算码延迟。因此,历书对码延迟精度的影响包括两方面:轨道的精度以及卫星时钟的精度。

表7.3给出了根据历书和星历计算出的卫星位置和时钟的差值分布。表中所有单位都是 ms,位置误差1 ms指的是光传播1 ms所走的距离,也就是近300 km。

表7.3　由历书和星历计算得到的码延迟估计误差

	50% 的情况 /ms	99% 的情况 /ms	最差情况 /ms
$|x_e - x_a|$	0.011 9	0.278 9	0.854 8
$|\delta_{te} - \delta_{ta}|$	0.000 4	0.286 2	0.375 2
$|x_e - x_a| + |\delta_{te} - \delta_{ta}|$	0.013 0	0.385 2	0.855 6

r_2 是预估的伪距,则 $|r_2 - r_1| \leqslant |x_e - x_a|$。这是轨道精度引起的伪距估计误差。另一方面,设 δ_{ta} 是通过卫星星历计算得到的卫星时钟偏差,而 δ_{te} 是通过卫星历书计算得到的卫星时钟偏差。则总的伪距估计误差上界为 $|x_e - x_a| + |\delta_{te} - \delta_{ta}|$。这个上界是可达到的,但需满足两个条件:

① 卫星位置、接收机位置和卫星预估位置三点共线。

② 距离误差与时钟误差符号相同。

在图7.12中,x_a 是卫星真实位置,x_e 是由星历计算得到的卫星位置,r_1 是卫星真实的。表7.3的数据来自500个不同广播星历的分析结果,历书数据比对应的星历数据早一周。需要注意的是,表中最后一行数据不等于前两行数据的和,例如,达到距离误差上界的卫星和达到时钟误差上界的卫星不是同一颗。

由表7.3可见,星历误差造成的码延迟估计误差是很大的。当误差达到0.385 2 ms时,

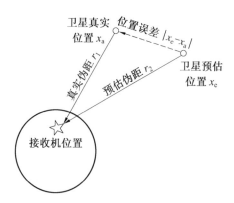

图 7.12　卫星位置估计误差对伪距估计误差的影响

搜索空间为0.753 4 ms,这样的码延迟辅助意义已经不大了,而最坏情况下是没有任何意义的。但50% 的情况下可以达到0.013 ms,搜索空间为0.026 ms,相当于26个码片,是原搜索空间的1/4。事实上,一颗卫星出现最坏情况的概率是很小的,而几颗卫星同时发生这种误差的概率便可以忽略不计了。因此,能得到的大部分可见星的正确辅助数据。

7.2.5　A – GPS 高灵敏度辅助

通过频率辅助和码延迟辅助,可以将首次定位时间降到1 s以内。但GPS还存在另外一个致命弱点,即信号太弱,很轻微的干扰都可以让接收机无法工作。为了解决这个问题,通常的做法是延长对每个码元的积累时间,从而提高灵敏度。这样做的代价就是定位时间延长,但减小了频率/码延迟搜索空间,总的首次定位时间还是减小了。

为了理解相关运算,我们有必要重温一下GPS的结构。接收机捕获示意图如图7.13所示。

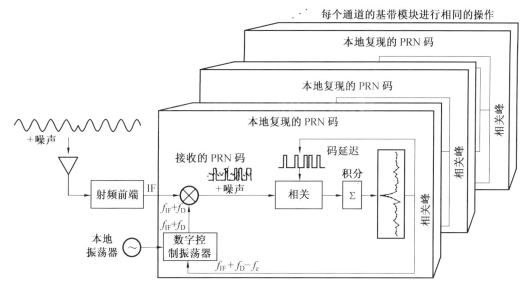

图 7.13　接收机捕获示意图

如图 7.13 所示,当某一通道检测到相关峰时,则认为搜索到了对应的 PRN 码。以后加入跟踪阶段,定时检测该相关峰,如果检测到表示一切正常,未检测到则需要重新开始搜索过程。如果信号强度太弱,即使频率和码相位完全对准,相关峰仍然很小,以至于无法判断是否搜索到信号,也就无法正常定位。

无噪声相关运算的实现过程如图 7.14 所示。假设相干累积的长度为 M 个点,本地复现的 PRN 码为 $\{x_1, x_2, x_3, \cdots, x_M\}$,实际接收到的码序列为 $\{y_1, y_2, y_3, \cdots, y_M\}$,$x_i, y_i \in \{-1, 1\}$,则相关值为

$$p = \sum_{i=1}^{M} x_i y_i \qquad (7.10)$$

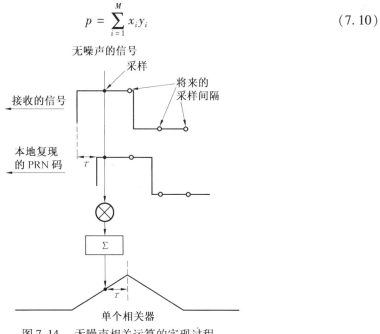

图 7.14　无噪声相关运算的实现过程

由于接收信号与本地复现信号的 PRN 码相位偏移时间 τ，故其相关峰值与无偏移时的最大相关峰值之间存在一个时延 τ，这使得相关峰值没有达到理论最大。

为了提高相关峰值，可以增大 M，则相当于把信号功率放大了 M^2 倍，同时把噪声功率放大了 M 倍（M 个方差为 x 且不相关的随机变量，其和的方差为 Mx）。要特别注意，这里有一个前提，噪声是不相关的。此时，经过相干累积后的信噪比为

$$SNR = \frac{P_{\mathrm{S}}}{P_{\mathrm{N}}} = \left(\frac{S}{\sigma}\right)^2 \tag{7.11}$$

式中　　S——相关峰的幅值；

　　　　σ——噪声的标准差。

在理想化的相干积累中（无线带宽和非相关噪声），信号功率放大比例为 M^2，噪声功率放大比例为 M，则信噪比放大了 M 倍，即理想的相干增益为 $10\lg M$。

【例7.1】　对每个码片采样两次，则一个 C/A 码周期内得到 2 046 个采样点。理想的相关累积增益为 2 046，即

$$10\lg(2\ 046) = 33.1\ \mathrm{dB} \tag{7.12}$$

例7.1 中，相干时间为 1 ms，如果将相干时间增大为 4 ms，则相关峰幅度增加 4 倍，信号功率增大 16 倍，噪声方差增大 4 倍，从而使得信噪比增大 4 倍。图 7.15 说明了这一过程。

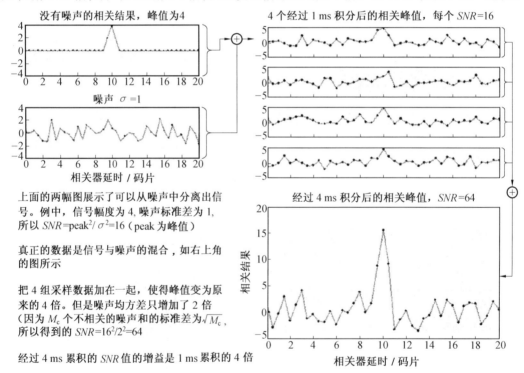

图 7.15　增加相关时间对相关峰的影响

从图 7.15 可以看出，相干时间为 1 ms 时，信号几乎淹没在噪声里，相关峰不是很明确，但相干时间增大为 4 ms 时，相干峰幅值几乎等于原来的 4 倍，而噪声最高幅值只增加了 2 倍而已，从而使相关峰更尖锐。这就使得信号的捕获和跟踪更加容易。

那么，当 M 增大时，相干增益是否可以无限增大呢？在实际的系统里这是不可能的。原因有以下几点：

①GPS 信息速率为 50 bit/s,即每 20 ms 信号就可能翻转一次,所以相干时间不能超过 20 ms。

② 频率失配,会造成相关峰按 sinc 函数衰减。

③ 实际应用中,码对齐的过程有一定的随机性,会造成损耗。

④ 信号经过 A/D 转化器时,量化过程有一定的损耗。

以上的损耗会随着相干时间的增加而增加,当相干时间超过某一值时,损耗会大于增益,反而会降低信噪比。

7.2.6　A - GPS 典型搜索案例

前面已经给出了一个无辅助冷启动的例子。现在通过同一个例子,我们将说明辅助冷启动的过程。先讨论粗时间频率辅助,即时间精度差于 1 ms,此时主要是频率辅助。然后讨论精时间辅助,即时间精度优于 1 ms,这种情况下码延迟搜索空间变小,频率搜索空间也变小,这里主要说明码延迟搜索的过程。最后讨论,在粗时间辅助下捕获第一颗卫星后,如何缩小其他卫星的码延迟搜索空间。

在这里,重述例 7.1。

【例 7.2】　① 3 ppmTCXO,实际偏移 3 kHz。

② 最大速度为 160 km/h,实际值为 0。

③ 8 颗可见卫星,频率偏移分别为 [- 4, - 2, - 1,0,1,2,3,4] kHz。

④ 接收机可以同时搜索 10 个 PRN。

1. 粗时频率搜索

在例 7.1 中,假定粗时辅助的时间精度为 ±2 s。在前面无辅助的情况下,确定了 1 ms 的相干时间和 500 Hz 的频槽间隔。在这种参数设定下,最坏情况的失调损失为 1 dB。在无辅助的例子中,总的频率搜索空间为 ±10 kHz,所以频槽间隔在 500 Hz 是合理的。在辅助的例子中,总的频率搜索空间要小得多,所以可以有更小的频槽。较小的频槽有益于增加相干时间,从而提高灵敏度。

总的辅助频率搜索空间是由参考时间、参考频率、参考接收机位置以及接收机速度的不确定性决定的。现在利用频率辅助误差分析的结果来估计粗时频率辅助的各个误差分量以及总误差。

（1）接收机位置。

因为精度为 3 km 半径的水平误差和 ±100 m 的垂直误差,所以参考位置引入的伪距估计误差最大为 $(3^2 + 0.1^2)^{1/2}$。从而导致预期的多普勒误差达到 3.002 km × 1 Hz/km = 3.002 Hz。这里要注意,垂直误差造成的影响很小(0.002 Hz)。

（2）参考频率。

±100 ppb 范围内,实际偏移量为 60 ppb(对于 L1 偏移量相当于 100 Hz),对多普勒估计的误差达到 157.5 Hz。

（3）接收机速度。

接收机速度从两方面影响接收到的卫星频率。

① 接收机相对于卫星在径向上运动,使多普勒频移发生变化,高达 160 km/h × 1.46 Hz/(km·h^{-1}) = 234 Hz。

② 接收机相对于基站运动,引起了相同大小的参考频率误差。因此,接收机速度的总体影响为 468 Hz。

（4）参考时间。

粗时辅助中精度为 ±2 s,精时辅助中精度为 ±10 μs。

综合以上分析,最大多普勒估计误差为 1.6 + 157.5 + 468 + 3 = 630.1 Hz,各分量所占比例在表 7.4 中。也就是说,搜索空间为 −630 ~ +630 Hz。与例 7.2 中 ±9 kHz 的搜索空间相比为原来的 1/14。如果采用 1 ms 的相干时间,500 Hz 的频槽,这样我们需要 3 个频槽来搜索每颗卫星。

表 7.4   −630 ~ +630 Hz 搜索空间的各分量

辅助参数	在搜索空间的分量 /Hz	占搜索空间的百分比 /%
辅助时间 ±2 s	±1.6	0.35
辅助位置 3 km	±3	0.65
参考频率 ±100 ppb	±157.5	25
最高速度 160 km/h	±468	74

一般而言,先搜索中心频率,因为这是每颗卫星的期望频率,在这里找到卫星的概率最大。由表 7.4 可知,接收机运动速度带来的不确定性最大,如果运动速度缓慢或根本没有运动,将会在第一个频槽中发现可见卫星的信号。如果运动较快,则可能在第二或第三个频槽发现卫星。因此,在接收机慢速时几乎立刻找到卫星,而高速时要稍慢一点。

图 7.16 说明了一个通道的搜索过程。图 7.16(a) 表示没有频率辅助的情况下,在第 4 个频槽找到卫星。图 7.16(b) 表示有频率辅助的情况下的搜索过程。Bin1、Bin2 和 Bin3 表示该卫星所有可能的频率。如果没有高速运动,在第一个频槽即找到卫星。如果在一个方向上运动,会在 Bin2 或 Bin3 发现卫星。

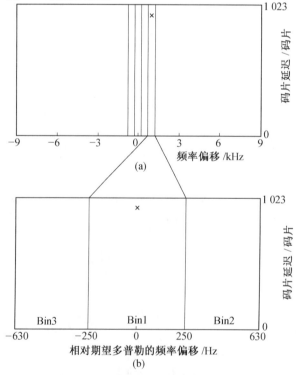

图 7.16   粗时辅助下的频率搜索过程

这里假设接收机的每个通道每次搜索两个码延迟。如果每个码延迟耗时 1 ms,那么对每个通道需要大约 1 s 来搜索一个频槽。还假设可以同时搜索 10 个 PRN,并有 8 颗可见卫星。因此,如果没有高速运动,就可以在 1 s 内找到所有的卫星。如果有高速运动,就可以在 3 s 内找到它们。

2. 精时码延迟搜索

前面的例 7.2 中,我们搜索了所有的码延迟,所用时间为 1 ~ 3 s,如果想进一步缩小码延迟搜索空间,就需要设法提高参考时间的精度。现假设有 ±10 μs 的精度的精时辅助。

根据前面的码延迟误差分析,我们可以给出可能的码延迟范围。各辅助分量对总误差的影响见表 7.5。

表 7.5　缩小码延迟后,±630 Hz 的频率搜索空间的各分量

辅助参数	在码延迟搜索空间的分量
辅助时间 ±10 μs	$\pm 10\ \mu s = \pm 10.23$ chip $< \pm 11$ chip(码片)
辅助位置水平误差 3 km	$\pm \cos(el) \times 3$ km $< \pm \cos(el) \times 11$ chip
辅助位置垂直误差 100 m	$\pm \sin(el) \times 100$ m $= \pm \sin(el) \times 0.33$ chip

综上,最多需要搜索的码片数为

$$\pm(11 + \sqrt{11^2 + 0.33^2}) \approx \pm 22 \tag{7.13}$$

还是假设接收机每个通道可以同时搜索两个码延迟,耗时 1 ms,则每个频槽的码延迟搜索最多耗时 22 ms,这相对于定位所需要的 CPU 时间是可以忽略不计的。

3. 粗时码延迟搜索

从前面可知,在粗时辅助下大约需要 1 s 搜索所有可能的码延迟,但对于精时辅助,最多不超过 22 ms。但如此精准的时间并不是总能获得,于是就有必要讨论一下,如何在粗时辅助的条件下减小码延迟的搜索空间。假设有如下的辅助数据:

① 粗时,±2 s。

② 接收机位置,3 km 的水平误差,±100 m 的垂直误差。

由前面分析可知,在粗时辅助下,第一颗卫星的搜索需要 1 ~ 3 s,一旦找到它,就会知道它的码延迟,从而计算得到接收机模 1 ms 的时钟偏差,这就相当于有精时辅助了。需要注意的是,接收机的实际接收机时钟偏差为

接收机时钟偏差 = 时钟偏差模 1 ms + 若干整毫秒数

只知道时钟偏差模 1 ms,却不知道整毫秒数。整个粗时码延迟搜索过程包括以下 4 步:

① 对于第一颗卫星,计算期望伪距,期望码延迟 = 期望伪距模 1 ms。

② 捕获第一颗卫星后,得到测量码延迟。

③ 接收机时钟偏差模 1 ms = 测量码延迟 − 期望码延迟。这个时钟偏差是不精确的,因其参考位置是有误差的,故给期望码伪距引入了误差,从而导致期望码延迟不准确。前面已经分析过,参考位置带来的码延迟估计误差为 ±11 码片。另一方面,参考时间的误差导致了卫星位置的估计误差,从而影响了期望伪距的精度,后面将会分析得到,这会引入 ±11 码片的误差。于是,时钟偏差的误差也就是 ±17 码片。

④ 估计其他卫星的码延迟。

码延迟 = 期望伪距模 1 ms + 接收机时钟偏差模 1 ms

这样,其他卫星的码延迟搜索空间会减小很多,但减小量没有精时间辅助那么多。这是因为计算期望伪距时需要计算卫星位置,但时间精度只有 ±2 s。于是,卫星的位置偏差 = ±2 s × 卫星的相对速度,这就导致期望码延迟的误差增大。在最坏的情况下,卫星的相对速度为 ±800 m/s,小于 ±3 chip/s,再乘以 ±2 s 的时间偏差,则最大误差为 ±6 chip。同时,接收机参考位置的误差也会为后续卫星的码延迟估计引入 ±11 码片的误差。因此,在捕获了第一颗卫星后,可以减小后续卫星的搜索空间,即 ±(11 + 6 + 11 + 6) = ±34 chip。各个分量见表 7.6。

表 7.6　粗时间辅助中首颗卫星捕获后码延迟估计误差的影响因素

辅助参数	在码延迟搜索空间的分量
接收机时钟偏差模 1 ms	$\pm 10\ \mu s = \pm 10.23\ chip < \pm 11\ chip$
辅助位置水平误差 3 km	$\pm \cos(el)\ 3\ km < \pm \cos(el) \times 11\ chip$
辅助位置垂直误差 100 m	$\pm \sin(el)\ 100\ m = \pm \sin(el) \times 0.33\ chip$
利用粗时 ±2 s,计算的码延迟误差	$\pm 2\ s \times 3\ chip/s < \pm 6\ chip$

7.3　GPS 增强系统

GPS 作为目前最重要的室外导航手段,在民用、商业、军事领域都有极其广泛的应用。其准确性和可靠性关系着用户的生命安全、经济利益甚至国家安全,但它又存在固有的脆弱性。前面已经介绍了辅助 GPS,来提高其定位速度和接收机灵敏度。但系统本身的完好性、可用性、连续性及定位精度都没有良好的保障。具体说来,它存在以下问题:

①GPS 系统是单向的,系统向用户提供定位信息,但用户对于定位精度、服务质量没有反馈。如果系统的定位精度严重下降或出现异常时,无法及时发现。

② 当 GPS 系统出现问题时,比如定位信息不可用,没有快速的警告手段告知用户,可能导致用户使用错误的导航信息,造成损失。

③GPS 的 L2 频段不对民间开放。普通用户无法使用双频定位,也就无法自主消除电离层延迟误差,这样的定位精度无法满足飞行导航的需要。

为了进一步提高 GNSS 系统的定位精度和系统的可靠性,星基增强系统(SBAS)和地基增强系统(GBAS)应运而生。这些增强系统主要是为了提高精度和可靠性。我们将从这两方面分别分析以上两种系统。

需要说明的是,星基增强系统又称广域增强系统,因为其覆盖范围大;地基增强系统又称局域增强系统,因为其覆盖范围小。

7.3.1　SBAS 的组成和功能

航空导航用户对导航系统有很高的性能需求,而 GPS 导航系统在精度、完善性、可用性和连续性等方面均不能满足需求。星基增强系统的基本思想就是通过一定数量的地面站和同步卫星(GEO)增强 GPS 系统。具体来说,它提供 3 种服务,一是通过已知位置的地面参考站对 GPS 连续观测,经过处理以形成差分矢量改正,并由同步卫星广播给用户,以增强 GPS 的定位精度;二是通过参考站对 GPS 卫星及其差分改正的数据质量进行监测,以增强 GPS 的完善性;三是由同步卫星附加 L1 测距信号,以增强 GPS 的可用性和连续性。星基增强系统的建成将改善 GPS 的导航性能,为所覆盖区域导航用户提供全天候、高性能的导航定位服务。

1.基本组成

星基增强系统主要由空间部分、地面部分、用户部分以及数据链路组成。系统组成如图 7.17 所示。

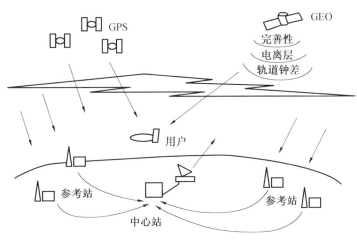

图 7.17　SBAS 组成示意图

(1)空间部分。

空间部分包括 GPS 卫星和地球同步卫星。同步卫星用于转发广域差分改正信息和完善性监测信息,它也类似于 GPS 卫星,作为测距源发射 L1 测距信号。

(2)地面部分。

地面部分包括参考站和中心站。参考站布设的基本依据是系统所要完成的任务和达到的性能,即能有效确定各差分改正数和完成对 GPS 卫星完善性的监测及对差分改正数的误差确定。参考站的主要任务是采集 GPS 卫星及气象设备的观测数据,并对所采集的数据经过预处理后传送到中心站。中心站由数据收发子系统、数据处理子系统、监控子系统和配套设备组成,担负着全系统的信息收集、处理、加密、广播和工况检测任务。

(3)用户部分。

用户部分即用户接收机,是本系统的终端,是系统的重要组成部分。它的主要任务是接收系统广播的差分信息,实现差分定位与导航功能;接收系统广播的完善性信息,让用户了解 GPS 及本系统的完善性。

(4)数据链路。

数据链路包括两个部分,即参考站与中心站之间的数据传输和广域差分改正(即完善性信息的广播)。参考站与中心站之间的数据传输方式可以选择公用电话网、公用数据传输网或专用通信方式。专用通信方式比较普遍采用的是建立卫星通信专用网络。广域差分改正及完善性信息的广播采用卫星通信方式,广播信息需按一定格式编码。

2. 基本功能

SBAS 的基本原理:分布在覆盖区域内的参考站监测全部可见 GPS 卫星,将监测数据通过地球同步卫星数据链路发送至中心站;中心站用所采集的数据计算 GPS 差分改正数,其中,差分改正数包括卫星钟差、卫星星历及电离层延迟改正数。完善性信息包括"不可用""未被检测"、GPS 伪距误差以及差分改正数的误差,差分改正数和完善性信息通过地球同步卫星链路广播给用户;用户根据接收到的完善性信息得到 GPS 卫星及差分系统的完善情况,根据接收的差分改正数和 GPS 观测数据得到精确的用户位置及导航参数。所以,该系统的功能可以概括为以下两方面。

(1) 广域差分定位功能。

GPS 广域差分技术是利用参考站的监测数据,确定 GPS 导航信号的误差,并通过数据链路将其传递给用户,用户用以改正它们的观测量,以便得到更精确的定位位置。广域差分基于参考站的监测数据,误差改正采取卫星轨道改正和电离层改正的向量形式。

用户根据收到的差分改正可得到消除卫星时钟误差、电离层误差的伪距 ρ_i^j,即

$$\rho_i^j = R_i^j - (B^j - B^{(j,B)}) - I_i^j \tag{7.14}$$

式中　R_i^j——接收机 i 到卫星 j 的伪距观测值;

　　　　B^j——卫星时钟相对 GPS 时系的偏差;

　　　　$B^{(j,B)}$——GPS 导航电文给出的卫星时钟偏差;

　　　　I_i^j——电离层延迟误差。

B^j、I_i^j 由广域差分改正数计算得到。伪距 ρ_i^j 模型化为

$$\rho_i^j = \sqrt{(X_i - X^j)^2 + (Y_i - Y^j)^2 + (Z_i - Z^j)^2} + b_i + \Delta\rho_{\text{trop}} + \varepsilon_i^j \tag{7.15}$$

式中　X_i、Y_i、Z_i——用户点的坐标;

　　　　b_i——用户接收机钟差,为未知数;

　　　　$\Delta\rho_{\text{trop}}$——对流层误差,可用模型计算;

　　　　ε_i^j——多路径及接收机噪声误差。

$(\Delta X^j, \Delta Y^j, \Delta Z^j)$ 是卫星的坐标改正,由广播的星历改正数计算得到,(X^j, Y^j, Z^j) 是卫星经过改正后的坐标,由导航电文计算的卫星坐标加改正得到,即

$$\begin{bmatrix} X \\ Y \\ Z \end{bmatrix}^j = \begin{bmatrix} X \\ Y \\ Z \end{bmatrix}_n^j + \begin{bmatrix} \Delta X \\ \Delta Y \\ \Delta Z \end{bmatrix} \tag{7.16}$$

用户测得 4 颗或更多卫星的伪距,依据上面的模型,利用最小二乘法便可解出 4 个未知数 X_i、Y_i、Z_i、b_i,即用户广域差分的定位结果。

广域差分定位处理具体包括参考站数据采集与处理、中心站广域差分改正数形成及用户接收机差分定位计算。参考站用双频接收机得到 L1 和 L2 的码伪距和载波相位,同时采集气压、温度及湿度气象参数,对这些数据的处理基本包括消除对流层误差、监测和消除相位周跳、相位平滑伪距、计算产生电离层延迟,最后将消除电离层和对流层后的平滑码伪距及电离层延迟发往中心站。中心站对来自各参考站的数据集中处理,以形成电离层改正和卫星星历及卫星时钟改正。电离层延迟改正一般采用网格模型进行处理,即电离层影响集

中在一假想的薄壳,在这个薄壳上按一定的间距形成格网,然后利用参考站视线的电离层延迟计算每个网格点的垂直电离层延迟。轨道误差属于慢变化,卫星钟差有快慢变化两个分量,慢分量由频率自然漂移引起,快分量由 SA 抖动引起,虽然 GPS 系统的加扰政策已经于2000 年取消,但现代化后的 Block Ⅲ 卫星仍将恢复对局部地区的 SA 功能。利用各参考站得到的 L1 平滑伪距,可以确定精密卫星轨道,与用 GPS 广播星历计算的卫星位置比较,则得到广播星历卫星改正数,GPS 卫星钟差也能相应确定。用户接收机处理主要是对接收的伪距观测量和广播星历进行差分改正计算,然后按一般的导航定位处理即可得到用户的差分定位结果。在差分改正时,用户视线电离层延迟应通过格网点的垂直延迟插值计算。

初步论证结果表明,星历改正和电离层改正为每 2 ~ 5 min 更新一次,卫星钟差改正为每 5 s 更新一次,卫星星历和卫星钟差改正的用户距离误差可控制在 1 m 之内,观测卫星截止高度角取 15° 时,中国地区在布设 24 个参考站的条件下,电离层改正的残差能小于0.5 m。用户定位的误差源还有接收机误差、多径误差和对流层误差。目前,GPS 接收机可以做到接收机噪声及多径误差小于 0.5 m,改正后的对流层残差小于 1 m。假定 PDOP 值为3,布设 24 个参考站,广域差分定位精度能优于 5 m。

(2) 完善性监测功能。

完善性是指当 GPS 信号和本系统不可用于导航时,系统及时向用户提供告警的能力。星基增强系统在中心站除计算出差分改正数外,还应向用户提供完善性信息。即通过对GPS 信号的监测,对 GPS 卫星和电离层网格点的完善性进行分析,发出“不要用”的告警信息。当系统不能确定 GPS 卫星或电离层网点的完善性时,向用户发送“未被监测”信息。

监测的基本方法:在每个参考站设置有独立天线的两台接收机,接收机天线位置已知,两台接收机采集的数据分别送入中心站的两台处理机中,形成两条独立的数据流,最后把两条数据流的观测值和计算出的差分改正数送到中心站的数据验证处理器进行误差分离和改正数据误差确定。对平行处理的两条数据流一般用交叉验证结构,这一结构能有效监测不同类型误差,且可以显著减少不相同的硬件和软件的数量。

完善性监测应对与卫星有关的误差和电离层网格点误差分别处理,与卫星有关的误差以用户差分伪距误差(UDRE)表示,电离层网格点垂直延迟误差以 GIVE 表示。正常状态下,这些误差直接广播给用户。当差分改正数(卫星快变改正、卫星长期改正或电离层垂直延迟改正)超过电文结构的范围,或误差界限(UDRE 或 GIVE)超出电文结构的范围,则视为存在告警条件,系统向用户送出告警电文。告警信息应在规定的告警时间内发出(如6 s),误差信息更新率按不同类型误差分别设置。

7.3.2　SBAS 差分定位方法

SBAS 从 3 方面提供了误差修正,即精确定轨、卫星位置和钟差的改正、电离层延迟改正。本书将从这 3 方面论述 SBAS 差分定位的基本原理。

1. 卫星轨道的精密确定

星历误差为起算数据误差,是卫星误差的主要来源之一,影响了绝对和相对定位的精度。GPS 卫星的广播星历精度较低,曾经由于 SA 政策的影响,人为地降低了广播星历的精度,对于一些精度要求较高的用户来说,不能满足他们的需要。而 SBAS 参考站观测卫星伪距,利用卫星运动动力学模型精确地确定卫星轨道,以提高差分定位的精度。

GPS 卫星定轨的基本思想:根据给定的卫星轨道初值和力模型参数的近似值,用数值积分的方法求出卫星运动方程和相应变分方程的数值解 —— 卫星位置和速度向量及其对卫星轨道初值和力模型参数的偏导数。然后建立相应的线性观测方程估计出精确的卫星轨道初值和力模型参数。最后,用估计出的卫星轨道初值和力模型参数对卫星运动方程积分得出精确的卫星轨道。

卫星轨道确定的精度主要取决于观测方程的精确度和力模型的精确度,也取决于决定误差积累和传递关系的卫星星座与跟踪站间构成的几何图形强度等。在这些影响精度的因素中,某些可以用观测值的线性组合或适当的布网和观测方案消除或降低其影响,某些则必须用准确的数学模型处理。

SBAS 用于实时定位服务,因此需要实时精密星历。实时精密星历只能根据卫星定轨的结果外推出来。最简单的方法是用卫星定轨得出的精确的卫星轨道初值和力模型向外积分卫星运动方程得出。显然,外推时间越长,轨道精度越低。因此,除了基本的定轨问题外,还要研究卫星轨道的快速预报。

GPS 卫星在轨运动时所受的作用力主要包括地球质心引力 F_0、地球的非质心引力 F_E、太阳和月亮引力 F_N、太阳辐射压力 F_A、卫星 Y 轴偏差 F_y、地球潮汐附加力 F_T 等。

卫星绕地球运动所涉及的数学模型是一个相当复杂的非线性系统。由于卫星运动微分方程模型(主要是一些物理参数)以及相应的初始条件(初值)不准确,则积分得出的卫星状态与卫星的真实位置、速度或轨道不相符。因此,需要进行轨道改进。由于 SBAS 的地面参考站是区域性的参考站,为了保证解的精度,必须用 3 d 或更长时间的观测值定轨,这里采用 3 d 的观测数据和当天到计算时刻的观测数据每小时改进一次轨道。用 1 h 的观测值进行一次轨道更新,从而每小时必须建立和求解前 3 d 和当天到计算时刻已获得的观测数据组成的方程,并要重新进行轨道积分外推,这就大大地增加了计算量。

2. 卫星位置及钟差改正处理

在中心站上如何实时确定卫星星历误差和卫星钟差是卫星导航增强系统的核心问题之一。根据卫星轨道误差变化缓慢且具有系统性的事实,可以先用已消去电离层影响的双差观测值,确定并外推卫星轨道。然后把卫星轨道作为已知值,用伪距确定卫星钟差。这样就可以将外推星历的剩余误差合并到卫星钟差中,保证差分改正信息的一致性。这一节将在实时精密确定卫星轨道的基础上,着重讨论 GPS 广播星历改正和卫星钟差改正的计算问题。

来自各参考站的非差平滑伪距观测值中,已加入了电离层延迟、对流层延迟改正,可以认为只含有卫星位置误差、卫星钟差和接收机钟差 3 种未知参数,模型为

$$\rho_i^j = [\boldsymbol{r}^j + \mathrm{d}\boldsymbol{r}^j - \boldsymbol{r}_i] \cdot \boldsymbol{e}_i^j + \mathrm{d}b_i + \mathrm{d}B^j + v_i^j \tag{7.17}$$

式中　　$i = 1, \cdots, M$——参考站编号;

M——参考站总数;

$j = 1, \cdots, K$——第 j 参考站可见卫星的编号;

K_i——第 i 参考站可见卫星总数;

ρ_i^j——第 i 参考站对第 j 卫星的已经消除电离层延迟和对流层延迟影响的平滑伪距;

$\boldsymbol{r}^j$——第 j 卫星的广播星历位置向量;

$\boldsymbol{r}_i$——第 i 参考站的位置向量；

$\mathrm{d}\boldsymbol{r}^j$——第 j 卫星的广播星历位置误差向量；

$\boldsymbol{e}_i^j$——第 i 参考站到第 j 卫星的单位方向向量；

$\mathrm{d}b_i$——第 i 参考站接收机钟差；

$\mathrm{d}B^j$——第 j 卫星的钟差；

v_i^j——相应伪距观测量的测量噪声。

式(7.17)的集合形式写为

$$\left\{\left\{\mathrm{d}\rho_i^j = \rho_i^j - \left[\boldsymbol{r}^j - \boldsymbol{r}_i\right] \cdot \boldsymbol{e}_i^j = \mathrm{d}\boldsymbol{r}^j \cdot \boldsymbol{e}_i^j + \mathrm{d}b_i - \mathrm{d}B_j + v_i^j\right\}_{j=1}^{k_i}\right\}_{i=1}^M \tag{7.18}$$

一般的计算方法可以基于几何原理或逆 GPS 原理，就是将卫星位置误差、卫星钟差和接收机钟差都设为未知参数，利用式(7.18)列方程，并按最小二乘法一并求解。该算法简单快速，但对观测数据的质量非常敏感，引起误差估值的不精确性，而且卫星位置误差和卫星钟差的完全分离是很困难的。对此方法的改进可以利用动态轨道模型法，即用最小范数解来处理不确定情况，用卫星运动动态模型提供平滑估计，该方法虽然比逆 GPS 原理有所提高，但当卫星升落时，性能仍然较差。

根据卫星轨道误差变化缓慢且具有系统性的事实，可以先用双差组合方法，消去接收机钟差和卫星钟差参数，确定并外推卫星轨道。首先以中心站参考站 M 为基准作单差组合消去卫星钟差 $\mathrm{d}B^j$，得单差观测量为

$$\left\{\left\{\Delta\mathrm{d}\rho_{i,M}^j = \mathrm{d}\boldsymbol{r}^j \cdot \left(\boldsymbol{e}_i^j - \boldsymbol{e}_M^j\right) + \Delta\mathrm{d}b_{i,M} + v_{i,M}^i\right\}_{j=1}^{k_i}\right\}_{i=1}^{M-1} \tag{7.19}$$

式中　Δ——单差算子；

　　　　$\Delta\mathrm{d}b_{i,M}$——第 i 参考站接收机时钟相对于中心站 M 接收机时钟的钟差。

再以卫星 K_i 作为参考卫星，消去接收机钟差 $\Delta\mathrm{d}b_{i,M}$，形成相应双差观测量为

$$\left\{\left\{\nabla\Delta\mathrm{d}\rho_{i,M}^j = \mathrm{d}\boldsymbol{r}^j \cdot \left(\boldsymbol{e}_i^j - \boldsymbol{e}_M^j - \boldsymbol{e}_i^{K_i}\right) + v_{i,M}^{j,K_i}\right\}_{j=1}^{K_i-1}\right\}_{i=1}^{M-1} \tag{7.20}$$

式中　$\nabla\Delta$——双差算子。

利用式(7.18)进行实时轨道改进，再基于实时定轨结果外推精密星历，并进行 GPS 广播星历改正。然后把卫星轨道作为已知值，用消去了卫星钟差参数的单差伪距式(7.19)确定接收机钟差 $\Delta\mathrm{d}b_{i,M}$。最后用经过卫星星历和接收机钟差改正后的非差伪距观测值，来确定卫星钟差 $\mathrm{d}B^j$。这样，可将外推星历的剩余误差合并到卫星钟差中，保证差分改正信息的一致性。

上述方法应用动力学模型和双差观测量确定卫星位置误差，既精确地模型化了轨道，又消除了轨道误差和时钟误差的影响，从而可以得到比较精确的星历误差。在得到精密轨道以后，可以从无大气影响的观测伪距中分离出时钟误差。

(1)卫星位置改正数的产生。

卫星位置改正数的计算过程包括：对观测值进行双差组合，形成双差观测方程式(7.18)，并由卫星轨道确定处理模块完成精密轨道计算；利用实时外推精密星历，并结合已经确定的卫星轨道，内插改正数指定参考时刻的卫星位置和速度；根据 GPS 广播星历，计算出改正数指定参考时刻的各卫星的位置和速度；间隔一定时间(如 3 min)计算一次精密星历与广播星历位置之差，获得卫星广播星历位置改正数，再由卫星广播星历改正数拟合计算其变化率。

双差观测值消除了接收机钟差和卫星钟差，仅含卫星位置误差参数，减少了未知参数个

数,继而减少了中心站计算机的储存压力和计算量。由于充分利用了最新的长弧观测资料,定轨精度一般优于 5 m。在计算卫星广播星历改正数及其变化率时,采用精密星历与广播星历位置之差的方法,理论严密,计算直接简单,且精度较高。

（2）卫星钟差改正数的产生。

在 SA 影响下,卫星钟差影响大、变化快,所以确定卫星钟差是确定三项差分改正数中最重要的一项工作。在确定卫星轨道后,本可以将利用非差观测量式来一并求解接收机钟差和卫星钟差,但是参考站接收机钟差变化缓慢且平滑,而卫星钟差由于 SA 的影响,变化较快,两者一并求解,不仅未知参数较多,而且不便于数据结果分析。所以将这两种未知参数分离求解,既可以简化计算,又便于质量控制。

在卫星位置改正后,先利用已消去卫星钟差的单差观测量式直接求解接收机钟差,然后再利用已解得的接收机钟差代入非差观测量式中,直接获得卫星钟差。由于卫星钟差是平滑伪距经卫星位置改正及参考站接收机钟差改正后的剩余量,它可以补偿外推星历的剩余误差,保证差分改正信息的一致性。但它不能补偿接收机钟差的剩余误差,所以要求接收机钟差精度较高。具体过程如下:

① 参考站接收机钟差计算。

对观测值进行单差组合,形成单差观测方程,单差观测值消去了卫星钟差,不受 SA 影响。经卫星位置改正后的单差伪距剩余量,即为各参考站相对于中心参考站 M 的接收机钟差,即

$$\Delta \mathrm{d} b_{i,M} = \frac{1}{K_i} \sum_{j=1}^{K_i} \Delta \mathrm{d} \rho_{i,M}^j - \mathrm{d} r_j \cdot (e_i^j - e_M^j) \quad (i = 1, \cdots, M-1) \tag{7.21}$$

在某一观测历元,各参考站平滑伪距观测值数量较小,精度较低,所得参考站钟差噪声较大,同时接收机钟差的剩余误差在后续的卫星钟差计算中得不到补偿,所以它将对卫星钟差的精度产生较大的影响。为了提高接收机钟差的精度,可以采用卡尔曼滤波算法,基于各参考站的持续测量,充分利用先验信息来平滑噪声,以获得精度较高的接收机钟差。

② 卫星相对钟差计算。

将卫星位置改正和接收机钟差代入非差观测量式(7.17)中,得各卫星相对于中心参考站的钟差为

$$\mathrm{d} B_M^j = \mathrm{d} B^j = -\mathrm{d} b_M \frac{1}{M} \sum_{i=1}^{M} \mathrm{d} r^i \cdot e_i^j + \mathrm{d} b_{i,M} - \mathrm{d} \rho_i^j \quad (j = 1, \cdots, K_i) \tag{7.22}$$

将多个历元的卫星钟差拟合为一阶多项式:$\mathrm{d} B_{M,S}^j$,即为卫星钟差慢变量。总的钟差值减去相应慢变化值,即为卫星钟差快变化

$$\mathrm{d} B_{M,F}^j = \mathrm{d} B_M^j - \mathrm{d} B_{M,S}^j \tag{7.23}$$

一般每 3 min 计算并更新一次慢变化 A_0 和 A_1,每 3 s 更新一次快变化 $\mathrm{d} B_{M,F}^j$。

3. 格网法电离层延迟改正处理

电离层延迟是仅次于选择可用性(SA)的第二大测距误差源,是致使差分 GPS 系统的定位精度随用户和参考站间的距离增加而迅速降低的主要原因之一。双频技术可以有效地校正电离层延迟,但对于单频 GPS 接收机,只能用电离层模型进行误差校正。由于电离层是随时间和地点而变化的,因此,还没有一种模型能非常准确地反映电离层变化的真实情况。另外,由于 GPS 接收机计算速度的限度,实用电离层模型也不可能太复杂。目前,单频

GPS 接收机通过 8 个参数 Klobuchar 模型能修正 60% 的电离层误差。

Klobuchar 模型计算垂直电离层延迟的表达式为

$$I_v = A_1 + A_2 \cos\left[\frac{2\pi(\tau - A_3)}{A_4}\right] \tag{7.24}$$

式中　$A_1 = 5 \times 10^{-9}$ s（夜间值）；

　　　A_2——幅度，$A_2 = \alpha_1 + \alpha_2\phi_M + \alpha_3\phi_M^2 + \alpha_4\phi_M^3$；

　　　τ——当地时；

　　　A_3——初始相位，$A_3 = 50\,400$ s（当地时 14:00 点）；

　　　A_4——周期，$A_4 = \beta_1 + \beta_2\phi_M + \beta_3\phi_M^2 + \beta_4\phi_M^3$；

　　　ϕ_M——电离层穿透点的地磁纬度；

　　　$\alpha_i、\beta_i(i = 1,2,3,4)$——卫星广播的电离层参数。

　　SBAS 电离层改正处理，也可以利用 Klobuchar 模型改正法，即利用局部参考站观测数据计算上述 8 个参数向用户广播，以改正区域内单频用户电离层延迟。这种区域性拟合参数法有较少的参数传递，但不利于较大范围的应用。当前普遍使用的电离层延迟改正方法是由美国 MITRE 公司提出的格网改正法，可以进一步提高电离层误差的校正精度，FAA 的 WAAS 系统就是采用了这种电离层改正方法。下面介绍格网改正法的基本思想。

　　电离层延迟随时间、地点的改变而变化。为各个较小的区域分别提供实时电离层改正是提高精度的有效途径，电离层格网改正技术正是这样一种分别对各个小区域提供近乎实时电离层校正的方法。

　　电离层格网改正技术是基于一种人为规定的球面网格，如图 7.18 和图 7.19 所示。该球面的中心与地心重合，半径

$$r = r_E + h_I$$

式中　r_E——地球半径；

　　　h_I——电离层电子密度最大处的平均高度（通常 h_I 为 350 ~ 400 km）。

　　在假想球面上也定义了相应的经线和纬线，电离层网格点就分布在该假想球面上。在北纬 55° 和南纬 55° 之间，网格点的间隔一般为 5°，高纬度地区网格点的经差一般为 10° 及 15°。如果地面监测网能近乎实时地提供各网格点的垂直电离层延迟改正值及相应的误差 GIVE 值，用户就可以利用网格内插法获得非常精确的电离层延迟改正及其误差 GIVE 值。

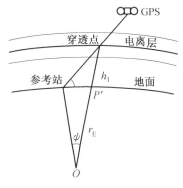

图 7.18　电离层延迟历经路径图

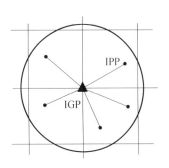

图 7.19　电离层延迟格网图

电离层格网改正法的大致过程如下：

① 每个广域参考站用双频接收机测量可见卫星(高度角大于5°)的电离层延迟,并转换为对应的穿透点电离层垂直延迟及误差。穿透点(IPP)是指广域参考站接收机天线至卫星—天线的连线与假想电离层球面的交点。以上数据实时地传送到广域中心站。

② 广域中心站利用所有广域参考站的电离层数据估计出每个电离层网格点(IGP)的垂直延迟及网格点电离层垂直改正误差GIVE值。GIVE定义为概率为99.9%的误差限值(相当于3.3σ)。

③ 这些网格点电离层改正数据经地面站上行传送给静地轨道卫星(GEO),数据更新周期为 2 ~ 5 min。GEO卫星再将改正数据播发给服务区内的用户。

④ 用户接收到这些网格点电离层改正数据后,利用其电离层穿透点所在网格 4 个顶点的改正数据,用内插法求得用户的电离层延迟改正及误差。

接下来将介绍如何确定网格点的电离层延迟。在 SBAS 的服务区域内,若一定数量的地面参考站对 GPS 卫星观测,则在格网面上形成许多离散的穿透点。通过参考站数据处理,能按一定采样间隔给出这些穿透点的垂直延迟值。对于格网面上任一格点j,用其周围一定范围的穿透点,则可实时计算其相应的电离层垂直延迟值,同时得到延迟值的误差估计。

计算方法通常采用加权插值法,计算式为

$$I_{\mathrm{IGP},v}^{j} = \sum_{i=1}^{n} \left(\frac{I_{\mathrm{norm},j}}{I_{\mathrm{norm},i}} \right) \frac{W_{ij}}{W \displaystyle\sum_{k=1}^{n} W_{kj}} I_{\mathrm{IPP},v}^{j} \tag{7.25}$$

式中　$I_{\mathrm{norm},j}$、$I_{\mathrm{norm},i}$——由 Klobuchar 电离层模型估算的网格点j及穿透点i的垂直电离层延迟;

　　n——参与计算的穿透点个数;

　　$W_{ij}(W_{kj})$——穿透点$i(k)$至网格点j的权。

应用 Klobuchar 模型可反映地磁经纬度及时间季节的变化对电离层变化的影响,即用一名义延迟模型将穿透点测量值运送到网格点位置,使得整个格网模型是连续的,其计算用 GPS 广播星历给出的参数按式(7.24)进行。

权W_{ij}一般简单地取为距离的倒数,即

$$W_{ij} = 1/d_{ij} \tag{7.26}$$

也可结合来自平滑的电离层延迟方差估计值σ^2赋权,即

$$W_{ij} = \sqrt{1/\sigma^2 + 1/d_{ij}^2} \tag{7.27}$$

式中,d_{ij}的计算式为

$$d_{ij} = (r_{\mathrm{E}} + h_1)\arccos[\sin\phi_i\sin\phi_j + \cos\phi_i\cos\phi_j\cos(\lambda_i - \lambda_j)] \tag{7.28}$$

式中　ϕ_i,λ_i——穿透点i的纬度和经度;

　　ϕ_j,λ_j——网格点j的纬度和经度。

当距离d_{ij}为 0 时,直接用该穿透点的延迟值。

需要说明的是,电离层的相关性是得出式(7.25)的依据。当距离很大时,相关性很小。因此,参与拟合计算的穿透点的范围要限制在一定距离内,且要尽量均匀分布于网格点的四周。当电离层变化倾斜量不大时,距离取值范围可保证有 16 个格点,如电离层变化倾斜量大于 1.6 m/5° (5°为地心角),距离取值范围应保证有 4 个格点。一般要求至少在网格

点相连的 3 个区里存在穿透点,这样可以保证用于拟合的穿透点有足够密度,提高拟合效果。

网格点电离层垂直改正误差 GIVE 是广域增强系统完善性的一项重要指标,利用各参考站电离层延迟误差估计值可给出,其计算式为

$$\text{GIVE} = \frac{1}{\sum\limits_{i=1}^{n}} \varepsilon^2 \tag{7.29}$$

更加准确的 GIVE 的计算需基于直接观测量采用统计验证方法,其与参考站的分布及双频接收机测量误差有着密切的联系。

7.3.3　SBAS 完善性监测

完善性监测体系要能通过多层处理模块以检测识别不同类型故障的影响并作相应处理,完善性监测体系的设计还要能本着用尽量少的硬件和软件的原则,以减小研制工作量,节约成本。基于这两点考虑,完善性监测体系的基本设计思想是:参考站设置两台 GPS 接收机,其观测数据传输到中心站后,分别由中心站两个独立的处理器并行处理,对处理结果再进行交叉验证。

1. 故障因素影响分析

SBAS 的改正数包括快变改正数、慢变改正数及电离层延迟改正数,这 3 类改正数分别会受到各参考站观测量外部异常、参考站硬件异常及中心站处理软件异常的影响。外部异常包括卫星时钟故障、局部电离层风暴、局部对流层风暴及参考站多径;参考站硬件异常主要指接收机时钟和气象设备的异常;中心站处理软件异常包括观测数据检验、星历处理、钟差处理和电离层处理各模块的异常。各类异常故障对 3 类改正数的影响见表 7.7。

表 7.7　异常条件对广域增强改正数的影响

异常情况		快变改正数	慢变改正数	电离层改正数
外部异常	卫星时钟故障	√	×	×
	局部电流层风暴	√	√	√
	局部对流层风暴	√	○	×
	参考站多径	√	○	○
参考站硬件异常	接收机时钟	√	○	×
	气象设备	√	○	×
主站处理软件异常	观测数据检验模块	√		√
	星历处理模块	√	√	×
	钟差处理模块	√	×	√
	电离层处理模块	√	×	√

注:√ 表示有影响; × 表示没有影响或处理; ○ 表示不确定

卫星时钟故障影响快变改正数,但不影响慢变改正数和电离层改正数。局部电离层风暴对 3 类改正数均会产生影响。在一个或多个参考站的局部对流层风暴直接影响快变改正

数,对慢变改正数可能不存在影响,电离层延迟改正数不会受到影响。多径将影响快变改正数,对慢变改正数及电离层改正数的影响很小。

参考站接收机时钟及气象设备异常会影响到快变改正数,但一般不会影响慢变改正数。因为慢变改正数是基于组差观测量的滤波得到,滤波会顾及这些异常的影响。由于电离层延迟改正数是由 L1 和 L2 的观测量取差计算得到,因而接收机时钟及对流层的误差将被取消,即电离层延迟改正数不会受到这些误差的影响。

在中心站处理模块中,观测数据编辑模块将潜在地影响所有 3 类改正数,具体到哪一类改正数,决定于是哪一类误差的异常,如对流层异常将影响快变改正数,而不影响慢变改正数和电离层改正数。精密星历确定模块将直接影响到快变改正数和慢变改正数,但不会影响电离层延迟。快变改正模块仅影响快变改正数。电离层延迟处理模块将影响电离层改正数、快变改正数及 GEO 的星历改正数,而不影响 GPS 的星历改正数。

2. 完善性监测体系的结构选择

SBAS 发播的 3 类差分改正数会受到各种异常因素的影响,为保证系统的完善性,必须通过一定的结构体系和监测方法检测和排除可能受到的故障影响。完善性监测的基本结构是在每个参考站设置有独立天线的两台 GPS 接收机,这两台 GPS 接收机采集的观测数据分别送入中心站的两个处理器。这样就可形成两条独立的数据流,两条数据流在不同处理阶段的各自检查和相互验证即可发现分离异常数据。两条独立数据流的不同的运作方式有不同的故障监测能力,也将影响系统的开发成本。

一般可以把两条数据流的结果在出站之前进行比较,按数理统计理论和系统指标要求判定两路结果的正确性,其结构如图 7.20(a)所示。图中参考站接收机数据 A、数据 B 表示每一参考站的两台接收机所采集的数据,处理器 A、B 表示中心站两个平行的改正数处理器。当主站配置的两台计算设备和软件相同时,这种结构能发现两路结果的不同,但故障的定位能力较差;当主站配置的两台计算设备和软件不同时,则可提高故障的定位能力,但加大了软件的开发成本。

为了提高完善性监测结构的故障定位与分离能力,在结构 a 的基础上,把其中一路数据产生的结果用另一路观测数据进行交叉比较,形成结构 b。结构 b 的优点是充分利用参考站配置两套接收机所采集的数据,尽可能利用平行运行的硬件和软件进行多点不同途径的验证。同时,使用相同的硬件和软件也减少了费用。采用此结构能有效地进行故障定位与分离。

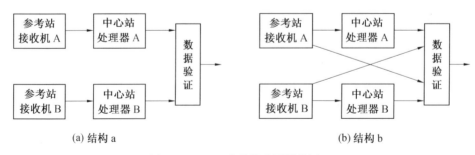

(a) 结构 a　　　　　　　　　　(b) 结构 b

图 7.20　SBAS 完善性监测结构图

3 完善性监测的验证方法

基于图 7.20(b) 的完善性监测结构,可以根据数据流的不同处理阶段,采用 5 个层次的验证方法,即观测数据合理性检验、内符合检验、平行一致性检验、交叉正确性验证和广播有效性验证。

(1) 观测数据合理性检查。

在中心站对原始观测数据处理之前,需对各参考站的两路观测数据分别进行检查,以保证这些数据是合理的、连续的。具体方法是通过当前历元的观测数据与前面若干历元的观测数据进行比较,如果比较结果超过一定限值,则认为当前历元的观测数据存在问题。这种检查可以发现卫星时钟、接收机时钟、多径、接收机噪声等误差对原始观测数据的影响,从而可以放弃受到较大误差影响的观测数据。如果某接收机所有的观测数据都存在问题,则应放弃该参考站;如果所有接收机对某颗卫星的观测量都存在问题,则该卫星应标记为存在故障。

(2) 处理结果内符合检验。

处理结果内符合检验是数据处理软件本身基于最小二乘原理,用验后残差对参考站所采集数据的正确性和软件处理得到的各项改正数的正确性进行检验。两路数据分别进行,每路数据的检验均包括卫星星历处理模块、卫星钟差处理模块和电离层处理模块。

(3) 平行一致性检验。

对参考站的两路观测数据,中心站分别进行独立处理,其处理软件相同。如果两路数据均没有受到异常误差的影响,则中心站的处理结果应一致。这些结果包括各类误差改正数及改正数的误差估计,对于两路结果不一致的改正数,应标记其不可用。这个阶段只能检测异常,但不能判别到底是哪一路存在问题。

(4) 交叉正确性验证。

交叉验证就是将一路处理得到的差分改正数应用于另一路经预处理的观测数据,通过比较并对残差信息进行统计,确定差分改正数的完善性信息。交叉验证包括两类:一类是与卫星有关的卫星星历及钟差的验证,即 UDRE 验证;另一类是电离层延迟改正的验证,即 GIVE 验证。

由 A 路处理得到的卫星快变及慢变改正数改正 B 路经预处理的伪距观测数据,改正之后的伪距再与由已知参考站坐标计算得到的几何距离取差,得到相应的伪距残差。若 B 路观测数据无异常影响,并消除了电离层对流层影响且经过载波平滑,则残差信息反映 A 路卫星快变及慢变改正数的误差。此残差进行统计得到的置信限值 $UDRE_A$ 应与 A 路处理的置信限值 $UDRE_A$ 一致,否则作如下处理:

① 如果没有有效的 B 路观测数据进行此验证处理,则设置 UDRE 为"未被监测"。

② 如果 $UDRE_A < UDRD_B$,则说明基于 A 路的 UDRE 没有限定 B 路观测量残差,应增加 $UDRE_A$ 值。

③ 如果 UDRE 值超出了广播信息格式的范围限制,则设置 UDRE"不可用"。

由 A 路处理得到的格网点电离层改正数,可内插计算 B 路观测数据视线方向的电离层延迟,此内插值与 B 路电离层观测值比较,得到的残差统计给出格网点相应误差限值 $GIVE_B$。此值与由 A 路处理的电离层误差限值 $GIVE_A$ 比较,若无异常情况,两者应相一致。否则,可作与 UDRE 相似的处理,设 GIVE 为"未被监测"、增加 GIVE 值或设 GIVE 为

"不可用"。

（5）广播有效性验证。

上述交叉验证是对差分改正数在由同步卫星广播之前进行的正确性验证、广域差分改正数及完善性信息经过上述验证后，可广播给用户。对广播后的信息，中心站应能同时接收并作相应处理，以验证广播值的有效性。有效性验证方法与正确性验证方法基本一致，分 UDRE 验证和 GIVE，验证结果的处理包括没有变化、值的调整、标记"不要用"和标记"未被监测"4 种情况。由于此验证相当于在用户级的验证，对异常情况应给出告警标记。

有效性验证除了对广播的改正数进行验证外，还应能监测空间信号（SIS）的性能、系统延时及告警时间。空间信号性能的监测是指对接收的所有广播信息及伪距观测量进行差分定位计算，然后与参考站的位置进行比较，以检查广域差分定位是否满足相应的精度需求，并最终检查 UDRE 及 GIVE 是否正确。系统延时是广播信息接收的时间与用于计算改正数据的观测量的标记时间之间的差；告警时间是告警信息的到达时间和没有通过有效性验证的观测数据的标记时间之差的差。通过系统延时及告警时间的监测可验证系统对故障的处理及反应能力。

综合上面的验证方法，我们给出广域增强系统完善性监测处理流程图，如图 7.21 所示。

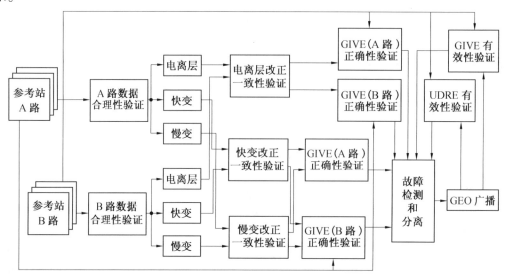

图 7.21　SBAS 完善性监测流程图

7.3.4　WAAS 增强系统

广域增强系统（Wide Area Augmentation System，WAAS）是星基增强系统的一种形式，由美国联邦航空局首先建设。同时建设的还包括局域增强系统（LAAS），它们的基本原理都是差分定位，不同点在于覆盖范围。LAAS 覆盖范围小，比如一个机场，而 WAAS 覆盖范围大，可以服务于飞机在整个飞行的全过程。

我们以美国的 WAAS 为例来说明其基本原理。它主要服务于机场，与 GPS 联合使用，从而提高定位精度。从 2003 年 7 月开始运行至今，它共有 2 个主控站、25 个参考站和 4 个静地轨道卫星，实现了对美国本土的覆盖。其基本框图如图 7.22 所示。

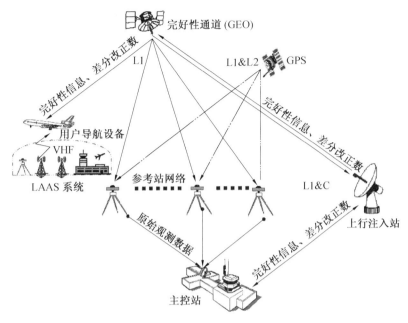

图 7.22　WAAS 系统组成框图

WAAS 系统的工作原理如下：

① 在每个参考站，有 3 台 GPS 接收机同时采集 GPS 导航卫星和 WAAS 同步卫星的数据，它们彼此之间相互独立。从其中选择符合一致性的两台接收机数据上传。

② 被上传的两台接收机的数据分别加入主、从两个主控站，同时并行处理。

③ 每个主控站收集所有参考站的数据，同时独立处理，如果通过并行一致性检验，才输出给上行注入站。

④ 两个主控站之间也要互相传递数据，以实现交叉一致性检验。

⑤ 只有通过了并行一致性检验和交叉一致性检验的数据，才能通过 WAAS 完好性通道向外广播。

从这里可以看出，WAAS 系统一方面实现了对 GPS 系统的监测，并及时把监测信息发送给用户；另一方面，通过差分校正提高了系统精度。

在 WAAS 标准中，从系统发现卫星异常到用户收到警告信息，不得超过 6 s。同时，发送警告的链路要独立于 GPS 导航链路。美国的 WAAS 系统采用同步卫星携带透明转发器来作为完好性信息的广播通道。它具有如下特点：

① 通过卫星发送，覆盖范围广，延迟小，可靠性高。

② 系统架构简单，造价和长期维护的费用低。

③ 除了广播警告信息，还有卫星轨道修正、卫星钟差变化快慢、电离层延迟分布等，以提高系统精度。

④ 转发卫星上行链路为 C 频段信号，下行信号变频为 L1 频段和 C 频段，可用于测量卫星位置和电离层延迟。

7.3.5 GBAS 的组成和工作流程

在局部地区,由于误差的强相关性,利用地基增强系统(GBAS)可以得到比 SBAS 差分更高的精度。在不大于 150 km 的作用距离内,伪距差分可以得到 5 ~ 10 m 定位精度,如采用相位平滑伪距,定位精度能达到 1 ~ 5 m。在作用距离不大于 30 km 范围内,利用载波差分可以得到厘米级精度,即使准载波差分也可得到分米级精度。因此,对于精度要求更高、只在机场范围应用的 Ⅰ 类、Ⅱ 类精密导航,应基于 GBAS 技术进行增强。当前的 GPS 卫星星座并不能满足精密导航的可用性需求,其卫星数量有限,而且卫星本身也有故障率,需要检测和排除,另外,GPS 卫星全部分布于地面上空,因而其精度因子 VDOP 较大。基于上述原因,有必要增强 GBAS 的信号源,以增强其导航应用的可用性。一种较好的方法是在地面设置少量发射源,该发射源类似于 GPS 卫星的功能,称为伪卫星(PL)。由于伪卫星基于地面设置,使用户的定位几何发生较大变化,特别是在垂直方向,使 VDOP 将变得很小,因而不仅增加了用户的观测卫星数量,而且使几何性能有较大提高,能有效增强局域差分 GPS 的可用性,这就构成了 GPS 地基增强系统(GBAS)。

服务于民用航空应用的 GPS 局域增强系统,基本组成包括机场伪卫星(APL)、地面监测站、中心处理站、VHF 数据链和飞机用户。地面监测站一般设立 3 个或 4 个,这样即使其中的一个站失效,系统仍将正常工作,而且多个站同时工作,各站分别得到的差分改正数取平均将进一步提高改正数的精度,各站差分改正数的相互比较,也将给出系统的完善性信息,并可检测和排除有较大误差影响的站。多径是局域差分 GPS 的最大误差源,较有效的解决方法是要设计专门的接收天线。

1. 基本思想

基于单基准站的局域差分 GPS 能提高 GPS 的定位精度,也能在一定程度上提供完善性保证。但当基准站受到较大误差影响或不能工作时,系统将无法连续工作。如果引入多个基准站,则即使其中的一个站失效,系统仍将正常工作。而且多个站同时工作时,各站分别得到的差分改正数取平均,将进一步提高改正数的精度。各站差分改正数的相互比较,也将给出系统的完善性信息,并可检测和排除有较大误差影响的站。另外,多径是局域差分 GPS 的最大误差源,最好的办法是对基准站的天线采用专门设计,以尽可能地减弱多径误差的影响。

当前的 GPS 卫星星座并不能满足精密导航的可用性需求。其卫星数量有限,而且卫星本身也有故障率,需要检测和排除。另外,GPS 卫星全部分布于地面上空,因而其精度因子 VDOP 较大。基于上述原因,有必要增强 GPS 卫星星座,以增强 GPS 导航的可用性。一种较好的方法是在地面设置少量发射源,该发射源类似于 GPS 卫星的功能,称为机场伪卫星(APL)。由于伪卫星基于地面设置,使用户的定位几何发生较大变化,特别是在垂直方向,使 VDOP 将变得很小,因而不仅增加了用户的观测卫星数量,而且使几何性能有较大提高,能有效增强 GPS 的可用性。

在局域差分 GPS 的基础上,采取上述各项增强措施,组成一个较复杂的地面系统,将能有效改善 GPS 定位的精度、完善性、连续性及可用性,整个系统称为 GPS 地基增强系统(GBAS)。

GPS 观测所受到的误差影响中,卫星星历、电离层、对流层是空间强相关的,卫星钟差是时间强相关的,因此间隔在一定距离内(一般不超过150 km)的两个站,同步观测同一颗卫星,则两个站上的观测值可以认为包含相同的误差。如果将一个站设为基准站,其坐标已知,该站的实时观测数据通过通信链路传输到另一个站,即用户站,则用户站同时差分处理来自两个站的观测数据,可消除共同误差的影响。以伪距差分为例,将基准站所观测的每颗GPS卫星的伪距误差按伪距比例改正的信息(一般还需加上伪距改正变化率信息)通过数据通信链传输至邻近的用户站,用户站利用这一信息对其所观测的伪距进行改正,即可提高用户站定位精度。若利用载波相位观测量,则定位精度可以进一步提高,但技术比较复杂,而且基准站的作用范围目前一般不大于30 km。局域差分削弱用户站定位误差是基于同步同轨性原理的,即认为基准站和用户站的误差都与同一时空强相关,所以对基准站和用户之间的距离间隔和时间延迟都有较大限制。

除了获得较好的定位精度外,通过对GPS信号的监测改正,差分GPS还能提高导航的可靠性,甚至当GPS卫星显示不健康信号时仍能工作。由于基准站在卫星测距信号无法校正时,能立刻通知用户,所以改进了系统的完善性。

2. 基本组成

GBAS的基本组成如图7.23所示,它主要包括GPS卫星、机场伪卫星、地面参考站、中心处理站、数据链路及用户6大部分。

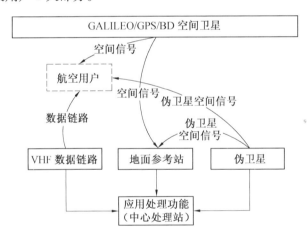

图7.23 GBAS的基本组成

(1)机场伪卫星。

服务于某机场精密导航的伪卫星称为机场伪卫星(APL),它的引入是地基增强系统不同于广域差分GPS的最主要改进。机场伪卫星是基于地面的信号发射器,能发射与GPS一样的信号。设置机场伪卫星的目的是要提供附加的伪距信号以增强定位解的几何结构,因而提高导航可用性,以至此机场的需求能被满足。伪卫星的数量及布置方案取决于机场的跑道设计及此机场的GPS卫星几何情况。

(2)地面参考站。

地面参考站接收机能接收GPS卫星及伪卫星信号。接收机的数量决定于导航阶段及可用性需求,至少应有两个接收机,以使它们产生的改正数能被比较和平均,为支持Ⅰ、Ⅱ类精密导航的连续性需求,至少需要3个接收机。由于多径误差是参考站接收机和用户接收机之间非共同误差的主要因素,多径误差必须在参考站被有效抑制,以获得更好的精度。因此参考站天线应专门设计,以抑制干扰直接信号的地面反射信号。天线应放置于不易产生多径影响的位置,各天线应有一定距离,以避免各天线多径影响的相关性。

(3)中心处理站。

中心处理站接收各参考站传输来的观测数据,经统一处理后送数据链路。处理工作包括计算并组合来自每个接收机的差分改正数,确定广播的差分改正数及卫星空间信号的完善性,执行关键参数的质量控制统计,验证广播给用户的数据正确性。改正数观测误差值通过多参考站一致性检查计算得到,并与限值比较以检测和排除受到较大误差影响的观测量。

(4)数据链路。

数据链路包括参考站与中心站的数据传输和中心站向用户的数据广播。数据传输可以采用数传电缆。数据广播通过甚高频(VHF)波段,广播内容包括差分改正及完善性信息。RTCASC – 159 开发的 VHF 数据广播,频率为 108 ~ 117.95 MHz,带宽为 25 kHz,这将能为精密导航和着陆提供有效覆盖。操作方式为时分多址(TDMA),速率为 2 帧/s,每帧包含 8 个时隙。信息速率为 31.5 kb/s,调制方法为差分八相移键控(D8PSK),差分改正数更新频率为 2 Hz。

(5)用户。

用户主要包括信号接收设备、用户处理器和导航控制器。信号接收设备不仅接收来自 GPS 的信号,还要接收来自伪卫星的信号和地面站广播的差分改正及完善性信息。用户处理器对 GPS 观测数据进行差分定位计算,同时确定垂直及水平定位误差保护级,以决定当前的导航误差是否超限。导航控制器主要用来控制显示导航参数,进一步与自动驾驶仪连接后实现飞机自动着陆。

3. 工作流程

局域增强系统的处理工作主要包括地面和用户两部分。地面部分被设计用于向航空用户提供广播数据,并确保所有广播数据的完善性和可靠性。下面主要讨论 6 方面的处理功能。

(1)空间信号(SIS)接收和解码。

空间信号(SIS)接收和解码功能负责在地面获得伪距和载波相位观测量,并且对来自 GPS 卫星和 APL 的导航电文进行解码。GPS 接收机应有 0.1 m 级的伪距精度(载波平滑),并且需要有专门减小多路径误差的手段。接收和解码应重复执行 2 ~ 4 次,这决定于精密导航类别及可用性需求。

(2)载波平滑和差分改正计算。

载波平滑和差分改正计算功能负责在地面计算伪距改正数及载波相位的变化量。具体处理包括:用载波相位变化量平滑伪距观测量,以减弱伪距观测量的快变误差(如由于接收机噪声的高频误差);用平滑伪距与由参考站和卫星已知坐标得到的计算伪距取差,产生伪距改正数;取消伪距改正数中的参考站接收机钟差的影响;对同一卫星不同参考站的改正数取平均。

(3)完善性监测。

完善性监测功能负责在地面确保伪距和载波相位差分改正数不会包含危险误导信息。

包括信号质量监测,即监测由于参考站和用户不同的接收机处理技术引起的不能通过差分改正数消除的 GPS 或伪卫星信号异常;电文数据检查,即检查是否所有参考站接收了相同的数据,并比较当前星历数据与以前的一致性;观测量质量检测,即检测伪距和载波相位观测数据是否有较大粗差,如伪距突变、载波周跳等;多参考站一致性检查,即比较每个参考站形成的改正数以检测各参考站可能存在的接收机故障和异常多径。

（4）性能分类。

性能分类功能负责在地面决定地面子系统的性能级别,它是基于地面站的健康状态（即参考接收机的可用数量）,而不是卫星的可用性。

（5）VHF 数据广播。

VHF 数据广播功能负责按一定格式对所有广播数据进行编码（信息 + 误差控制）。它应有完善性保证功能,即在数据发射前后监测其正确性。广播的信息类型包括伪距观测量改正数,完善性参数,地面站性能类别。

（6）用户处理。

用户处理功能负责在用户终端给出差分定位解,并确定结果的误差限值。即对用户接收机的观测数据和地面站广播的改正数进行差分改正定位计算,同时,对地面站广播的完善性信息通过完善性方程在定位域计算垂直及水平保护级,保护级与相应的告警限值 VAL 及 LAL 比较,以决定空间信号是否支持当前的导航,如果超限,应中止导航。

4. 参考站天线多路径抑制

参考站和用户之间非共同误差的最大误差是地面参考站天线的多径误差,这种误差无法被差分改正数取消。通过载波平滑伪距,观测噪声误差将小于 0.1 m,而多路径误差可能是几米或更大。因此,多径是 AS 的主要误差源。由于地面反射是参考站多径误差的主要来源,除了在参考站设站时考虑环境的影响外,接收机天线应不同于一般的接收天线,而要就机场情况专门设计。Ohio 大学研制了一种专门用于 GBAS 的参考站天线,此天线能抑制地面发射信号,同时仍能维持全面的垂直覆盖。为了获得这种性能需要两个天线,一个天线有较好的接收低高度角卫星（5°～30°）的性能,另一个有较好的接收高高度角卫星（30°～90°）的性能。两个天线均是 360°方位全向覆盖。天线垂直增益特征的推荐需求如图 7.24 和图 7.25 所示。图 7.24 是低高度角天线的推荐需求,图 7.25 是高高度角的推荐需求,这些增益特征是根据作为卫星高度角函数的需要信号（D）与不需要信号（U）的强度的比率得到的。既然参考站高度角限制设为 5°,对于作为多路径主要误差源的低高角度卫星,较低的天线对地面发射情况下的需求信号可以提供 30～35 dB 的增益。

基于理论计算,对于连接到 16 MHz 带宽的窄相关接收机的一般天线,由地面发射信号会导致 5 m 伪距误差,而多径限制天线将仅有约 0.2 m 的误差。

Ohio 大学通过对双极子天线阵（适用于低高度角卫星）获得了需要的天线结果,天线系统约为 2 m 高度。在天线屏蔽管的里面,较低的天线包含 14 个圆形偶极振子的堆栈阵列,每个振子由一对圆环组成。虽然天线相位中心随卫星高度角偏移,但它是可重复的,并且能够被补偿。在屏蔽管的上部的高高度角天线能被实现作为一个太阳球（包含一个螺旋天线）。

另外,双天线配置能在一定程度上避免地面射频干扰,因为干扰信号一般不会被在上面的天线接收。

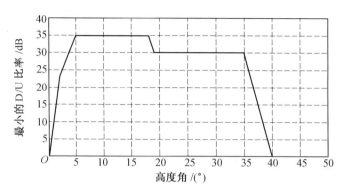

图 7.24　低高度角天线的 D/U 增益需求

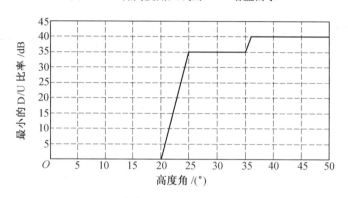

图 7.25　高高度角天线的 D/U 增益需求

7.3.6　GBAS 完善性监测

为了保证飞行安全,GBAS 的关键部分在于完善性监测功能的实现。相比于星基增强系统,地基增强系统应有更强的完善性功能,因为 Ⅱ 类、Ⅲ 类精密比 Ⅰ 类有更高的完善性需求。

GBAS 完善性监测的基本处理方法可分为伪距域监测方法和定位域监测方法。伪距域监测方法是监测站与参考站伪距观测量的直接比较,由于伪距比较保护限值基于定位需求转换得到,只能以保守的方法处理,这种方法会降低系统的可用性。定位域监测方法又分用户端处理和地面站处理两种情况。用户定位域监测方法是来自多个地面站的改正数分别差分定位,结果进行比较,这种方法可以提高可用性,但用户处理负担增加。地面定位域监测方法是通过监测站对参考站改正数的定位结果比较,选择可用卫星组合供用户使用,该方法与用户定位域监测处理基本等效。美国 FAA 正在实现的 LAAS 系统是利用地面站和用户端结合的完善性处理方法,即在地面站给出伪距域的误差信息,在用户端结合当前观测几何确定相应的定位误差是否超限。

除了地面参考站完善性和用户完善性问题,GBAS 的完善性问题还包括 GPS 卫星信号完善性、APL 信号完善性及数据链完善性等。由于有较高的完善性需求,对 GPS 卫星的完善性就提出了更高要求,其故障因素包括信号失真、射频信号干扰、信号衰减、码与载波的不一致、过大的卫星钟漂及卫星星历误差等。这些故障因素较难监测,虽然出现的可能性很小,但对于 GBAS 是应该考虑的。

1. 完善性监测体系设计

局域差分 GPS 只能消除地面参考站与用户相关的误差,而对于两者不相关的误差以及构成局域增强系统所引入的有关误差都会影响导航的安全性,成为 GBAS 完善性的故障因素。因此,GBAS 系统设计的最关键部分在于能对各种完善性故障进行有效监测,实时检测并排除这些故障或在规定的告警时间内通知用户。本小节在分析 GBAS 完善性故障因素的基础上给出了各种故障的监测方法。

(1)GBAS 完善性故障因素分析。

GBAS 由空间部分(主要指 GPS 卫星)、地面部分(包括伪卫星、参考站、数据链)及用户 3 个部分组成,因此,故障因素具体包含在组成的各个部分当中。图7.26 给出了 3 个组成部分的各种故障因素。

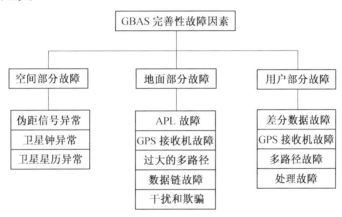

图 7.26　GBAS 完善性故障因素

① 空间部分故障。一种难以检测的卫星故障是 GPS 的 C/A 码信号失真,它是由于参考站接收机和用户接收机采用不同的相关处理技术引起的。一般用户接收机相关间距较宽,而大多数参考站接收机用窄相关来限制地面多径影响,由于二者相关间距不同,使参考站和用户观测的伪距有不同的误差影响。GPS 卫星钟和卫星星历误差基本上能通过局域差分消除,但卫星钟差是时间相关的,卫星星历误差是空间相关的。如果卫星钟差变化太快,有大于 SA 的钟漂,用户则不能通过正常预测而补偿系统的延时影响,即成为故障因素。如果卫星星历信息中包含有大的位置误差,且其方向平行于参考站和用户所形成的基线矢量,则会导致严重的用户偏差。

② 地面部分故障。地面部分由机场伪卫星 APL、若干参考站接收机及 VHF 数据链组成。APL 发射的测距信号与 GPS 信号一致,因此会出现与 GPS 信号类似的故障。参考站接收机内部通道故障会影响部分或所有观测量,其误差将包含在伪距改正信息中,直接影响用户的差分定位解。过大的多路径和上述影响相似,也会包含在伪距改正信息中。

由处理中心计算的地面信息要能正确编码、广播,并由用户接收,这种联系地面和用户的数据链的各处理过程可能会出现故障。故意干扰或欺骗也是一种故障因素,但 GPS 本身会对其有一定的抵抗能力,它至多不会比仪表着陆系统(ILs)有更严重的影响,因此不是主要问题。

③ 用户部分故障。用户部分故障主要指用户 GPS 接收机及观测量的故障。接收机存

在内部通道故障;观测量会受到严厉的多径误差影响,对于飞机用户,多径误差会被飞行的快变动态性及飞机反射面的近距离限制,用户载波相位观测量会出现周跳情况。

(2)各种故障因素的监测处理。

由于故障因素出现在各个组成部分,很难给出一种综合的监测方法,最有效的方法是针对不同的故障因素设计不同的监测方法。

①GPS卫星故障监测处理。由接收机处理技术不同而引起的信号故障较难监测,一般在信号接收之后通过实时信号质量监测来完成。

卫星时钟过大钟漂故障可通过观测量一致性检查进行监测,即由前面历元的观测量可给出当前历元的预测值,然后与当前历元的观测值进行比较。预测值由地面观测量变化形成的多项式系数得到,观测值是用户定位时刻对应的观测量。这样,地面和用户结合处理,用户不必搜索所有可能中断的卫星,地面也可对各参考站得到的系数值进行一致性检查。

卫星星历误差的检查可在地面或用户阶段分别利用不同的方法进行处理。在地面进行处理的方法综合利用伪距差分比较(DPR)和带有模糊度搜索的相位双差(DPDAS)技术,前者能检测平行于卫星视线方向的误差,后者能检测垂直于卫星视线方向的误差,3个参考站分别利用这两种技术可检测所有方向的星历误差,这种方法不同于一般比较方法,需要分离较远的参考站,它能通过相距较近的参考站进行监测,因而不受机场范围的限制。用户也可以由基于载波相位的RAIM技术检测星历误差,这种方法相对于一般的地面检测方法会更加有效,但降低系统的可用性,当然,APL的增加可提高可用性。

②地面故障监测处理。GBAS地面部分故障因素包括伪卫星故障、参考站接收机故障和VHF数据链故障。APL的故障监测与APL的系统设计有关。如果使用带有"无运行(Free-running)"钟的APL,地面参考站可以和处理GPS故障一样来提供APL的改正数及误差,这需要通过电缆将APL与每个参考站连接,实现起来较困难,也较昂贵。通常的方法是使用同步的APL,这样用户能对来自APL转发的GPS信号与直接观测的GPS信号进行比较,不需要由地面参考站来处理,但APL必须具备自检能力以保证发射的信号是安全的。另外,可以设置监测接收机,同时接收卫星信号和APL重发的信号以检查一致性。

对于地面参考站接收机的内部通道故障及外部多路径影响,可通过3个或更多分离的接收机提供的多余观测量进行一致性比较,比较的结果反映了相关误差改正数的误差。这种误差信息经检测,如无大的粗差影响,则发布给用户,由用户最终确定这些误差是否导致差分导航的不可用。由于地面不知道用户跟踪哪些卫星,也不知其几何构成,因而用户所需要的保护限值并不能由地面处理完全决定,地面只能取消一些有严重影响的粗差观测量。地面参考站天线多径影响应严格考虑,FAA的LAAS系统采用专用的抗多路径影响的天线。

VHF数据链故障能在地面和用户分别监测,地面部分能用远域的VHF监测站来确认被接收的信号与有意广播的信息相一致,用户能通过奇偶检验(CRC)来验证每个接收信息的完善性。对于数据链还必须充分考虑当超过规定的告警时间信号仍不能正常接收时对连续性的影响。

③用户故障监测处理。用户为GBAS系统的最终阶段,在确定导航解的同时,必须给出整个系统的完善性保证。用户不仅敏感于用户接收机本身的故障,对空间部分和地面部分未被排除的故障也是敏感的。用户接收机故障可和地面站一样通过多个传感器提供的多余量来检测和排除,每个用户接收机应具备内部检测能力,如检测和修复相位周跳。

对于整个 GBAS 系统,用户最终通过 VPL 算法来确定其是否可用。在用户部分用 VPL 算法保证系统完善性有两个优点:一是用户可利用当前的卫星几何构成而避免了需要地面检查用户可接受的卫星可视情况;二是用户的 VPL 检查能确定故障情况是否真正对用户存在威胁而不至于在地面保守地排除。

（3）GBAS 完善性监测处理综合流程。

综合上节各组成部分的故障监测处理,这里给出如图 7.27 所示的 GBAS 完善性监测处理综合流程。

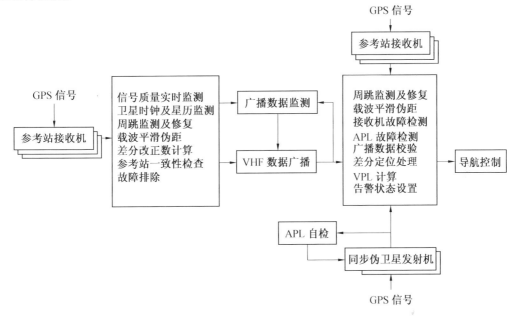

图 7.27　GBAS 完善性监测处理流程图

2. 完善性监测信息处理

GBAS 完善性监测由地面参考站和用户综合处理进行。地面参考站通过一致性检查能给出伪距改正数的误差信息,这些误差发布给用户,用户结合自身的误差信息及当前的观测卫星几何最终给出系统的定位误差保护限值。

（1）地面参考站伪距改正数及其误差的形成。

对于参考站 i 和卫星 j,令伪距观测量为 ρ_i^j,此参考站到卫星的几何距离可由已知坐标计算得到,表示为 R_i^j。将两者取差并消除接收机钟差估值 $\hat{b}_i$,则得到伪距观测量的误差为

$$\mathrm{d}\rho_i^j = \rho_i^j - R_i^j - \hat{b}_i \tag{7.30}$$

其中,接收机钟差估值可由该接收机得到的 N 颗卫星的伪距差值取平均得到,即

$$\hat{b}_i = \frac{1}{N} \sum_{j=1}^{N} (\rho_i^j - R_i^j) \tag{7.31}$$

正常情况下,伪距观测量误差包含有与用户相同的误差量,如卫星星历、卫星钟差、电离层及对流层误差,也有不相同的误差,如多径、接收机噪声等。可将其表示为 $\mathrm{d}\rho_i^j$,即

$$\mathrm{d}\rho_i^j = \Delta\rho^j + \varepsilon_i^j \tag{7.32}$$

相距很近的参考站,可将系统误差部分看作相同,也可用归一计算将各站投影到一个点上。任一卫星 j,将 M 个参考站的伪距误差取平均值,得

$$\mathrm{d}\rho^j = \frac{1}{M}\sum_{i=1}^{M}\mathrm{d}\rho_i^j = \Delta\rho^j + \frac{1}{M}\sum_{i=1}^{M}\varepsilon_i^j \tag{7.33}$$

通过平均,系统误差保持,偶然误差变小,则 $\mathrm{d}\rho_i^j$ 主要包含与用户有相同误差影响的部分,即为伪距误差改正数。

由于参考站可能受到异常多径、接收机通道故障、外部干扰等因素的影响,在得到伪距改正数 $\mathrm{d}\rho_i^j$ 的同时,应针对各站给出其影响量。若参考站 M 有故障,则包括此站的伪距误差平均值与不包括此站的伪距误差平均值取差,可得故障影响对应的偏差量为

$$B_m^j = \mathrm{d}\rho^j - \frac{1}{M-1}\sum_{\substack{i=1\\i\neq m}}^{M}\mathrm{d}\rho_i^j \tag{7.34}$$

具体到各参考站,分别有

$$\begin{cases} B_1^j = \dfrac{\mathrm{d}\rho_1^j}{3} - \dfrac{\mathrm{d}\rho_2^j}{6} - \dfrac{\mathrm{d}\rho_3^j}{6} \\[2mm] B_2^j = \dfrac{\mathrm{d}\rho_2^j}{3} - \dfrac{\mathrm{d}\rho_1^j}{6} - \dfrac{\mathrm{d}\rho_3^j}{6} \\[2mm] B_3^j = \dfrac{\mathrm{d}\rho_3^j}{3} - \dfrac{\mathrm{d}\rho_1^j}{6} - \dfrac{\mathrm{d}\rho_2^j}{6} \end{cases} \tag{7.35}$$

B_1^j、B_2^j、B_3^j 的关系为 $B_1^j + B_2^j + B_3^j = 0$,即 3 个量中只有两个是相互独立的。

如将伪距观测量随机误差看作零均值的高斯噪声,其标准差为

$$\sigma_{\mathrm{ref}}(\theta_i^j) = a_0 + a_1 \mathrm{e}^{-\theta_i^j/\theta_0} \tag{7.36}$$

式中　　a_0、a_1、θ_0——由接收机的性能事先给定;

　　　　θ_i^j——实时观测量相应的高度角。

由于参考站相距很近,可以认为各站的 θ_i^j 相等,统一以 θ^j 表示。由 M 个站得到的伪距改正数 $\mathrm{d}\rho^j$ 对应的方差可表示为

$$\sigma_{\mathrm{gnd}}^2(j) = \frac{1}{M}\sigma_{\mathrm{ref}}^2(\theta^j) \tag{7.37}$$

B_m^j 相应的方差可表示为

$$\sigma_B^2(j) = \frac{1}{M-1}\sigma_{\mathrm{gnd}}^2(j) \tag{7.38}$$

如顾及伪距改正数残差的影响,伪距改正数的标准差为

$$\sigma_{\mathrm{gnd}}^2(\theta^j) = \sqrt{\frac{(a_0 + a_1 \mathrm{e}^{-\theta_i^j/\theta_0})^2}{M} + a_2^2 + \left[\frac{a_3}{\sin(\theta^j)}\right]^2} \tag{7.39}$$

RTCA 按参考站 GPS 接收机性能,将接收机分成 A、B、C 3 类,对应的系数值见表 7.8。

表 7.8　GBAS 参考站 GPS 接收机性能参数

类型	$\theta^j/\deg$	a_0/m	a_1/m	$\theta_0/\deg$	a_2/m	a_3/m
A	> 5	0.5	1.65	14.3	0.08	0.03
B	> 5	0.16	1.07	15.5	0.08	0.03
C	> 35	0.15	0.84	15.5	0.04	0.01
	≤ 35	0.24	0	—	0.04	0.01

（2）用户定位误差保护限值确定。

参考站所形成的伪距改正数、改正数误差及相应方差发播给用户后,用户依据这些数据及自身的伪距观测值和方差估计,可得到导航定位解,同时得到解的误差置信限值。根据最小二乘原理,用户加权定位解可表示为

$$\hat{x} = (\boldsymbol{H}^{\mathrm{T}} \boldsymbol{W}^{-1} \boldsymbol{H})^{-1} \boldsymbol{H}^{\mathrm{T}} \boldsymbol{W}^{-1} \rho = \boldsymbol{S} \rho \tag{7.40}$$

式中　$\boldsymbol{H}$——几何矩阵;

　　　ρ——经改正的伪距观测量;

　　　$\boldsymbol{S}$——伪距域到定位域的转换矩阵;

　　　$\boldsymbol{W}^{-1}$——权,其定义如下:

$$W(i,j) = \begin{cases} \sigma_{\mathrm{tot}}^2(j) & (i = j) \\ 0 & (i \neq j) \end{cases} \tag{7.41}$$

$$\sigma_{\mathrm{tot}}^2(j) = \sigma_{\mathrm{GND}}^2(j) + \sigma_{\mathrm{u}}^2(\theta^j) \tag{7.42}$$

式中　$\sigma_{\mathrm{u}}^2(\theta^j)$——用户接收机的标准差估计,主要表示伪距噪声及多路径的影响。

RTCA 根据用户 GPS 接收机性能将其分成两类,相应参数见表7.9。

表 7.9　GBAS 用户 GPS 接收机性能参数

类型	θ_0/deg	a_0/m	a_1/m
A	14.3	0.5	1.65
B	15.5	0.16	1.07

依据定位解表达式,用户可按方差传递的方法,将伪距域完善性信息转换到定位域。转换计算时分别作如下假设:H_0 为地面参考站无故障影响;H_1 为地面参考站存在一个故障影响。

若假设 H_0 成立,则地面参考站提供的伪距改正误差可以零均值的高斯分布表示,用户垂直方向定位误差限值为

$$VPL_{H0} = K_{MD|H0} \sqrt{\sum_{j=1}^{N} S_{3j}^2 \sigma_{\mathrm{tot}}^2(j)} \tag{7.43}$$

式中　$K_{MD|H0}$——无故障时漏检概率对应的分位数;

　　　S_{3j}——伪距域到定位域转换矩阵 $\boldsymbol{S}$ 的第三行。

若假设 H_i 成立,则地面参考站提供的伪距改正数误差分布可表示为

$$N\left(B_m^j, \frac{M}{M-1} \sigma_{\mathrm{gnd}}^2(j)\right) \tag{7.44}$$

用户垂直方向定位误差限值为

$$VPL[m] = \left| \sqrt{\sum_{j=1}^{N} S_{3j} B_m^j} \right| + K_{MD|H1} \sqrt{\sum_{j=1}^{N} S_{3j}\left(\frac{M}{M-1} \sigma_{\mathrm{gnd}}^2(j) + \sigma_{\mathrm{u}}^2(\theta^j)\right)} \tag{7.45}$$

式中　$K_{MD|H1}$——存在一个故障时漏检概率对应的分位数。

取 $VPL[m]$ 的最大值,得

$$VPL_{H1} = \max\{VPL[m]\} \tag{7.46}$$

由于 VPL_{H1} 为一随机量,为检查当前的卫星几何,保证连续性,在假设 H_1 成立时,还需

给出垂直方向定位误差限值的预测值,其计算式为

$$VPL_P = K_{FD|M} \sqrt{\sum_{I=1}^{N} S_{3j}^2 \frac{\sigma_{gnd}^2(j)}{M-1}} + K_{MD|H1} \sqrt{\sum_{j=1}^{N} S_{3j} \left[\frac{M}{M-1} \sigma_{gnd}^2(j) + \sigma_u^2(\theta^j) \right]} \quad (7.47)$$

式中　$K_{FD|M}$——M 个站误检概率的分位数。

(3) 各种置信概率的确定。

假定一个接收机存在故障的先验概率为 10^{-5},则对于 M 个站无故障假设 H_0,仅存在一个故障的假设 H_1,同时存在两个故障的假设 H_2,它们的概率分别为

$$\begin{cases} P(H_0) = 1 \\ P(H_1) = \binom{M}{1} 10^{-5} (1 - 10^{-5})^{M-1} \approx M \cdot 10^{-5} \\ P(H_2) = \binom{M}{2} (10^{-10})^2 (1 - 10^{-5})^{M-2} \approx \binom{M}{2} \cdot 10^{-10} \end{cases} \quad (7.48)$$

对于假设 H_0,令无故障漏检概率为 $P_{MD|H0}$,则 VPL_{H0} 应以 $1 - P_{MD|H0}$ 限定实际垂直定位误差,如果 VPL_{H0} 小于垂直告警限值 VAL,则危险误导信息(HMI)的概率应小于 $P_{MD|H0}$,即

$$\Pr(HMI) = \sum_{i=0}^{M} \Pr(HMI \mid H_i) \cdot P(H_i) \quad (7.49)$$

由于同时出现 3 个或以上故障的概率值很小,忽略其相应假设,则上式展开为

$$\Pr(HMI) = \Pr(HMI \mid H_0) + P(H_1) \cdot \Pr(HMI \mid H_1) + P(H_2) \cdot \Pr(HMI \mid H_2)$$

$$(7.50)$$

对于 3 台接收机,在假设 H_2 之下,令 $\Pr(HMI \mid H_2) = 1$,将各假设下的概率式代入上式,则

$$\Pr(HMI) < P_{MD|H0} + P(H_1) P_{MD|H1} + P(H_2) \quad (7.51)$$

为满足系统要求,HMI 的总概率应小于完善性需求,即

$$P_{MD|H0} + P(H_1) P_{MD|H1} + P(H_2) < P(HMI) \quad (7.52)$$

重写上式为

$$P_{MD|H0} + P(H_1) P_{MD|H1} < P(HMI) - P(H_2) \quad (7.53)$$

对于 M 个站,有一个 H_0 假设和 M 个 H_1 假设,则上式左边可表示为

$$P_{MD|H0} + P(H_1) P_{MD|H1} < P_{MD|H0} + 10^{-5} P_{MD|H1} + \cdots + 10^{-5} P_{MD|H1} \quad (7.54)$$

在各假设之间进行平均分配,则

$$P_{MD|H0} = \frac{1}{M+1} \left[P(HMI) - P(H_2) \right] \quad (7.55)$$

$$P_{MD|H1} = \frac{10^{-5}}{M+1} \left[P(HMI) - P(H_2) \right] \quad (7.56)$$

由 $P_{MD|H0}$、$P_{MD|H1}$ 可相应得到 $K_{MD|H0}$ 和 $K_{MD|H1}$,即

$$\begin{cases} P_{MD|H0} = \Phi^{-1}(P_{MD|H0}/2) \\ P_{MD|H1} = \Phi^{-1}(P_{MD|H1}) \end{cases} \quad (7.57)$$

式中

$$\Phi(x) = \frac{1}{\sqrt{2\pi}} \int_x^\infty e^{-\frac{t^2}{2}} dt$$

系统连续性丢失,要么因为真正的系统故障,如卫星故障或地面站故障,要么因为完善

性监测对故障的误识。简单地处理,可对上述两种原因按连续性需求的一半分配。对于 M 个接收机,任一接收机的故障对应的 VPL_{Hi} 都有可能导致连续性丢失,保守考虑,所有的 VPL_{Hi} 为独立的,因此无故障检测的概率可按总体连续性需求除以 M 确定,即

$$P_{FD/M} = \Pr(LOC)/2M \tag{7.58}$$

$$K_{FD/M} = \Phi^{-1}(P_{FD/M}/2) \tag{7.59}$$

7.4　本 章 小 结

本章主要讨论了 3 个问题:① 以 GPS 为代表的 GNSS 系统的缺陷,主要包括信号强度低、易受干扰、首次定位慢、精度不能满足某些场合的应用以及完善性差。② 针对 GPS 系统信号弱、首次定位慢的特点,讲解了辅助系统的工作原理,它是如何增强接收机的灵敏度和缩短冷启动条件下的首次定位时间。③ 针对 GPS 精度不够高、完善性差的特点,讲解了增强系统的工作原理,分别从精度和完善性两方面介绍了 SBAS 和 GBAS 的基本结构、工作流程。

辅助系统和增强系统弥补了 GNSS 系统的不足,提高了 GNSS 系统的可靠性。使得 GNSS 系统可以用于某些可靠性、精度要求都很高的场合,如民航飞机的导航。它们促进了 GNSS 系统的完善,也扩大了它的应用范围。

参 考 文 献

[1] WIROLA L, SYRJARINNE J. Bring all GNSSS into line: new assistance standards embrace galileo, GLONASS, QZSS, SBAS [J]. GPS World, 2007: 40-47.

[2] MADDEN D W. GPS program update [C]. Proc. of ION GNSS 2008, Georgia, 2008.

[3] SMITH C A, GRAVES K W. Sensitivity of GPS acquisition to initial data uncertainties [C]. Proc. of ION GPS, 1986.

[4] BORRE K. A Software-defined GPS and galileo receiver: a single-frequency approach (applied and numerical harmonic analysis) [M]. New York: Birkhauser, 2007.

[5] 李宝森. RBN-DGPS 定位系统在海道测量中的应用[J], 海洋测绘,1998(1): 17-21, 47.

[6] 陈俊勇. 分布式差分 GPS 实时定位系统的技术特点[J], 测绘通报,1997(10): 2-4.

[7] BREIVIK K, FORSSELL B, KEE C, et al. Estimation of multipath error in GPS pseudorange measurements [J]. Journal of The Institute of Nevigation, Vol.44 No.1, 1997: 43-52.

[8] KEE C, PARKINSON B W. High accuracy GPS positioning in the continent: wide area differential GPS [J]. Journal of The Institute of Navigation, 38(2):123-146.

[9] CHAO Y C. An algorithm for inter-frequency bias calibration and application to WASS ionospheric modeling [C]. Proceedings of ION GPS-95, 1995.

[10] BRAFF R. Description of the FAA local area augmentation (LAAS) [J]. Journal of The Institute of Navigation, 1998,44(4):411-424.

［11］ MATSUMOTO S. GPS Ephemeris verification for local area augmentation system (LASS) ground station ［C］. Proceedings of ION GPS-99, 1999.

［12］ PULLEN S. A comprehensive integrity verification architecture for on-Airport LASS category precision landing ［C］. Proceedings of ION GPS-96, 1996.

第 8 章

组合导航定位技术

GNSS 定位具有高精度和低成本的特点,但它也有一些弱点:频带窄,在运载体做高速运动时,接收机的码环和载波环极易失锁,数据更新速率低等。除 GPS 全球定位系统外,常用的导航系统有惯性导航系统(INS)、航位推测式导航系统、双曲线无线电导航系统、地形辅助系统等,这些导航系统都有各自的优缺点。单一使用某种导航系统很难满足性能要求,将 GNSS 定位与其他导航方式进行组合使用,可以优势互补来提高系统性能。组合导航技术是指使用两种或两种以上的不同导航系统对同一信息源作测量,从这些测量值的比较值中提取出各系统的误差并校正之。本章以 GPS 系统为例,主要讲述组合导航定位技术的基本原理及组合导航中最常用的卡尔曼滤波技术的原理,并重点讲述了 GPS/INS 导航系统的几种组合方法及其原理。

8.1 组合导航定位技术原理

由于 GPS 定位的高精度和低成本,使得 GPS 得到了广泛应用。同时,现代科学技术的发展推动产生了多种导航的方式及设备,除 GPS 全球定位系统外,还有惯性导航系统、航位推测式导航系统、双曲线无线电导航系统、地形辅助系统等。所有导航系统都具有各自独特的优点,但单独使用时都存在一定的缺陷。下面以惯性导航系统和 GPS 导航系统为例来说明。

惯性导航系统根据惯性原理工作,而惯性是任何质量体的基本属性,所以惯性导航系统工作时不需要任何外来信息,也不向外辐射任何信息,仅靠系统本身就能在全天候条件下,在全球范围内和任何介质环境里自主地、隐蔽地进行连续的三维空间定位和三维空间定向,能够提供完整的运动状态信息(如位置、速度、航向、姿态等)。惯性导航系统还有极宽的频带,它能够跟踪和反映航行体的任何机动运动,输出又非常平稳。正由于惯性导航系统的自主性、隐蔽性、信息的全面性和宽频带,所以是重要航行体(如潜艇、洲际导弹、宇宙飞船、远程飞机等)必不可少的导航设备。但是惯性导航系统的导航误差随时间而积累,这对于续航时间长的航行体来说无疑是致命的缺陷,而如果要提高其长期精度,就必须提高惯性器件的精度和初始对准精度,这必将大大提高成本。

GPS 导航系统根据接收到的导航卫星信号解算出航行体的位置和速度,其误差是有界的,具有很好的长期稳定性,但也有以下缺点:GPS 导航系统由美国国防部直接控制,主动权不在我们手中,卫星信号可能被人为故意加扰,不能绝对地依赖;GPS 星座在 24 h 内对地球的覆盖不够完善,有时候收不到所需的4颗卫星的信号;GPS 数据的更新率太低(一般为1秒一次),不能满足实时控制的需求;GPS 卫星信号可能被遮蔽(如高山、飞机机翼、深部漏天矿井等);GPS 系统频带窄,当运载体做较高速运动时,接收机的码环和载波环极易失锁而丢失信号。

惯性导航系统和 GPS 导航系统各有优缺点,但在误差传播性能上正好互补,即前者长期稳定性差,但短期稳定性好,而后者正好相反。所以可以采用组合导航定位技术将这些性能各异的不同导航系统有机地组合起来,以提高导航系统的整体性能。

组合导航技术是指使用两种或两种以上的不同导航系统对同一信息源作测量,从这些测量值的比较值中提取出各系统的误差并校正之。采用组合导航技术的系统称为组合导航系统,参与组合的各导航系统称为子系统。

实现组合导航有两种基本方法:

① 回路反馈法,即采用经典的控制方法,抑制系统误差,并使子系统间性能互补,这种方法主要使用于 20 世纪 60 年代以前。

② 最优估计法,即采用现代控制理论中的最优估计法(常采用卡尔曼滤波或维纳滤波),以概率统计最优的角度估算出系统误差并消除之,这种方法广泛应用于 20 世纪 60 年代之后。

两种方法都能使得各个子系统间的信息相互渗透,得到性能互补的效果。但由于各子系统的误差源和量测中引入的误差都是随机的,所以第二种方法远优于第一种方法。

组合导航定位系统一般具有如下功能:

① 协和超越功能。利用各子系统的导航信息并作有机处理,形成单个子系统不具备的功能和精度。

② 互补功能。组合导航系统综合利用了各子系统的信息,使各子系统取长补短,扩大适用范围。

③ 余度功能。各子系统感测同一信息源,测量值冗余,增加了导航系统的可靠性。

8.2 卡尔曼滤波技术及组合方法

8.2.1 卡尔曼滤波技术原理

卡尔曼滤波技术于 1960 年由 R E. Kalman 首次提出,它在组合导航系统的实现中有着卓有成效的应用。在组合导航系统中应用卡尔曼滤波技术,是指在导航系统某些测量输出量的基础上,利用卡尔曼滤波去估计系统的各种误差状态,并用误差状态的估计值去矫正系统,以达到系统组合的目的。

卡尔曼滤波是一种最优估计技术。卡尔曼滤波从与被提取信号有关的量的测量中估计出所需信号,实际上它是对随时间改变参数估计的一种顺序最小二乘逼近。考虑一个随时间变化的参数向量(状态矢量),并通过一个线性系统模型,卡尔曼滤波就可以提供在任何时刻对状态矢量进行估计的一套算法。设随机线性离散系统的方程(不考虑控制作用) 为

$$X_k = \boldsymbol{\Phi}_{k,k-1} X_{k-1} + \boldsymbol{\Gamma}_{k,k-1} W_{k-1} \tag{8.1}$$

$$Z_k = H_k X_k + V_k \tag{8.2}$$

式中 X_k —— 系统的 n 维状态向量;

Z_k——系统的 n 维观测序列；

W_k——系统的 p 维系统过程噪声序列；

V_k——系统的 m 维观测噪声序列；

$\boldsymbol{\Phi}_{k,k-1}$——系统的 $n \times n$ 状态转移矩阵；

$\boldsymbol{\Gamma}_{k,k-1}$——$n \times p$ 噪声输入矩阵；

$\boldsymbol{H}_k$——$m \times n$ 维观测矩阵。

关于系统的过程噪声和观测噪声的统计特性,假定

$$\begin{cases} E[W_k] = 0, E[W_k W_j^{\mathrm{T}}] = \boldsymbol{Q}_k \delta_{kj} \\ E[V_k] = 0, E[V_k V_j^{\mathrm{T}}] = \boldsymbol{R}_k \delta_{kj} \\ E[W_k V_j^{\mathrm{T}}] = 0 \end{cases} \tag{8.3}$$

式中 $\boldsymbol{Q}_k$——系统过程噪声 W_k 的 $p \times p$ 维对称非负定方差矩阵；

$\boldsymbol{R}_k$——系统观测噪声 V_k 的 $m \times m$ 维对称正定方差阵；

δ_{kj}——Kronecker $-\delta$ 函数。

如果被估计状态 X_k 和对 X_k 的观测量 Z_k 满足式(8.1)、(8.2)的约束,系统过程噪声 W_k 和观测噪声 V_k 满足式(8.3)的假定,系统过程噪声方差阵 $\boldsymbol{Q}_k$ 非负定,系统观测噪声方差 $\boldsymbol{R}_k$ 正定,k 时刻的观测序列为 Z_k,则 X_k 的估计 $\hat{X}_k$ 可按下述方程求解。

状态一步预测方程

$$\hat{X}_{k,k-1} = \boldsymbol{\Phi}_{k,k-1} \hat{X}_{k-1} \tag{8.4a}$$

状态估计计算方程

$$\hat{X}_k = \hat{X}_{k,k-1} + \boldsymbol{K}_k [Z_k - \boldsymbol{H}_k \hat{X}_{k,k-1}] \tag{8.4b}$$

滤波增益矩阵

$$\boldsymbol{K}_k = \boldsymbol{P}_{k,k-1} \boldsymbol{H}_k^{\mathrm{T}} [\boldsymbol{H}_k \boldsymbol{P}_{k,k-1} \boldsymbol{H}_k^{\mathrm{T}} + \boldsymbol{R}_k]^{-1} \tag{8.4c}$$

一步预测误差方差阵

$$\boldsymbol{P}_{k,k-1} = \boldsymbol{\Phi}_{k,k-1} \boldsymbol{P}_{k-1} \boldsymbol{\Phi}_{k,k-1}^{\mathrm{T}} + \boldsymbol{\Gamma}_{k,k-1} \boldsymbol{Q}_{k-1} \boldsymbol{\Gamma}_{k,k-1}^{\mathrm{T}} \tag{8.4d}$$

估计误差方差阵

$$\boldsymbol{P}_k = [\boldsymbol{I} - \boldsymbol{K}_k \boldsymbol{H}_k] \boldsymbol{P}_{k,k-1} [\boldsymbol{I} - \boldsymbol{K}_k \boldsymbol{H}_k]^{\mathrm{T}} + \boldsymbol{K}_k \boldsymbol{R}_k \boldsymbol{K}_k^{\mathrm{T}} \tag{8.4e}$$

其中式(8.4c)可以进一步写成

$$\boldsymbol{K}_k = \boldsymbol{P}_{k,k-1} \boldsymbol{H}_k^{\mathrm{T}} \boldsymbol{R}_k^{-1} \tag{8.4c1}$$

式(8.4e)可以进一步写成

$$\boldsymbol{P}_k = [\boldsymbol{I} - \boldsymbol{K}_k \boldsymbol{H}_k] \boldsymbol{P}_{k,k-1} \tag{8.4e1}$$

式(8.4)即为线性离散系统卡尔曼滤波基本方程。只要给定初值 $\hat{X}_0$ 和 P_0,根据 k 时刻的观测值 $\boldsymbol{K}_k$,就可以递推计算得 k 时刻的状态估计 $\hat{X}_k (k = 1,2,\cdots)$。

在一个滤波周期内,从卡尔曼滤波使用系统信息和观测信息的先后次序来看,卡尔曼滤波具有两个明显的信息更新过程:时间更新过程和观测更新过程。式(8.4a)说明了根据 $k-1$ 时刻的状态估计预测 k 时刻状态的方法,式(8.4d)对这种预测的质量优劣做了定量描述。两式的计算中仅使用了与系统的动态特性有关的信息,如状态一步转移矩阵、噪声输入矩阵及过程噪声方差阵。从时间的推移过程来看,两式将时间从 $k-1$ 时刻推进至 k 时刻,描述了卡尔曼滤波的时间更新过程。式(8.4)的其余各式用来计算时间更新值的修正量,

该修正量由时间更新的质量优劣 $P_{k,k-1}$、观测信息的质量优劣 R_k、观测与状态的关系 H_k 以及具体的观测信息 Z_k 所确定。

式(8.4)的滤波算法可用方框图表示,如图 8.1 所示。从图中可以明显看出,卡尔曼滤波具有两个计算回路,即增益计算回路和滤波计算回路,其中增益计算回路是独立计算的,滤波计算回路则依赖于增益计算回路。

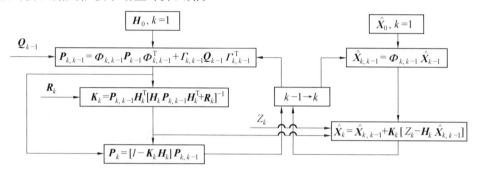

图 8.1　卡尔曼滤波算法框图

由卡尔曼滤波基本方程,可以看到卡尔曼滤波算法具有如下特点:

① 由于卡尔曼滤波的基本方程是时间域内的递推形式,其计算过程是一个不断地"预测 — 修正"过程,在求解时不需要存储大量数据,并且一旦观测到了新的数据,随时可以算得新的滤波值,因此这种滤波方法非常便于实时处理,用计算机实现。

② 由于滤波器的增益矩阵与观测无关,因此它可预先离线算出,从而可以减少实时在线计算量。

③ 在求解滤波器增益的过程中,随时可以算得滤波器的精度指标 P_k。

增益矩阵 K_k 与初始方差阵 P_0,系统噪声方差阵 Q_{k-1} 以及观测噪声方差阵 R_k 之间具有如下关系:

a. 由卡尔曼滤波的基本方程的式(8.4c)、(8.4d)可以看出,P_0、Q_{k-1} 和 R_k 同乘以相同的标量时,K_k 值不变。式(8.4c)可见,当 R_k 增大时,K_k 就变小,即如果观测噪声增大,那么滤波增益就应取小一些(因为这时新的信息里误差较大),以减弱观测噪声对滤波值的影响。

b. 由式(8.4d)、(8.4e)可见,如果 P_0 变小,Q_{k-1} 变小,或两者都变小,那么 $P_{k,k-1}$ 和 P_k 都变小,从而 K_k 变小。因为 P_0 变小,表示初始估计较好,Q_{k-1} 变小,表示系统噪声变小,于是增益矩阵也应小些,以便给予较小的修正。简言之,增益矩阵 K_k 与 Q_{k-1} 成正比,与 R_k 成反比。

8.2.2　卡尔曼滤波在 GPS/INS 组合导航系统中的应用

应用最优估计方法进行组合导航系统的理论设计越来越得到人们的重视,在应用最优估计方法时一般都采用卡尔曼滤波技术。本小节主要讲述 GPS/INS 组合导航系统基于卡尔曼滤波技术的组合方法。

应用卡尔曼滤波器设计组合系统的原理:首先建立起以惯导系统误差方程为基础的组合导航系统状态方程,并在导航系统误差方程的基础上建立组合系统的测量方程。这两个方程为时变线性方程。采用线性卡尔曼滤波器为惯导系统误差提供最小方差估计,然后利用这些误差的估计值去修正惯导系统,以减少导航误差。另一方面,经过校正后的惯导系统又可以提供导航信息,以辅助 GPS 系统提高其性能和可靠性。

根据卡尔曼滤波器所估计的状态不同,卡尔曼滤波在组合导航中的应用有直接法和间接法之分。直接法估计导航参数本身,间接法估计导航参数的误差。直接法的卡尔曼滤波器接收惯导系统测量的比力和 GPS 导航系统计算的某些导航参数,经过滤波,给出有关导航参数的最优估值。间接法的卡尔曼滤波器,接收信号是由惯导系统和 GPS 系统导航参数之差,经过计算,给出有关误差的最优估值。

利用直接法进行估计时,状态方程和量测方程有可能是非线性的,由于运动体的导航参数一般不是小量,方程线性化会带来较大误差,且滤波计算需花费较多时间,这使得导航参数的刷新周期不可能太快,难以满足动态载体对导航参数更新的要求。因此,在综合导航系统中,直接法较少采用。

间接法估计时,所谓"系统"实际就是导航系统的各种误差的"组合",系统状态均是小量,方程线性化带进的误差较小。在滤波计算时,不参与原系统的计算流程(如惯导系统的力学编排计算),对原系统来讲,除了接受误差估值的校正外,还要保持其工作的独立性。这使得间接法能充分发挥各个系统的特点(如惯导系统具有较多参数更新率),因而被广泛采用。间接法估计的状态都是误差状态,即滤波方程中的状态矢量是导航参数误差状态和其他误差状态的集合(用 ΔX 来表示)。

利用卡尔曼滤波器设计 GPS/INS 组合导航系统的方法多种多样,按照对系统校正方法的不同,分为开环校正(输出校正)和闭环校正(反馈校正);按照组合水平的深度不同,又分为松耦合和紧耦合。

(1) 开环校正和闭环校正。

按状态估计值对原系统校正方式不同,分为输出校正和反馈校正。

用间接法得到误差状态的估值直接去校正系统输出的导航参数,得到组合导航系统的导航参数估值,这种方法称为输出校正。把误差状态的估值反馈到各个导航系统内部对状态进行校正,称为反馈校正。其原理图如图 8.2、图 8.3 所示。

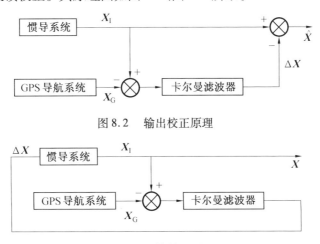

图 8.2　输出校正原理

图 8.3　反馈校正原理

在组合导航系统信息融合过程中,由于滤波器从滤波开始到稳定需要一段时间,而滤波刚开始的时刻,由于状态初值和噪声方差初值的选取与实际不符,估计误差较大。若在滤波初期便将第一步得到的估计值反馈回惯导系统,再将下一步的预测值置零,就会使导航误差逐渐偏离,并将导致整个系统的精度降低,因此在滤波运行初期不宜进行反馈校正。为解决此问题,可采用将输出校正与反馈校正相结合的混合校正方式。在滤波初期,输出校正与反馈校正两部分并存,且反馈校正的速率低于输出校正的速率;滤波基本稳定后,仅采用反馈校正。例如,若卡尔曼滤波的速率为1 s,在滤波初期的1 min内,每秒只进行一次输出校正,每隔10 s同时进行输出校正和反馈校正;滤波1 min基本稳定后,不再进行输出校正,只进行每秒一次的反馈校正。即滤波初期输出校正的速率与卡尔曼滤波的速率相同,反馈校正的速率较低,且根据实际情况可调,不进行反馈校正时系统转化为纯输出校正,但在反馈校正的周期内仍进行输出校正;滤波器基本稳定后,不再进行输出校正,系统转化为与卡尔曼滤波的速率相同的完全反馈校正,构成闭环卡尔曼滤波器。

混合校正方法在基本不增加计算量的情况下,有效地提高了INS/GPS组合系统导航精度,其性能优于单独的输出校正和反馈校正。输出校正与反馈校正除状态变量不同外,其他参数都相同,且校正后的状态动态特性完全相同。

(2) 松耦合和紧耦合。

根据不同的应用要求,INS和GPS的组合可以有不同层次的组合。按照组合深度的不同,可分为松耦合方式和紧耦合方式。在松耦合结构中,GPS接收机独立于惯导系统工作,它只是将GPS的输出直接送到惯性导航处理器,使惯性导航的输出调整到GPS的位置和速度上,利用GPS的导航解使惯性导航位置和速度估值重新初始化。这种组合模式的优点在于,组合系统结构简单,便于工程实施,而且两个系统相互独立,使导航信息有一定的余度。方法虽然简单,但因其GPS接收机抗干扰能力有限,所以定位精度低。紧耦合是高水平的组合方式,用GPS给出的星历数据和惯导系统给出的位置和速度来计算相应的伪距和伪距率,把该值与GPS测得的伪距和伪距率的比较结果作为测量值,使用卡尔曼滤波得到惯导和GPS系统误差状态的最优估计,然后对两个系统进行校正,因此目前GPS/INS组合时一般采用紧耦合组合模式。

8.3 GPS/INS 组合导航系统

8.3.1 GPS/INS 松耦合组合导航系统

松耦合是最简单的组合模式,在此模式下INS和GPS接收机各自独立工作,将二者的位置、速度差作为组合滤波器输入,组合滤波器一般采用卡尔曼滤波器或其扩展形式。对INS的速度、位置、姿态以及传感器误差进行最优估计,并反馈给INS进行修正,如图8.4所示。该组合方式结构简单,易于实现,使定位连续性和可靠性大大提高,并使INS具有动基座对准能力。其缺点在于至少要存在4颗卫星才能得到GPS的导航信息来对滤波器进行更新。此外,如果GPS接收机采用自己的卡尔曼滤波器求解其位置和速度,这种组合会导致滤波器的串联,使组合导航观测噪声时间相关(有色噪声),不满足卡尔曼滤波器观测噪声为白噪声的基本要求,严重时可能使滤波器不稳定。

采用位置、速度组合的GPS/INS导航系统的结构如图8.4所示。

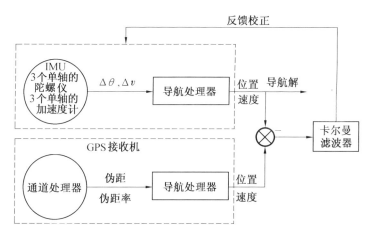

图 8.4　采用位置、速度组合的 GPS/INS 导航系统的结构

8.3.2　GPS/INS 紧耦合组合导航系统

基于伪距、伪距率的 GPS/INS 组合导航系统是一种高水平的组合方式。其主要特点是 GPS 接收机和 INS 相互辅助,它利用 GPS 的星历数据与 INS 给出的位置和速度信息计算出相应的伪距和伪距率,然后与 GPS 接收的伪距和伪距率相比较得出的误差作为量测值,通过卡尔曼滤波器估计 GPS 和 INS 的误差量,从而实现系统的校正。在该组合模式中,GPS 接收机只提供星历数据和伪距、伪距率即可,省去导航计算处理部分,有着精度高、鲁棒性好、抗干扰强等特点。这种紧耦合方案比较典型的有多种,但归结起来是两种基本模式:常规紧耦合 GPS/INS 组合和深紧耦合 GPS/INS 组合。

(1) 常规紧耦合 GPS/INS 组合模式。

图 8.5 所示为常规紧耦合 GPS/INS 组合模式基本框图。它根据 INS 信息和 GPS 卫星星历计算载体相对于 GPS 卫星的伪距和伪距变化率,并作为卡尔曼滤波器的测量信息,与 GPS 接收机输出的伪距和伪距率进行滤波估计,同时还用于辅助 GPS 码环锁相过程。

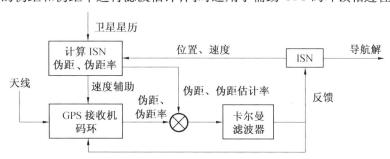

图 8.5　常规紧耦合 GPS/INS 组成方框图

(2) 深紧耦合 GPS/INS 组合模式。

图 8.6 所示为深紧耦合 GPS/INS 组合模式基本框图。该模式用相关器控制回路代替码环,相关器送出两路正交的 I、Q 采样信号到卡尔曼预滤波器,该滤波器对采样信号进行高速处理并将产生的残差送入一个低速滤波器。积分滤波器产生的伪距和伪距速率残差、卫星星历、惯导量测数一起用于计算基于位置和速度最优估计的期望距离和速率,然后分别送入

载波数控振荡器和码时数控振荡器。

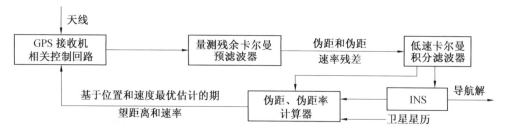

图 8.6　深紧耦合 GPS/INS 组成方框图

紧耦合 GPS/INS 组合系统有以下特性：

（1）提高抗干扰能力。

干扰对 GPS 接收机的根本影响是降低 C/N_0，而 C/N_0 的降低将直接影响 GPS 接收机的抗干扰能力，通常采用干信比 (J/S) 衡量 GPS 接收机的抗干扰能力。干信比 (J/S) 的计算公式为

$$\frac{J}{S} = 10\lg\left[Qf_c\left(\frac{1}{10^{(C/N_0)_{eq}/10}} - \frac{1}{10^{(C/N_0)/10}} \right) \right] \tag{8.5}$$

惯导的加速度计通常能感测高达 1.0 kHz 速率的速度变化，其导航解的输出速率通常高于 GPS 接收机 $1 \sim 2$ 个数量级。

在紧耦合 GPS/INS 组合中，高速率的 INS 速度信息辅助 GPS 接收机，消除跟踪环中大部分载体的动态因素。在有效地降低动态因素以后，使 GPS 跟踪环可以在窄的噪声带宽上运行，这将把它们的跟踪门限值降到更低的 C/N_0。而低的 C/N_0 跟踪门限值就意味着提高了GPS 接收机的抗干扰能力。在一般情况下，常规紧耦合 INS/GPS 组合导航系统，GPS 接收机带宽减小一个数量级；深耦合组合模式，滤波器被包在跟踪环路之中，带宽可更窄，从而大大提高了信噪比并降低了干扰的灵敏度。若采用典型的 1 英里／小时惯导的速度辅助，常规紧耦合 INS/GPS 模式，载波环的带宽 B_n 可从 18 Hz 减小到 2 Hz，深紧耦合 INS/GPS 模式，载波环的带宽 B_n 可减小到 0.8 Hz。把载波环带宽降低到 2 Hz 和 0.8 Hz，则科斯塔斯环跟踪门限大约处于 18.5 dB/Hz 的 $[C/N_0]_{eq}$ 值和 16.5 dB/Hz 上，根据式(8.5)计算其 J/S 变化值，如图8.7 所示。

从图 8.7 可以看出，无论对于窄带干扰，还是宽带干扰，深紧耦合 GPS/INS 组合模式与常规紧耦合 GPS/INS 组合模式相比，GPS 接收机抗干扰能力提高了 $4 \sim 5 \text{ dB}$。

（2）提高伪距测量精度。

以载波噪声功率比 (C/N_0) 为基础，伪距测量的方差公式为

$$\sigma_{pr}^2 = \Delta^2\left[\frac{B_{DLL}4d^2(1-d)}{C/N_0} + \frac{B_{DLL}B_{ID}8d^3}{(C/N_0)^2} \right] \tag{8.6}$$

式中　　B_{DLL}——码环带宽；

　　　　B_{ID}——码环更新频率。

在实际工作过程中，由于 C/N_0 的取值较 $B_{DLL}B_{ID}$ 大得多，所以 $B_{DLL}B_{ID}8d^3/(C/N_0)^2$ 项近似为 0，故式(8.6)可简化为

$$\sigma_{pr}^2 \approx \Delta^2\left[\frac{B_{DLL}4d^2(1-d)}{C/N_0} \right] \tag{8.7}$$

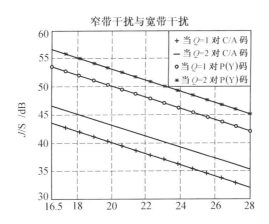

图 8.7　INS 辅助下 GPS 接收机的 J/S 变化图

从式(8.7)可见，σ_{pr} 是 B_{DLL}、C/N_0 的函数。

假设数字 GPS 接收机相关器的 $d = 1/2$，C/A 码的码片长度为 293.26 m，P(Y) 码为 29.326 m，DLL 噪声带宽 B_{DLL} 为 2 Hz、1 Hz 和 0.03 Hz。则不同 C/N_0 下的 GPS 接收机伪距测量方差 σ_{pr} 如图 8.8 所示。显然相同的 C/N_0 条件下，GPS 接收机伪距测量方差 σ_{pr} 随着 DLL 噪声带宽 B_{DLL} 的减小而使误差减小。

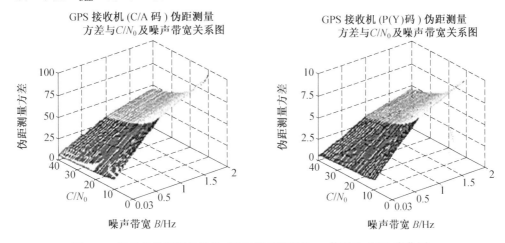

图 8.8　接收机伪距测量误差、DLL 噪声带宽 B_{DLL}、信噪比 C/N_0 变化图

采用常规紧耦合组合模式，DLL 噪声带宽 B_{DLL} 可减小，伪距测量方差 σ_{pr} 也随之减小；采用深紧耦合组合模式，卡尔曼滤波器的量测输入取自于伪距残差，消除了误差根源，同时卡尔曼滤波器被包含在跟踪环路之中，带宽允许更窄，而且根据量测残差的大小控制相关器过零点，也提高了系统对 INS 误差的容限。在相同的 C/N_0 条件下，B_{DLL} 由 2 Hz 降低到 0.03 Hz，伪距测量精度提高近 9 倍。

（3）提高导航能力。

采用紧耦合 INS/GPS 组合模式，实现低信噪比条件或高动态情况下 GPS 信息辅助 INS，消除了惯性器件引起的 INS 积累误差，提高了系统导航定位精度。当卫星信号信噪比恶化以至于对 GPS 信号的跟踪成为不可能时，或当 GPS 接收机出现故障时，INS 又可以独立进行导航定位，实现了系统的连续导航定位。当 GPS 信号状况显著改善到允许跟踪时，INS 向

GPS 接收机提供当前载体的初始位置和速度等信息,用来辅助 GPS 接收机搜索 GPS 卫星信号,从而大大加快对 GPS 卫星信号的重新捕获过程。因此,紧耦合 INS/GPS 组合模式大大提高了系统的导航定位能力。

8.3.3　INS 辅助 GPS 接收机环路

在高动态或低信噪比条件下,GPS 卫星信号容易失锁。GPS 接收机为了跟踪卫星信号并进行导航定位,必须对跟踪环路带宽进行精心设计。然而,由于跟踪噪声的影响,带宽越窄跟踪精度就越高。为了提高测量精度及抗干扰能力,保证环路的动态跟踪性能,必须采取措施辅助 GPS 接收机,如用 INS 来辅助 GPS 载波跟踪环。

目前 GPS 接收机广泛采用相关型通道,它能迅速从伪噪声码中解译出卫星导航电文,从而测得运动载体的实时位置,而导航信息解译的关键部件是伪噪声码延迟跟踪环路和载波跟踪环路。伪噪声码延迟跟踪环路是实现由本地(接收机)码发生器产生的伪噪声码跟踪接收码(噪声码),其跟踪精度可达1/10码元宽度。而两码跟踪由环路滤波器和压控时钟构成的反馈回路实现。载波跟踪环路主要是将压控振荡器的振荡频率锁定在 GPS 信号的中心频率上(即载波环路的相位锁定),从而解译得到某颗 GPS 卫星所发送的导航电文,最终解算出载体位置等导航信息。

在 GPS 接收机中,对于相同的环路滤波器噪声带宽,载波环抖动的噪声低于码环大约3 个数量级。接收机普遍通过载波跟踪辅助码跟踪延迟锁相环(DLL),应用载波辅助码跟踪将动态应力负担加在载波跟踪环上,降低了码环滤波器阶数;同时,DLL 不需要跟踪所有的动态就能对非常窄的噪声带宽 DLL 进行最精确的伪距测量,从而提高导航定位的精度。为便于接收机通道工作,必须同时跟踪伪码和载波,鉴于上述原因,伪码跟踪的载波辅助并不能改善 GPS 接收机的抗干扰的性能。在无辅助的 GPS 接收机中,载波环通常是弱连接。为了实现高动态或低信噪比条件下 GPS 信号的搜索与跟踪,一般采用外部导航辅助增强技术为 GPS 接收机的载波跟踪环提供速度辅助,以降低载波环滤波器噪声带宽,并保持与码跟踪环的同步,从而提高接收机的抗干扰能力。

由于无辅助的 GPS 接收机中载波环比码环更容易失锁,为了改善 GPS 接收机在高动态或低信噪比条件下的性能,通常采用惯性导航辅助增强技术对 GPS 接收机的载波跟踪环提供速度辅助,从而实现高动态情况和低信噪比条件下 GPS 信号搜索与跟踪。其原理如图8.9所示。

GPS 接收机通过 INS 的辅助,利用 INS 提供的实时位置、速度信息和 GPS 接收机提供的星历,实时估算出多普勒频移,从而实现对 GPS 信号的捕获和跟踪。在基于 INS 辅助的 GPS 接收机中,多普勒测量通过导航信息处理部分得到,其载波信号的多普勒频率为

$$f_{\text{dopp}} = \frac{1}{\lambda}(V_{\text{RX}} - V_{\text{S}})\boldsymbol{I}_{\text{S}} \tag{8.8}$$

式中　　λ——载波 L1 频点的波长;

V_{RX}——接收机天线速度;

V_{S}——卫星速度;

$\boldsymbol{I}_{\text{S}}$——卫星到接收机的单位视线矢量。

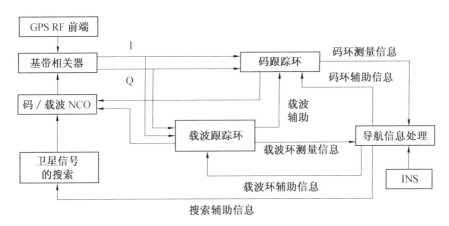

图 8.9　INS 辅助 GPS 接收机环路原理示意图

在载波信号多普勒频率中,卫星的多普勒影响可以由概略星历估算出,而载体引起的多普勒影响可以通过惯性传感器估算,其精度速度可通过卡尔曼滤波器估算出,然后估算出多普勒频移的偏差。

在 INS 辅助的 GPS 接收机中,由载体动态引入的误差可通过 INS 测量多普勒频移将其引入到接收机跟踪环路,使得接收机的动态性和 INS 测量的多普勒频率误差相关。为此,在有 INS 辅助的 GPS 接收机中,载波跟踪环的带宽可以很窄,从而减少热噪声并产生载波跟踪环的抖动值。在采用 INS 辅助 GPS 接收机载波跟踪环条件下,无论是对于宽带干扰还是窄带干扰,GPS 接收机的抗干扰能力都提高了 10 ~ 12 dB;若采用紧耦合模式,载波跟踪环频带甚至可窄至 0.8 Hz,其抗干扰能力将提高 13 ~ 15 dB。因此为了实现高动态或低信噪比条件下 GPS 信号的搜索和跟踪,提高 GPS 接收机的抗干扰能力,INS 辅助 GPS 接收机是首选,特别是紧耦合 GPS/INS 更是导航发展的重点。

8.4　其他组合导航系统简介

除了 8.3 节介绍的目前应用最广泛的 GPS/INS 组合导航系统外,GPS 也可以与其他导航系统组合。本节将主要介绍比较通用的几种组合导航系统,即 GPS/Loran - C(Long range Navigation - C,远程导航 - C) 组合导航系统、GPS/Laser 协同系统、GPS/DR(Dead Reckoning,航位推测法) 组合导航系统、GPS/ 伪卫星组合导航系统和 GPS/ 蜂窝组合导航系统。

8.4.1　GPS/Loran - C 组合导航系统

Loran 是一种地面无线电导航系统。它为其覆盖范围内的用户提供定位和同步服务。Loran 是远程导航(Long-range Navigation) 的缩写。第一代版本——Loran - A 在20世纪40年代初期提出。其后续版本 Loran - C 提供了更大的服务范围和更好的精度。Loran - C 系统包含被组织成一条长链的相隔几百千米的地面发射站。典型的一个 Loran 链包含有一个主站和两个或者多个(最多5个)副站,为了在正常工作模式下确定位置信息必须保证至少有两个副站,然而具有高精度时钟的用户只用两个副站就可以确定位置信息。这种定位模式称为圆－圆模式。副站以 U、W、X、Y、Z 来命名。例如,两个副站可以命名为 Y 和 Z,3 个副站可以命名为 X、Y 和 Z,如图 8.10 所示。

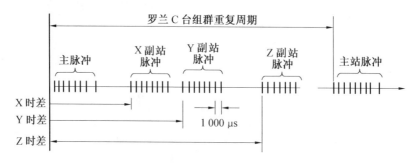

图 8.10 Loran － C 系统工作原理

Loran － C 工作于 90 ~ 110 kHz 频带。主站和副站之间通过在 100 kHz 以特定的时间间隔发送一系列无线脉冲信号来进行同步。这种脉冲以序列的方式进行发送。首先,主站发送一组 9 个脉冲的信号,前 8 个脉冲之间相差 1 ms,最后一个脉冲与第八个脉冲之间差 2 ms。在一段时间后,相对 Y 的发送延时(EDy),第一个副站 Y 以 1 ms 的间隔发送它的 8 个脉冲组成的码组。与此相似,副站 Z 在主站发送后的 EDz 后发送 8 个脉冲码组(同样间隔 1 ms)。为了保证发送序列的正确性,EDz 要选择比 EDy 大的值。当最后一个副站发送完脉冲序列,主站就会再次发送数据并开始新的一轮循环。Loran 链完成一次发送周期的时间称为组重复间隔(GRI),其保持时间为 50 ~ 100 ms。

Loran － C 接收机用来计算 Loran 链覆盖范围内的主站和副站脉冲群组到达的时差。Loran 接收机被编程为识别并且跟踪第三个脉冲序列的零交叉点,如图 8.11 所示。由于发送机的位置和发送延时已知,所以时差的测量量可以转换为距离量在双曲线上表示出来。两个(或更多)的双曲线的交点可以确定位置。由于 Loran － C 系统的垂直精度因子很低,对于接收机高度有准确的估计是不可能实现的。

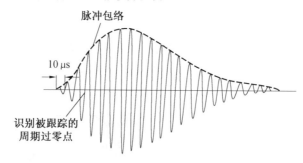

图 8.11 Loran － C 脉冲图形

Loran － C 系统的精度限制是由随机误差(主要是噪声)和偏压(主要由信号传播效应引起)引起的。Loran － C 系统的信号传播效应主要是由大地电导率和空气引起的。大地表面的电导率小于海水,这就意味着传播速度在大地表面传播时低于在海水的传播速度。空气造成的误差用初相因子进行校正。另外一个校正因子,也就是二次相位因数用来解决在海水传播引起的误差。第三种校正因子 —— 额外的二次相位因数被引进,用于解决大地电导率的影响。在以上 3 种校正因子中,第三种是最为复杂的。

在实际测验中总结出了 Loran - C 系统的优缺点,幸运的是 Loran - C 系统的优缺点和GPS 系统大不相同。Loran 信号受到天电噪声(闪电和打雷)的影响非常大,而 GPS 却不这样。另外,Loran - C 系统是一种相对高功率的系统,然而 GPS 是一种低功率系统。另外,Loran - C 系统在低频段(100 kHz)进行广播,这就意味着它同 GPS 系统占据着不同的频带。就这一点而论,抑制 Loran 信号会更加困难。Loran - C 系统的另外一个重要的特性就是 Loran 信号在城市峡谷中可用,而 GPS 信号在这种条件下很可能被阻塞。这些特征说明两种系统是互补的,换句话说,就是将这两种系统结合起来可以发挥各自的优点抑制缺点。一种合并方法就是通过两种系统的 GPS 星历和 Loran - C 系统时间的不同在测量层面进行综合。GPS 同样可以用于在同步链交叉的传统 Loran - C 系统中。再者,GPS 可以标定不论是基于时间还是位置的 Loran 传播误差。

由于 Loran 系统作为 GPS 后备的潜力,很多国家已经开始着手 Loran - C 系统的修改以使之适于现代应用。一个加强功能的 Loran(eLoran) 发射机利用一个时间发射量控制机来保证所有的发射机和世界时间同步。一个 Loran 参考站可以向其邻近的地区发送收集的测量数据以及计算的差分 eLoran 误差来提高自治 Loran 的精度。这种方法被称为差分式Loran,这和差分 GPS 是很相似的。据报道,差分 Loran 的精度大约在 25 m 范围中可达到95% 的准确度,这相对于传统的 Loran 系统有着明显的优势。

8.4.2　GPS/Laser 组合导航系统

在城市峡谷和森林等信号衰减大的环境中,GPS 接收机很可能对 GPS 卫星丢失锁定。同时实时差分 GPS 校正也可能不能被接收到。为了克服这些问题,GPS 和手持激光设备或者激光距离探测器一体的设备被研制出来。这种设备工作的原理就是在附近的开阔地架设GPS 天线,以保证 GPS 接收机不对卫星失去锁定,保证正常工作。借助数位罗盘的帮助,和GPS 接收机在一起的手持激光器可以用来测量一个不能达到的位置的距离和方位角,其结构如图 8.12 所示。这种做法通常称为偏移操作。手持电脑中的软件用来收集偏移数据和GPS 数据。稍后,所有可得的数据在 PC 软件中进行处理,以判定难以到达位置的坐标。假设在空旷地,实时 DGPS 数据可以被接收,那么数据的采集和处理可以进行实时处理(否则

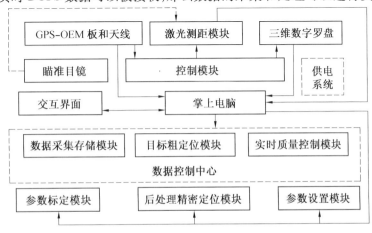

图 8.12　GPS/Laser 组合导航系统

GPS工作在自治模式）。一旦数据处理完成用户，就可以导出输出数据到地理学信息系统或CAD中。

GPS/Laser 协同工作是一种非常诱人的应用。尤其是对于那些森林工业。树木的高度、偏移和直径等可以被直接测量出来。在一个特定的地点，一个固定用户可以获得一个范围中任意一点的信息。这样，用户的位置信息就可以通过对所有的偏移位置的坐标求平均值获得。GPS/Laser 的用处很多，如测量桥下一点、测量繁忙的高速公路的某点、测绘海岸线等，GPS/Laser 可以用来测绘点、线，甚至是某一面的特征。

8.4.3　GPS/DR 组合导航系统

一种基于航位推测法的系统也被开发出来，用来补充卫星导航系统对微弱信号的接收。航位推测系统（DR）是一个小成本的系统，一般包括一个里程表传感器和一个振动陀螺仪。GPS/DR 系统广泛应用于车辆定位。

DR 导航系统需要得到车辆的运行距离（或者速度）和方向的连续数据。运行距离数据通过里程表传感器获得，方向数据则通过振动陀螺仪获得。如果车辆在一个已知的位置出发，那么距离和方向数据可以用来获得任意时刻车辆的位置信息。换句话说，假设车辆运行在一个平面上，那么距离和方向信息就可以和时间综合起来推算出车辆位置。

安装在车辆上的里程表主要是为了统计车辆的寿命和判断是否需要保养。里程表通过采集车轮的转动周数来计算车辆的运行距离。这种变化称为里程表比例因子测定。一种测定比例因子的方法就是令车辆行驶通过一段已知的距离。然而不幸的是，由于车轮的打滑和蹦跳，车胎的压力、磨损和车辆速度导致每次测量的数据各不相同。如果不考虑未补偿的，比例因子的误差会由于某些重大的位置误差而快速地增长。

振动陀螺仪是一种低成本的传感器，基于科氏加速度来测量角速率（转向速率）。振动陀螺仪输出一个和车辆偏转角度成正比的电压值。车辆的偏转程度用电压值和比例因子的乘积表示。同里程表传感器一样，振动陀螺仪也会由于比例因子的不稳定性和振动陀螺仪的偏置电压而导致误差的快速积累。振动陀螺仪偏置电压是一种受温度影响很大的变量，并且它一直影响着振动陀螺仪数据的测量。因此振动陀螺仪有时会在没有角度偏转时测量到一个非零值。当车辆静止或者沿直线运动时，这是可以观察到的。然而，比例因子的误差只有在车辆进行转弯时会影响到振动陀螺仪的测量值。这种误差可以在向顺时针和逆时针转弯的次数相同时大大地减少。

GPS 全球卫星定位系统能够为用户提供高精度、全天候、快捷的导航定位服务，但是GPS 接收机在城市中受到高大建筑物、桥梁、隧道、树木等的遮挡时，会引起信号的失锁，此时就不能为用户提供导航服务。GPS 误差不随时间的推移而积累放大，它可减小 DR 的累积误差，并且当 GPS 失锁时，DR 可以继续为用户提供导航服务。两种系统共同工作时，利用GPS通过频率校准来控制 DR 系统器件的漂移。DR 则是在 GPS 系统停止工作时主要的定位系统。因此，协同系统的性能比两系统中任意一个系统单独作用要好。

8.4.4　GPS/ 伪卫星组合导航系统

针对 GPS 在城市高楼密集区、深山峡谷等区域所跟踪的可见星数目少且分布不佳导致定位精度下降，以及 GPS 系统本身在垂直方向定位精度较差的问题，提出 GPS 伪卫星组合定位新方法,利用伪卫星增强 GPS 技术提高定位精度。

伪卫星就是设置在地面上的 GPS 卫星。伪卫星能够发射类似于 GPS 的信号,它与 GPS 的组合定位增加了观测量,且其具有较低的高度角。因而能够显著增强卫星定位的几何图形结构,附加的观测量还有利于增强 GPS 模糊度的解算,提高精度,进而提升整个系统的可用性、稳定性和可靠性,甚至在某些无法接收到 GPS 卫星信号的场合下能完全替代 GPS 卫星,实现特殊应用。

对于 GPS 全球卫星定位系统,其定位精度、可用性和可靠性都依赖于所观测到的卫星数目和卫星星座的几何图形结构。在观测条件不理想的情况下,所能观测到的卫星数目和卫星的几何图形结构通常都不理想,也难以满足精密定位的需要。在某些极端条件下,如在室内或地下、隧洞中,则完全接收不到卫星信号,GPS 也就无法工作。另一方面,虽然 GPS 测量在水平方向上能达到较高的精度,但在垂直方向上定位精度较差,其误差通常为水平定位误差的 2 ~ 3 倍,难以满足一些精密应用的要求。

采用伪卫星定位技术弥补了 GPS 观测中,低高度角卫星不足的问题,其优势体现在以下两方面:

① 增加了可用星的数目,即附加增加了有效观测量,从而有利于定位求解。

② 伪卫星一个显著的特点就是其高度角很低,且信号无需通过电离层。将这种低高度角伪卫星与 GPS 组合定位能够有效地改善定位卫星几何图形结构,提高定位精度。

GPS 和伪卫星组合定位的优势:

① 拓展了定位区域与时段。

② 提高了定位求解速度和精度。

③ 增强了定位系统的可靠性。

8.4.5　GPS/ 蜂窝组合导航系统

蜂窝通信技术目前在世界范围内被广泛应用,无论是蜂窝覆盖范围还是用户都呈现一种稳定增长的趋势。另外,一种更加先进的数字蜂窝 —— 允许语音和数据的无缝接入技术的覆盖范围正在扩大。

现行的蜂窝系统无法完成对原始呼叫的精确定位。尽管这种缺陷对于像 RTK GPS 应用没有什么影响,但是对于某些应用如 911 就有很大的限制。在美国,近 1/3 的 911 紧急电话是通过蜂窝移动电话拨出的,在这些中将近 1/4 的电话不能准确地查找到他们的地址,这对于有效地派遣援救制造了很大的困难。因此,(美国)联邦通信委员会(FCC)就要求无线 911 紧急电话必须能够精确到 125 m(67% 的可信度)范围内或者更好。

为了符合 FCC 的定位要求,无线网络可以采用基于网络的定位方法,也可以采用基于移动台的定位。大多数基于网络的定位系统使用到达时间差或者到达角度(AOA)来判决呼叫者的位置。前者利用 911 紧急呼叫的到达接收基站时间的差值。如果呼叫信号达到 3 个以上的基站呼叫用户的位置,就可以被准确地确定下来。很明显,时间的同步在这项技术中是很重要的,这可以通过在每个子站中配置一个 GPS 时间接收机来保证。第二种技术 ——AOA,利用相控天线来计算到达基站信号的角度。在这种模式下为了计算呼叫者的位置至少需要两个基站。由于两种模式各具特点,因此很多网络操作将两种模式结合使用。

移动台定位技术可以通过在手机中加入一个 GPS 芯片来实现将 GPS 和蜂窝通信系统结合。不同于基于网络的定位，基于移动台的定位非常容易实现并且不需要在基站中额外加入其他设备(如 GPS 时间接收机)。然而这种模式的缺点就是接收到的在建筑物中的 GPS 信号十分微弱。这种不足可以通过一种所谓的辅助 GPS(A – GPS) 技术加以克服。通过名称就可以看出，在一个蜂窝网络运行的 GPS 接收机(无线电话中的)从网络的辅助设备中接收一些可以用来帮助接收机捕获和利用微弱信息的信息。这些信息可以以短信的方式发送给用户，其中包括有 GPS 卫星星历和时钟数据、接收者初始位置与时间估计等。这些信息的获得增加了用户机的灵敏度，同时与允许接收机接收到之前不能捕获的微弱信号(如建筑物中的信号)。另外，通过利用 A – GPS，首次定位时间可以大大缩短，提高了无线定位服务性能。

之前讨论过的无线通信和用户定位技术大大影响了许多行业。例如在车辆导航方面，期望从无线通信、定位和互联网技术的优点中得到大大的收益。最近，在车辆中采用一种复杂的系统，这种系统是定位和包含有电子地图及其他信息的车辆导航系统的综合系统。很明显，这种系统的数据库中不能对现实世界的改变作出相应的改变。然而，通过无线互联网服务，司机可以获得最新的道路信息，这样就可以取缔车载电脑导航系统。另外，通过精准的定位系统，司机可以根据自己的位置来自定义服务，如 turn-by-turn 导航、路况信息及当地天气情况。这种模式简单易行，低成本，可变性强，并且在未来的发展中极具潜力。

8.5　本章小结

本章以美国 GPS 系统为例，重点讲解了组合导航定位技术的基本原理，详细分析了组合导航中最常用的卡尔曼滤波技术，并介绍卡尔曼滤波在 GPS/INS 组合导航系统中的应用。在此基础上，讲述了 GPS/INS 组合导航系统，并针对 GPS/INS 松耦合和紧耦合进行了详细分析。最后，本章简要介绍了其他形式的组合导航系统，分析了它们的组合方法及其原理。

参 考 文 献

[1] AHMED E R. Introduction to GPS：the global positioning system［M］. Norwood, MA：Artech House, 2002.

[2] 秦永元, 张洪钺, 汪叔华. 卡尔曼滤波与组合导航原理［M］. 2 版. 西安：西北工业大学出版社, 2012.

[3] 董绪荣, 张守信, 华仲春. GPS/INS 组合导航定位及其应用［M］. 长沙：国防科技大学出版社, 1998.

[4] 刘婧. GPS/INS 紧耦合组合导航系统研究［D］. 西安：西安电子科技大学, 2010.

[5] 艾伦, 金玲, 黄晓瑞. GPS/INS 组合导航技术的综述与展望［J］. 数字通信世界, 2011(2)：58-61.

[6] 周坤芳, 孔健. INS 辅助 GPS 接收机及抗干扰能力的分析［J］. 航空电子技术, 2009, 40(2)：1-8.

[7] 周坤芳, 吴晞, 孔健. 紧耦合 GPS/INS 组合特性及其关键技术［J］. 中国惯性技术学报, 2009, 17(1)：42-45.

附录

卫星定位导航原理实验指导

为了达到更好地学习和深入地理解卫星定位导航原理的目的,实验环节是最有效的途径。利用简易、先进且实用的卫星信号转发器和卫星导航实验终端设备,配合本实验指导,在实验室完成卫星定位导航关键技术环节的实验。

本书的实验设备分为两部分:一是卫星信号转发器,使得在任意室内环节均可以接收到导航卫星的信号,如附图1所示;二是基于NewStar150C桌面式可编程GPS原理实验平台,如附图2所示。

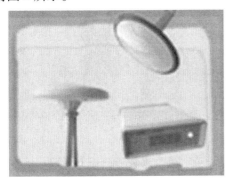

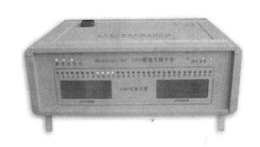

附图1 转发器 附图2 实验平台

本实验为实验人员提供了开放式的实验环境,在真实设备和真实卫星信号环境下,通过动手实验和编程,理解卫星导航系统结构、工作原理、工作过程,掌握卫星导航接收机核心算法和位置解算过程。

在实验开始时,先连接GPS原理实验平台和计算机,开机后运行"NewStar150GPS原理实验平台主程序",如附图3所示。

点击"开始程序",运行主程序。此时由可视卫星位置预测得到的当前时刻应该收到的卫星信号所对应的显示灯就会变成红色。而后当前实际收到的卫星所对应的显示灯就会变成绿色。只有当预测卫星个数在8颗以上,实际收到的卫星在4颗以上时,才能进行数据记录以及下面各个实验的操作。与此同时,左面的LCD显示屏就会出现经计算得出的UTC时间,右面的LCD显示屏会出现当前的GPS周(其有效范围为0~1023)以及GPS秒(其有效范围为0~604800)。只有这两块LCD显示屏显示正确时,才能进行下面实验。如果显示有误,需要检查硬件连接并重新运行主程序。

当上述要求全部符合后,点击"记录数据",进行各种数据参数的记录以完成下面各个实验操作,如附图4所示。

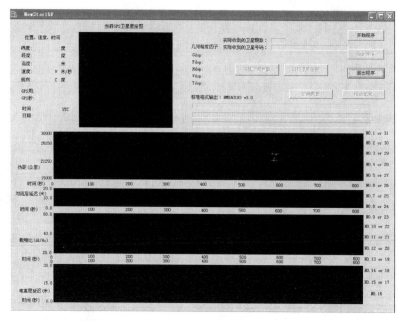

附图3　运行"NewStar150GPS原理实验平台主程序"

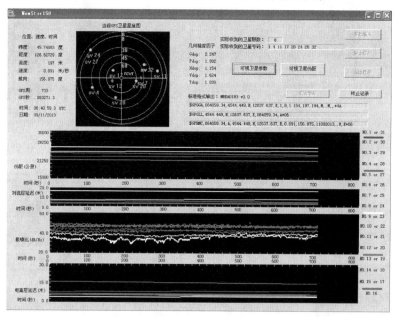

附图4　完成实验操作

实验一　实时卫星位置解算及结果分析

一、实验原理

实时卫星位置解算在整个GPS接收机导航解算过程中占有重要的位置。卫星位置的解算是接收机导航解算(即解出本地接收机的纬度、经度、高度的三维位置)的基础。需要同时解算出至少 4 颗卫星的实时位置,才能最终确定接收机的三维位置。

对某一颗卫星进行实时位置的解算需要已知这颗卫星的星历和 GPS 时间。而星历和 GPS 时间包含在速率为 50 bit/s 的导航电文中。导航电文与测距码(C/A 码)共同调制 L1 载频后,由卫星发出。本地接收机相关接收到卫星发送的数据后,将导航电文解码得到导航数据。后续导航解算单元根据导航数据中提供的相应参数进行卫星位置解算、各种实时误差的消除、本地接收机位置解算以及定位精度因子(DOP)的计算等工作。关于各种实时误差的消除、本地接收机位置解算以及定位精度因子(DOP)的计算将在后续实验中陆续接触,这里不再赘述。

卫星的额定轨道周期是半个恒星日,或者说 11 小时 58 分钟 2.05 秒;各轨道接近于圆形,轨道半径(即从地球质心到卫星的额定距离)大约为 26 560 km。由此可得卫星的平均角速度 ω 和平均的切向速度 v_s 为

$$\omega/(\text{rad} \cdot \text{s}^{-1}) = 2\pi/(11 \times 3\ 600 + 58 \times 60 + 2.05) \approx 0.000\ 145\ 8 \tag{1}$$

$$v_s/(\text{m} \cdot \text{s}^{-1}) = rs \times \omega \approx 26\ 560 \times 0.000\ 145\ 8 \approx 3\ 874 \tag{2}$$

因此,卫星是在高速运动中的,根据 GPS 时间的不同以及卫星星历的不同(每颗卫星的星历两小时更新一次)可以解算出卫星的实时位置。本实验同时给出了根据当前星历推算出的卫星在 11 小时 58 分钟后的预测位置,以此来验证卫星的额定轨道周期。

本实验另一个重要的实验内容是对卫星进行相隔时间为 1 s 的多点测量(本实验给出了 3 点),根据多个点的测量值,可以估计 Doppler 频移。

由于卫星与接收机有相对的径向运动,因此会产生 Doppler 效应,而出现频率偏移。Doppler 频移的直接表现是接收机接收到的卫星信号不恰好在 L1(1 575.42 MHz) 频率点上,而是在 L1 频率上叠加了一个最大值为 ±5 kHz 左右的频率偏移,这就给前端相关器进行频域搜索、捕获卫星信号带来了困难。如果能够事先估计出大概的 Doppler 频偏,就会大大减小相关器捕获卫星信号的难度,缩短捕获卫星信号的时间,进而缩短接收机的启动时间。GPS 接收机的启动时间是衡量接收机性能好坏的重要参数之一,而卫星信号的快速捕获,缩短接收机的启动时间也是目前 GNSS 业界的热点问题。

本实验将给出根据卫星位置和本地接收机的初始位置预测 Doppler 频移的方法。

有了卫星位置和本地接收机的初始位置,就可以根据空间两点间的距离公式,得出卫星距接收机的距离 d。记录同一卫星在短时间 t 内经过的两点的空间坐标 S_1 和 S_2,就可以分别得到这两点距接收机的距离 d_1 和 d_2。只要相隔时间 t 取得较小(本实验取 $t = 1$ s),$|d_1 - d_2|/t$ 就可以近似认为是卫星与接收机在 t 时间内的平均相对径向运动速度,再将此速度转换为频率的形式就可以得到大致的 Doppler 频移。

设本地接收机的初始位置为 $R(x_r, y_r, z_r)$,记录的卫星两点空间坐标为 $S_1(x_1, y_1, z_1)$、$S_2(x_2, y_2, z_2)$,相隔时间为 t,卫星与接收机平均相对径向运动速度为 v_d,光速为 c,Doppler 频移为 f_d,则 Doppler 频移预测的具体公式为

$$d_1 = [(x_1 - x_r)^2 + (y_1 - y_r)^2 + (z_1 - z_r)^2]^{1/2} \tag{3}$$

$$d_2 = [(x_2 - x_r)2 + (y_2 - y_r)^2 + (z_2 - z_r)^2]^{1/2} \tag{4}$$

$$v_d = |d_1 - d_2|/t \tag{5}$$

$$f_d = v_d \times 1\ 575.42\ \text{MHz}/c \tag{6}$$

Doppler 频移同卫星的仰角有很密切的关系。Doppler 频移随卫星仰角的增大而减小。当卫星的仰角为90°(即卫星在接收机正上方的天顶上)时,理论上 Doppler 频移为零。本实验根据卫星位置和本地接收机的初始位置算出卫星的仰角,来验证 Doppler 频移同卫星仰角的关系。

二、实验目的

(1)理解实时卫星位置解算在整个 GPS 接收机导航解算过程中所起的作用及为完成卫星位置解算所需的条件。

(2)了解 GPS 时间的含义、周期,卫星的额定轨道周期以及星历的构成、周期及应用条件。

(3)了解 Doppler 频移的成因、作用以及根据已知条件预测 Doppler 频移的方法。

(4)了解 Doppler 频移的变化范围及其与卫星仰角之间的关系。

(5)能够根据实验数据编写求解 Doppler 频移的相关程序。

三、实验内容及步骤

(1)运行主程序以取得目前可视卫星的实时导航数据(如 GPS 时间、各颗卫星的星历等)。

(2)运行本实验程序,步骤(1)中截取的所有 GPS 时间就会出现在"选择 GPS 时刻"列表框的下拉菜单中,任意选择一个 GPS 时刻。

(3)如附图5所示,在"所选时刻可视卫星星历"列表框中,就会出现所选时刻天空中所有可视卫星当前发出的星历信息,学生可以在教师讲解的基础上了解星历的构成、周期,并对星历信息中比较重要的参数做相应的记录。

附图5　所选时刻卫星星历

（4）在"选择卫星号"列表框的下拉菜单中,就会出现所选时刻天空中所有可视卫星的序号,选择一个序号。

（5）如附图6所示,在"卫星位置信息"列表框中会出现所选卫星在所选的GPS时间所对应的仰角以及其在ECEF坐标系下的三维坐标,在附表中记录其值。

附图6　卫星位置信息

（6）在"卫星位置信息"列表框中同时会出现所选卫星在所选的GPS时间加一秒和加两秒后的GPS时间所对应的ECEF坐标系下的三维坐标以及接收机在ECEF坐标系下的初始位置坐标,这些数据用于求解Doppler频移,根据附表1（以一颗卫星为例）记录其值。

（7）在"卫星位置信息"列表框中还会出现根据卫星在所选GPS时间发送的星历推算出的这颗卫星在11小时58分后的ECEF坐标系下的大致位置,用以验证卫星的额定轨道周期。根据附表1记录其值。

（8）同时"所选卫星在ECEF坐标系下的星座图"中,会出现该卫星在ECEF坐标系中的大致位置,便于学生直观理解所求数据。

（9）根据步骤（6）记录的数据,在TurboC环境下自己编程实现对于Doppler频移的求解,将所得数据记录在附表1中。

（10）重复步骤（4）～（9）,记录并解算出所选时刻天空中所有可视卫星的相关数据,按附表1格式将所得数据记录下来。

（11）重复步骤（2）～（10）,在同一时间段中至少选3个不同的GPS时刻记录并解算相应数据,比较并分析不同时刻同一卫星的仰角、ECEF坐标系下的坐标以及Doppler频移的差异。

（12）重复步骤（2）～（11）,至少选择3个不同时间段的数据进行记录、求解及分析。

四、实验报告

（1）按附表1的格式整理实验数据,并整理所编程序。

（2）对同一时刻不同仰角卫星的 Doppler 频移进行比较,根据实际数据得出卫星仰角与 Doppler 频移之间的关系。

（3）比较并分析不同时刻同一卫星的仰角、ECEF 坐标系下的坐标以及 Doppler 频移的差异。

（4）由接收机在 ECEF 坐标系下的初始位置坐标及同一卫星不同时刻在 ECEF 坐标系下的位置坐标得出的卫星到接收机之间的不同距离分析卫星的运动趋势。

（5）比较当前时刻卫星在 ECEF 坐标系下的位置坐标及由当前星历推算出的这颗卫星在 11 小时 58 分后的 ECEF 坐标系下的大致位置坐标,思考为什么两个坐标只是大致位置相同而不是绝对一致?

附表 1　卫星 Doppler 频移信息记录表

GPS 时间	可视卫星序号	ECEF 坐标	仰角	Doppler 频移
		X:		
		Y:		
		Z:		
		X:		
		Y:		
		Z:		
		X:		
		Y:		
		Z:		

附图 7 为卫星轨道与地球在 ECEF 坐标系下的相对位置及各个参量示意图。

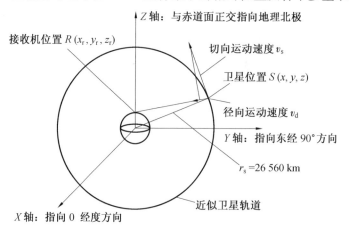

附图 7　卫星轨道与地球在 ECEF 坐标系下的示意图

实验二　　实时传输误差计算与特性分析及信噪比与卫星仰角关系

一、实验原理

GPS测量中出现的各种误差按其来源大致可分为3种类型:

(1)与卫星有关的误差。主要包括卫星星历误差、卫星时钟的误差、地球自转的影响和相对论效应的影响等。

(2)信号实时传输误差。因为GPS卫星属于中轨道卫星,GPS信号在传播时要经过大气层,因此,信号传输误差主要是由于信号受到电离层和对流层的影响。此外,还有信号传播的多径效应的影响。电离层和对流层的实时传输误差是本实验的一个研究重点。

(3)接收设备有关的误差。主要包括观测误差、接收机钟差、天线相位中心误差和载波相位观测的整周不确定性影响。

1. 电离层和对流层实时传输误差的计算与特性分析

地球表面被一层很厚的大气所包围。由于地球引力的作用,大气质量在垂直方向上分布极不均匀,主要集中在大气底部,其中75%的质量分布在10 km以下,90%以上的质量分布在30 km以下。同时大气在垂直方向上的物理性质差异也很大,根据温度、成分和荷电等物理性质的不同,大气可分为性质各异的若干大气层。按不同标准有不同的分层方法,根据对电磁波传播的不同影响,一般分为对流层和电离层。

大气折射对GPS观测结果的影响,往往超过了GPS精密定位所容许的精度范围。如何在数据处理过程中通过模型加以改正,或在观测中通过适当的方法来减弱,以提高定位精度,已经成为广大用户普遍关注的重要问题。

(1)电离层折射的影响(Ionosphericdelay)。

电离层延迟是对GPS接收机测量定位影响非常大的一项实时传输误差。它在夜里(晚8时到早8时左右)的变化比较平缓,误差也比较小,但在白天(早8时到晚8时左右)随着太阳的升高变化就会非常剧烈,变化趋势近似钟型曲线。最大垂直延迟误差可以达到50 m左右;水平方向可达150 m左右。因此,消除或减弱电离层延迟误差是提高定位精度的重要保证。

电离层分布于地球大气层的顶部,约在地面向上70 km以上范围。由于原子氧吸收了太阳紫外线的能量,该大气层的温度随高度上升而迅速升高,同时由于太阳和其他天体的各种射线作用,使大部分大气分子发生电离,具有密度较高的带电粒子。电离层中电子的密度决定于太阳辐射强度和大气密度,因而导致电离层的电子密度不仅随高度而异,而且与太阳黑子的活动密切相关。

GPS载波为单一频率,其传播速度为相速度;伪随机码是多种波的叠加,其传播速度为群速度。电离层中,相折射率和群折射率是不同的。GPS定位中,对于码相位测量和载波相位测量的修正量,应采用群折射率和相折射率分别计算。当电磁波沿天顶方向通过电离层时,由于折射率的变化而引起的传播路径距离差和相位延迟,一般可写为

$$\delta\rho = \int_s (n-1)\,\mathrm{d}s$$

$$\delta\varphi = \frac{f}{c}\int_s (n-1)\,\mathrm{d}s$$

由相折射率和群折射率引起的路径传播误差(m)和时间延迟(ns)分别为：

由相折射率引起

$$\begin{cases} \delta\rho_\mathrm{p} = -40.28\dfrac{N_\Sigma}{f^2} \\[2mm] \delta t_\mathrm{p} = -1.343\,6\times10^{-7}\dfrac{N_\Sigma}{f^2} \end{cases}$$

由群折射率引起

$$\begin{cases} \delta\rho_\mathrm{g} = 40.28\dfrac{N_\Sigma}{f^2} \\[2mm] \delta t_\mathrm{g} = 1.343\,6\times10^{-7}\dfrac{N_\Sigma}{f^2} \end{cases}$$

式中 N_Σ——电磁波传播路径上的电子总量；

f——电磁波频率。

显然，电磁波在电离层中产生的各种延迟都与电磁波传播路径上的电子总量 N_Σ 有关。电离层中的电子密度是变化的，它与太阳黑子活动状况、地球上地理位置的不同、季节变化和不同时间有关。据有关资料分析，电离层电子密度白天约为夜间的 5 倍；一年中，冬季与夏季相差 4 倍；太阳黑子活动最激烈时可为最平缓时的 4 倍。另外，电磁波传播延迟还与电磁波传到 GPS 天线的方位有关。当电磁波传播方向偏离天线顶时，电子总量会明显增加，最大时水平方向延迟是天顶方向延迟的 3 倍。

由于电离层延迟主要取决于信号频率和传播路径上的电子总量，因此对于电离层延迟的影响，可以通过以下途径解决：

① 利用电离层模型加以修正。对单频接收机，一般采用由导航电文提供参数的电离层模型或其他适宜的电离层模型对观测量进行改正。目前模型改正的有效性约为 75%。即当电离层的延迟为 50 m，经过模型改正后，仍含有约 12.5 m 的残差。这种方法至今仍在完善中。

② 利用双频观测。电离层延迟是信号频率的函数，对不同频率电磁波信号进行观测，可确定其影响大小，并对观测量加以修正。其有效性不低于 95%。

③ 利用同步观测值求差。用两台接收机在基线的两端进行同步观测，取其观测量之差。因为当两观测站相距不太远时，卫星至两观测站电磁波传播路径上的大气状况相似，大气状况的系统影响可通过同步观测量的差分而减弱。该方法对小于 20 km 的短基线效果尤为明显，经过电离层折射改正后，基线长度的相对残差约为 10^{-6}。故在短基线相对定位中，即使使用单频接收机也能达到相当高的精度，但随着基线长度的增加，精度将明显降低。

（2）对流层折射的影响(Tropospheric error)。

一般而言，对于地球上地理位置固定的点，其对流层误差随时间变化的趋势比较平缓。因此，对流层误差对 GPS 接收机测量定位的影响比电离层延迟的影响要小。电磁波在对流层中传播速度除与大气的折射率有关外，还与电磁波传播方向有关，而与频率无关。在天顶方向延迟可达 2.3 m,在高度角 10° 时可达 20 m。因此,在精密定位中,对流层误差必须考虑。

对流层是指从地面向上约 40 km 范围内的大气底层,占整个大气质量的 99%。对流层与地面接触,从地面得到辐射热能,温度随高度的上升而降低。对流层虽仅有少量带电离子,但却具有很强的对流作用,云、雾、雨、雪、风等主要天气现象均出现在其中。该层大气中除了含有各种气体元素外,还含水滴、冰晶和尘埃等杂质,对电磁波的传播有很大影响。

对流层的折射率与大气压力、温度和湿度关系密切,由于该层对流作用强,大气压力、温度和湿度变化复杂,对该层大气折射率的变化和影响,目前尚难以模型化。通常将对流层中大气折射率分为干分量和湿分量两部分。干分量引起的电磁波传播路径距离差主要与地面的大气压力和温度有关;湿分量引起的电磁波传播路径距离差主要与传播路径上的大气状况(即大气湿度和高度)密切相关。

沿天顶方向电磁波传播路径的距离差为

$$\delta S = S - S_0 \delta S_d + \delta S_w$$

$$\delta S_d = 10^{-6} \int^{H_d} N_d dH$$

$$\delta S_w = 10^{-6} \int^{H_w} N_w dH$$

式中　N_d 和 N_w——干、湿分量的折射数;

S_0——电磁波在真空中的传播路径;

H_d——当 N_d 趋近于 0 时的高程值(约为 40 km);

H_w——当 N_w 趋近于 0 时的高程值(约为 10 km);

S_d——由干分量引起的距离差;

S_w——由湿分量引起的距离差。

在卫星大地测量中,不可能沿电磁波传播路线直接测定对流层的折射数,一般根据地面的气象数据来描述折射数与高程的关系。根据理论分析,折射数的干分量 N_{d0} 与高程 H 的关系为

$$N_d = N_{d0} \left(\frac{H_d - H}{H_d} \right)^4$$

N_{d0} 为地面大气折射数的干分量。由于 H_d 不易确定,H. Hopfield 通过分析全球高空气象探测资料,推荐了如下经验公式

$$H_d = 40\ 136 + 148.72(T_k - 273.16)$$

式中　T_k——绝对温度。

由于大气湿度随地理纬度、季节和大气状况而变化,尚难以建立折射数湿分量的理论模型,一般采用与干分量相似的表示方法,即

$$N_w = N_{w0} \left(\frac{H_w - H}{H_w} \right)^4$$

式中　N_{w0}——地面大气折射数的湿分量。

高程的平均值取为 $H_w = 11\ 000$ m。积分可得沿天顶方向对流层对电磁波传播路径影响的近似关系,即

$$\delta S_d = 1.552 \times 10^{-6} \frac{p}{T_k} H_d$$

$$\delta S_{w} = 1.552 \times 10^{-5} \frac{4\,810 e_{0}}{T_{k}^{2}} H_{w}$$

式中　　p——大气压力，mbar，1 bar = 10^{5} Pa；

　　　　T_{k}——绝对温度；

　　　　e_{0}——水汽分压，mbar。

数字分析表明，在大气的正常状态下，沿天顶方向，折射数干分量对电磁波传播路径的影响约为 2.3 m，约占天顶方向距离总误差的 90%，湿分量的影响远比干分量影响小。

若卫星信号不是从天顶方向，而是沿某一高度角的方向传播，对流层延迟误差会加大，最大可达 20 m 左右。

目前采用的各种对流层模型，即使应用实时测量的气象资料，经过对流层折射改正后的残差，仍保持在对流层影响的 5% 左右。减少对流层折射对电磁波延迟影响的方法有：

① 利用模型改正。实测地区气象资料利用模型改正，能减少对流层对电磁波的延迟达 92% ~ 93%。而且，对流层大气折射的改正模型也在不断完善。

② 利用同步观测修正。当基线模型较短时，气象条件较稳定，两个测站的气象条件基本一致，利用基线两端同步观测求差，可以更好地减弱对流层折射的影响。

2. 信噪比与卫星仰角关系

GPS 卫星信号的信噪比（即相对强度噪声）定义为单位带宽（Hz）内信号功率与噪声功率之比的分贝量（dB），即 dB/Hz。经实践测试表明，当 GPS 卫星信号的信噪比过低（一般认为低于 26 dB/Hz）时，GPS 接收机就无法正常跟踪该卫星信号。因此，卫星信号信噪比的大小直接影响到 GPS 接收机能否正常工作。

实践表明，信噪比与卫星仰角的关系十分密切。一般认为，卫星的仰角越低，如前所述，卫星信号在传播过程中受到的诸如电离层延迟、对流层误差等实时传输误差的影响就越大；另一方面，就越可能受到地面障碍物的遮挡。因此，卫星信号的信噪比就应该越小（这只是一个趋势，并不排除特殊情况出现）。本实验在实时卫星信号下测量卫星信号的信噪比和各可视卫星的仰角，使学生可以直观看到各种可能发生的情况，总结信噪比与卫星仰角的关系。

二、实验目的

（1）了解 GPS 测量过程中各种误差。

（2）理解信号实时传输误差中的电离层延迟、对流层误差的来源、特性、计算方法以及消除或减弱的手段。

（3）总结卫星信号信噪比与卫星仰角的关系。

三、实验内容及步骤

（1）运行主程序以取得目前可视卫星的实时导航数据（如 GPS 时间、各颗卫星的星历以及信噪比等）。

（2）运行本实验程序，步骤（1）中截取的所有 GPS 时间就会出现在"选择 GPS 时刻"列表框的下拉菜单中，任意选择一个 GPS 时刻。

（3）如附图 8 所示，由于可视卫星仰角的解算需要解算本地接收机位置，因此如果在所选 GPS 时间天空中的可视卫星数小于 4 颗，则不能解算出此时刻的本地接收机位置，会弹出"无法计算卫星仰角"对话框。学生需要选择其他时间进行解算。

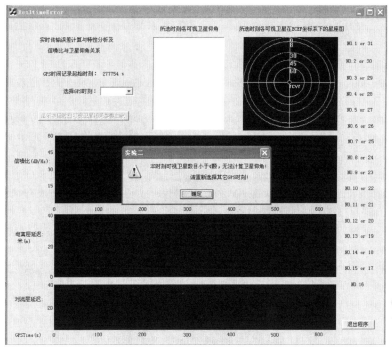

附图 8　无法计算卫星仰角

（4）如附图 9 所示，若所选 GPS 时间天空中的可视卫星数在 4 颗以上，则在程序界面的实时卫星分布图中会出现本时刻所有可视卫星位置，同时在其左面的卫星仰角列表框中会出现本时刻所有可视卫星的仰角。

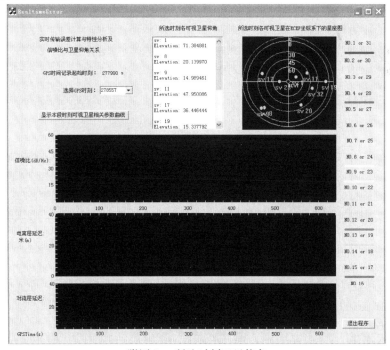

附图 9　所选时刻卫星仰角

（5）如附图 10 所示，点击"显示本段时刻可视卫星相关参数曲线"按钮，就可看到运行主程序期间所记录时刻的电离层延迟、对流层误差以及信噪比随时间变化的曲线,并在程序界面右面会显示不同颜色曲线所对应的卫星序号。

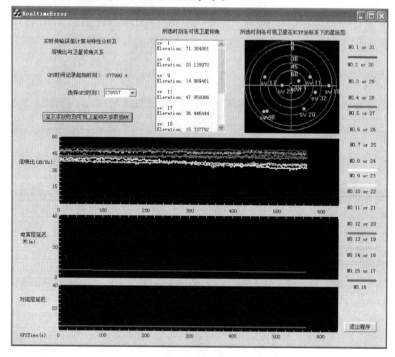

附图 10　电离层延迟、对流层误差以及信噪比随时间变化的曲线

（6）根据附表 2 记录不同时刻天空中可视卫星的仰角及信噪比,比较并得出卫星信号信噪比与卫星仰角的关系。

（7）根据不同时间段电离层延迟、对流层误差随时间变化的曲线,大致得出此两项误差随时间变化规律,并大致估计此两项误差的误差范围。

四、实验报告

（1）按附表 2 格式整理实验数据。

（2）根据附表 2 数据比较并得出卫星信号信噪比与卫星仰角的关系（包括对整体趋势及特殊情况两方面的分析）。

（3）取不同时段（至少两个,相隔 30 min 以上）的电离层延迟、对流层误差随时间变化的曲线,大致得出此两项误差随时间变化规律,并大致估计此两项误差的误差范围。

附表 2　卫星信噪比信息记录表

GPS 时间	可视卫星数目	可视卫星序号	可视卫星仰角	可视卫星信噪比
	4			

实验三　几何精度因子(DOP)的实时计算与分析

一、实验原理

不同的 GPS 接收机由于采用了不同的定位算法,其输出的位置／时间解的精度是不同的。但是在定位精度已知的情况下,其输出值的可信程度是靠什么来判定的呢? 这就涉及本实验要研究的内容,即几何精度因子(DOP)。

利用 GPS 进行绝对定位或单点定位时,位置／时间解的精度主要取决于:

(1) 所测卫星在空间的几何分布(通常称为卫星分布的几何图形),即几何精度因子。

(2) 观测量精度,即伪距误差因子。它是由观测中各项误差所决定的。

粗略地讲,GPS 解的误差用下式来估计:

$$GPS 解的误差 = 几何精度因子 \times 伪距误差因子$$

即

$$\sigma_X = DOP \times \sigma_0$$

式中　　σ_X——GPS 解的误差;

DOP(几何精度因子)—— 权系数阵主对角线元素的函数;

σ_0—— 伪距测量中的误差。

权系数阵的定义为

$$\boldsymbol{Q}_z = (\boldsymbol{G}^{\mathrm{T}}\boldsymbol{G})^{-1} = \begin{bmatrix} q_{11} & q_{12} & q_{13} & q_{14} \\ q_{21} & q_{22} & q_{23} & q_{24} \\ q_{31} & q_{32} & q_{33} & q_{34} \\ q_{41} & q_{42} & q_{43} & q_{44} \end{bmatrix}$$

式中,$\boldsymbol{G}$ 为由接收机到可视卫星的方向余弦矩阵,而元素 q_{ij} 表达了全部解的精度及其相关性信息,是评价定位结果的依据。

在前面实验中已经涉及各种伪距误差,如卫星时钟误差、星历预测误差、相对论效应误差、对流层误差、电离层误差等实时传输误差,这里不再赘述。

在实践中,根据不同要求,可选用不同的精度评价模型和相应的精度因子,通常有:

(1) 高程几何精度因子 VDOP(VerticalDOP)。相应的高程精度为

$$\sigma_V = VDOP \times \sigma_0$$

$$VDOP = \sqrt{q_{33}}$$

(2) 空间三维位置几何精度因子 PDOP(PositionDOP)。相应的三维定位精度为

$$\sigma_P = PDOP \times \sigma_0$$

$$PDOP = \sqrt{q_{11} + q_{22} + q_{33}}$$

(3) 二维水平位置几何精度因子 HDOP(HorizontalDOP)。相应的平面位置精度为

$$\sigma_H = \sqrt{\sigma_P^2 - \sigma_V^2} = HDOP \times \sigma_0$$

$$DHOP = \sqrt{(PDOP)^2 - (VDOP)^2} = \sqrt{q_{11} + q_{22}}$$

(4) 接收机钟差几何精度因子 TDOP(TimeDOP)。钟差精度为

$$\sigma_T = TDOP \times \sigma_0$$

$$TDOP = \sqrt{q_{44}}$$

（5）总几何精度因子 GDOP（GeometricDOP）。描述空间位置误差和时间误差综合影响的精度因子，总的测量精度为

$$\sigma_G = GDOP \times \sigma_0$$

$$GDOP = \sqrt{(PDOP)^2 - (TDOP)^2} = \sqrt{q_{11} + q_{22} + q_{33} + q_{44}}$$

由以上讨论可知，几何精度因子就是观测卫星几何图形对定位精度影响的大小程度。在观测量精度相同的情况下，几何精度因子越小，定位精度越高；反之则越低。所以，它实质上是几何放大因子。因此，几何精度因子对定位和钟差的精度有重大的影响。由于几何精度因子与所测卫星的空间分布有关，因此也称之为观测卫星的图形强度因子。由于卫星的运动以及观测卫星的选择不同，所测卫星在空间分布的几何图形是变化的，导致几何精度因子的数值也是变化的。为提高定位精度，应选择几何精度因子最小的 4 颗卫星进行观测，这称之为最佳星座选择。其两条基本原则为：一是观测卫星的仰角不得小于 5°～10°，以减小大气折射误差的影响；二是四颗卫星的总几何精度因子 GDOP 值最小，以保证获得最高的定位和定时精度。

总几何精度因子 GDOP 与卫星几何图形的关系如下：

假设观测站与 4 颗观测卫星所构成的六面体体积为 G，研究表明，总几何精度因子 GDOP 与该六面体体积的倒数成正比。GDOP μ1/G。六面体的体积越大，所测卫星在空间的分布范围也越大，GDOP 值越小；反之，卫星分布范围越小，GDOP 值越大。理论分析得出：在由观测站至 4 颗卫星的观测方向中，当任意两方向之间的夹角接近 109.5° 时，其六面体的体积最大。但实际观测中，为减弱大气折射的影响，所测卫星的高度角不能过低。因此在满足卫星高度角要求的条件下，尽可能使六面体体积接近最大。实际工作中选择和评价观测卫星分布图形：一颗卫星处于天顶，其余 3 颗卫星相距 120° 时，所构成的六面体体积接近最大。四星定位法主要用于早期的 GPS 接收机中，随着接收机跟踪通道的增加，选星已经不十分重要，如果可见卫星多于 4 颗（如 6 颗或 8 颗），人们越来越倾向于使用全部可视卫星进行观测，这样定位比选择 4 颗卫星定位具有更高的精度。

为了测定必需的定位精度，应规定几何精度因子的最大值限制差，一旦超过限制值就应停止观测。一般低动态接收机的 GDOP 门限值可以设得比较小，一般不大于 6，因为其可以舍弃一些几何精度因子过大的值，而正常输出基本不受影响；而对于高动态接收机而言，其所输出的每一点都很重要。这样，GDOP 门限值就设得比较大，一般不大于 9。

二、实验目的

（1）理解几何精度因子在整个 GPS 接收机导航解算过程中所起的作用及解算几何精度因子的必要性。

（2）了解 GDOP、VDOP、PDOP、HDOP、TDOP 等不同几何精度因子的计算过程及所起的作用。

（3）理解 DOP 值与卫星几何分布的关系。包括 DOP 值较小或较大时卫星的几何分布情况。

（4）了解不同应用场合对 DOP 门限值的要求。

三、实验内容及步骤

（1）运行主程序以取得目前可视卫星的实时导航数据（如 GPS 时间、卫星星历等）。

（2）运行本实验程序，步骤（1）中截取的所有 GPS 时间就会出现在"选择 GPS 时刻"列表框的下拉菜单中，任意选择一个 GPS 时刻。

（3）如附图 11 所示，由于 DOP 值的解算需要已知本地接收机位置以及不少于 4 颗的可视卫星的位置，如果在所选 GPS 时间天空中的可视卫星数小于 4 颗，则不能解算出此时刻的 DOP 值，会弹出"无法计算 DOP 值"对话框。学生需要选择其他时间进行解算。

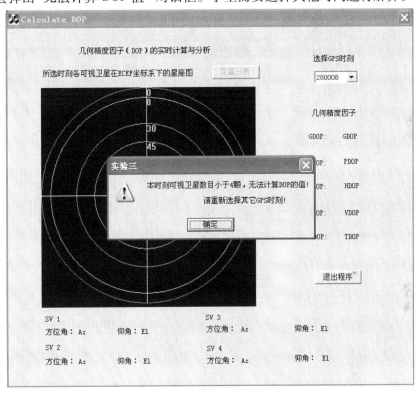

附图 11　无法计算 DOP 值

（4）如附图 12 所示，若所选 GPS 时间天空中的可视卫星数在 4 颗以上，则在程序界面的实时卫星分布图中会出现本时刻所有可视卫星位置，同时在右面的相应位置会出现本时刻的各个 DOP 值。

（5）根据附表 3 记录不同时刻的 DOP 值，比较不同时刻（如相隔 30 s）DOP 值的变化情况，尤其是可视卫星个数发生变化的时刻，初步总结 DOP 值与卫星几何分布的关系。

（6）如附图 13 所示，点击"定量分析"按钮，进入对 DOP 值的准确分析阶段。此时，程序界面内的卫星分布图上会出现 4 颗卫星，同时会出现每颗卫星的方位角和仰角，在右面的相应位置会出现卫星在这种分布情况下的 DOP 值。

（7）移动这 4 颗卫星，可得到卫星在不同几何分布情况下的实时 DOP 值以及各个卫星准确的方位角和仰角。根据附表 4 记录 4 颗卫星在不同几何分布情况下，各个卫星的方位角

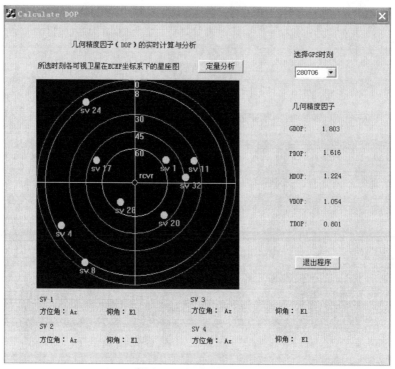

附图 12　几何精度因子

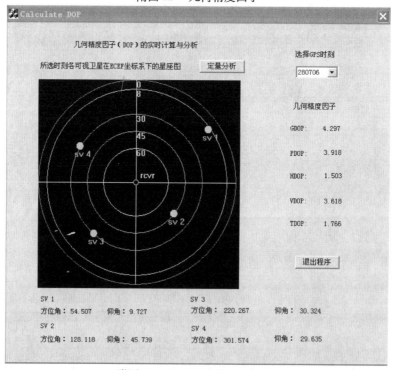

附图 13　卫星的方位角和仰角

和仰角以及对应的各个 DOP 值,比较各条记录,总结并验证课本中讲到的 DOP 值与卫星几何分布的关系。

四、实验报告

（1）按附表 3、4 的格式整理实验数据。

（2）对不同 GPS 时刻的 DOP 值进行分析，比较两时刻可视卫星个数未发生变化和发生变化的两种不同情况下，DOP 值的变化幅度及变化趋势，得出结论。

（3）对给定的 4 颗卫星在不同分布情况下的 DOP 值进行比较，得出 DOP 值较好时的卫星分布状况以及 DOP 值较差时的卫星分布状况，进而得出 DOP 值随各个卫星方位角及仰角的不同关系而变化的趋势，分析并验证课本中讲到的 DOP 值与卫星几何分布的关系。

（4）比较各种不同情况下各个 DOP 值的变化幅度，得出结论。

（5）思考如果有多颗卫星（多于 4 颗）存在时，怎样实现选星。

附表 3　卫星 DOP 信息记录表

GPS 时间	可视卫星数目	可视卫星序号	DOP	
			GDOP	
			PDOP	
			HDOP	
			VDOP	
			TDOP	

附表 4　卫星方位角、仰角及 DOP 信息记录表

卫星序号	方位角	仰角	DOP	
1			GDOP	
1			PDOP	
1			HDOP	
1			VDOP	
1			TDOP	

实验四　接收机位置解算及结果分析

一、实验原理

GPS 接收机位置的导航解算即解出本地接收机的纬度、经度、高度的三维位置，这是 GPS 接收机的核心部分。

GPS 接收机位置求解的过程如下：前面实验已经介绍，导航电文与测距码（C/A 码）共同调制 L1 载频后，由卫星发出。卫星上的时钟控制着测距信号广播的定时。本地接收机也

包含有一个时钟,假定它与卫星上的时钟同步,接收机接收到一颗卫星发送的数据后,将导航电文解码得到导航数据。定时信息就包含在导航数据中,它使接收机能够计算出信号离开卫星的时刻。同时接收机记下接收到卫星信号的时刻,便可以算出卫星至接收机的传播时间。将其乘以光速便可求得卫星至接收机的距离 R,这样就把接收机定位于以卫星为球心的球面的某一个地方。如果同时用第二颗卫星进行同样方法的测距,又可将接收机定位于以第二颗卫星为球心的第二个球面上。因此接收机就处在两个球的相交平面的圆周上。当然也可能在两球相切的一点上,但这种情况只发生在接收机与两颗卫星处于一条直线时,并不典型。于是,我们需要同时对第三颗卫星进行测距,这样就可将接收机定位于第三个球面上和上述圆周上。第三个球面和圆周交于两个点,通过辅助信息可以舍弃其中一点,比如对于地球表面上的用户而言,较低的一点就是真实位置,这样就得到了接收机的正确位置。

在上述求解过程中,我们假定本地接收机与卫星时钟同步,但在实际测量中这种情况是不可能的。GPS 星座内每一颗卫星上的时钟都与一个称为世界协调时(UTC,即格林尼治时间)的内在系统时间标度同步。卫星钟差可根据导航电文中给出的有关钟差参数加以修正,其基准频率的频率稳定度为 $10 \sim 13$。而本地接收机时钟的频率稳定度只有 10^{-5} 左右,而且其钟差一般难以预料。由于卫星时钟和接收机时钟的频率稳定度没有可比性,这样,就会在卫星至接收机的传播时间上增加一个很大的时间误差,严重影响定位精度。为解决这一问题,我们通常将接收机的钟差也作为一个未知参数,与本地接收机的 ECEF 坐标(ECEF 坐标系的定义在前面实验中已经给出)一起求解。这样,由于有 4 个未知量,我们就需要同时观测到 4 颗卫星,由 4 个方程将其解出。解出的接收机钟差可以用来校正本地接收机的时钟,这使得 GPS 接收机同时具有授时功能。

卫星实时位置的解算需要已知这颗卫星的星历和 GPS 时间,这在前面实验中已经作过相应介绍。由于 GPS 卫星属于中轨道卫星,卫星信号在传输过程中又会产生诸如对流层误差、电离层误差、相对论效应误差等各种实时传输误差,因此,由上述方法得出的卫星至接收机的传输时间并不准确,而由其乘以光速得出的距离也不是卫星到达接收机的真实距离(Range),只能称为伪距(Pseudorange)。其含义就是"假的距离",因为其中包含有各种误差。直接由伪距求解出的接收机位置会出现很大的误差,因此在求解前首先要把各种误差从伪距中消去。在前面实验中也已经对如何消去各种实时传输误差作过相应介绍,在此不再赘述。

求解卫星位置的基本方程组为

$$r_1 = \sqrt{(x_1 - x_r)^2 + (y_1 - y_r)^2 + (z_1 - z_r)^2}\, \mathrm{d}T_r \times c$$

$$r_2 = \sqrt{(x_2 - x_r)^2 + (y_2 - y_r)^2 + (z_2 - z_r)^2}\, \mathrm{d}T_r \times c$$

$$r_3 = \sqrt{(x_3 - x_r)^2 + (y_3 - y_r)^2 + (z_3 - z_r)^2}\, \mathrm{d}T_r \times c$$

$$r_4 = \sqrt{(x_4 - x_r)^2 + (y_4 - y_r)^2 + (z_4 - z_r)^2}\, \mathrm{d}T_r \times c$$

$$r_i = prs_i - (T_{iono} \times c + T_{trop} \times c + T_{relav} \times c + \mathrm{d}T_{sv} \times c + R_{noise}) \quad (i = 1,2,3,4)$$

其中,接收机 ECEF 下的三维位置坐标为 (x_r, y_r, z_r),卫星的三维位置坐标为 (x_i, y_i, z_i),接收机测得的伪距为 psr_i,其中 $i = 1、2、3、4$。$\mathrm{d}T_r$ 为接收机钟差;T_{iono} 为电离层延迟误差;T_{trop} 为对流层延迟误差;$\mathrm{d}T_{sv}$ 为卫星钟差;R_{noise} 为接收机内部噪声造成的距离偏差。

之所以将接收机钟差作为一个未知量来求解,一方面是因为接收机钟差一般难以预料;

另一方面是因为其对接收机测量定位精度产生的影响非常大,远远大于其他实时传输误差所造成的影响。为使学生直观理解这两点,本实验要求学生自己设计程序来验证其真实性。

1. 验证接收机钟差的不确定性

在"实时卫星位置解算及结果分析"实验中,学生已经编程做过了根据同一卫星在不同时刻距接收机距离不同来解算 Doppler 频移的工作。在这个实验中用到的距离是由两点间距离公式得出的距离,即 Range。如果将 Range 改为 Pseudorange,即伪距,再经过计算得出的 Doppler 频移与原来计算得到的 Doppler 频移会相差很大。由实验一和上述介绍可知,同一颗卫星在很短时间内其他实时传输误差的变化一般不会很大,由两个伪距求差一般可以消去;只有接收机钟差的变化会比较大,伪距之差不会完全将其消去,因而引起了 Doppler 频移计算的误差。

2. 验证接收机钟差对接收机测量定位精度产生的影响

如上所述,接收机钟差对接收机测量定位精度产生的影响远远大于其他实时传输误差所造成的影响。对于某一时刻的可视卫星而言,测得的伪距(Pseudorange)与由两点间距离公式得出的距离(Range)的差即各种实时误差的总和,表示为

$$\Delta R = Pseudorange - Range$$

在前面实验中已经介绍过诸如电离层延迟、对流层误差等主要实时传输误差的误差范围。可以看到,其在 ΔR 中只占比较小的部分,而绝大部分误差来源于接收机的钟差。学生可以通过以下方法验证之:对于同一时刻各个可视卫星而言,其接收机钟差大致相同。因此同一时刻各个卫星的 ΔR 相差不会很大,在几十米到上百米之间。

二、实验目的

(1)理解接收机位置导航解算原理及基本公式中各个参量的含义。

(2)理解将本地接收机钟差作为一个参量进行导航解算的原因及目的。

(3)理解接收机钟差的特性(不确定性及误差范围大)及其对 Doppler 频移求解产生的影响。

(4)能够根据实验数据编写验证接收机钟差特性的相关程序。

三、实验内容及步骤

(1)运行主程序以取得求解接收机位置所需的实时参数。包括可视卫星的实时导航数据(如 GPS 时间、各颗卫星的星历等)、实时传输误差、伪距等。

(2)运行本实验程序,步骤(1)中截取的所有 GPS 时间就会出现在"选择 GPS 时刻"列表框的下拉菜单中,任意选择一个 GPS 时刻。

(3)如附图 14 所示,在"所选时刻各可视卫星数据信息"列表框中就会出现本时刻所有可视卫星的序号、GPS 时间以及每一颗卫星相应的伪距、电离层延迟、对流层误差等实时数据。在"所选时刻各可视卫星 ECEF 坐标系下坐标"列表框中会出现所有可视卫星本时刻在 ECEF 坐标系下的三维坐标。学生可以在教师的讲解下理解所示各参量的含义,并按照附表 5 对数据进行记录。

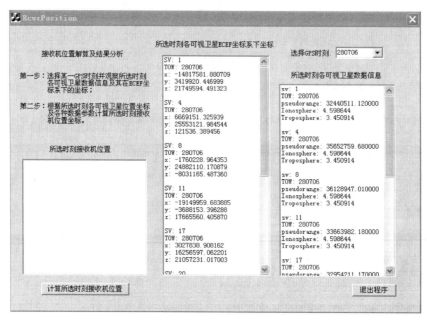

附图14　所选时刻各可视卫星数据信息

（4）如附图15所示，点击"计算所选时刻接收机位置"按钮进行本地接收机位置解算。由于本地接收机位置的解算需要不少于4颗可视卫星信息，如果在所选GPS时间天空中的可视卫星数小于4颗，则不能解算出此时刻的本地接收机位置，会弹出"无法计算接收机位置"对话框。学生需要选择其他时间进行解算。

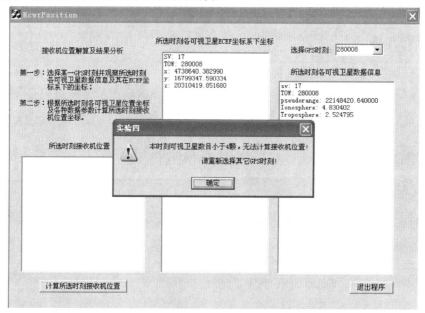

附图15　无法计算接收机位置

（5）如附图16所示，若所选GPS时间天空中的可视卫星数在4颗以上，则在"所选时刻接收机位置"列表框中会出现本地接收机在ECEF坐标系下的三维位置，以及转换到WGS-84椭球坐标系下的纬度、经度和高度值。按照附表5对数据进行记录，供编程和分析结果时使用。

附图16　所选时刻接收机位置

（6）学生根据附表5（以可视卫星数等于4为例）中记录的数据，按实验原理中介绍的方法在TurboC环境下自己编程实现对于接收机钟差特性（不确定性及误差范围大）的分析验证，将所得数据记录在附表6、7中。

（7）重复以上步骤，在一个时间段中至少选择3个时刻的数据进行记录，至少选择3个时间段进行实验。

附表5　接收机位置记录表

GPS 时间	可视卫星数目	可视卫星序号	伪距/m	电离层延迟/s	对流层误差/m	卫星位置/m		接收机位置/m
						X		
						Y		X:
						Z		
						X		
						Y		Y:
	4					Z		
						X		
						Y		Z:
						Z		
						X		
						Y		
						Z		

附表6　伪距与 Doppler 记录表

GPS 时间	可视卫星序号	Range（由两点间坐标求得）	Pseudorange（伪距）	Doppler 频移	
				由 Range 求得	由 Pseudorange 求得

附表7　伪距偏差记录表

GPS 时间	可视卫星数目	可视卫星序号	Range（由两点间坐标求得）	Pseudorange（伪距）	$\Delta R / m$（Pseudorange-Range）

四、实验报告

（1）按附表5～7的格式整理实验数据，并整理所编程序。

（2）对附表5中的数据进行分析，结合前面"几何精度因子（DOP）的实时计算与分析"实验中所涉及的知识，分析并总结接收机位置解算结果的精度同哪些因素有关？主导因素是什么？

（3）对附表6、7中的数据进行分析，总结接收机钟差特性。